高职高专土建专业“互联网+”创新规划教材

建筑设备识图与施工工艺

第三版

主　编◎周业梅
副主编◎张艳梅　姚习红
参　编◎段红玲　周志霞

内 容 简 介

本书分 8 个学习情景，系统地介绍了安装工程常用材料及设备，室内外给排水系统安装，建筑消防系统安装，采暖系统安装，通风空调系统安装，电气设备安装，建筑弱电系统安装，刷油、绝热工程，并结合具体的工程图纸，参阅国家现行的相关施工规范，系统地阐述了建筑设备识图及施工工艺。

本书除附有大量工程图外，还增加了引例、特别提示及工程实例等模块。通过对本书的学习，读者可以掌握建筑设备施工的基本工序和识图技能，具备识读电气图纸、给水排水图纸、通风空调图纸的能力，并具备一定的建筑设备施工管理能力。

本书既可作为高职高专院校建筑工程类相关专业的教材和指导书，也可作为土建施工类及工程管理类各专业职业资格考试的培训教材。

图书在版编目(CIP)数据

建筑设备识图与施工工艺/周业梅主编. —3 版. —北京：北京大学出版社，2022.8
高职高专土建专业“互联网+”创新规划教材
ISBN 978-7-301-32760-9

Ⅰ. ①建… Ⅱ. ①周… Ⅲ. ①房屋建筑设备—建筑安装工程—建筑制图—识别—高等职业教育—教材②房屋建筑设备—建筑安装工程—工程施工—高等职业教育—教材 Ⅳ. ①TU8

中国版本图书馆 CIP 数据核字（2021）第 259279 号

书　　名	建筑设备识图与施工工艺（第三版） JIANZHU SHEBEI SHITU YU SHIGONG GONGYI (DI-SAN BAN)
著作责任者	周业梅　主编
策划编辑	杨星璐
责任编辑	于成成
数字编辑	蒙俞材
标准书号	ISBN 978-7-301-32760-9
出版发行	北京大学出版社
地　　址	北京市海淀区成府路 205 号　100871
网　　址	http://www.pup.cn　新浪微博：@北京大学出版社
电子邮箱	编辑部 pup6@pup.cn　总编室 zpup@pup.cn
电　　话	邮购部 010-62752015　发行部 010-62750672　编辑部 010-62750667
印 刷 者	河北文福旺印刷有限公司
经 销 者	新华书店 787 毫米×1092 毫米　16 开本　18.75 印张　447 千字 2011 年 8 月第 1 版　2015 年 12 月第 2 版 2022 年 8 月第 3 版　2024 年 1 月第 2 次印刷（总第 13 次印刷）
定　　价	54.00 元

第三版前言

Preface

党的二十大报告提出，实施科教兴国战略，强化现代化建设人才支撑。教育、科技、人才是全面建设社会主义现代化国家的基础性、战略性支撑，我们要坚持教育优先发展、科技自立自强、人才引领驱动，加快建设教育强国、科技强国、人才强国，坚持为党育人、为国育才，全面提高人才自主培养质量，着力造就拔尖创新人才，聚天下英才而用之。统筹职业教育、高等教育、继续教育协同创新，推进职普融通、产教融合、科教融汇，优化职业教育类型定位。深化教育领域综合改革，加强教材建设和管理。因此为适应现代职业教育高质量发展，培养新型建筑行业需要的建筑安装工程一线施工技术与造价管理高素质技术技能人才，编者结合当前建筑设备安装工程发展的前沿问题，依据安装工程造价岗位要求，通过企业调研编写了本教材。

本教材突破了已有相关教材的知识框架，注重理论与实践相结合，融入课程思政，采用全新立体化编写模式，数字化资源内容丰富，案例详实，并附有多种类型的习题供读者选用。

本教材内容可按照42～58学时安排，推荐学时分配：学习情景1，2～4学时；学习情景2，6～8学时；学习情景3，4～6学时；学习情景4，6～8学时；学习情景5，6～8学时；学习情景6，12～14学时；学习情景7，4～6学时；学习情景8，2～4学时。教师可根据不同的专业灵活安排学时，课堂重点讲解每章主要知识模块，学生自主识读图纸，自主动手实践，章节中的知识链接和习题等模块可安排学生课后阅读和练习。如专业已经设置了“给排水工程”课程，可以重点学习本书学习情景4～学习情景8，选学其他内容。

本教材由武汉城市职业学院周业梅担任主编，武汉城市职业学院张艳梅、姚习红担任副主编，武汉城市职业学院周业梅负责统稿。本教材具体章节编写分工为，周业梅编写学习情景6和学习情景7，张艳梅编写学习情景2和学习情景3，姚习红编写学习情景1和学习情景8，段红玲编写学习情景4，周志霞编写学习情景5。中国一冶集团有限公司宋占江教授对本教材进行了审阅，并提出了很多宝贵意见，湖北省路桥集团有限公司刘祖雄教授为本教材的编写提供了大量的工程图例，中铁第四勘察设计院集团有限公司陈艳兵教授对本教材的编写也提供了很大的帮助，在此一并表示感谢！

本教材第一版由周业梅主编，徐珍副主编，姚习红、段红玲参编，吴文海主审。第二版由周业梅主编，张艳梅、姚习红副主编，段红玲、周志霞参编，刘秋新主审。

本教材在编写过程中，参考和引用了国内外大量文献资料，在此谨向原书作者表示衷心感谢。由于编者水平有限，本书难免存在不足和疏漏之处，敬请各位读者批评指正。

编　者

CONTENTS 目录

学习情景 1 安装工程常用材料及设备

思维导图

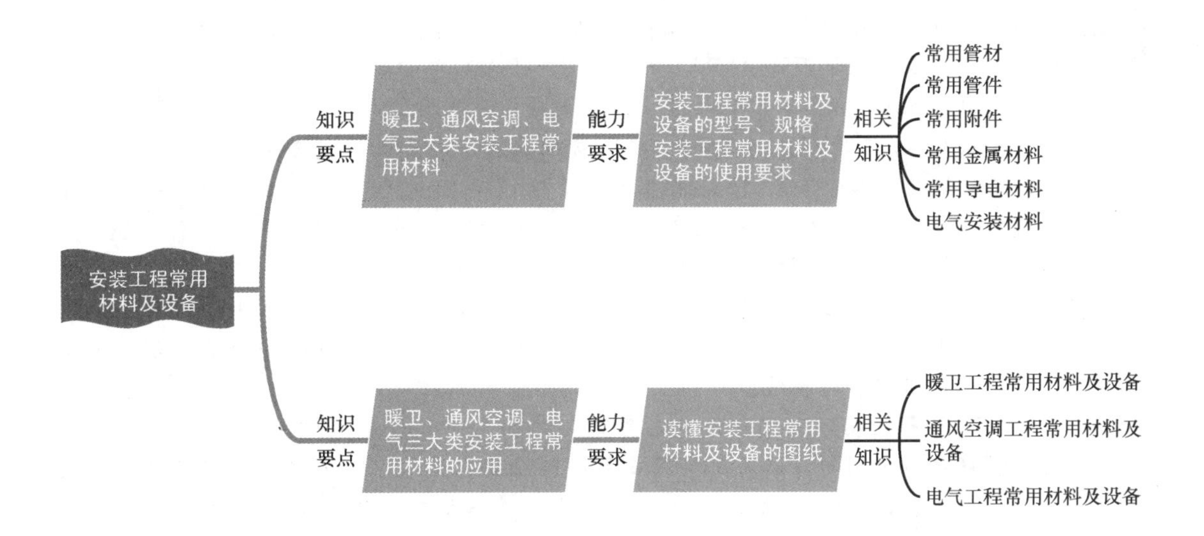

情景导读

安装工程常用材料及设备，主要是指暖卫、通风空调及电气工程三大类材料及设备，如管材、金属型材、暖卫设备、通风空调设备、电线、电缆等，以及将这些主要材料连接起来的辅助材料和安装机具。

知识点滴

PP－R管的发展史

早在20世纪70年代，欧洲发达国家就致力于开发塑料管道来代替镀锌钢管，以解决镀锌钢管对饮用水的“二次”污染问题。聚丙烯因为优异的耐热、耐压、耐腐蚀性能和良好的卫生性能一直备受关注，欧洲大型石化公司在70年代末期就将聚丙烯材料视为建筑冷热水供水管道未来的发展方向。

第一代聚丙烯(均聚聚丙烯，PP－H)材料尽管耐热(<110℃)、耐压(MRS=10MPa)性能好，但低温抗冲击性能较差，不适用于制造冷热水供水管道。

第二代聚丙烯(嵌段共聚聚丙烯，PP－B)材料是通过在聚丙烯聚合过程中加入一定量的乙烯单体而获得的，尽管PP－B的低温抗冲击性能较PP－H大为改观，但是却牺牲了PP－H的耐热性能，因此PP－B材料仅限于在冷水管道或热水管道耐压不高的条件下使用。

第三代聚丙烯(无规共聚聚丙烯，PP－R)材料是采用先进的气相聚合工艺合成的丙烯与乙烯无规共聚物，其中乙烯含量为5%以内，无规分布在聚丙烯分子链上，这种全新的聚合工艺合成的PP－R材料兼顾了PP－H的耐热性能及PP－B的低温抗冲击性能，非常适用于建筑冷热水供水管道系统。

此外，PP－R材料属碳氢化合物，完全卫生无毒；PP－R属于热塑性材料，可以回收利用，避免了环境污染问题，满足可持续发展的产业要求；PP－R产品加工工艺简单，质量完全可以得到保证；PP－R管道系统主要采用电热熔连接方式，杜绝了漏水现象的发生；PP－R最大管径可达125mm，管配件齐全，工程运用上不存在配套问题。正是由于PP－R管道具有以上优势，确定了其在建筑给水领域市场上的主导地位。

党的二十大报告提出，统筹产业结构调整、污染治理、生态保护、应对气候变化，协同推进降碳、减污、扩绿、增长，推进生态优先、节约集约、绿色低碳发展。面对建筑行业转型升级，人民生活水平高质量发展的要求，国家早在1999年明确规定，禁止冷镀锌管用于室内给水管道，因为冷镀锌管镀层极薄，防腐蚀性能极差，而且功能钢管内壁没有锌层保护。而热镀锌管是直接将处理过的钢管浸入熔化的锌液里一定时间，在钢管内外形成了一定厚度且完整均匀的镀层，完全可以应用于生活给水。为了节约资源、减少污染，现室内给水管道一般采用铝塑复合管、PP－R管等。

1.1 暖卫工程常用材料及设备

让我们来看看以下现象。

(1) 某住宅给水管道阀门失灵，不能有效控制水流，请分析原因。

(2) 某住宅卫生间管道渗水，请分析原因。

1.1.1 常用管材

暖卫工程常用管材有金属管材、非金属管材、复合管材三大类，下面分别介绍它们的材质、规格、分类及用途等。

1. 金属管材

1) 无缝钢管

(1) 无缝钢管的材质。其可以用普通碳素钢、普通低合金钢、优质碳素结构钢、优质合金结构钢和不锈钢制成。无缝钢管是用一定的钢坯经过穿孔机、热轧或冷拔等工序制成的中空而横截面封闭的无焊接缝的钢管。所有无缝钢管相对于焊缝钢管具有更高的强度，一般能承受3.2～7.0MPa的压力。无缝钢管的牌号及化学成分和力学性能应分别符合《优质碳素结构钢》(GB/T 699—2015)、《低合金高强度结构钢》(GB/T 1591—2018)标准的规定。无缝钢管如图1.1所示。

(a)

(b)

图1.1 无缝钢管

(2) 无缝钢管的规格。按照生产工艺的不同无缝钢管可分为热轧和冷拔无缝钢管两类。其中热轧无缝钢管包括一般钢管、合金钢管、不锈钢管、锅炉钢管、石油钢管和地质钢管等。热轧无缝钢管通常长度为3.0～12.5m。冷拔无缝钢管按规格尺寸分为薄壁钢管、毛细钢管和异形钢管等。冷拔无缝钢管通常长度：当壁厚≤1.0mm时，其长度为1.5～7.0m；当壁厚>1.0mm时，其长度为1.5～9.0m。

(3) 无缝钢管的用途。

① 一般无缝钢管。其主要适用于高压供热系统和高层建筑的冷热水管道和蒸汽管道，以及各种机械零件的坯料，一般气压在0.6MPa以上的管路都应采用无缝钢管。因为用途的不同，所以管子所承受的压力也不同，要求管壁的厚度差别很大。因此，无缝钢管用外径×壁厚($\phi \times \delta$)来表示。

除一般无缝钢管外，还有专用无缝钢管，主要有锅炉用无缝钢管、锅炉用高压无缝钢管、地质钻探用无缝钢管等。

② 锅炉用无缝钢管。锅炉用无缝钢管多用于过热蒸汽和高温高压热水管道。锅炉用高压无缝钢管，是用优质碳素结构钢和合金结构钢制造，质量比一般锅炉用无缝钢管好，可以耐高压和超高压，用于制造锅炉设备和高压、超高压管道，用来输送高温高压气、水等介质或高温高压含氢介质。

2) 焊接钢管

(1) 焊接钢管的分类。焊接钢管按焊缝形式分为螺旋缝钢管[图1.2(a)]、直缝钢管

[图 1.2(b)]和双层卷焊钢管。将焊接钢管(俗称黑铁管)镀锌后称为镀锌钢管。镀锌钢管能防锈蚀保护水质，常用于热水供应系统。

(a)

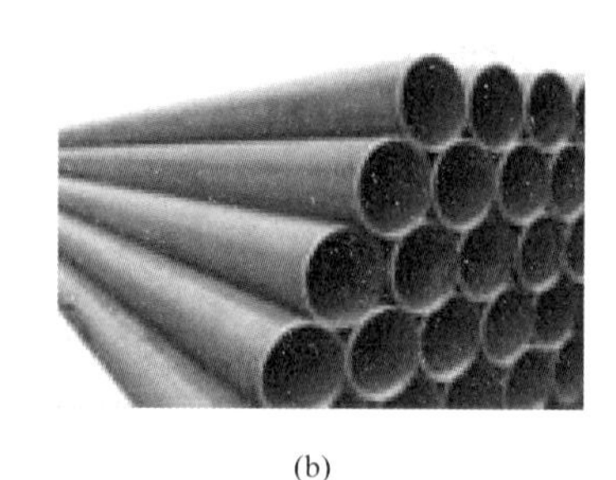

(b)

图 1.2　焊接钢管

(2) 焊接钢管的规格。两头带有圆锥状管螺纹的焊接钢管及镀锌钢管的长度一般是 4.0～9.0m，带一个管接头(管箍)无螺纹的焊接钢管长度一般为 4.0～12.0m，镀锌钢管最大直径为150mm，管径用公称直径 *DN*(mm)表示。直径大于 150mm 的焊接钢管，直缝钢管长度一般为6.0～10.0m，螺旋缝钢管长度一般为 8.0～18.0m。管径用外径×壁厚($\phi \times \delta$)表示。

(3) 焊接钢管的用途。

① 直缝钢管。其主要用于输送水、煤气等低压流体，制作结构零件等。

② 螺旋缝钢管。单面螺旋缝钢管用于输送水，双面螺旋缝钢管用于输送石油和天然气等。

3) 铜管

铜管又称紫铜管，属于有色金属管的一种，是压制和拉制的无缝管。铜管因具备坚固、耐腐蚀的特性，而成为现代承包商在所有住宅商品房的自来水管道、供热、制冷管道安装中的首选。铜管是最佳供水管道。但因其造价相对较高，目前只限于高级住宅、豪华别墅使用，管径用公称直径 *DN*(mm)表示，如图 1.3 所示。

4) 铸铁管(图 1.4)

铸铁管分为给水铸铁管和排水铸铁管两种，管径用公称直径 *DN*(mm)表示。

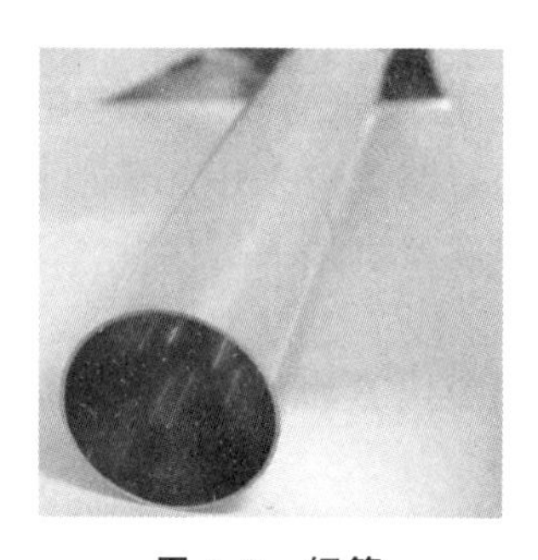

图 1.3　铜管

图 1.4　铸铁管

(1) 给水铸铁管。给水铸铁管按其材质分为球墨铸铁管和普通灰口铸铁管。给水铸铁管具有较高的承压能力及耐腐蚀性，使用期长，价格低廉，适宜作埋地管道。高压给水铸铁管用于室外给水管道，中、低压给水铸铁管可用于室外燃气、雨水等管道。

(2) 排水铸铁管。排水铸铁管承压能力低，质脆，管壁较薄，承口深度较小，耗用钢材多，施工不便，但耐腐蚀，适用作室内生活污水、雨水等管道，是建筑内部排水系统以前常用的管材，现逐步被塑料管材所替代。

2. 非金属管材

1）混凝土管

（1）混凝土管的分类。其分为预应力钢筋混凝土管和自应力钢筋混凝土管两种。

（2）混凝土管的规格，用内径 d(mm)表示。

① 预应力钢筋混凝土管规格：内径 400～1400mm，适用压力范围为 0.4～1.2MPa。

② 自应力钢筋混凝土管规格：内径 100～600mm，适用压力范围为 0.4～1.0MPa。

（3）混凝土管的用途。其主要用于输水管道。混凝土管可以代替铸铁管和钢管，输送低压水和气等。另外还有混凝土排水管，包括素混凝土管、轻型和重型钢筋混凝土管。

2）塑料管

（1）塑料管的分类。常用的塑料管有硬聚氯乙烯(UPVC)管、聚乙烯(PE)管、聚丙烯(PP)管。

（2）塑料管的用途。

① 硬聚氯乙烯(UPVC)管分轻型管和重型管两种，广泛用于工业与民用建筑给排水各种管道。

② 聚乙烯(PE)管。PE 管材无毒，质量轻，韧性好，可盘绕，耐腐蚀，在常温下不溶于任何溶剂，低温抗冲击性能和耐久性能均比 UPVC 管好。目前 PE 管主要用于饮用水管道、雨水管道、气体管道、工业耐腐蚀管道等领域。PE 管强度较低，适用于压力较低的工作环境，且耐热性能不好，不能作为热水管道使用。

③ 聚丙烯(PP)管。在现代建筑安装工程中，采暖和给水用的大多是 PP－R 管材(件)。其优点是安装方便快捷、经济适用环保、质量轻、卫生无毒、耐热性能好、耐腐蚀、保温性能好、寿命长等。管径比公称直径大一号，如 PP－R32 就相当于 DN25，PP－R65 就相当于 DN50。公称直径分别为 DN20、DN25、DN32、DN40、DN50、DN65、DN80、DN100。PP－R 管件种类繁多，有三通、弯头、管箍、变径、管堵、管卡、支架、吊架。PP－R 管分冷热水管，冷水管为带绿色条管，热水管为带红色条管。此外，PP－R 管也可用于阀门设备上，如球阀、截止阀、蝶阀、闸阀等。

3. 复合管材

1）铝塑复合管(图 1.5)

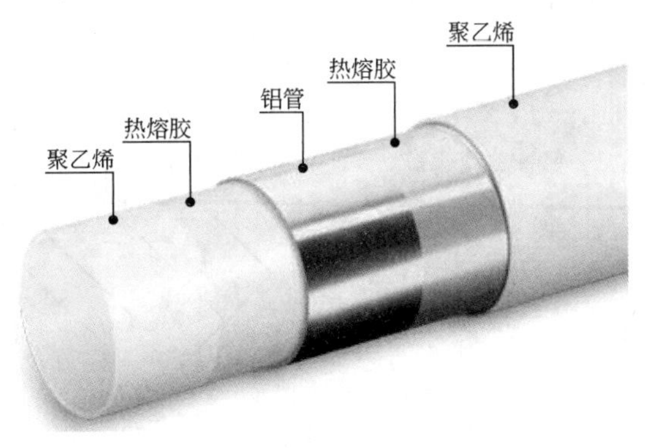

图 1.5　铝塑复合管结构图

铝塑复合管是目前民用建筑装修常用的管材，管径用公称直径 DN(mm)表示，它以焊接铝管为中间层，内外层交联聚乙烯塑料，采用专用热熔胶，通过挤压成型的方法复合成一体，可分为冷水和热水用铝塑管。铝塑复合管有较好的保温性能，内外壁不易腐蚀，因内壁光滑，流体阻力很小，又因为可随意弯曲，所以安装施工方便。作为供水管道，铝塑复合管有足够的强度，但当横向受力太大时，会影响强度，所以宜作明管施工或埋于墙体内，但不宜埋入地下(铝塑复合管也可以埋入地下，比如地暖中用的管子就是铝塑复合管)。铝塑复合管的连接是卡套式的(也可以是卡压式的)，因此施工中要做到：一是通过严格的试压，检验连接是否牢固；二是防止经常振动，使卡套松脱；三是长度方向应留足安装量，以免拉脱。

图 1.6 钢塑复合管

2) 钢塑复合管(SP 管)(图 1.6)

SP 管是以钢为骨架，在内层或外层或内外两层涂覆塑料而形成的复合管材。SP 管既具有钢材优良的耐压、耐热性能及尺寸稳定性等，又具有塑料耐腐蚀、导热系数低、质量轻、弹性好、韧性好等性能。它可应用于市政建筑给排水系统、供暖系统、化工及食品工业等领域，管径用公称直径 DN(mm)表示。

特别提示

目前国际上给水系统常用管材包括不锈钢管、铜管、钢塑复合管、铝塑复合管、PE管等，但综合考虑各种管材的性能、工程成本和使用寿命等因素，以及人们对饮用水性能的关注，目前国内最常用的是铝塑复合管。

1.1.2 常用管件

管件包括弯头、三通、四通、异径管、钢制活接头、螺纹短接、丝堵、管接头、封头和盲板等。

1. 弯头

弯头是用来改变管道走向的管件，包括 90°、U 型和 45°弯头(图 1.7)，用公称直径 DN(mm)×度数表示，常用的有以下几种。

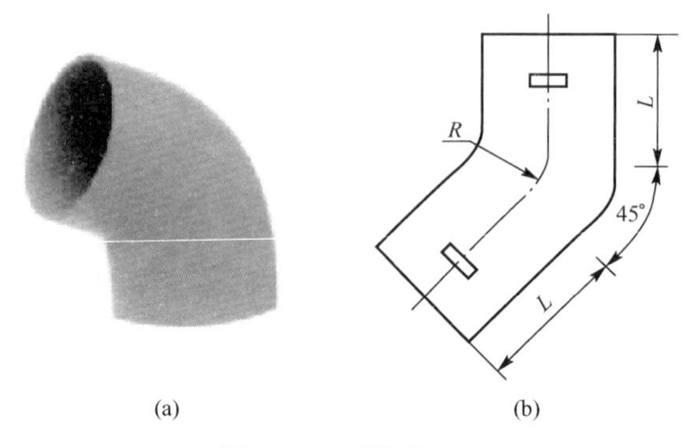

图 1.7 45°弯头

1）铸铁弯头

铸铁弯头用螺纹方式连接，主要用于采暖、上下水和煤气管道上。

2）碳钢、合金钢、不锈钢无缝对焊弯头(也称压制弯头)

公称压力有 2.5MPa、4.0MPa、6.4MPa、10.0MPa 共 4 个等级范围，压制弯头如图 1.8 所示。

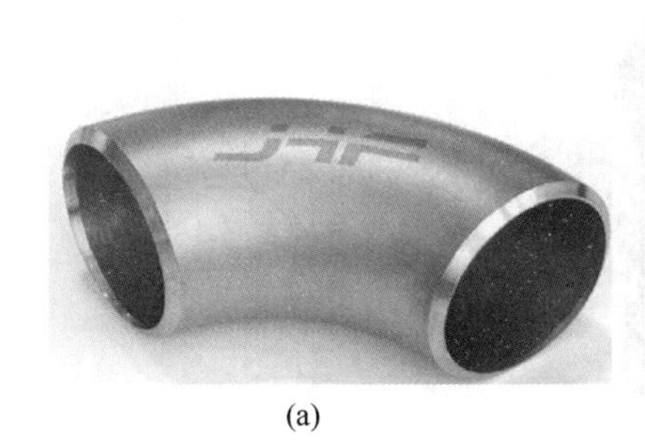

(a)

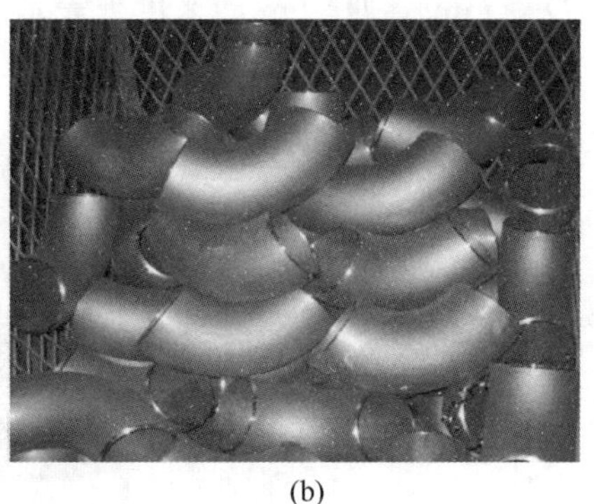

(b)

图 1.8 压制弯头

3）焊制弯头

焊制弯头包括冲压焊接弯头、焊制管弯头和焊制 90°带座弯头。焊制弯头如图 1.9 所示。

图 1.9 焊制弯头

冲压焊接弯头是用与管材相同的板材，用模具冲压成半片环形弯头，然后将两片环形弯头进行对焊成型。焊制管弯头也称虾米腰或虾体弯头，一种是用钢板下料切割后卷制焊接成型，多数用于钢板卷管的配套，另一种是用管材下料组对焊接而成。焊制管弯头弯曲半径为 1.5d，压力不大于 2.5MPa，温度小于 200℃。焊制 90°带座弯头由钢板卷制焊接而成，适用于输送压力小于 1MPa，温度小于 200℃的空气、煤气、二氧化硫等介质的管路中。

4）塑料弯头

塑料弯头用于给排水管道系统，如图 1.10 所示。

图 1.10 塑料弯头

2. 三通、四通

三通、四通是主管道与分支管道相连接的管件，如图 1.11 所示，可分为等径三通、四通和异径三通、四通，按材质又可分为铸铁三通、四通和钢制三通、四通。承插铸铁三通主要用于给排水管道(其中给水管道多采用 90°正三通，排水管道多采用 45°斜三通)，法兰铸铁三通多用于室外铸铁管，一般都是 90°正三通。钢制三通、四通有等径和异径之分，用公称直径DN(mm)×DN(mm)×度数表示。

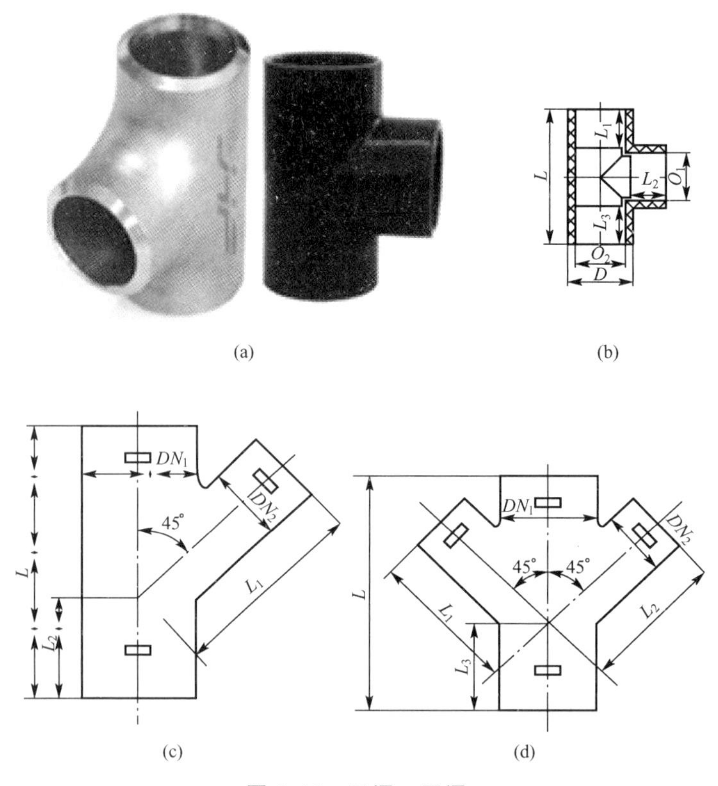

图 1.11　三通、四通

3. 异径管

异径管的作用是使管道变径，有同心和偏心两种；按制造方式可分为无缝和有缝两种，用公称直径 DN(mm)×DN(mm)表示，如图 1.12 所示。

图 1.12　异径管

4. 钢制活接头

钢制活接头适用于压力小于 4MPa 的可拆管段上，用公称直径 DN(mm)表示，如图 1.13 所示。

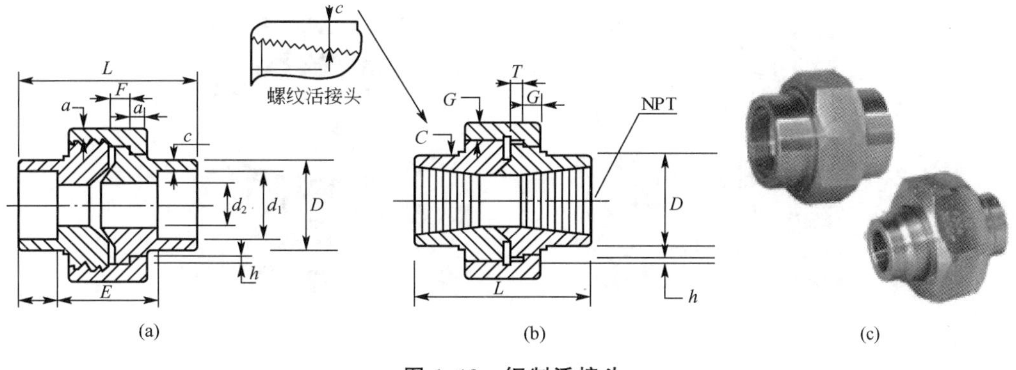

图 1.13　钢制活接头

5. 螺纹短接

螺纹短接有单头螺纹和双头螺纹两种，用公称直径 DN(mm)表示，如图 1.14 所示。

6. 丝堵

丝堵适用于压力小于 10MPa 管件的堵头，用公称直径 DN(mm)表示，如图 1.15 所示。

图 1.14　螺纹短接　　　图 1.15　丝堵

7. 管接头

管接头适用于输送压力小于 2MPa 的水、煤气的钢管，用公称直径 DN(mm)表示，如图 1.16所示。

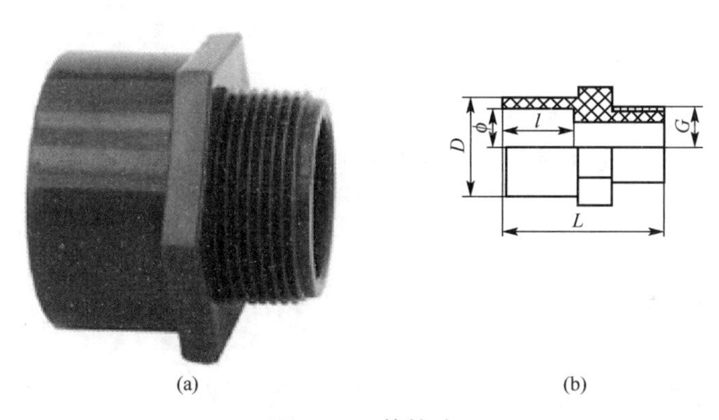

图 1.16　管接头

8. 封头

封头是用于在管端起封闭作用的管件，有椭圆形和平盖形两种，用公称直径DN(mm)表示，如图1.17所示。

(a)

(b)

图1.17 封头

9. 盲板

盲板是用于临时(永久)切断管道内介质的管件，用公称直径DN(mm)表示，如图1.18所示。

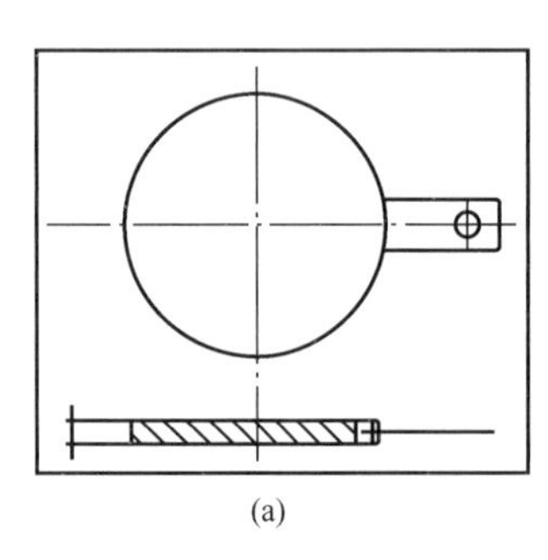
(a)

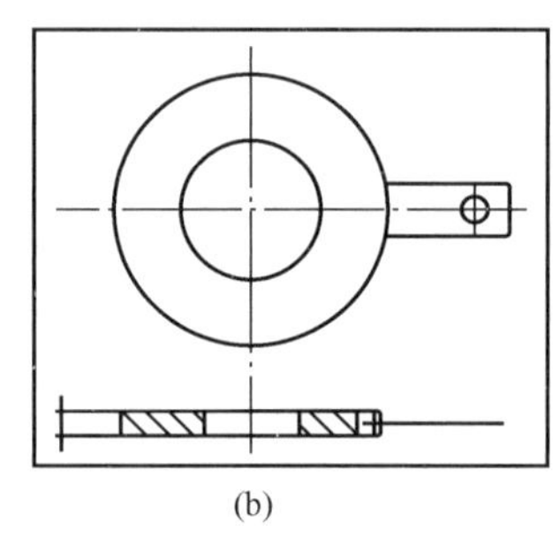
(b)

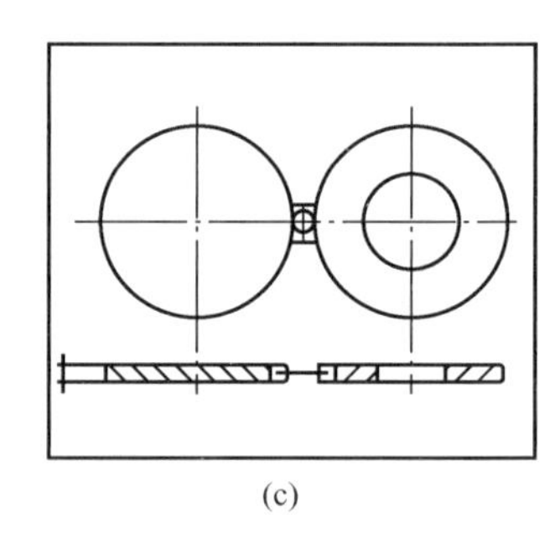
(c)

图1.18 盲板

特别提示

管件在使用前应进行外观检查，其外表应符合下列要求。

(1) 无裂纹、缩孔、夹渣、折叠、重皮等缺陷，不应逾越产品相应规范允许的壁厚负偏差。

(2) 锈蚀、凸起及其他机械损伤的深度满足规范要求。

(3) 螺纹、密封面、坡口的加工精度及粗糙度应达到设计文件要求或制造标准。

(4) 有产品标识。

1.1.3 常用附件

给水管道附件是安装在管道及设备上的具有启闭或调节功能、保障系统正常运行的装置，分为配水附件、控制附件与其他附件三大类，用公称直径DN(mm)表示。

1. 配水附件

配水附件是指为各类卫生器具或受水器分配或调节水流的各式水龙头(或阀件)，是使用最为频繁的管道附件，产品应符合节水、耐用、开关灵便、美观等要求。

(1) 旋启式水龙头。其普遍用于洗涤盆、污水盆、盥洗槽等卫生器具的配水，由于密封橡胶垫磨损，容易造成滴、漏现象，我国已明令限期禁用普通旋启式水龙头，而以陶瓷芯片水龙头代之。

(2) 旋塞式水龙头。手柄旋转 90°即完全开启，可在短时间内获得较大流量。由于旋塞式水龙头启闭迅速易产生水击，一般设在浴池、洗衣房、开水间等压力不大的给水设备上。因水流直线流动，其阻力较小。

(3) 陶瓷芯片水龙头。其采用精密的陶瓷芯片作为密封材料，由动片和定片组成，通过手柄的水平旋转或上下提压造成动片与定片的相对位移从而启闭水源，使用方便，但水流阻力较大。陶瓷芯片硬度极高，优质陶瓷阀芯使用 10 年也不会漏水。新型陶瓷芯片水龙头大多有流畅的造型和不同的颜色，有的水龙头表面镀钛金、镀铬、烤漆、烤瓷等。造型除常见的流线形、鸭舌形外，还有球形、细长的圆锥形、倒三角形等，使水龙头具有了装饰功能。

(4) 混合水龙头。其安装在洗脸盆、浴盆等卫生器具上，通过控制冷热水流量调节水温，作用相当于两个水龙头，使用时将手柄上下移动控制流量，左右偏转调节水温。

(5) 延时自闭水龙头。其主要用于酒店及商场等公共场所的洗手间，使用时将按钮下压，每次开启持续一定时间后，靠水压力及弹簧的增压而自动关闭水流，能够有效避免“长流水”现象，避免浪费。

(6) 自动控制水龙头。其根据光电效应、电容效应、电磁感应等原理，自动控制水龙头的启闭，常用于建筑装饰标准较高的盥洗、淋浴、饮水等的水流控制，具有防止交叉感染、提高卫生水平及舒适程度的功能。

常见的几种水龙头，如图 1.19 所示。

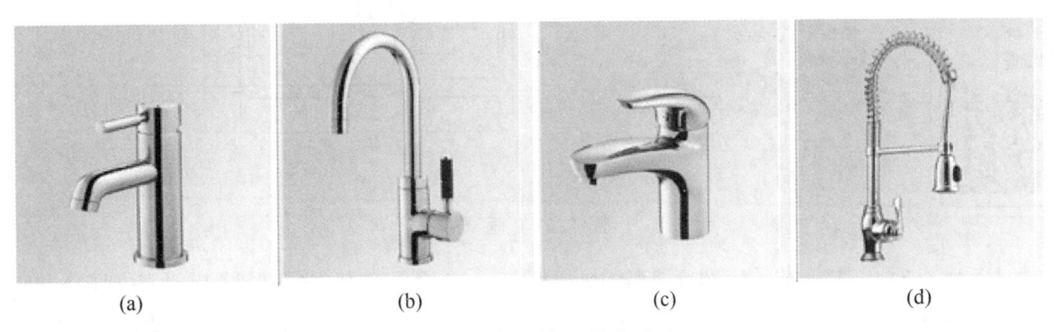

(a) (b) (c) (d)

图 1.19 常见的几种水龙头

2. 控制附件

控制附件是指用于调节水量、水压，关断水流，控制水流方向、水位的各式阀门。控制附件应符合性能稳定、操作方便、便于自动控制、精度高等要求。

控制附件主要包括闸阀、截止阀、球阀、蝶阀、止回阀、浮球阀、减压阀、泄压阀、安全阀、多功能阀、紧急关闭阀等，如图 1.20 所示。

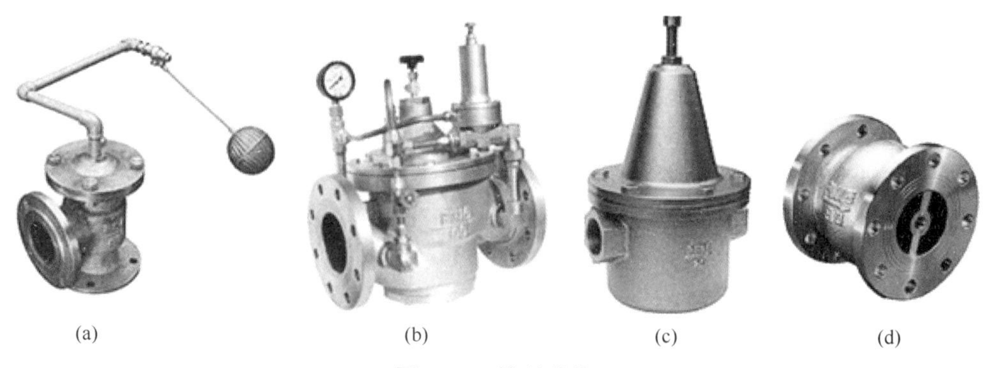

图 1.20　控制附件

(1) 闸阀。其是指关闭件(闸板)由阀杆带动，沿阀座密封面作升降运动的阀门，一般用于 $DN \geqslant 70\mathrm{mm}$ 的管路。闸阀具有流体阻力小、开闭所需外力较小、介质的流向不受限制等优点；但外形尺寸和开启高度都较大、安装所需空间较大、水中有杂质落入阀座后阀不能关闭严密、关闭过程中密封面间的相对摩擦容易引起擦伤现象。在要求水流阻力小的部位(如水泵吸水管上)，宜采用闸阀。闸阀如图 1.21 所示。

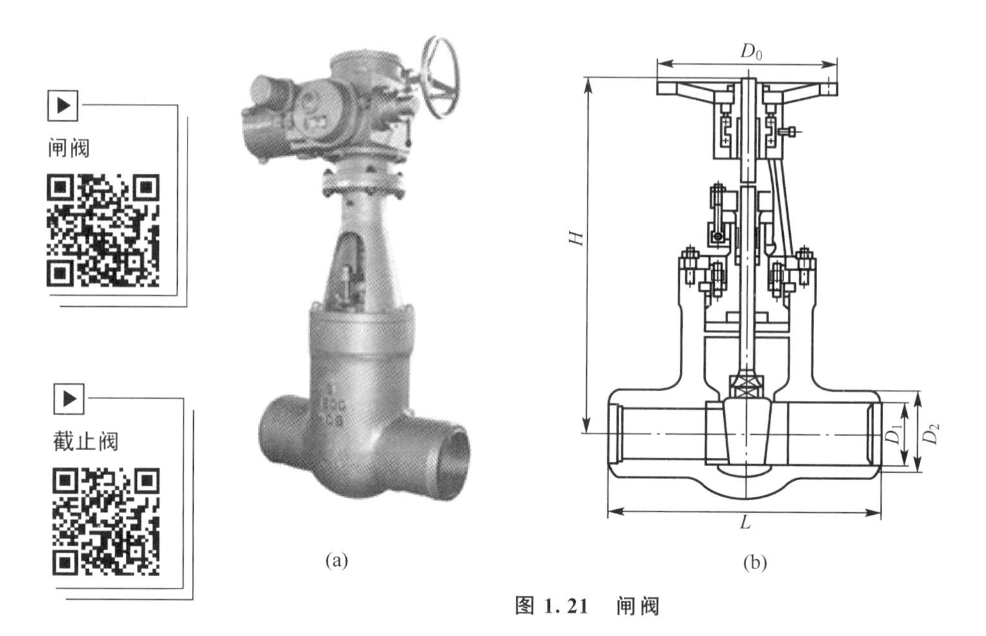

图 1.21　闸阀

(2) 截止阀。其是指关闭件(阀瓣)由阀杆带动，沿阀座轴线作升降运动的阀门。截止阀具有开启高度小、关闭严密、在开闭过程中密封面的摩擦力比闸阀小、耐磨等优点；但截止阀的水头损失较大，由于开闭力矩较大，结构长度较长，一般用于 $DN \leqslant 200\mathrm{mm}$ 的管道中。需调节水量、水压时，宜采用截止阀，在水流需双向流动的管段上不得使用截止阀。截止阀如图 1.22 所示。

(3) 球阀。其是指启闭件(球体)绕垂直于通路的轴线旋转的阀门，在管路中用来切断、分配流量和改变介质的流动方向，适宜于安装在空间小的场所。球阀具有流体阻力小、结构简单、体积小、质量轻、开闭迅速等优点，但容易产生水击。球阀如图 1.23 所示。

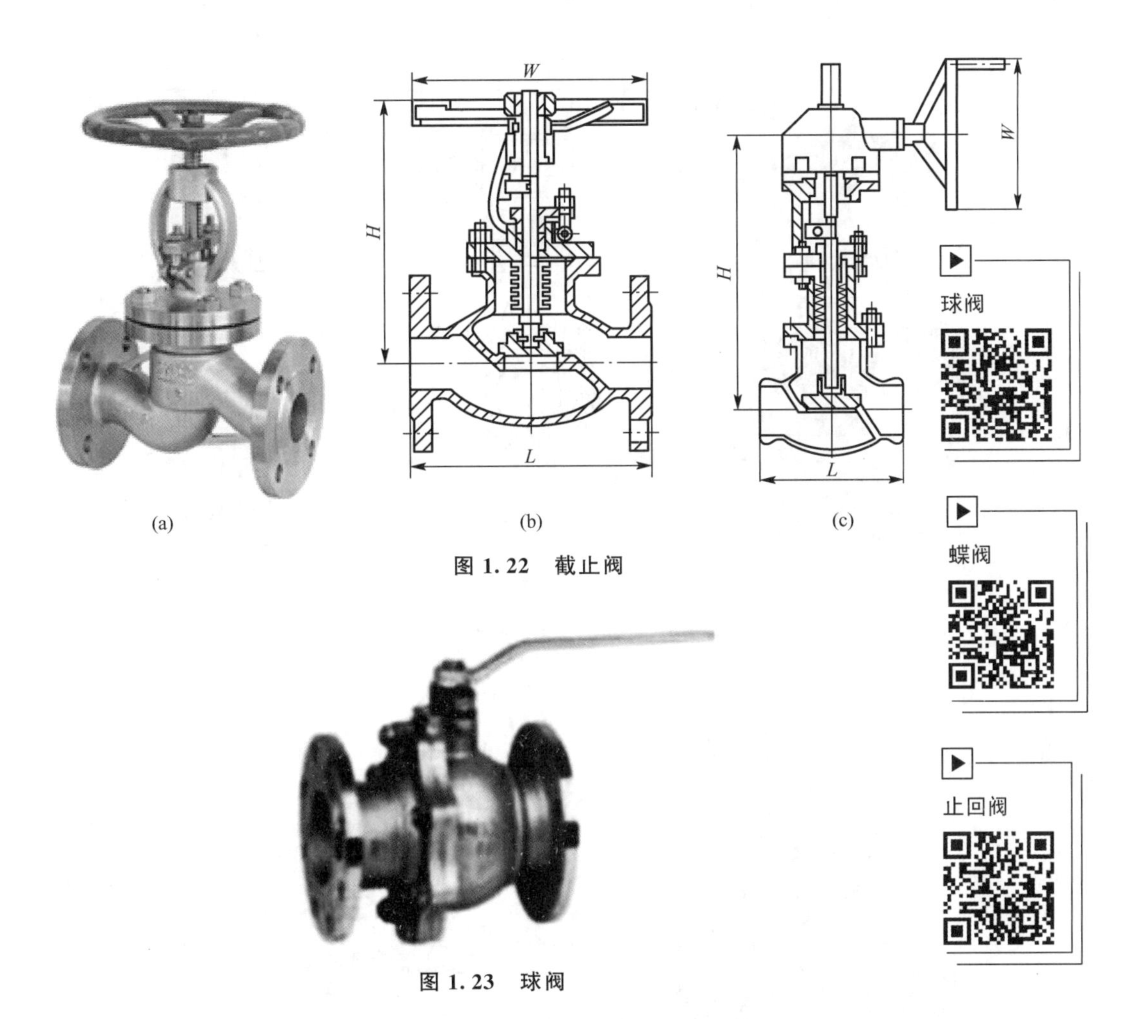

图 1.22 截止阀

图 1.23 球阀

(4) 蝶阀。其是指启闭件(蝶板)绕固定轴旋转的阀门。蝶阀具有操作力矩小、开闭时间短、安装空间小、质量轻等优点。蝶阀的主要缺点是蝶板占据一定的过水断面，增大水头损失，且易挂积杂物和纤维。蝶阀如图 1.24 所示。

(5) 止回阀。其是指启闭件(阀瓣或阀芯)借介质作用力，自动阻止介质逆流的阀门，一般安装在引入管、密闭的水加热器或用水设备的进水管、水泵出水管、进出水管合用一条管道的水箱(塔、池)的出水管段上。根据启闭件动作方式的不同，可将其进一步分为旋启式止回阀、升降式止回阀、消声止回阀、缓闭止回阀等类型。止回阀如图 1.25 所示。

(6) 浮球阀。其广泛用于工矿企业、民用建筑中各种水箱（塔、池）的进水管路中，通过浮球的调节作用来维持水箱(塔、池)的水位。当水箱(塔、池)充水到既定水位时，浮球随水位浮起，关闭进水口，防止溢流；当水位下降时，浮球下落，进水口开启。为保障进水的可靠性，一般采用两个浮球阀并联安装，浮球阀前应安装检修用的阀门。浮球阀如图 1.26 所示。

(7) 减压阀。给水管网的压力高于配水点允许的最高使用压力时，应设置减压阀。给水系统中常用的减压阀有比例式减压阀和可调式减压阀两种。比例式减压阀用于阀后

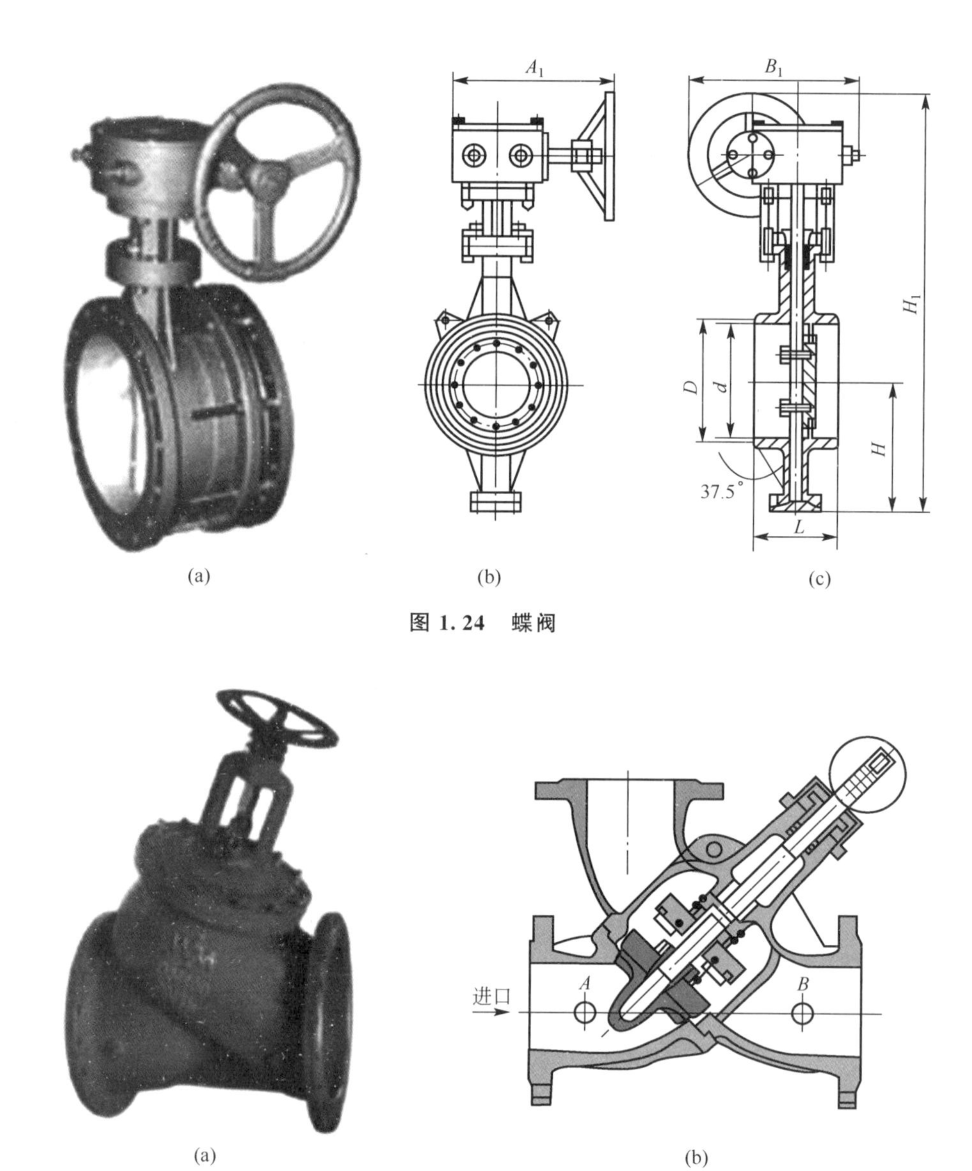

图 1.24 蝶阀

图 1.25 止回阀

压力允许波动的场合，垂直安装，减压比不宜大于 3∶1；可调式减压阀用于阀后压力要求稳定的场合，水平安装，阀前与阀后的最大压差不应大于 0.4MPa。减压阀如图 1.27 所示。

(8) 泄压阀。其与水泵配套使用，主要安装在给水系统中的泄水旁路上，可保证给水系统的水压不超过主阀上导阀的设定值，确保给水管路、阀门及其他设备的安全。当给水管网存在短时超压工况，且短时超压会引起使用不安全时，应设置泄压阀。泄压阀的泄流量大，应连接管道排入非生活用水水池，当直接排放时，应有消能措施。泄压阀如图 1.28 所示。

(9) 安全阀。其可以防止系统内压力超过预定的安全值，它利用介质本身的力量排出额定数量的流体，不需借助任何外力，当压力恢复正常后，阀门再行关闭并阻止介质继续

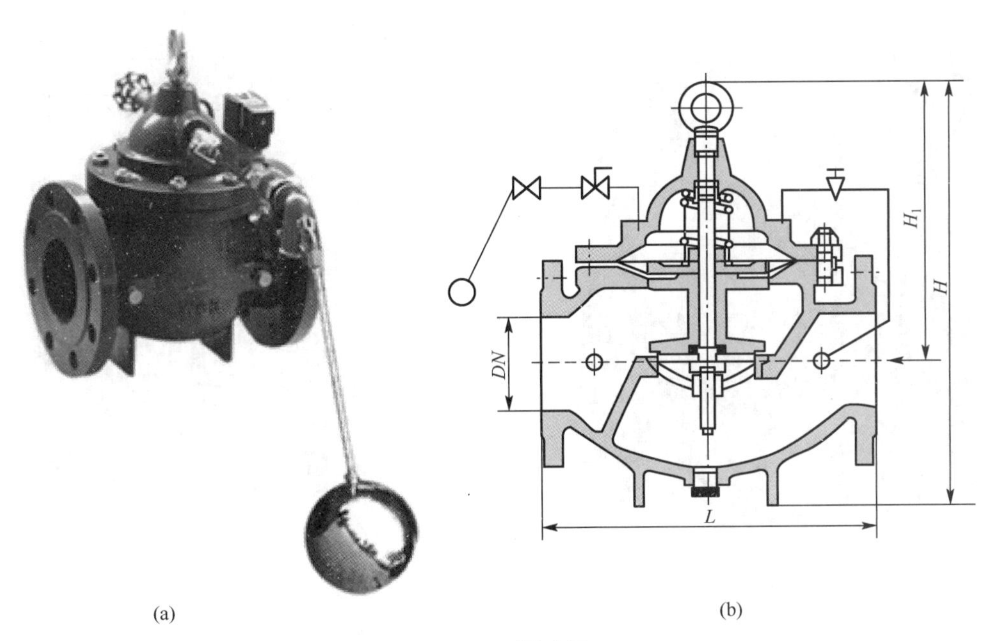

(a) (b)

图 1.26 浮球阀

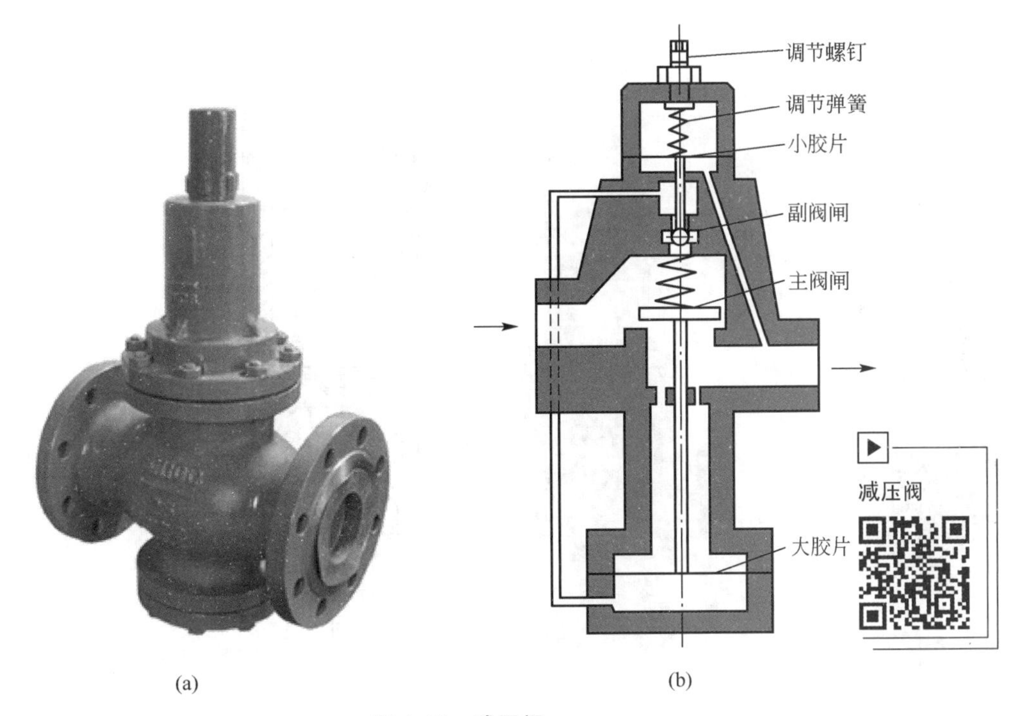

(a) (b)

图 1.27 减压阀

流出。安全阀的泄流量很小，主要用于释放压力容器因超温引起的超压。安全阀如图 1.29 所示。

(10) 多功能阀。其兼有电动阀、止回阀和水锤消除器的功能，一般装在口径较大的水泵出水管路的水平管段上。多功能平衡式截止阀如图 1.30 所示。

(a)

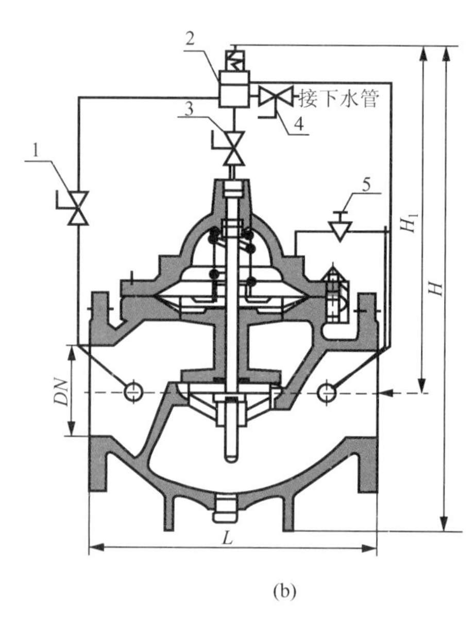

(b)

1、3、4—小球阀；2—导阀；5—针形阀。

图 1.28　泄压阀

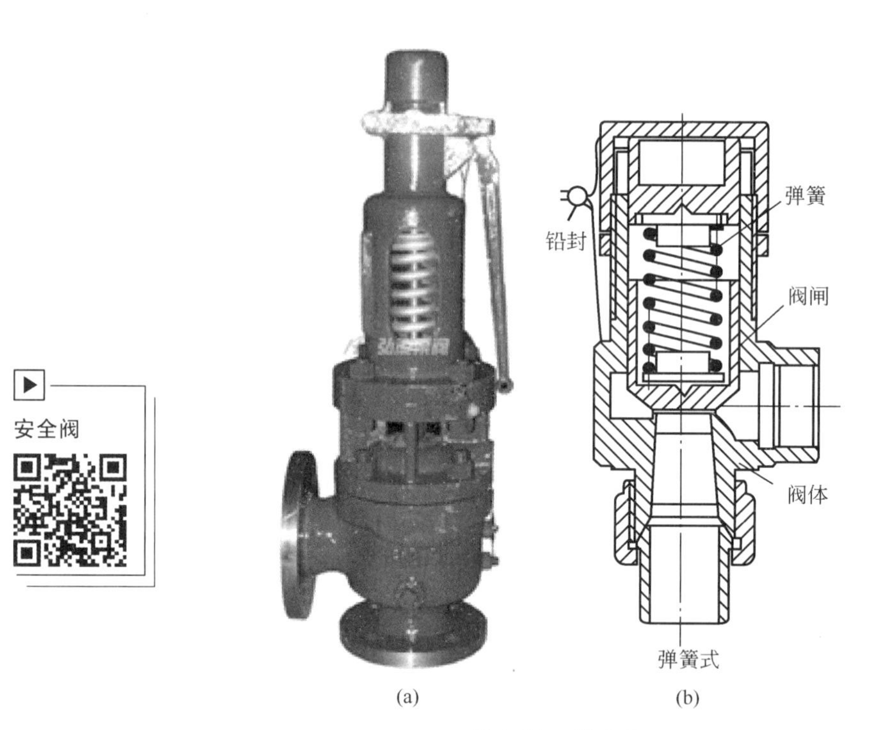

(a)　(b)

图 1.29　安全阀

(11) 紧急关闭阀。其用于生活小区中消防用水与生活用水并联的给水系统中。当消防用水时，阀门自动紧急关闭，切断生活用水，保证消防用水；当消防结束时，阀门自动打开，恢复生活用水。

(a)

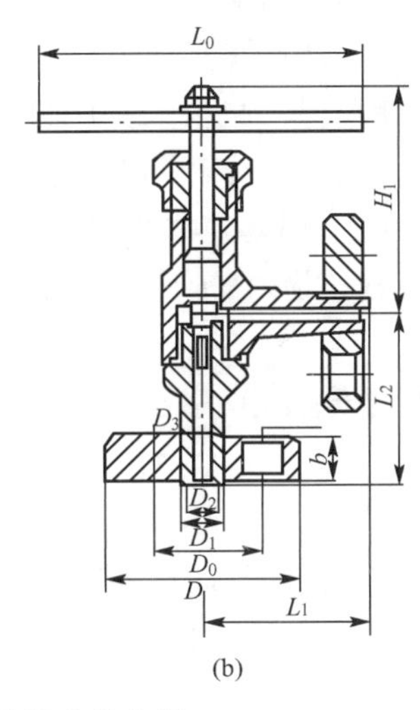

(b)

图 1.30　多功能平衡式截止阀

特别提示

引例(1)的解答：某住宅给水管道阀门失灵，不能有效控制水流，引起此种现象的原因是阀门方向安装反了；或者水中有杂质落入阀座后使阀门关闭不严；或者阀门关闭过程中密封面间的相对摩擦引起擦伤现象，使阀门关闭不严。

3. 其他附件

在给水系统的适当位置，经常需要安装一些保障系统正常运行、延长设备使用寿命、改善系统工作性能的附件，如排气阀、橡胶接头、管道伸缩器、管道过滤器、倒流防止器、水锤消除器、水表等。

(1) 排气阀。其用来排除积集在管中的空气，以提高管线的使用效率。在间歇性使用的给水管网末端和最高点、自动补气式气压给水系统给水管网的最高点、给水管网有明显起伏可能积聚空气的管段的峰点应设置自动排气阀。

(2) 橡胶接头。其由织物增强橡胶件与活结头或金属法兰组成，用于管道吸收振动、降低噪声，补偿因各种因素引起的水平位移、轴向位移、角度偏移。

(3) 管道伸缩器。其可在一定的范围内轴向伸缩，也能在一定的角度范围内克服因管道对接不同轴而产生的偏移。它既能极大地方便各种管道、水泵、水表、阀门的安装与拆卸，又可以补偿管道因温差引起的伸缩变形、代替 U 形管。

(4) 管道过滤器。其用于除去液体中的少量固体颗粒，安装在水泵吸水管、水加热器进水管、换热装置的循环冷却水进水管上，以及进水总表、住宅进户水表、减压阀、自动水位控制阀、温度调节阀等阀件前，保护设备免受杂质的冲刷、磨损、淤积和堵塞，保证设备正常运行，延长设备的使用寿命。

(5) 倒流防止器。其也称防污隔断阀，由两个止回阀中间加一个排水器组成，用于防止生活饮用水管道发生回流污染。倒流防止器与止回阀的区别在于，止回阀只是引导水流单向流动的阀门，不是防止倒流污染的有效装置，倒流防止器具有止回阀的功能，而止回阀则不具备倒流防止器的功能（管道设有倒流防止器后，不需再设止回阀）。

（6）水锤消除器。其在高层建筑物内用于消除因阀门或水泵快速开闭所引起的管路中压力骤然升高的水锤危害，减少水锤压力对管路及设备的破坏，可安装在水平、垂直甚至倾斜的管路中。

（7）水表。其用于计量建筑物的用水量，通常设置在建筑物的引入管、住宅和公寓建筑的分户配水支管、公用建筑物内需计量水量的水管上，具有累计功能的流量计可以替代水表。

1.1.4 管道的连接方式

1. 螺纹连接

螺纹连接是指将管子端部加工成外螺纹和带有内螺纹的管件拧接在一起。螺纹连接主要适用于 *DN*100 口径以下的镀锌钢管的连接，以及管径较小、压力较低的螺纹阀门及设备等。

2. 法兰连接

法兰连接是通过连接件法兰及紧固螺栓、螺母的紧固，压紧中间的法兰垫片而使管道连接起来的一种连接方法。法兰连接用于经常拆卸的部位，在中、高压管理系统和低压大管径管路系统中，凡是需要经常检修的阀门等附件与管道之间的连接，常用法兰连接。法兰连接的特点是结合强度高、严密性好、拆卸安装方便，但法兰接口耗用钢材多、工时多、价格贵、成本高。

3. 焊接连接

焊接连接是用电焊和氧乙炔焊将两端管道连接在一起，是管道安装工程中应用最广泛的连接方法。焊接连接的特点是接头紧密、不漏水、不需配件、施工迅速，但无法拆卸。焊接连接常用于 *DN*＞32mm 的非镀锌钢管、无缝钢管、铜管的连接。

4. 承插连接

承插连接是将管子或管件的插口(小头)插入承口(喇叭口)，并在其插接的环形间隙内填以接口材料的连接方法。一般铸铁管、塑料排水管、混凝土管都采用承插连接。

5. 卡套式连接

卡套式连接是用锁紧螺母和带螺纹管件组成的专用接头而进行管道连接的一种连接形式，广泛用于复合管、塑料管和 *DN*＞100mm 的镀锌钢管的连接。

特别提示

引例(2)的解答：某住宅卫生间管道渗水主要原因是管道连接方式不合理，连接接头不紧密。

1.1.5 管道安装机具

1. 加工机具

1）套丝机(图 1.31)

套丝机是把 1980 年前的手动管螺纹绞板电动化。它使管道安装时的管螺纹加工变得轻松、快捷，降低了管道安装工人的劳动强度。

套丝机工作时，先把要加工螺纹的管子放进管子卡盘，撞击卡紧，按下启动开关，管子就随卡盘转动起来，调节好板牙头上的板牙开口大小，设定好丝口长短，然后顺时针扳动进刀手轮，使板牙头上的板牙刀以恒力贴紧转动的管子端部，板牙刀就自动切削套丝，同时冷却系统自动为板牙刀喷油冷却，等丝口加工到预先设定的长度时，板牙刀就会自动张开，丝口加工结束，关闭电源，撞开卡盘，取出管子。

套丝机还具有管子切断功能：把管子放进管子卡盘，撞击卡紧，按下启动开关，放下进刀装置上的割刀架，扳动进刀手轮，使割刀架上的刀片移动至想要割断的长度点，渐渐旋转割刀上的手柄，使刀片挤压转动的管子，管子转动4～5圈后被刀片挤压切断。

2）电焊机(图1.32)

电焊机是利用正负两极在瞬间短路时产生的高温电弧来熔化电焊条上的焊料和被焊材料，来达到使它们结合的目的。电焊机结构十分简单，就是一个大功率的变压器，电焊机一般按输出电源种类可分为两种，一种是交流电的，另一种是直流电的。电焊机是利用电感的原理做成的，电感量在接通和断开时会产生巨大的电压变化。

图1.31　套丝机

图1.32　电焊机

3）管道煨弯机(图1.33)

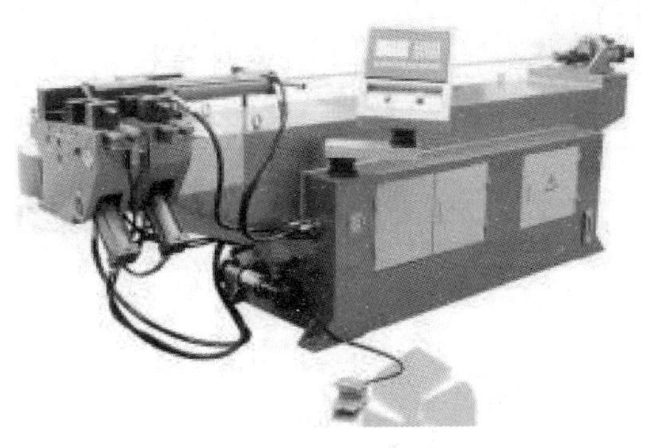

图1.33　管道煨弯机

管道煨弯机也称弯管机，是一种新型的具有弯管功能及起顶功能的弯管工具。其具有结构合理、使用安全、操作方便等优点。它主要用于安装和修理管道，除具有弯管功能外，还能卸下弯管部件(油缸)作为分离式液压起顶机使用。

其他常用加工机具有砂轮机、台钻、手电钻、电锤、电动水压泵等。

2. 一般工具

它主要包括套丝板、圆丝板、管钳、链钳、活扳子、手锯、手锤、大锤、錾子、捻凿、麻钎、螺钉板、压力案、台虎钳、克丝钳、改锥、气焊工具等。

3. 量具

它主要包括水平尺、钢卷尺、线坠、焊口检测器、卡尺、小线等。

1.2 通风空调工程常用材料及设备

引例

让我们来看看以下现象。

某住宅通风管道出现下挠变形，请分析原因。

1.2.1 常用管材

1. 金属风管

1) 普通薄钢板风管

普通薄钢板分为镀锌钢板(俗称白铁皮)和非镀锌钢板(俗称黑铁皮)，具有良好的可加工性，可制作成圆形、矩形风管及各种管件。它连接简单、安装方便、质轻，具有一定的机械强度及良好的防火性能，密封效能好，有良好的耐腐蚀性能。但普通薄钢板保温性能差，运行时噪声较大，防静电差。镀锌钢板风管如图 1.34 所示。

图 1.34 镀锌钢板风管

2) 铝板风管

铝板的种类很多，可分为纯铝板和合金铝板两种。铝板表面有一层细密的氧化铝薄膜，可以阻止外部的进一步腐蚀。铝能抵抗硝酸的腐蚀，但容易被盐酸和碱类所腐蚀。由

99%的纯铝制成的铝板，有良好的耐腐蚀性能，但强度较低，可在铝中加入一定数量的铜、硅、镁、锌等炼成铝合金。铝板风管如图1.35所示。

当采用铝板制成的风管和部件厚度小于或等于1.5mm时可采用咬口连接，厚度大于1.5mm时可采用焊接连接。在运输和加工过程中要注意保护板材表面，以免产生划痕和擦伤。

图1.35 铝板风管

3）不锈钢风管

不锈钢板在空气、酸碱性溶液或其他介质中有较高的化学稳定性，因而多用于化学工业中输送含有腐蚀性气体的通风系统。由于不锈钢板的机械强度比普通薄钢板高，故在选用时板厚可以小一些。不锈钢风管如图1.36所示。

4）彩钢板复合风管

其是目前传统复合风管的替代产品，又是镀锌钢板风管的新一代进化产品。它除具有铁皮风管的风度好、强度大的优点外，还具有复合风管的不需要二次保温、吸声降噪的性能。风管外表为彩色钢板，克服了玻纤风管、酚醛风管、聚氨酯风管等强度低、外壁易破损的弱点，发挥了镀锌钢板的优势，同时保温层为高密度玻璃棉板(酚醛保温板、挤塑保温板)，保留了消声、减震的优点。彩钢板复合风管如图1.37所示。

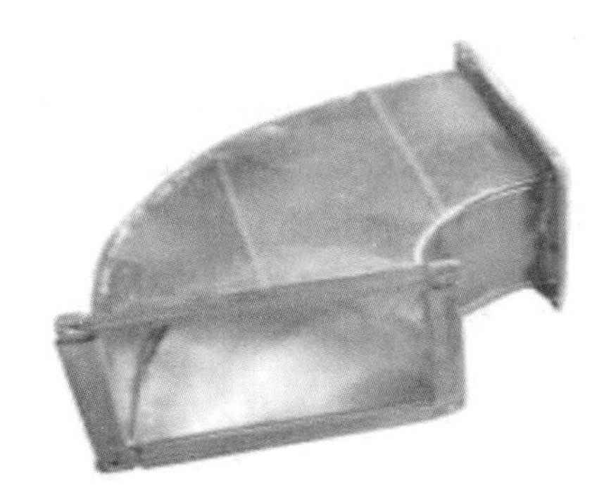

图1.36 不锈钢风管

图1.37 彩钢板复合风管

2. 非金属风管

1）复合玻纤风管

复合玻纤风管是以离心玻璃棉板为原料，内外壁复合贴有不同类型材质的贴面，并用水溶性胶进行粘贴，制成的高强度风管，具有良好的热学、声学性能。复合玻纤风管以其独特的材质和精湛的复合技术，克服了其他类似风管的一些缺点，使空调领域中的复合玻纤风管技术的应用迈向一个新的台阶。复合玻纤风管如图1.38所示。

2）无机不燃型玻璃钢风管(玻璃纤维氯氧镁水泥风道)

它是近年来基于对新材料、新工艺等研究的基础上发展起来的一种新型复合材料风管。它以氯氧镁水泥为胶结材料，以玻璃纤维布为增强材料，经建模、配料、糊制、排泡、固化时效等工序制成，具有管体与法兰一次成型、不燃、耐腐蚀、质量轻、强度高、阻力小、系统密封性能好等优点。玻璃纤维氯氧镁水泥风道如图1.39所示。

(a)

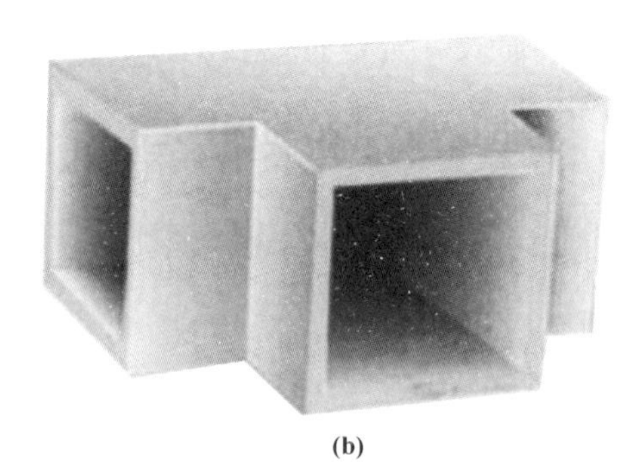

(b)

图 1.38 复合玻纤风管

图 1.39 玻璃纤维氯氧镁水泥风道

3）铝箔挤塑(XPS)复合风管

铝箔挤塑(XPS)复合风管以硬质 B1 级聚苯乙烯泡沫为保温层，双面复合轧花铝板，一次性加工而成。各项指标符合国家标准《通风与空调工程施工质量验收规范》(GB 50243—2016)和《建筑设计防火规范(2018 年版)》(GB 50016—2014)的规定。铝箔挤塑(XPS)复合风管如图 1.40 所示。

4）砖或混凝土风道

在通风空调工程中，当在多层建筑中垂直输送气体或地下水平输送气体时，可采用砖或混凝土风道。该类风道具有良好的耐火性能，常用于正压送风或排烟系统中。混凝土风道如图 1.41 所示。

图 1.40 铝箔挤塑(XPS)复合风管

图 1.41 混凝土风道

1.2.2 常用金属型材

1. 圆钢

管道通风空调工程中，常用普通碳素钢的热轧圆钢(直条)，直径用 ϕ 表示，单位为 mm。圆钢适用于加工制作 U 形螺栓和抱箍(支架、吊架等)。

2. 槽钢

槽钢在通风空调工程中，主要用来制作箱体框架、设备机座、管道及设备支架等。槽钢分为普通型和轻型两种，工程中常用普通型。

3. 角钢

角钢是通风空调工程中应用广泛的型钢，如用于制作通风管道法兰盘、各种箱体容器设备框架、各种管道支架等。角钢规格以“边长×边长×厚度”表示，并在规格前加“∟”，单位是 mm。工程中常用等边角钢，即两个边宽相等。

4. 扁钢

扁钢在通风空调工程中主要用来制作风管法兰、加固圈和管道支架等。扁钢常用普通碳素钢热轧而成，其规格以“宽度×厚度”表示，单位为 mm。

特别提示

引例的解答：通风管道出现下挠变形的原因是支架或吊架间距设置不合理，引起通风管道由于自重过大产生下挠。

1.3 电气工程常用材料及设备

引例

让我们来看看以下现象。

(1) 某施工现场电缆沟突然冒烟起火，试分析引起该事故可能的原因。

(2) 某住宅用电过程中，经常自动断电，请分析原因。

1.3.1 常用导电材料

1. 电力电缆

1) 概述

电力电缆和架空线在电力系统中的作用相同，作为传送和分配电能的线路用。电缆线路的基建费用一般高于架空线路，但它具有下列特点。

(1) 一般埋设于土壤中或敷设于室内、沟道、隧道中，不用杆塔，占地少。

(2) 受气候条件和周围环境影响小，传输性能稳定，中、低压线路可较少维护，安全性较高。

(3) 具有向超高压、大容量发展的更为有利的条件，如低温、超导电力电缆等。

电力电缆常用于城市的地下电网、发电站的引出线路，以及过江、过海峡等的水下输电线路。电力电缆断面如图 1.42 所示。

图 1.42　电力电缆断面

2）电力电缆的品种

电力电缆的品种，见表 1-1。

表 1-1　电力电缆的品种

绝缘类型	电缆名称	电压等级/kV	最高长期工作温度/℃
油浸纸绝缘电缆	粘性浸渍电缆［统包型、分相铅(铝)包型］	1～3	80
		6	65
		10	60
		20～35	50
	不滴流浸渍电缆［统包型、分相铅(铝)包型］	1～6	80
		10	70
		20～35	65
	自容式充油电缆	110～750	80～85
	钢管充油电缆	110～750	80～85
	钢管压气电缆	110～220	80
	充气电缆	35～110	75
塑料绝缘电缆	聚氯乙烯电缆	1～6	70
	聚乙烯电缆	6～220	70
	交联聚乙烯电缆	6～220	90
橡皮绝缘电缆	乙丙橡皮电缆	1～110	80～85
	丁基橡皮电缆	1～35	80
气体绝缘电缆	压缩空气绝缘电缆	220～500	90
新型电缆	低温电缆		
	超导电缆		

3）电缆附件的品种

（1）电缆终端。其主要要求是：①能均匀电压分布；②内外绝缘配合，限制闪络只发生在外绝缘瓷套上；③在现场能方便地安装和浸渍；④要密封，防止空气和潮气浸入电缆绝缘，以及能容纳电缆的浸渍剂。电缆终端如图 1.43 所示。

图 1.43　电缆终端

（2）连接盒。连接盒中铅包电缆及导线连接处的电场较为集中，并存在切向场强，因此增绕绝缘两端形成应力锥面，将靠近导线连接处的电线绝缘剥切成阶梯形或锥形面（称反应力锥）。低压油浸绝缘电缆连接盒主要类型有LB系列、LL系列和环氧树脂中间连接盒。高压充油电缆连接盒类型有普通连接盒、绝缘连接盒和塞止连接盒。塑料绝缘电缆连接盒有绕包囊型、模塑型、压力浇注型及预制和热缩管型。其中绝缘绕包囊有乙丙橡胶囊、丁基橡胶囊、浸渍涤纶囊等。10kV及以下电压等级的橡皮、塑料、交联聚乙烯绝缘电缆连接用LSV系列连接盒或热缩连接盒。连接盒如图1.44所示。

（3）供油箱。供油箱主要用于自容式电缆线路，有重力供油箱、压力供油箱和恒定压力供油箱。重力供油箱是利用供油箱与电缆之间的相对差来保持电缆油压的供油装置。压力供油箱由一组弹性元件组成。弹性元件是由波纹膜片及撑圈制成的密闭饼状元件，内充有一定压力的二氧化碳气体，置于密封的盛油箱中，箱中的油与电缆相通。恒定压力供油箱是用泵或气体维持其供油压力的恒定。

（4）电缆护层保护器。电缆护层一端接地或交叉换位互联接地时，当电缆受到过电压时，金属护层中就会产生感应过电压，可能使外护层击穿。因此，需在护层不接地端装护层接地保护器，限制护层电压值，防止外护层击穿。电缆护层保护器如图1.45所示。

图1.44 连接盒

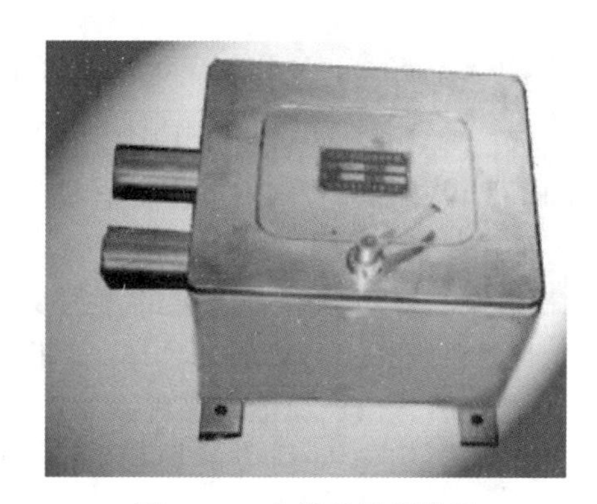

图1.45 电缆护层保护器

2. 电气装备用电线电缆

1）概述

电气装备用电线电缆是一类综合性产品，用途广泛，品种繁多，除电力电缆、通信电缆、绕组线外，大部分绝缘电线电缆可归入这一范畴。由于各产品使用要求不同，其性能指标差异也很大，如耐高温、低温，耐纵向或径向气压、液压，耐大气环境、臭氧、接触油或溶剂，抗弯曲疲劳、抗拉、抗压、抗震、抗扭，耐电压，耐电晕，耐辐照，阻燃、耐火等性能，有些要求还是综合性的。因此不同电气装备用电线电缆产品的设计、工艺及试验都具有针对性，用户对产品的选择，应周密考虑产品的耐受能力，要预测实际使用时产品耐受的各种不利因素，否则就会影响工程系统的可靠性。

（1）用途和分类。电气装备用电线电缆按产品用途分为8类。

① 低压配电电线电缆。其主要指固定敷设和移动的供电电线电缆。

② 信号及控制电缆。其主要指控制中心与系统间传递信号或控制操作的电线电缆。

③ 仪器和设备连接线。其主要指仪器、设备内部安装和外部引接线。

④ 交通运输工具电线电缆。其主要指与汽车、机车、舰船、飞机配套的电线电缆。

⑤ 地质资源勘探和开采电线电缆。其主要指煤、矿石、油田的探测和开采用电线电缆。

⑥ 直流电压电缆。其主要指与X射线机、静电设备等配套的电线电缆。

⑦ 加热电缆。其主要指生活取暖、植物栽培、管道保温等电线电缆。

⑧ 特种电线电缆。其主要指耐高温、防火、核电站等电线电缆。

(2) 主要材料。

① 金属线材。其有光亮铜线，超纯铜线，镀锡、镀银、镀镍铜线，铝线，铝合金线，铜包铝线，镀锌、镀锡、镀铜钢线，不锈钢包铜线，铁合金线，铑线等。不同的电线电缆，可按其导电性能、机械强度、导体隔离层、工作温度、热电势、屏蔽性能和机械保护等选择线材，用作导作、屏蔽和铠装。

② 金属带材。其有光亮铜带、镀锌钢带等，用于屏蔽和铠装。

③ 金属箔。其有铜箔、铝箔、聚酯复合箔、聚乙烯复合铝箔，用于屏蔽。

④ 橡皮和塑料类材料。其用于绝缘或制造护套。

⑤ 其他材料。其有棉料、真丝、合成丝、玻璃丝、沥青、石蜡等，用于绝缘或制造护层。

(3) 型号说明。电气装备用电线电缆的型号和编制方法如下。

分类代号或用途—导电线芯—绝缘—护套—派生

例如，铝芯橡皮绝缘固定敷设电线的型号为BLXW。其中B—固定敷设，L—铝芯，X—橡皮绝缘，F(省略)—氯丁橡胶护套，W—户外使用。

铜芯聚氯乙烯塑料电力电缆的型号为VV—1kV $3\times25+2\times16$。其中T(省略)—铜芯，VV—塑料绝缘，$3\times25+2\times16$—5芯电缆 (3芯$25mm^2$、2芯$16mm^2$)。

由于电气装备用电线电缆品种多，产品结构及材料组成差异大，因此产品型号和代号说明较为复杂，可参见相应的各类产品标准。下面简单介绍下常用的电气装备用电线电缆。

2) 常用的电气装备用电线电缆

(1) 固定敷设低压配电电线电缆。

其是指在低压配电网中，从变压器低压侧连接到配电柜及其他固定敷设的电线电缆，例如户外架空电线、户内明敷或暗敷电线和农用直埋电线等，但1kV级的电力电缆和架空绝缘电缆不归入此系列低压。低压配电电线电缆也用于开关柜内部接线，但绝缘母线业内已大量使用。

(2) 重型通用橡套软电缆。

其是指从低压电源连接到各种需要移动或经常移动的受电器的电线电缆，如家用电源、电动工具、移动设备(电焊机)、起重机械等配套的软电线电缆，一般以YC表示。

(3) 信号及控制电缆。

其是指从控制中心连接到各系统传递信号或控制操作功能的电缆。如KVV$7\times2.5mm^2$，表示铜芯聚氯乙烯塑料控制电缆。

信号及控制电缆常见的是低噪声电缆。低噪声电缆常用的地方是音频线和医疗电线。这些场合要求产品噪声低，抗干扰效果好。故该种电缆在电缆芯外紧包半导电塑料或橡皮，而后编织金属屏蔽，能有效降低噪声。

(4) 仪器和设备连接线。

仪器内部接线在电子管时代用量较多，自从印刷线路和集成电路问世后，其用量逐渐减少，同时随着仪器设计的改进，带状电缆得到迅速发展。仪器外部接有同轴线、多芯屏蔽电缆、弹簧线等，这类电线电缆的绝缘材料，国内以聚氯乙烯、聚乙烯、聚丙烯为主，而国外已大量应用交联聚烯烃和氟塑料。

特别提示

引例(1)的解答：施工现场电缆沟突然冒烟起火，主要原因是电缆线护层采用的是棉料、真丝、沥青、石蜡等易燃物品，并且在电缆施工现场有焊接火星或其他火源，引起该事故发生。

3. 电线

1) 裸电线

(1) 圆单线。其包括圆铜线、圆铝线、镀锡圆铜线、铝合金圆线、铝包钢圆线、钢包钢圆线和镀银圆线。

(2) 扁线。其主要有铜扁线和铝扁线两种，可用作绕组线或电气设备的连接线。

(3) 绞线。

① 铝绞线。铝绞线由硬铝线同心绞制而成，主要用于档距不大、受力较小的配电线路。

② 硬铜绞线。硬铜绞线由硬铜单线同心绞制而成，主要用作架空导线，但由于铜资源的短缺，大部分已由钢芯铝绞线代替。

③ 铝合金绞线。铝合金绞线与相同截面的铝绞线相比，其强度较高，但电阻较大，可代替一部分铝绞线用于架空输电线路。

④ 铝包钢绞线。铝包钢绞线的强度较高，耐腐蚀性也较好，可用作一般档距的跨越导线或良导体通信避雷线。其用作通信避雷线时，具有衰减小、频率特性均匀、杂音电平较低和通信费用较少等优点。

⑤ 钢芯铝绞线。钢芯铝绞线是最常用的架空导线，外部是用铝线通过绞合方式缠绕在钢芯周围。钢芯主要起增加强度的作用，钢比越大，强度越高，但导线的自重也随之增大。超高压输电线路上的分裂导线，推荐采用钢比为70%的导线，可降低线路造价。

⑥ 钢芯铝合金绞线。钢芯铝合金绞线的强度较高，机械过载能力较大，可用作较大档距或重冰区的架空导线。钢芯铝合金绞线的使用温度可达150℃，故载流量较大。沿海或化工地区，可采用防腐钢芯铝合金绞线，能提高使用寿命。

⑦ 钢芯铝包钢绞线。钢芯铝包钢绞线具有高强度、耐腐蚀和弧垂特性好等优点，主要用于大跨度架空导线及地线，可降低杆塔高度，节约工程造价。

⑧ 铝合金芯铝绞线。其由硬铝与铝合金芯线同心绞制而成，可用作载流量较大、强度较高的架空导线。

⑨ 软铜绞线。软铜绞线主要包括一般的铜绞线、软铜天线和铜电刷线3个品种，由软铜束(绞)股线同心绞制而成，可用作电机、电器、仪表设备的软接线或通信用的架空

天线。

裸电线产品型号、类别、用途等用汉语拼音表示，字母含义见表1-2。裸电线型号编制表示方法如下。

类别型号—特征代号—派生代号

表1-2　裸电线产品型号各部分代号及其含义

类别型号（以导体区分）	特征代号				派生代号
	形状	加工	类型	软硬	
C—电车线 G—钢(铁)线 HL—热处理型铝镁硅合金线 L—铝线 M—母线 S—电刷线 T—天线 TY—银铜合金	B—扁形 D—带形 G—沟形 K—空心 P—排状 T—梯形 Y—圆形	F—防腐 J—绞制 X—纤维编织 XD—镀锡 YD—镀银 Z—编织	J—加强型 K—扩径型 Q—轻型 Z—支撑式 C—触头用	R—柔软 Y—硬 YB—半硬	A—第一种 B—第二种 1—第一种 2—第二种 3—第三种 4—第四种

2）绝缘电线

绝缘电线用于电气设备、照明装置、电工仪表、输配电线路的连接等，一般是由导电线芯、绝缘层和保护层组成的。绝缘层的作用是防止漏电。

绝缘电线按绝缘材料可分为聚氯乙烯绝缘、聚乙烯绝缘、交联聚乙烯绝缘、橡胶绝缘和丁腈聚氯乙烯复合物绝缘等。电磁线也是一种绝缘电线，它的绝缘层是涂漆或包缠纤维（如丝包、玻璃丝及纸等）。

绝缘电线按工作类型可分为普通型、防火阻燃型、屏蔽型及补偿型等。电线芯按使用要求的软硬程度又可分为硬线、软线和特软线等结构类型。绝缘型号、名称和用途表示方法，见表1-3。

表1-3　绝缘型号、名称和用途表示方法

型号	名称	用途
BX(BLX) BXF(BLXF) BXR	铜(铝)芯橡皮绝缘线 铜(铝)芯氯丁橡皮绝缘线 铜芯橡皮绝缘软线	适用于交流500V及以下，或直流1000V及以下的电气设备及照明装置
BV(BLV) BVV(BLVV) BVVB(BLVVB) BVR BV-105	铜(铝)芯聚氯乙烯绝缘线 铜(铝)芯聚氯乙烯绝缘聚氯乙烯护套圆型电线 铜(铝)芯聚氯乙烯绝缘聚氯乙烯护套平型电线 铜芯聚氯乙烯绝缘软线 铜芯耐热105℃聚氯乙烯绝缘软线	适用于各种交流、直流电气装置，电工仪表、仪器，电信设备，动力及照明线路固定敷设

续表

型　　号	名　　称	用　　途
RV RVB RVS RV－105 RXS RX	铜芯聚氯乙烯绝缘软线 铜芯聚氯乙烯绝缘平型软线 铜芯聚氯乙烯绝缘绞型软线 铜芯耐热105℃聚氯乙烯绝缘连接软电线 铜芯橡皮绝缘棉纱编织绞型软电线 铜芯橡皮绝缘棉纱编织圆型软电线	适用于各种交流、直流电气装置，电工仪器，家用电器，小型电动工具，动力及照明装置的连接
BBX(BBLX)	铜(铝)芯橡皮绝缘玻璃丝编织电线	适用电压分别有500V及250V两种，用于室内外明装固定敷设或穿管敷设

4. 母线及桥架

1）母线

母线是各级电压配电装置中的中间环节，其作用是汇集、分配和传输电能，主要用于电厂发电机出线至主变压器、厂用变压器及配电箱之间的电气主回路的连接，又称为汇流排。

母线分为裸母线和封闭母线两大类。裸母线分为两类：一类是软母线(多股铜绞线或铜芯铝线)，用于电压较高(350kV以上)的户外配电装置；另一类是硬母线，分为铜母线(TMY)和铝母线(LMY)，用于电压较低的户内外配电装置和配电箱之间电气回路的连接。母线如图1.46所示。

2）桥架

桥架是用不同材料制造的用于敷设电缆的托盘，由托盘、梯架的直线段、弯通、附件及支架、吊架组合构成，也是用以支撑电缆的具有连接的刚性结构系统的总称。电缆桥架如图1.47所示。

图1.46　母线

图1.47　电缆桥架

桥架按材质分为钢制桥架、铝合金桥架、玻璃钢阻燃桥架；按结构形式分为梯级式、托盘式、槽式、组合式。一般用CT表示梯级式桥架、TP表示托盘式桥架、SR表示金属线槽、PR表示塑料线槽。

5. 常用低压控制和保护电器

低压电器指电压在1kV以下的各种控制设备、保护设备等。工程中常用的低压电器设备有刀开关、熔断器、低压断路器、接触器、磁力启动器、继电器和漏电保护器等。

1）刀开关

刀开关是最简单的手动控制设备，其功能是不频繁通断电路。根据闸刀的构造，其可分为胶盖刀开关和铁壳刀开关两种，如果按极数分有单极、双极、三极3种，每种又有单投和双投之分。

2）熔断器

熔断器用来防止电路和设备长期通过过载电流和短路电流，是有断电功能的保护元件。它由金属熔件(熔体、熔丝)、支持熔件的接触结构组成。

3）低压断路器

低压断路器是工程中应用最广泛的一种控制设备，曾称自动开关或空开，除具有全负荷分断能力外，还具有短路保护、过载保护和失、欠电压保护等功能，且具有很好的灭弧能力。其常用作配电箱中的总开关或分路开关，广泛用于建筑照明和动力配电线路中。

4）接触器

接触器是一种自动化的控制电器，主要用于频繁接通或分断的交、直流电路，控制容量大，可远距离操作，配合继电器可以实现定时操作、联锁控制、各种定量控制和失压及欠压保护，广泛用于自动控制电路。其主要控制对象是电动机，也可用于控制其他电力负载，如电热器、照明设备、电焊机、电容器组等。

5）磁力启动器

磁力启动器由接触器、按钮和热继电器组成。热继电器是一种具有延时动作的过载保护元件，热敏元件通常为电阻丝或双金属片。另外为避免由于环境温度升高造成误动作，热继电器还装有温度补偿双金属片。

6）继电器

继电器种类很多，可用它来构造自动控制和保护系统。继电器分为热继电器、时间继电器、中间继电器、电流继电器、速度继电器、电磁继电器、固态继电器、温度继电器、加速度继电器、电压继电器等。

7）漏电保护器

漏电保护器又称为漏电保护开关，是为防止人身误触带电体漏电而造成人身触电事故的一种保护装置，它还可以防止由漏电而引起的电气火灾和电气设备损害等事故。

漏电保护器的种类如下。

(1) 其按名称划分有触电保护器、漏电开关、漏电继电器等之分。凡称保护器、漏电器、开关者，均带有自动脱扣器；凡称继电器者，则需要与接触器或低压断路器配套使用，间接动作。

(2) 其按工作类型划分有开关型、继电器型、单一型、组合型漏电保护器。组合型漏电保护器由漏电开关与低压断路器组合而成。

(3) 其按相数或极数划分有单相一线、单相两线、三相三线(用于三相电动机)、三相四线(用于动力与照明混合用电的干线)。

(4) 其按结构原理划分有电压动作型、电流型、鉴相型和脉冲型。

特别提示

引例(2)的解答：熔断器中保险丝功率太小，在有过载电流通过时自动断电。

1.3.2 电气安装材料

1. 常用导管

由金属材料制成的导管称为金属导管，分为水煤气管、金属软管、薄壁钢管等。由绝缘材料制成的导管称为绝缘导管，分为硬塑料管、半塑料管、软塑料管、塑料波纹管等。

(1) 焊接管。焊接管在配线工程中适用于有机械外力或轻微腐蚀性气体的场所作明敷设或暗敷设。

(2) 金属软管。金属软管又称蛇皮管。它由双面镀锌薄钢带加工压边卷制而成，轧缝处有的加石棉垫，有的不加。金属软管既有相当好的机械强度，又有很好的弯曲性，常用于弯曲部位较多的场所和设备出口处。

(3) 薄壁钢管。薄壁钢管又称电线管。其管壁较薄，管子的内、外壁涂有一层绝缘漆，适用于干燥场所和设备出口处。

(4) 硬质塑料管。硬质塑料管适用于民用建筑或室内有酸碱腐蚀性介质的场所，硬质塑料管规格见表 1-4。

表 1-4 硬质塑料管规格 单位：mm

标准直径	16	20	25	32	40	50	63
标准壁厚	1.7	1.8	1.9	2.5	2.5	3.0	3.2
最小内径	12.2	15.8	20.6	26.6	34.4	43.1	55.5

(5) 半硬塑料管。半硬塑料管多用于一般居住和办公室建筑等场所的电气照明、暗敷设配线。

2. 电工常用成形钢材

(1) 扁钢。扁钢可用来制作各种抱箍、撑铁、拉铁和配电设备的零配件、接地母线及接地引线等。

(2) 角钢。角钢是钢结构中最基本的钢材，可作单独构件，也可组合使用，广泛用于桥梁、建筑输电塔结构、横担、撑铁、接户线中的各种支架及电器安装底座、接地体等。

(3) 工字钢。工字钢由两个翼缘和一个腹板构成。工字钢广泛用于各种电气设备的固定底座、变压器台架等。

(4) 圆钢。圆钢主要用来制作各种金属构件、螺栓、接地引线及钢索等。

(5) 槽钢。槽钢一般用来制作固定底座、支撑、导轨等。

(6) 钢板。钢板可制作各种电气设备的零部件、平台、垫板、防护壳等。

(7) 铝板。铝板一般用来制作设备零部件、防护板、防护罩及垫板。

3. 常用紧固件

(1) 塑料胀管。塑料胀管加木螺钉用于固定较轻的构件。该方法多用于砖墙或混凝土结构，不需用水泥预埋。具体方法是用冲击钻钻孔，孔的大小及深度应与塑料胀管的规格匹配，在孔中填入塑料胀管，然后靠木螺钉的拧进使胀管胀开，从而拧紧螺母后使元件固定在操作面上。

(2) 膨胀螺栓。膨胀螺栓用于固定较重的构件。该方法与塑料胀管固定方法相同。钻孔后将膨胀螺栓填入孔中，通过拧紧膨胀螺栓的螺母使膨胀螺栓胀开，从而拧紧螺母后使元件固定在操作面上。

(3) 预埋螺栓。预埋螺栓用于固定较重的构件。预埋螺栓一头为螺扣，另一头为圆环或燕尾，可预埋在地面、墙面和顶板内，通过螺扣一端拧紧螺母使元件固定。

(4) 六角头螺栓。其一头为螺母，另一头为丝扣螺母，将六角头螺栓穿在两个元件之间，通过拧紧螺母固定两个元件。

(5) 双头螺栓。其两头都为丝扣螺母，将双头螺栓穿在两个元件之间，通过拧紧两端螺母固定两个元件。

(6) 木螺钉。木螺钉用于木质件之间及非木质件之间的连接。

(7) 机螺钉。机螺钉用于受力不大且不需要经常拆装的场合，其特点是一般不用螺母，而把螺钉直接旋入被连接件的螺纹孔中，使被连接件紧密连接起来。

1.3.3 常用安装工具

1. 验电器

验电器是检验导线和电气设备是否带电的一种电工工具。验电器分为低压验电器和高压验电器两种。验电器如图 1.48 所示。

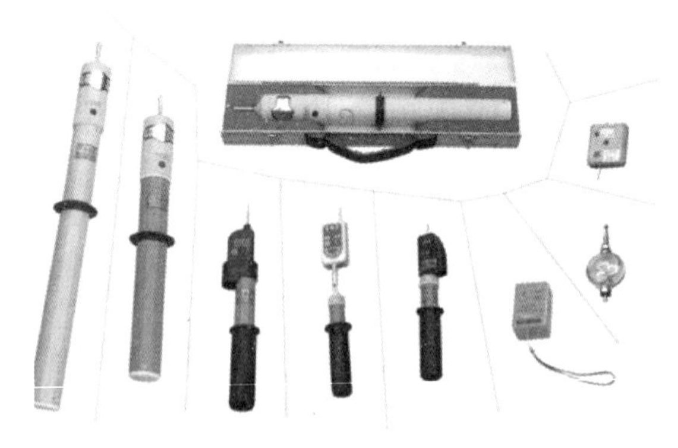

图 1.48 验电器

1) 低压验电器

低压验电器也称低压验电笔，简称电笔，有数字显示式和发光式两种。数字显示式低压验电笔，可以用来测量交流和直流电压，测试电压为12V、36V、55V、110V、220V。发光式低压验电笔检测电压的范围为60～500V。

2）低压验电笔的用法

（1）区别电压的高低。使用发光式低压验电笔测试时，可根据氖管发亮的强弱来估计电压的高低。一般带电体与大地之间的点位差低于36V，氖管不发光；在60～500V之间氖管发光，电压越高氖管越亮。数字显示式低压验电笔的笔端直接接触带电体，手指触及测试钮，液晶屏幕显示的最后的电压数值，即是被测带电体的电压。

（2）区别直流电和交流电。交流电通过低压验电笔时，氖管里的两个极同时发亮或显示电压数值。直流电通过低压验电笔时，氖管里的一个极发亮或没有显示电压数值。

（3）区别相线与零线。在交流电路中，当低压验电笔触及导线时，氖管发亮或显示电压数值的即为相线。

（4）区别直流电的正负极。把低压验电笔连接在直流电的正负极之间，氖管发亮的一端即为直流电的负极。

3）高压验电器

高压验电器又称高压测电器，10kV高压验电器由金属钩、氖管、氖管窗、紧固螺钉、护环和握柄组成。

2. 螺钉旋具

螺钉旋具是一种紧固或拆卸螺钉的工具，如图1.49所示。

1）螺钉旋具的样式和规格

螺钉旋具的样式分为一字形和十字形两种。

一字形螺钉旋具常用的规格有50mm、100mm、150mm、200mm等。电工必备的是50mm和150mm两种。十字形螺钉旋具专供紧固或拆卸十字槽的螺钉。

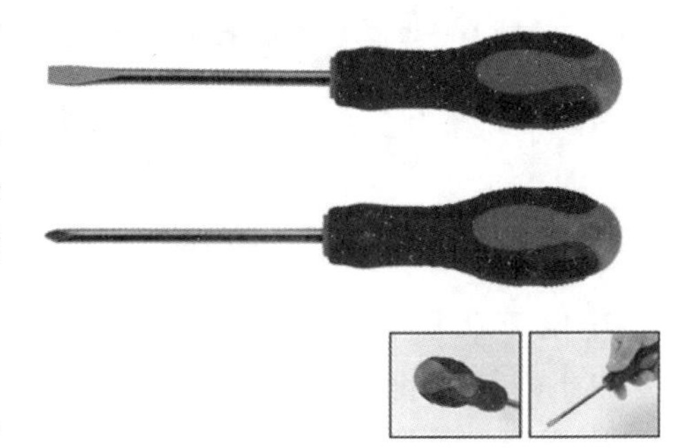

图1.49 螺钉旋具

2）使用螺钉旋具的安全知识

电工不可使用金属杆直通柄顶的螺钉旋具，否则使用时很容易造成触电事故。使用螺钉旋具紧固或拆卸带电螺钉时，手不得触及螺钉旋具的金属杆，以免发生触电事故。在金属杆上穿套绝缘管，防止螺钉旋具的金属杆触及皮肤或临近带电体。

3. 钢丝钳

钢丝钳有铁柄和绝缘柄两种，绝缘柄为电工用钢丝钳，常用规格为150mm、175mm、200mm。钢丝钳如图1.50所示。

4. 尖嘴钳

尖嘴钳的头部较细，适用于狭小的工作空间操作。尖嘴钳也有铁柄和绝缘柄两种。绝缘柄的耐压为500V。

尖嘴钳能夹持较小的螺钉、垫圈、导线等元件。在装接控制线路板时，尖嘴钳能将单股导线弯成一定弧度的接线鼻子，带有刃口的尖嘴钳能剪切细小的金属丝。尖嘴钳如图1.51所示。

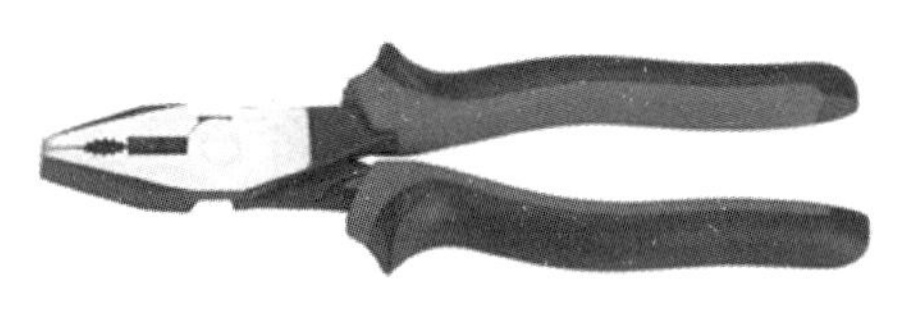

图 1.50　钢丝钳

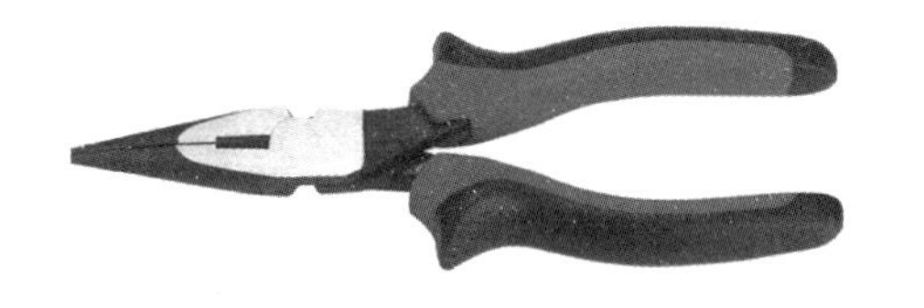

图 1.51　尖嘴钳

5. 断线钳

断线钳又称斜口钳，钳柄有铁柄、管柄和绝缘柄 3 种形式，绝缘柄断线钳的耐压为 1000V。断线钳专供剪断较粗的金属丝、线材及电线电缆等用。断线钳如图 1.52 所示。

6. 剥线钳

剥线钳是用于剥削小直径导线绝缘层的专用工具，它的手柄是绝缘的，耐压为 500V。剥线钳如图 1.53 所示。

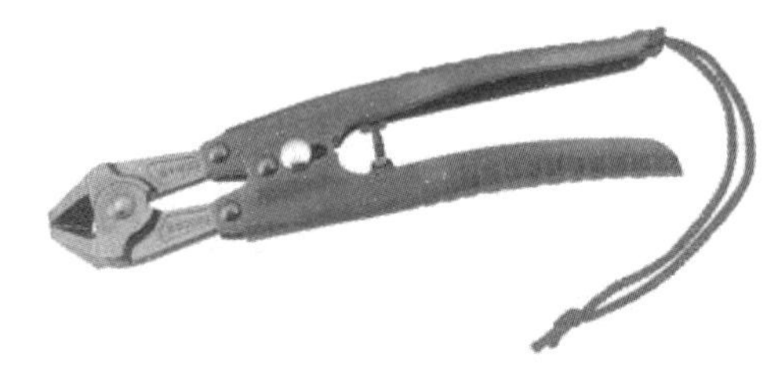

图 1.52　断线钳

图 1.53　剥线钳

7. 电工刀

电工刀是用来剖削电线线头、切割木台缺口的专用工具。

8. 锯割工具

常用的锯割工具是钢锯，钢锯由锯弓和锯条组成。

9. 锤子

锤子是钳工常用的敲击工具，常用的规格有 0.25kg、0.5kg、1kg 等。锤柄长为 300～350mm。为了防止锤头脱落，在顶端打入有倒刺的斜楔子 1～2 个。

10. 凿子

凿子是凿削的切削工具，常用的有阔凿和狭凿。

11. 活扳手

活扳手是用来紧固和起松螺母的一种工具。

12. 电工用凿

电工用凿可分为麻线凿、小扁凿和长凿等。

13. 锉刀

常用的锉刀有平锉、方锉、半圆锉和圆锉。

14. 射钉枪

射钉枪利用枪管内弹药爆发时的推力，将特殊形状的螺钉射入钢板或混凝土构件中，用来安装电线电缆、电气设备及水电管道等，如图 1.54 所示。

图 1.54　射钉枪

15. 喷灯

喷灯是一种利用喷射火焰对工件加热的工具，常用来焊接铅包电缆的铅包层及大截面铜导线连接处的搪锡。喷灯分为煤油喷灯和汽油喷灯两种，如图 1.55 所示。

16. 电钻

电钻用于一般工件的钻孔。电钻有两种，一种是手枪式，另一种是手提式。电钻常用的电压有 220V 和 36V 的交流电，在潮湿环境中应采用 36V 电钻，当使用 220V 电钻时，应戴绝缘手套。电钻如图 1.56 所示。

图 1.55　喷灯

图 1.56　电钻

17. 冲击电钻和电锤

冲击电钻是一种旋转带冲击的电钻，一般制成可调式结构。当调节环在旋转无冲击位置时，装上普通麻花钻头能在金属上钻孔；当调节环在旋转带冲击位置时，装上镶有硬质合金的钻头，能在砖石、混凝土等脆性材料上钻孔。

电锤依靠旋转和捶打来工作。钻头是专用的电锤钻头，与冲击电钻相比，电锤需要的压力小，还可提高各种管线、设备的安装速度和质量，降低施工费用。

1.3.4　安装工程辅助材料

安装工程所用材料一般分为主要材料和辅助材料两大类。主要材料主要是管道、板材、型材等，辅助材料主要是密封材料、焊接材料和紧固件等。下面重点介绍安装工程的辅助材料。

1. 密封材料

密封材料填塞于阀门、泵类及管道连接等部位，起到密封的作用。

1）水泥

水泥用于承插铸铁管的接口、防水层的制作及水泵基础的浇筑等。常用到的是硅酸盐水泥和膨胀水泥，常用水泥等级是42.5级和52.5级。

2）麻

麻属于植物纤维料。管路系统中常用的麻为亚麻、线麻(绳麻)、油麻等。平常提到的油麻是指将线麻编织成麻辫，在配好的石油沥青溶液中浸透，然后拧干并晾干的麻。麻常用于埋地管道表面，以保护管路。

3）铅油

铅油用油漆和机油调和而成，在管道螺纹连接及安装法兰垫片时和油麻一起使用，起密封作用。

4）生料带

用于给水管道安装中的生料带为聚四氟乙烯生料带。近几年，生料带广泛用来代替油麻和铅油，用作管道螺纹连接接口的密封材料，不仅用于冷水，而且还可以用于热水和蒸汽管道。

5）石棉绳

石棉绳用石棉纱及线制成，分别用在阀门、水泵、水龙头、管道等处作为填料、密封材料及热绝缘材料等。石棉绳分为普通石棉绳和石墨石棉绳两种，普通石棉绳一般用作阀门的压盖密封填料等，石墨石棉绳主要用作盘根。

6）橡胶板

橡胶板用作活接头垫片、卫生设备下水口垫片及法兰垫片等，以保证接口的密封性。

7）石棉橡胶板

石棉橡胶板分为高压、中压和低压3种，在水暖管道安装工程中常用到的是中压石棉橡胶板。石棉橡胶板具有很强的耐热性，常用作蒸汽管道中的法兰垫片、小型锅炉的入孔垫片，起到密封作用。

2. 焊接材料

1）电焊条

结构钢电焊条供手工电弧焊焊接各种低碳钢、中碳钢、低合金钢等，作电极和填充金属之用。

2）气焊溶剂

气焊溶剂又称气焊粉，是用氧乙炔焰进行气焊时的辅助溶剂。

3. 紧固件

水暖管路系统中常用的紧固件有螺栓和螺母、垫圈、膨胀螺栓、射钉等。

1）螺栓和螺母

螺栓和螺母用于水管法兰连接和给排水设备与支架的连接，一般分为六角头螺栓、镀锌半圆头螺栓、地脚螺栓、双头螺栓和六角头螺母。

2）垫圈

垫圈分为平垫圈和弹簧垫圈两种。平垫圈垫于螺母下面，使螺母承受的压力降低，并能够起到紧固被紧固件的作用。弹簧垫圈能防止螺母松动，适用于经常受到振动的地方。

3）膨胀螺栓

膨胀螺栓是用于固定管道支架及作为设备地脚的专用紧固件，一般分为锥塞型和胀管型，锥塞型膨胀螺栓适用于钢筋混凝土建筑结构，胀管型膨胀螺栓适用于砖、木及钢筋混凝土等建筑结构。

4）射钉

射钉用于固定支架和设备，其借助于射钉枪中弹药爆炸产生的能量射入建筑结构中。

小　结

本学习情景主要介绍了暖卫、通风空调及电气三大类安装工程施工用主要材料、辅助材料、安装机械、施工方法等。暖卫工程主要介绍了常用管材、管件及附件，以及暖卫工程施工方法。通风空调工程主要介绍了常用管材及各种管材的优缺点，还介绍了暖卫及通风空调工程常用安装辅助材料。电气工程主要介绍了导电材料、电气安装材料及常用安装工具。

习　题

1. 简答题

（1）暖卫工程常用主要管材有哪些？

（2）暖卫工程常用管件包含哪些？

（3）暖卫工程控制附件的主要作用是什么？常规控制附件有哪些？

（4）通风空调工程常用管材有哪些？

（5）通风空调工程常用金属型材有哪些？对应的主要用途是什么？

（6）电缆附件的种类有哪些？

2. 填空题

（1）焊接钢管的直径规格用__________表示，单位为__________。

（2）闸阀的关闭件为__________，其连接方式有__________和__________连接。

3. 选择题

（1）下列阀门安装时无方向要求的是（　　）。

A. 截止阀　　B. 闸阀　　C. 疏水阀　　D. 减压阀

（2）下列（　　）的规格用外径×壁厚表示。

A. 焊接钢管　　B. 无缝钢管　　C. 铸铁管　　D. 铜管

学习情景 2 室内外给排水系统安装

思维导图

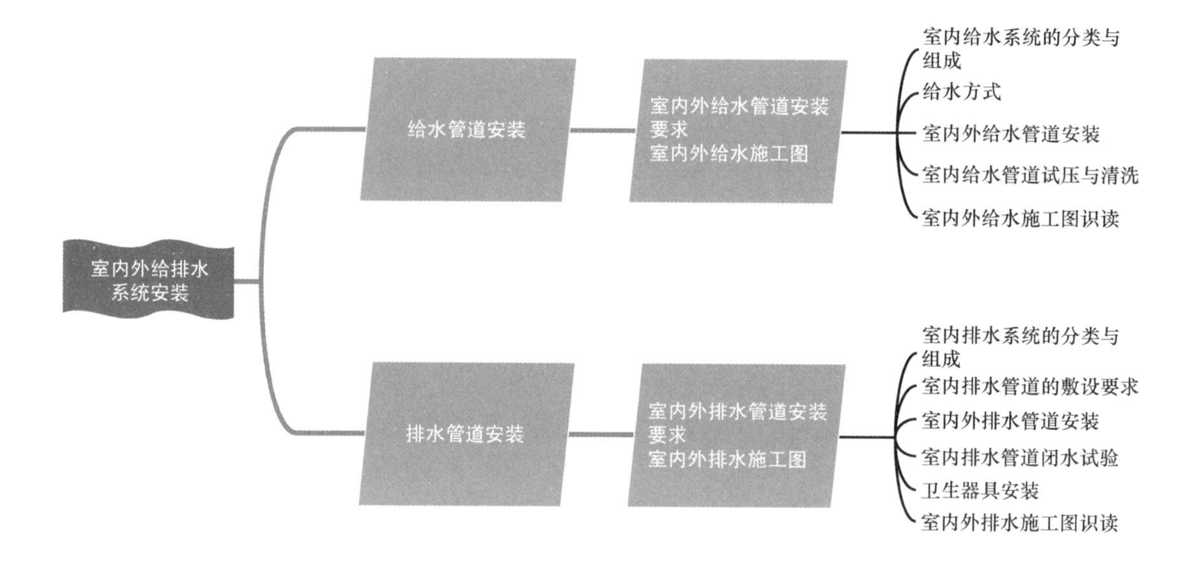

情景导读

目前，建筑给排水包括建筑内部给排水(室内给排水)、建筑消防给水、建筑小区给排水、建筑水处理、特殊建筑给排水5个部分。

最常见的是室内给排水、建筑消防给水、建筑小区给排水，其中室内给排水、建筑小区给排水是最为重要和基础的部分，也是本情景课程的学习重点。

室内给排水与室内小区给排水是相互联系的，室内给水系统的水源来自小区给水干管，而室内污废水则通过排水管道排入室外小区的排水系统。它们之间的界限是：给水系统以接入建筑物供水管的阀门为界；排水系统以排出建筑物的第一个排水检查井为界。

知识点滴

城市给水存在的问题

1. 供水量不足

我国城市缺水有4种类型，资源型缺水、工程型缺水、管理型缺水和污染型缺水等。我国是一个干旱缺水严重的国家，在经济比较发达、人口比较集中的地区，水的供需矛盾也尤为突出。由于供水量不足，城市工业每年的经济损失多达上千亿元。同时，其也给城市居民生活带来许多困难和不便，成为城市社会中的一种隐忧。

2. 水源污染日趋严重

近年来，全国水污染仍呈发展趋势，工业发达地区水域污染尤为严重。在我国的七大水系中，只有珠江、长江总体水质比较良好，松花江为轻度污染，黄河、淮河为中度污染，辽河、海河为重度污染，河流污染相当严重。与此同时，城市内及其附近的湖泊已普遍严重富营养化。此外，全国以地下水源为主的城市，地下水几乎全部受到不同程度的污染。地下水污染物一般以酚、氰、砷、硝酸盐为主，铬、硫、汞次之。

总之，目前我国80%的水域、45%的地下水受到污染，90%以上的城市水源受到严重污染。因此，水源污染除危害人们健康和影响工农业产值之外，对城市供水也造成了严重危害。

2.1 室内给水系统的分类与组成

引例

(1) 为使室内给水系统做到水质有保障、供水可靠、经济合理和维护方便，室内给水系统安装前建筑工程应具备哪些条件？比如屋顶、楼板施工完毕，不得渗漏；室内地面、沟道无积水、杂物；预埋件及预留孔符合设计要求，预埋件应牢固；门窗完好等。

(2) 土建施工不满足室内给水系统要求的现象还是经常发生，这给室内给水系统的安装和检修维护带来了困难和不便。

室内给水系统是将城镇给水管网或自备水源给水管网的水引入室内，经配水管网送至生活、生产和消防用水设备，并满足各用水点对水量、水压和水质要求的冷水供应系统。

2.1.1 室内给水系统的分类

1. 生活给水系统

生活给水系统以住宅、饭店、宾馆、公共浴室等为主，提供人们日常饮用、洗涤、烹饪等生活用水。其水质必须符合国家规定的饮用水水质标准。

2. 生产给水系统

生产给水系统主要是解决生产车间内部的用水，对象范围比较广，如供给生产设备冷却、原料和产品的洗涤及各类产品制造过程中所需的生产用水。生产用水对水量、水压、水质及可靠性的要求，由于工艺不同差异很大。

3. 消防给水系统

消防给水系统是指城镇的民用、工业建筑，按照国家对有关建筑物防火的规定所设置的给水系统，供给各类消防设备灭火用水。消防用水对水质要求不高，但必须按照建筑防火规范保证供给足够的水量和水压。

实际上，并不是每一栋建筑物都必须设置3种独立的给水系统，可以根据使用要求混合组成“生活—消防”“生产—消防”和“生活—生产—消防”给水系统。系统的选择，应根据生活、生产和消防等各项用水对水量、水压、水质、水温的要求，结合室外给水的实际情况，经技术经济比较确定。

2.1.2 室内给水系统的组成

一般情况下，室内给水系统由下列各部分组成，如图2.1所示。

(1) 引入管。其指室外给水管网与建筑物内部给水管道之间的联络管段，也称为进户管。对一栋单独建筑物而言，引入管是穿过建筑物承重墙或基础，自室外给水管网将水引入室内给水管网的管段。而对于一个工程、一个建筑群、一个小区，引入管是指总进水管。

(2) 水表节点。其指引入管上装设的水表及其前后设置的阀门、泄水装置的总称。阀门用于关闭管网，以便维修和拆换水表。泄水装置的作用主要是在检修时放空管网，检测水表精度。水表节点如图2.2所示。

水表及其前后的附件一般设在水表井中。温暖地区的水表井一般设在室外，寒冷地区为了避免水表冻裂，可将水表设在采暖房间内。

在室内给水系统中，除了在引入管上安装水表外，在需计算水量的某些部位和设备的配水管上也要安装水表。为了利于节约用水，住宅建筑每户的进户管上均应安装分户水表。

(3) 管道系统。其指建筑内部由水平干管、垂直干管、立管、支管和分支管等组成的系统。

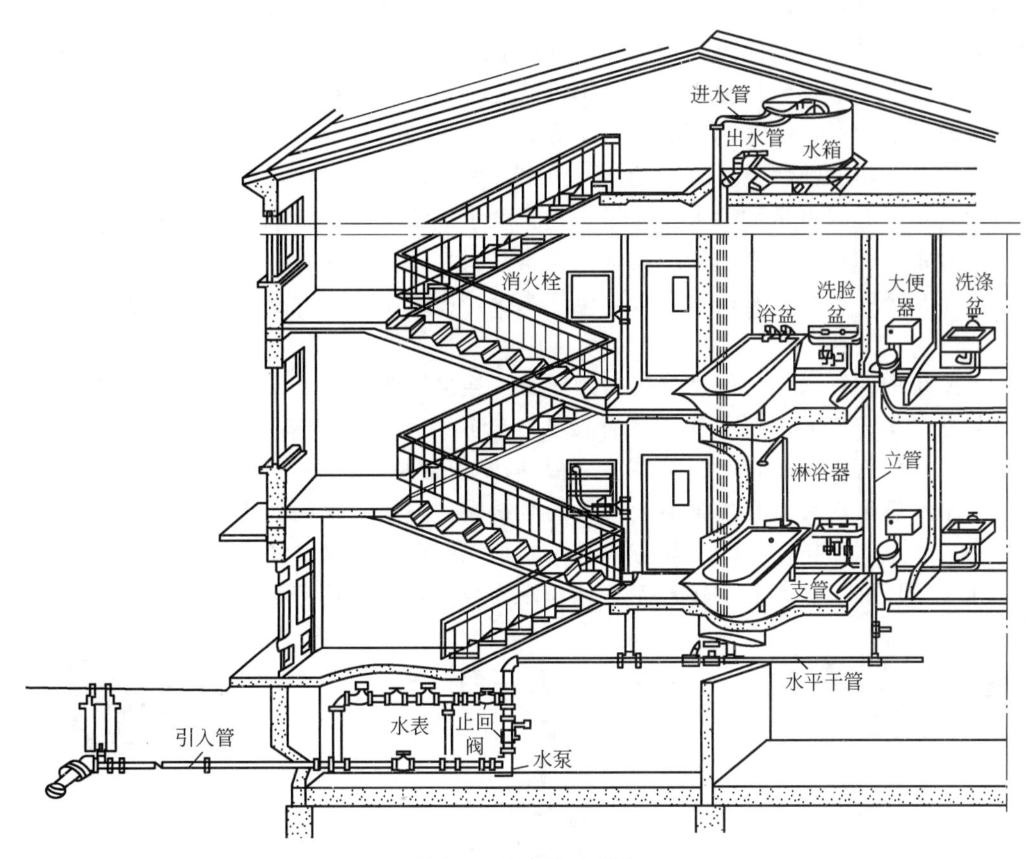

图 2.1 室内给水系统

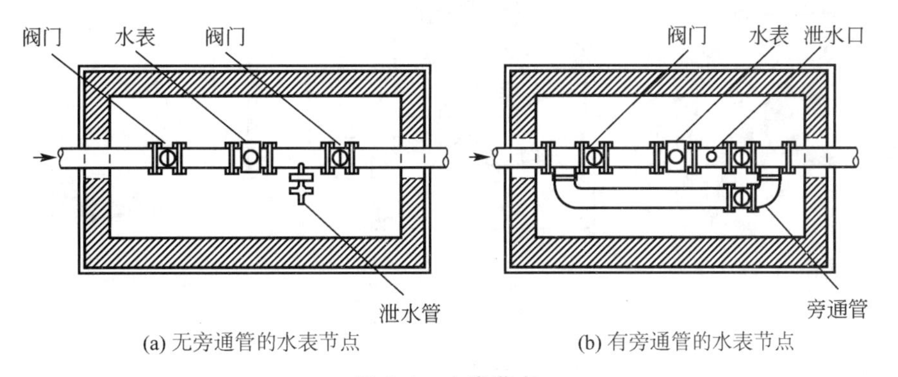

(a) 无旁通管的水表节点　(b) 有旁通管的水表节点

图 2.2 水表节点

① 水平干管、垂直干管，又称总干管，是将水从引入管输送至建筑物各区域的管段。

② 立管，又称竖管，是将水从水平干管沿垂直方向输送至各房间内的管段。

③ 支管，又称分配管，是将水从立管输送至各房间内的管段。

④ 分支管，又称配水支管，是将水从支管输送至各用水设备处的管段。

目前我国给水管道多采用钢管、铸铁管、塑料管和复合管等。

钢管具有强度高、承受内压力大、抗震性能好、质量比铸铁管小、接头少、内外表面光滑、容易加工和安装等优点，但其抗腐蚀性能差，造价较高。钢管镀锌的目的是防锈、防腐、不使水质变坏，延长使用年限。钢管的连接方法有螺纹连接、焊接和法兰连接，为避免焊接时锌层破坏，镀锌钢管必须采用螺纹连接或沟槽式卡箍连接。

铸铁管具有耐腐蚀性强、使用期长、价格低廉等优点。因此，在管径大于 70mm 时常用作埋地管道。其缺点是脆性大、质量大、长度小。给水铸铁管采用承插连接。

塑料管常用的是硬聚氯乙烯塑料管，其具有安装方便、无毒、无臭、体轻、耐腐蚀等优点，近年来被广泛用于室内水、暖、电气系统，可采用承插、螺纹、法兰或粘接等方法连接。

管道系统中的管道、管件主要是指用于直接连接转弯、分支、变径及用作端部等的零部件，包括弯头、三通、四通、异径管接头、管箍、内外螺纹接头、活接头、快速接头、螺纹短接、加强管接头、管堵、管帽、盲板等(不包括阀门、法兰、螺栓、垫片)。

(4) 给水管道附件。其指管路上常见的截止阀、闸阀、蝶阀、止回阀等，用于调节管道系统中的水量、水压，控制水流方向及关断水流便于管道仪表和设备检修。

① 截止阀(图 2.3)。其关闭严密，水流阻力较大，只适用于管径小于 50mm 的管道。

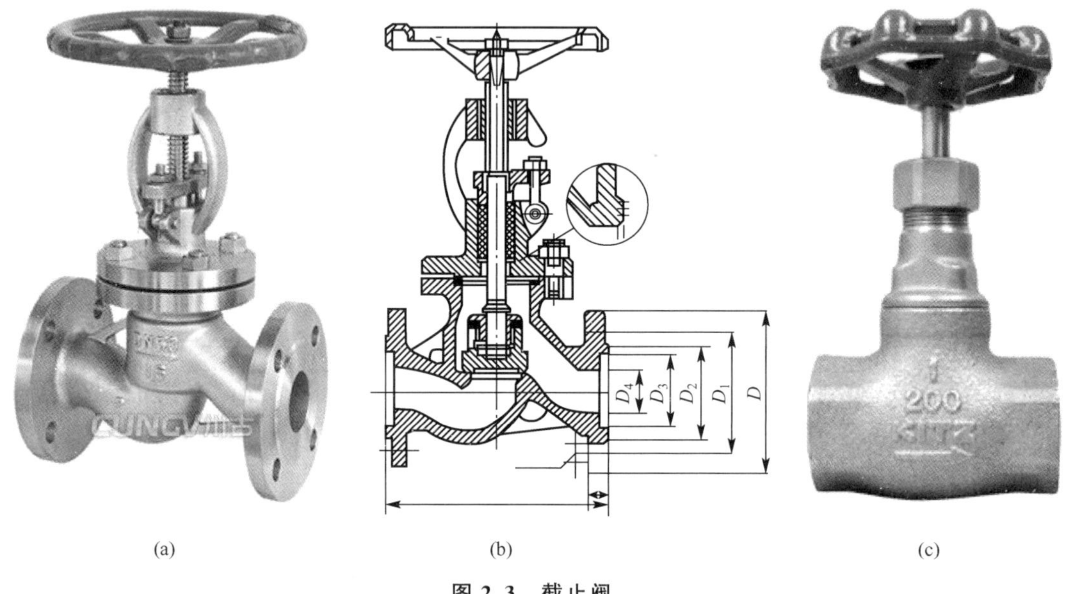

(a) (b) (c)

图 2.3 截止阀

② 闸阀(图 2.4)。其全开时水流直线通过，水流阻力小，适用于管径大于 50mm 的管道。

③ 蝶阀(图 2.5)。阀板在 90°范围内翻转，调节、节流和关闭水流。

④ 止回阀(图 2.6)。其用以阻止管道中的水流朝一个方向流动。

(5) 配水龙头和用水设备。其指各类卫生器具、用水设备的配水龙头和生产、消防等用水设备。

(6) 升压和储水设备。当室外给水管网的水压不足或建筑物内部对供水安全性和稳定性要求比较高时，需在给水系统中设置水泵、水箱、气压给水设备和储水设备等。

(a)

(b)

图 2.4 闸阀

(a)

(b)

图 2.5 蝶阀

(a) 摇板式

(b) 升降式

图 2.6 止回阀

2.1.3 给水方式

给水方式即室内给水系统的供水方案。合理的供水方案应充分考虑以下几方面因素：技术因素(供水可靠性、节水节能效果、自动化程度)、经济因素(基建投资、年经常费用等)、社会和环境因素(对建筑立面和周围景观的影响)。

给水方式的基本类型有以下几种。

1. 直接给水方式(下行上给供水方式)

这种给水方式是将室内给水管网与外部直接相连，利用外网水压供水，这类给水方式适用于室外给水管网的水量、水压在一天内均能保证室内给水管网最不利点处用水的情况，如图 2.7 所示。

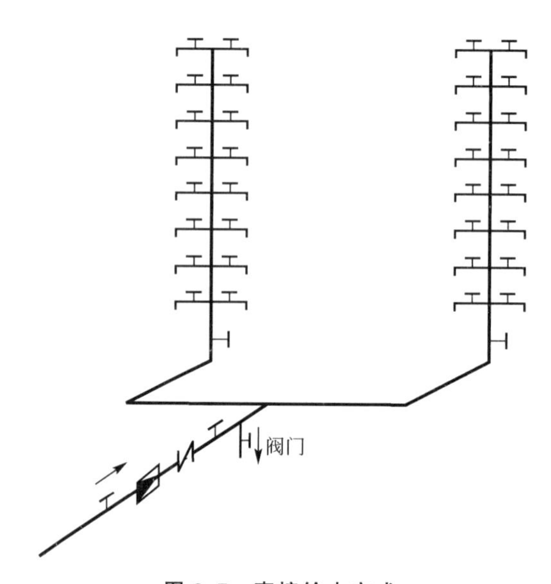

图 2.7　直接给水方式

特点：给水方式简单，造价低，维修管理容易，能充分利用外网水压节省能耗；建筑内部无储备水量，一旦外网停水内部立即断水，供水可靠性不高。

2. 设水箱的给水方式

在建筑物顶部设水箱，当外网水压稳定时向水箱和用户供水，当外网水压不足或用水高峰时，则可由水箱向室内给水系统供水。该给水方式适用于室外给水管网供水压力周期性不足的情况，如图 2.8 所示。

当室外给水管网水压偏高或不稳定时，为保证室内给水系统的良好工况或满足稳压供水的要求，可采用设水箱的给水方式。室外给水管网直接将水输入水箱，由水箱向室内给水系统供水。

3. 设水泵的给水方式

设水泵的给水方式宜在室外给水管网的水压经常不足时采用，如图 2.9 所示。

(1) 水泵直接从室外抽水。当外网供水压力不足时，水泵直接从室外给水管网抽水向建筑物室内给水管网供水，会造成外网水压降低，影响附近用户用水水质，甚至可能造成外网负压(在管道接口不严密处，其周围土壤中的渗漏水会吸入管内，污染水质)。当室外给水管网压力足够大时，可自动开启旁通的逆止阀由室外给水管网向室内供水。

(2) 在系统中增设贮水池，采用水泵与室内给水管网间接连接的方式向室内供水。

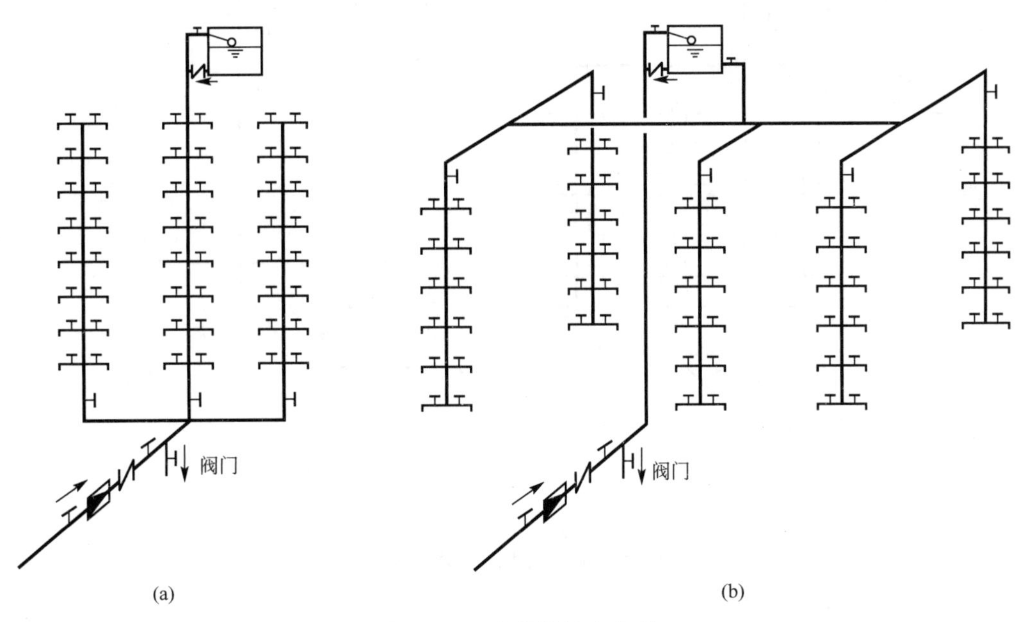

图 2.8　设水箱的给水方式

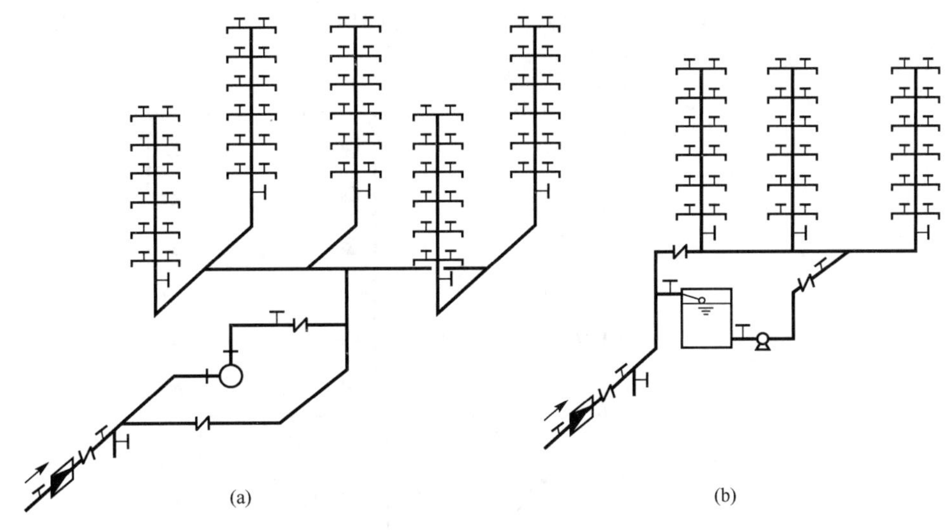

图 2.9　设水泵的给水方式

4. 设水泵和贮水池、水箱的给水方式

这种给水方式宜在室外给水管网压力低于或经常不能满足室内给水管网所需水压，并且室内用水不均匀，又不允许直接接水泵抽水时采用，如图 2.10 所示。

特点：水泵能及时向水箱供水，可缩小水箱容积，水泵出水量稳定，供水可靠；该系统不能利用外网水压，能耗较大，造价高，安装与维修复杂。

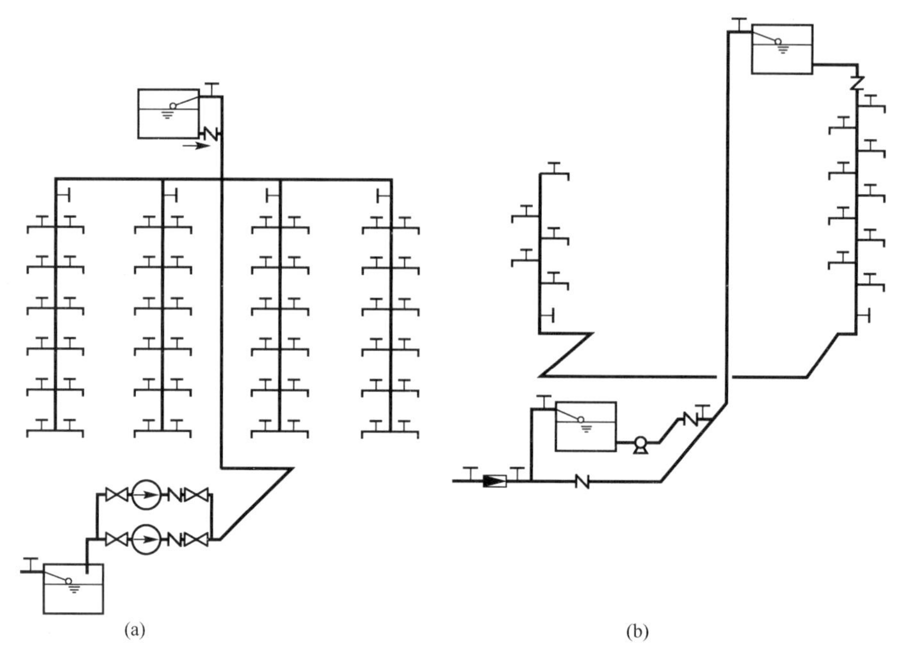

图 2.10 设水泵和贮水池、水箱的给水方式

5. 设气压给水设备的给水方式

在给水系统中设置气压给水设备，利用该设备的气压罐内气体的可压缩性升压供水，在室外给水管网压力低于或经常不能满足室内给水管网所需水压，室内用水不均匀，且不宜设置高位水箱时采用，如图 2.11 所示。

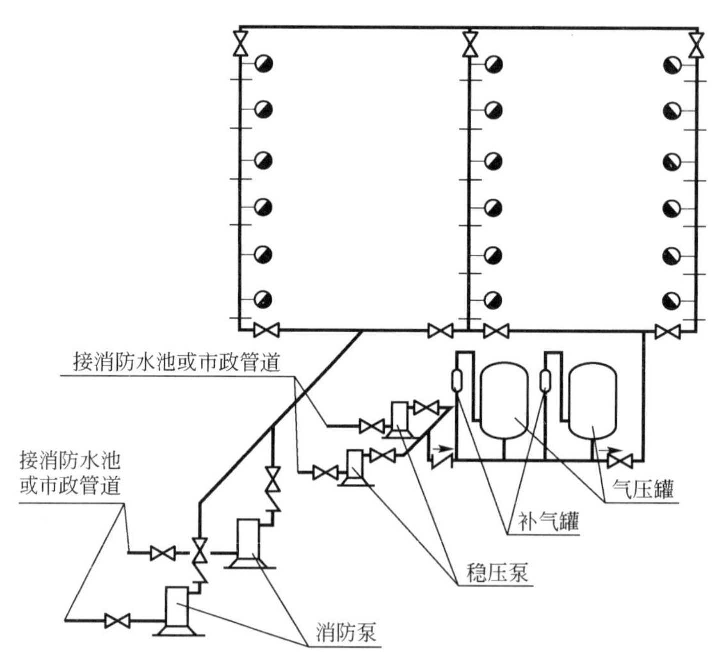

图 2.11 设气压给水设备的给水方式

6. 分区给水方式(高层建筑)

这种给水方式适用于室外给水管网压力只能满足建筑物下层供水要求的建筑，尤其在高层建筑中最为常见。在高层建筑中为避免底层承受过大的静水压力，常采用竖向分压的给水方式。高区由水泵、水箱供水，低区可由水泵、水箱供水，也可由外网直接供水，以充分利用外网水压节省能耗，如图 2.12 所示。

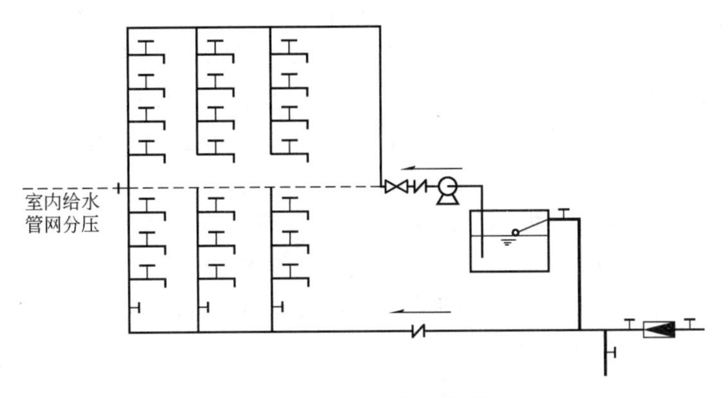

图 2.12　分区给水方式

7. 分质给水方式

其适用于水质要求不同的建筑或建筑群，分质给水系统图如图 2.13 所示。

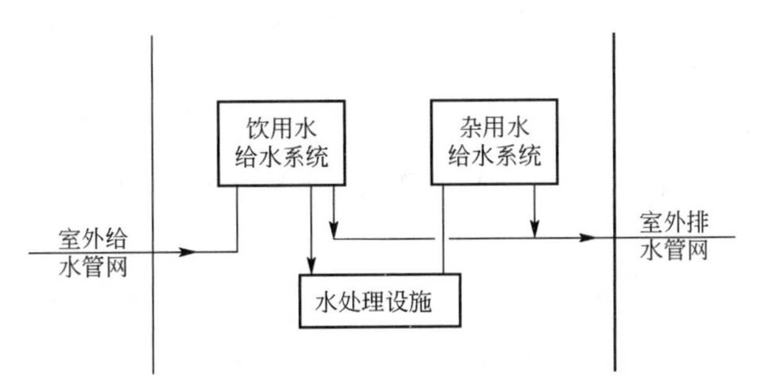

图 2.13　分质给水系统图

2.2 室内给水管道安装

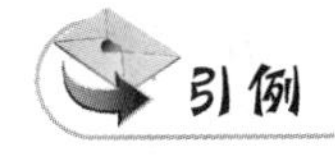

给水管网的管道如何连接?

2.2.1 室内给水管道的敷设要求

1. 室内给水管道布置

室内给水管道的布置是在确定给水方式后，在建筑图上布置管道和确定各种升压和储水设备位置的过程。其布置受建筑结构、用水要求、配水点和室外给水管道的位置，以及供暖、通风、空调和供电等其他建筑设备工程管线等因素的影响。进行管道布置时，要协调处理好各种相关因素的关系，而且要满足以下基本要求。

(1) 确保供水安全和水利条件良好，力求经济合理。按供水可靠程度，给水管道的布置可分为枝状和环状。枝状管网干管首尾不相接，只有1根引入管，支管布置形状像树枝，单向供水，供水安全可靠性差，但节约管材，造价低；环状管网干管首尾相接，有两根引入管，双向供水，安全可靠，但管线长，造价高。一般室内给水管网宜采用枝状布置。

管道一般沿墙、梁、柱平行布置，并尽可能走直线。给水干管尽可能靠近用水量大或不允许间断供水的用水点，以保证供水安全可靠，减少管道的传输流量，使大口径管道长度最短。

(2) 保护管道不受损坏。埋地给水管道应避免布置在可能被重物压坏处或设备振动处，管道不得穿过设备基础，如必须穿过，应与有关部门协商处理。给水管道不宜穿过伸缩缝，如必须通过，应设置补偿管道伸缩和剪切变形的装置，一般可采取下列措施。

① 在墙体两侧采取柔性连接。

② 在管道或保温层外皮上、下留有不小于150mm的净空。

③ 在穿墙处做方形补偿器，水平安装。

(3) 不影响安全生产和建筑物的使用。

(4) 便于安装维修。管道安装时，周围要留一定的空间，以满足安装。给水横管宜设0.002～0.005的坡度坡向泄水，以便检修时放空和清洗。对于管道井，当需进入检修时，其通道宽度不宜小于0.6m。

2. 室内给水管道敷设

室内给水管道的敷设，根据建筑队卫生、美观方面的要求不同，分为明装和暗装两类。

明装是指管道在室内沿墙、梁、柱、楼板下、地面上等暴露敷设。其优点是造价低，施工安装与检修管理方便；缺点是管道表面易积灰、结露，影响美观和卫生。其适用于一般民用、工业建筑。

暗装是指管道可在地下室、地面下、吊顶或管井、管沟、管槽中隐蔽敷设。其优点是卫生条件好，美观、整洁；缺点是施工复杂，造价高，检修困难。其适用于对卫生、美观要求高的建筑，如宾馆、住宅和要求无尘、洁净的车间、实验室、无菌室等。

管道沿建筑构件敷设时，应用钩钉、管卡(沿墙立、水平管)、吊环(顶棚下)及托架(沿墙水平管)固定。支架、吊架如图2.14所示。

管道穿过室内墙壁和楼板时，应设置钢套管或PVC套管。一般套管管径比所穿过管道管径大2号。安装在卫生间及厨房楼板内的套管，其顶部应高出楼地面面层50mm，而安装在其他部位楼板内的套管，其顶部应高出楼地面面层20mm，底部应与楼板底面平齐；安装在墙壁内的套管其两端与饰面相平。套管与管道之间应用阻燃密实材料和防水油膏填实且端面光滑。管道的接口不得设在套管内。

3. 给水管道的防腐、防冻、防结露及防噪声

要使给水管道系统能在较长年限内正常工作，除在日常加强维护管理外，在设计和施工过程中还需要采取防腐、防冻、防结露及防噪声措施。

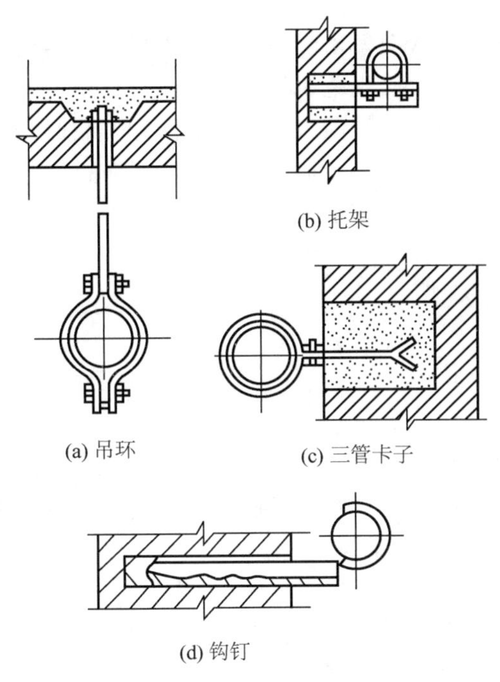

图 2.14 支架、吊架

1）防腐

无论是明装还是暗装的管道，除镀锌钢管、塑料管外，其余都必须做防腐处理。

最常用的是刷油法，即把管道外壁除锈打磨干净，露出金属光泽并使之干燥，明装管道刷防锈漆(如红丹漆)两道，然后刷面漆(如银粉)两道。

暗装管道除锈后，刷防锈漆两道，可不刷面漆。

埋地钢管除锈后刷冷底子油两道，再刷热沥青两道。

埋地铸铁管，如果管材出厂时未涂油，敷设前应在管外壁涂沥青两道，明露部分可刷防锈漆、银粉各两道。

2）防冻

设置在室内温度0℃以下地点的给水管道，如敷设在不采暖房间的管道，以及安装在受室外冷空气影响的门厅、过道等处的管道，应采取防冻措施。管道安装完毕，经水压试验和防腐处理后，应采取相应的保温防冻措施。常用的保温方法有以下两种。

(1) 管道外包棉毡(包括岩棉、超细玻璃棉、玻璃纤维和矿渣棉毡等)保温层，再外包玻璃丝布保护层，表面刷调和漆。

(2) 管道用保温瓦(包括泡沫混凝土、石棉硅藻土、膨胀蛭石、泡沫塑料、岩棉、超细玻璃棉、玻璃纤维、矿渣棉毡和水泥珍珠岩等)做保温层，外包玻璃丝布保护层，表面刷调和漆。

3）防结露

在环境温度较高、空气湿度较大的房间，或在夏季，当管道内水温低于室温时，管道和设备表面可能产生凝结水，从而引起管道和设备的腐蚀，影响使用及环境卫生。因此，必须采取防结露措施，即做防潮绝缘层，具体做法一般与保温层相同。

4) 防噪声

管道和设备在使用过程中常会发出噪声，噪声沿建筑物结构或管道传播。为了防止噪声传播，就要求建筑设计严格按照规范执行，使水泵房、卫生间不靠近卧室及其他要求安静的房间，必要时可做隔音墙壁。提高水泵机组装配和安装的准确性，采用减振基础及安装隔震垫等，也能减弱和防止噪声的传播。另外，为了防止附件和设备上产生噪声，应选用质量好的配件、器材及可曲挠橡胶接头等。

2.2.2 给水管道的安装

1. 金属给水管道安装

1) 管道安装顺序

管道安装应结合具体条件，合理安排顺序。一般为先地下、后地上；先大管、后小管；先主管、后支管。当管道交叉中发生矛盾时，应按下列原则避让。

(1) 小管让大管。

(2) 无压力管让压力管，低压管让高压管。

(3) 一般管道让高温管道或低温管道。

(4) 辅助管道让物料管道，一般管道让易结晶、易沉淀管道。

(5) 支管让主管。

2) 干管安装要点

(1) 地下干管在上管前，应将各分支口堵好，防止泥沙进入管内。在上主管时，要将各管口清理干净，保证管路的畅通。

(2) 预制好的管要小心保护好螺纹，上管时不得碰撞，可用加临时管件的方法加以保护。

(3) 安装完的干管，不得有塌腰、拱起的波浪现象及左右扭曲的蛇弯现象。管道安装应横平竖直。水平管道纵横方向弯曲的允许偏差，当管径小于或等于100mm时为5mm，当管径大于100mm时为10mm，横向弯曲全长25m以上时为25mm。

(4) 在高空上管时，要注意防止管钳打滑而发生安全事故。

(5) 支架应根据图纸要求或管径正确选用，其承重能力必须达到设计要求。

3) 立管安装要点

(1) 调直后的管道上的零件如有松动，必须重新上紧。

(2) 立管上的阀门要考虑便于开启和检修。下供式立管上的阀门，当设计未标注标高时，应安装在地坪面上300mm处，且阀柄应朝向操作者的右侧并与墙面形成45°夹角，阀门后侧必须安装可拆装的连接件。

(3) 当使用膨胀螺栓时，应先在安装支架的位置用冲击电钻钻孔，孔的直径与套管外径相等，深度与螺栓长度相等。然后将套管套在螺栓上，带上螺母一起打入孔内，到螺母接触孔口时，用扳手拧紧螺母，使螺栓的锥形尾部将开口的套管尾部张开，螺栓便和套管一起固定在孔内。这样就可在螺栓上固定支架或管卡。

(4) 上管要注意安全，且应保护好末端的螺纹，不得碰坏。

(5) 多层及高层建筑，每隔一层在立管上要安装一个活接头。

4）支管安装要点

安装支管前，先按立管上预留的管口在墙面上画出水平支管安装位置的横线，并在横线上按图纸要求画出各分支线或给水配件的位置中心线，再根据横线、中心线测出各支管的实际尺寸并进行编号记录，根据记录尺寸进行预制和组装(组装长度以方便上管为宜)，检查调直后进行安装。

5）支架、吊架安装要点

支架、吊架栽入墙体或顶棚后，在混凝土未达到强度要求前严禁受外力，更不准蹬、踏、摇动，不准安装管道。各类支架安装前应完成防腐工序。

层高不超过 4m 时，立管只需设一个管卡，通常设在 1.5～1.8m 高度处。水平钢管的支架、吊架间距视管径大小而定。

2. 塑料给水管道安装

1）管道连接

(1) 硬聚氯乙烯管承插连接。直径小于 200mm 的挤压管多采用承插连接。

(2) 对焊连接。对焊连接适用于直径较大(>200mm)的管连接。方法是将管两端对起来焊成一体。焊口的连接强度比承插连接差，但是施工简单，严密性好，也是一种常用的不可拆卸的连接方式。

(3) 带套管对焊连接。管对焊连接后，将焊缝铲平，铲去主管外表面上对接焊缝的高出部分，使其与主管外壁面平齐。另外，套管可用板材加热卷制，长度应为主管公称直径的 2.2 倍。接着用乙醇或丙酮将主管外壁和套筒内壁擦洗干净，并涂上 PVC 塑料胶，再将套管套在主管对接焊缝处，使套管两端与焊缝保持等距离。套管与主管间隙不大于 0.3mm。最后采用热空气熔化焊接，先焊套管的纵缝，再完成套管两端主管的封口焊。

(4) 焊环活套法兰连接。在套管上焊一个挡环，用钢法兰连接。这种方法施工方便，可以拆卸，适用于较大的管径。其缺点是焊缝处易拉断，小直径的管宜用翻边活套法兰连接，法兰垫片采用软聚氯乙烯塑料垫片。

(5) 扩口活套法兰连接。扩口方法与承插连接的承口加工方法相同。这种接口强度高，能承受一定压力，可用于直径在 20mm 以下的管道连接。法兰为钢制，尺寸同一般管道。但由于塑料管强度低，法兰厚度可适当减薄。

(6) 平焊塑料法兰连接。这种连接方法是用硬聚氯乙烯塑料板制作法兰，直接焊在管端上，连接简单，拆卸方便，用于压力较低的管道。法兰尺寸和平焊钢法兰一致，但法兰厚度大些。垫片选用布满密封面的轻质宽垫片，否则拧紧螺栓时易损坏法兰。

(7) 螺纹连接。对硬聚氯乙烯管道来说，螺纹连接一般只能用于连接阀件、仪表或设备。密封填料宜用聚四氟乙烯密封带，拧紧螺纹用力应适度，不可拧得过紧。螺纹加工应由制品生产厂家完成，不得在现场进行。

2）支架安装

硬聚氯乙烯管道不得直接与金属支架、吊架相接触，而应在管道与支架、吊架间垫以软塑料垫片。

由于硬聚氯乙烯管道强度低、刚度小，支承管的支架、吊架间距要小。当管径小、工作温度或大气温度较高时，应在管的全长上用角钢支托，以防止管向下挠曲，并要注意防振。

3）热补偿

硬聚氯乙烯管道的膨胀系数比钢大很多，因此要设热补偿装置。当管不长时，可用自然弯代替补偿器；当管较长时，每隔一定距离应装一个补偿器。直径在 100mm 以下的管，可以管本身直接完成“Ω”形补偿器。大直径管，有时每隔一定距离焊一小段软聚氯乙烯管当作补偿器用，或翻边黏结，也可以把管子压成波形补偿器，波数可以是一个或几个，根据最大温度差和支承架的间距来确定。

此外，硬聚氯乙烯管道不能靠近输送高温介质的管道敷设，也不能安装在其他大于 60℃的热源附近。

3. 阀门安装

阀门安装前，应做耐压强度试验。试验应以每批(同牌号、同规格、同型号)数量中抽查 10%，且不少于 1 个，如有漏、裂不合格的应再抽查 20%，仍有不合格的则须逐个试验。对于安装在主干管上起切断作用的闭路阀门，应逐个做强度和严密性试验。强度和严密性试验压力应为阀门出厂规定压力。

1）截止阀

由于截止阀的阀体内腔左右两侧不对称，安装时必须注意流体的流动方向。应使管道中的流体由下向上流经阀盘，因为这样流动的流体阻力小，开启省力，关闭后填料不与介质接触，易于检修。

2）闸阀

闸阀不宜倒装。倒装时，会使介质长期存于阀体提升空间，检修也不方便。阀门吊装时，绳索应拴在法兰上，切勿拴在手轮或阀件上，以防折断阀杆。明杆阀门不能装在地下，以防阀杆锈蚀。

3）止回阀

止回阀有严格的方向性，安装时除应注意阀体所标介质的流动方向外，还须注意下列各点。

(1) 安装升降式止回阀时，应水平安装，以保证阀盘升降灵活、工作可靠。

(2) 摇板式止回阀安装时，应注意介质的流向(箭头方向)。要保证摇板式的旋转枢纽呈水平状态，可装在水平或垂直管道上。

4. 水表安装

水表的安装地点应选择在查看管理方便、不受冻、不受污染和不易损坏的地方，分户水表一般安装在室内给水横管上，住宅建筑总表安装在室外水表井中，南方多雨地区也可在地面安装。图 2.15 所示为水表安装示意图，水表外壳上箭头方向应与水流方向一致。

2.2.3 给水管道的试压与清洗

1. 管道水压试验

1）试压前的准备工作

试压要采用分段进行的方式，一般情况下分段长度在 1.0km 左右。

(1) 安装完成且检查合格后，对管顶以上大于 50cm 的回填土，各个拐点、接口及其他附属构筑物的外观应进行认真检查；对未设支墩及锚固设施的管件，应采取相应的加固措施，此后方可进行水压试验。

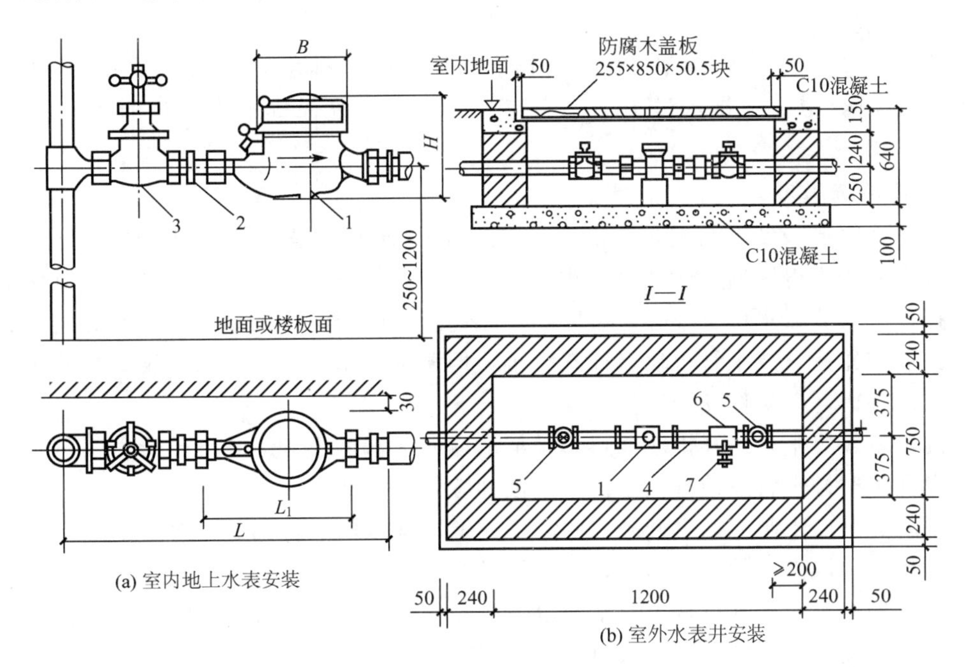

1—水表；2—补芯；3—铜阀；4—短管；5—阀门；6—三通；7—水龙头。

图 2.15 水表安装示意图

(2) 试压堵头通常使用钢制内堵、帽堵或法兰堵板。堵头与管道的连接应为柔性接口，在高程较低、压力较大一端的堵板上接上压力表。

(3) 对管线上的管件进行详细检查，看是否有漏水的可能性。

2) 试压设备

(1) 弹簧压力表。压力表的表壳直径150mm，表盘刻度上限值为试验压力的1.3～1.5倍，表的精确不低于1.5级，使用前应校正，数量不少于两块。压力表安装前应进行检查和校正，不合格者不得使用。

(2) 试压泵。泵的扬程和流量应满足试压段压力和渗水量的需要，选用相应的多级泵。试压泵宜放在试压段管道高程较低的一端，且应放在盲板侧面，不放在正前方，并应提前进行启动检查。

(3) 排气阀。排气阀应启闭灵活，严密性好。排气阀应装在管道总段起伏的各个最高点，长距离的水平管道上也应考虑设置。在试压段中，如有不能自由排气的高点，应设置排气孔。

3) 强度试验

(1) 将压力泵接到试压短管上对管道进行充水。充水过程中应由专人沿线巡视，发现问题及时报告，同时应在管线最高点及时排气。

(2) 水充满管道后，应对管道进行充分的浸润，浸润完成后，方可对管道进行压力试验。

(3) 达到试验压力后，稳压10min，然后仔细进行检查，观察压力表读数，并逐个检查接口部位，无漏水、降压现象时符合要求。如果发现有漏水点要及时画出漏水位置，待

全部接口检查完毕，将管道内的水排空后进行修补，修补后应进行复试。强度试验合格后可直接转入严密性试验。试压过程中应做好试压记录。

4）试压完毕

给水系统试压完毕，应利用潜水泵通过进水管和排水管将管道中的水抽至排水沟、附近的河流中。在排水过程中，应有专人负责，确保排水沟的畅通，避免排出的水乱流。

2. 管道冲洗消毒

一次擦洗管道长度不宜过长，以1km为宜，以防止擦洗前蓄积过多的杂物造成移动困难。放水路线不得影响交通及附近建筑物的安全，并与有关单位取得联系，以保证放水安全、畅通。安装放水口时，其与被冲洗管的连接应严密、牢固，管上应装有阀门、排气管和放水取样龙头，放水管可比被冲洗管小，但截面不应小于其1/2，放水管的弯头处必须进行临时加固，以确保安全工作。

冲洗水量较集中，选好排放地点，排至河道或下水道要考虑其承受能力，是否能正常泄水。设计临时排水管道的截面不得小于被冲洗管的1/2。

冲洗时先开出水闸门，再开来水闸门。注意冲洗管段，特别是出水口的工作情况，做好排气工作，并派人监测放水路线，有问题及时处理。

冲洗时检查有无异常声响、冒水或设备故障等现象，检查放水口水质外观，当放水口的水色、透明度与入口处目测一致时即为合格。

放水后应尽量使来水闸门、出水闸门同时关闭，如做不到，可先关出水闸门，但留一两口先不关死，待来水闸门关闭后，再将出水闸门全部关闭。冲洗生活饮用给水管道，放水完毕，管内应存水24h以上再化验。

生活饮用给水管道在放水冲洗后，如水质化验达不到要求标准，应用漂白粉溶液注入管道浸泡消毒，然后冲洗，经水质部门检验合格后交付验收。

特别提示

给水系统在使用之前应试压和清洗。

对引例问题的回答：给水管网的管道有焊接、螺纹连接、卡套连接和承插连接4种。

2.3 室内排水管道安装

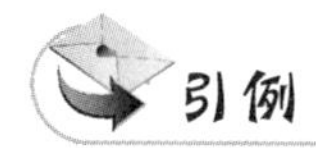

引例

给排水管道及卫生器具的安装与土建施工的关系如下。

卫生器具的上缘安装高度，卫生器具给水配件距离楼地面的高度，给排水管道在穿越楼地面及穿越基础时所预留孔洞的具体尺寸，依据卫生器具、给排水管道的不同而不同。将这些数值规范化，在进行具体施工时可以使施工人员正确地预留安装螺栓及管道孔洞，避免后期砸洞而出现渗漏等问题。

室内排水系统将建筑内部人们日常生活和工业生产中使用过的污水收集起来，并及时排到室外。

2.3.1 室内排水系统的分类与组成

1. 室内排水系统的分类

根据所接纳排除的污废水性质，室内排水系统可分为三大类：生活排水系统、工业废水排水系统和雨水排除系统。

排水系统

1）生活排水系统

生活排水系统用于排除居住建筑、公共建筑及工厂生活间的污废水。生活排水系统又可分为排除冲洗便器的生活污水排水系统和排除洗涤废水的生活废水排水系统。生活废水经过处理可作为杂用水，用于冲洗厕所或绿化。

2）工业废水排水系统

工业废水排水系统是排除工艺生产过程中产生的污废水。为便于污废水的处理和综合利用，按污染程度其可分为生产污水排水系统和生产废水排水系统，污染程度较重的生产污水经过处理后达到排放标准排放，生产废水污染较轻，可作杂用水加以回用。

3）雨水排除系统

雨水排除系统用于收集降落在大屋面建筑和高层建筑屋面上的雨雪水。

以上 3 种污废水是采用合流还是分流排除，要视污废水的性质、室外排水系统的设置情况及污废水的综合利用和处理情况而定。一般来说，生活粪便污水不与室内雨水道合流，冷却系统的废水则可排入室内雨水道；被有机质污染的生活污水，可与生活粪便污水合流；至于含有大量固体杂质的污水，浓度较大的酸、碱性污水及含有有毒物或油脂的污水，则不仅要考虑设置独立的排水系统，而且要经局部处理达到国家规定的污水排放标准后，才允许排入城市排水管网。

2. 室内排水系统的组成

室内排水系统一般由卫生器具、排水管道系统、通气系统、清通设备、抽升设备及污水局部处理构筑物组成，如图 2.16 所示。

1）卫生器具

卫生器具是室内排水系统的起点，用来满足日常生活和生产过程中各种卫生要求，是收集和排除污废水的设备。污废水从器具排出口经过存水弯和器具排水管流入横支管。

它主要包括大便器、小便器、冲洗设备、洗脸盆、盥洗槽、浴盆、淋浴器、洗涤盆、地漏。

2）排水管道系统

其由连接卫生器具的排水管道，有一定坡度的排水横管、立管、埋设在室内地下的总横干管和排出到室外的排出管等组成。

① 排水横管。连接卫生器具和大便器的水平管段称为排水横管。其管径不应小于 100mm，并应向流出方向有 0.01～0.02 的坡度，当大便器多于 1 个或卫生器具多于两个时，排水横管应有清扫口。

② 立管。其管径不能小于 50mm 或所连接的横管直径，一般为 100mm。立管在底

层和顶层应有检查口。多层建筑中则每隔一层应有1个检查口,检查口距地面高度为1m。

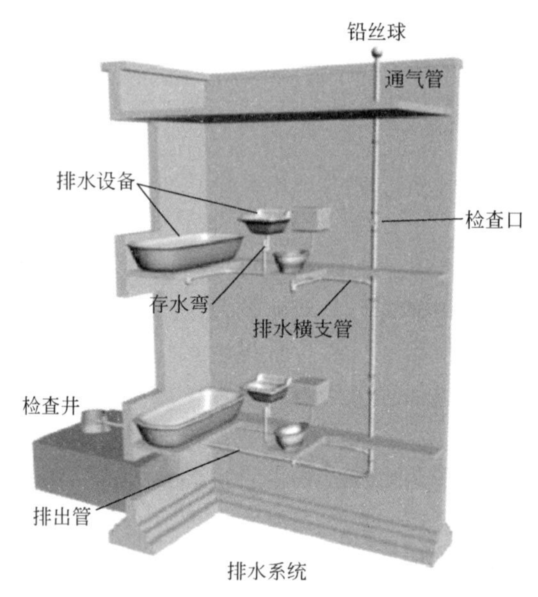

图2.16 室内排水系统的组成

③ 排出管。把室内排水立管的污水排入检查井的水平管段,称为排出管。其管径应大于或等于100mm,向检查井方向应有0.01~0.02的坡度(管径为100mm时坡度取0.02,管径为150mm时坡度取0.01)。

室内排水系统应采用建筑排水塑料管及管件或柔性接口机制排水铸铁管及相应管件。在选择排水管材时,应综合考虑建筑物的使用性质、建筑高度、抗震要求、防火要求及当地的管材供应条件,因地制宜选用。

3) 通气系统

建筑内部排水管内是水气两相流,为防止因气压波动造成的水封破坏使有毒有害气体进入室内,需设置通气系统。

当建筑物层数和卫生器具不多时,可将排水立管上端延伸出屋顶,进行升顶通气,不用设专用通气立管。

当建筑物层数和卫生器具较多时,因排水量大,空气流动过程易受排水过程干扰,须将排水管和通气管分开,设专用通气立管。

排水系统通气立管设置情况如下。

(1) 单立管排水系统:只有1根排水立管,不设专门通气立管的系统。

(2) 双立管排水系统:也叫双管制排水系统,由1根排水立管和1根通气立管组成。

(3) 三立管排水系统:也叫三管制排水系统,由1根生活污水排水立管、1根生活废水排水立管和1根通气立管组成。

4) 清通设备

为疏通建筑内部排水管道保障排水畅通,需设置清通设备。在横支管上设清扫口、地漏,在立管上设置检查口,室内埋地横干管上设检查井。

5）抽升设备

民用建筑的地下室，人防建筑物，高层建筑地下技术层，某些工厂车间的地下室和地下铁道及地下建筑物的污废水不能自流排出室外，须设污废水提升设备，如污水泵。

6）污水局部处理构筑物

室内污水不符合排放要求时，必须进行局部处理，如沉淀池、隔油池、化粪池、中和池、消毒池等。

2.3.2 室内排水管道的敷设要求

1. 横支管

横支管在建筑底层时可以埋设在地下，在楼层可以沿墙明装在地板上或悬吊在楼板下。当建筑有较高要求时，可以采用暗装，如将管道敷设在吊顶管沟、管槽内，但必须考虑安装和检修的方便。

架空或悬吊横支管不得布置在遇水后会引起损坏的原料、产品和设备的上方；不得布置在卧室、厨房炉灶上方或食品及贵重物品储藏室、变配电室、通风小室及空气处理室内，以保证安全和卫生。

横支管不得穿越沉降缝、烟道和风道，并应避免穿越伸缩缝。必须穿越伸缩缝时，应采取相应的技术措施，如装伸缩接头等。

横支管不宜过长，以免落差过大，一般不得超过 100m，并应尽量减少转弯，以避免堵塞。

2. 立管

立管宜靠近最脏、杂质最多、排水量最大的排水点处设置，例如尽量靠近大便器。立管应避免穿越卧室、办公室和其他对卫生、安静要求较高的房间。生活污水管应避免靠近与卧室相邻的内墙。

立管一般布置在墙角明装，无冰冻危害地区可布置在外墙上。当建筑有较高要求时，可在管槽或管井内暗装。暗装时需考虑检修的方便，在检查口处设检修门。

塑料立管应避免布置在温度大于60℃的热源设备附近及易受机械撞击处，否则应采取保护技术措施。

对排水立管最下部连接的排水横支管应采取措施避免横支管发生有压溢流，即仅设伸顶通气管排水立管，其最低排水横支管与立管连接处到排水立管管底的垂直距离 ΔH，在立管管径与排出管或横干管管径相同时应按立管连接卫生器具的层数 n 确定：$n \leqslant 4$ 层、5～6 层、7～12 层、13～19 层、≥20 层时，相应距离分别为 $\Delta H = 0.45$m、0.75m、1.2m、3.0m、6.0m。但是，当立管管径大于排出管管径 1 号，或横干管管径比立管管径大 1 号时，则其垂直距离可缩小一档。

对横支管连接在排出管或横干管上的管段，其连接点距立管底部下游水平距离不宜小于 3.0m。对排水横支管接入横干管竖直转向的管段，其连接点应距转向处以下不得小于 0.6m。当上述排水立管底部的排水横支管的连接达不到技术要求时，则立管最下部的排水横支管应单独排至室外排水检查井。

3. 排出管

排出管可埋在建筑底层地面以下或悬吊在地下室顶板下部。排出管的长度取决于室外排水检查井的位置。检查井的中心距建筑物外墙面一般为2.5～3m，不宜大于10m。

排出管与立管宜采用两个45°弯头连接。对于生活饮水箱(池)的泄水管、溢流管、开水器、热水器的排水，医疗灭菌消毒设备的排水，蒸发式冷却器及空调设备冷凝水的排水，储存食品或饮料的冷藏库房的地面排水，冷气、浴霸水盘的排水，均不得直接接入或排入污废水管道系统，而应采用具有水封的存水弯式空气隔断的间接排水方式，以避免上述设备受到污水污染。排出管穿越承重墙基础时，应防止建筑物下沉压破管道，其防止措施同给水管道。

排出管在穿越基础时，应预留孔洞，其大小为：排出管管径 d 为50mm、75mm、100mm时，孔洞尺寸为300mm×300mm；管径大于100mm时，孔洞高变为(d+300)mm，宽度为(d+200)mm。

为了防止管道受机械损坏，一般的生产厂房内排出管的最小埋深应按表2-1确定。

表2-1　一般的生产厂房内排出管的最小埋深

管　　材	地面至管顶的距离/m	
	素土夯实、碎石、砾石、砖地面	水泥、混凝土地面
排水铸铁管	0.7	0.4
混凝土管	0.7	0.5
带釉陶土管	1.0	0.6

4. 通气管

(1) 伸顶通气管高出屋面不小于1.8m，且应大于该地区最大积雪厚度，屋顶有人停留时应大于2m。

(2) 连接4个及4个以上卫生器具，且长度大于12m的横支管和连接6个及6个以上大便器的横支管要设环形通气管。环形通气管应在横支管起端的两个卫生器具之间接出，在排水横支管中心线以上与排水横支管呈垂直或45°连接。专用通气立管如图2.17所示。

(3) 专用通气立管每隔两层、主通气立管每隔8～10层设置结合通气管与污水立管连接。

(4) 专用通气立管和主通气立管的上端可在最高卫生器具上边缘或检查口以上不小于0.15m处与污水立管以斜三通连接，下端在最低污水横支管以下与污水立管以斜三通连接。

(5) 通气立管不得接纳污水、废水和雨水，不得与通风管道或烟道连接。

(6) 通气管的顶端应装设网罩或风帽。通气管与屋面交接处应防止漏水。

2.3.3　室内排水管道的安装

1. 立管安装

(1) 按设计要求设置固定支架或支承件后，再进行立管吊装。

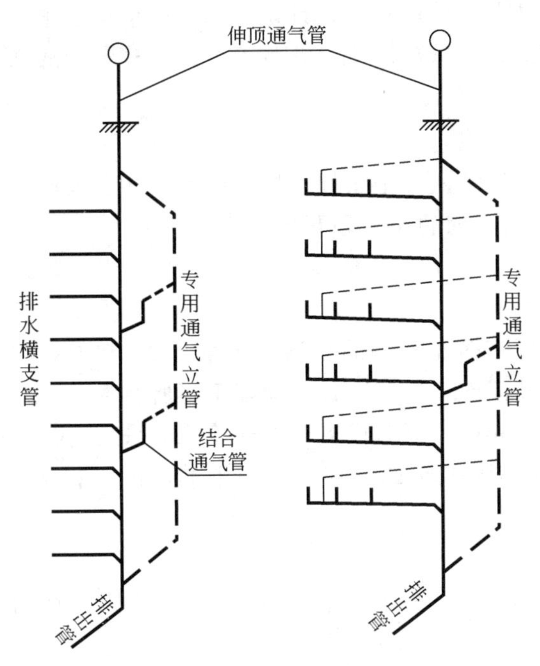

图 2.17 专用通气立管

(2) 一般先将管段吊正，如果是塑料立管应再安装伸缩节，将管端插口平直插入承口中(塑料立管插入伸缩节承口橡胶圈中)，用力应均匀，不可摇动挤入。安装完后，随即将立管固定。

(3) 塑料立管承口外侧与饰面的距离应控制在20～50mm。

(4) 立管安装完毕后，应由土建单位支模浇筑不低于楼板强度的细石混凝土堵洞。

(5) 立管安装注意事项如下。

① 在立管上应按图纸要求设置检查口，如设计无要求时则应每两层设置一个检查口，但在最底层和最顶层必须设置。

② 安装立管时，一定要注意将三通口的方向对准横支管方向，以免在安装横支管时由于三通口的偏斜而影响安装质量。

③ 透气管是为了使排水管网中的有害气体排至大气中，并保证管网中不产生负压破坏卫生设备的水封而设置的。

2. 支立管安装

(1) 要保证支立管的坡度和垂直度，不得有反坡或“扭头”现象。

(2) 支立管露出地坪的长度一定要根据卫生器具和排水设备附件的种类决定，严禁地漏高出地坪、小便池落水高出池底。

(3) 排水管道装妥并充分牢固后，应拆除一切临时支架(如吊管用的铁丝或打在墙面上做临时固定件的凿子等)，并仔细检查以防止凿子等开洞工具遗留在横支管上落下伤人。

(4) 应将所有管口堵好，特别是准备做水磨石地坪的卫生间要严防土建工作人员将水泥浆流入管内。暂不装卫生器具的管口，可用适当大小的砖头堵住管口，然后用石灰砂浆堵塞，但在装卫生器具时一定要清理干净。

(5) 排水管道的刷油着色，应根据设计说明或建设单位要求进行。刷油前，应认真清除残留在管道表面的污物，要求漆面光泽，且不可污染建筑物的饰面和其他器具等。

3. 横支管安装

1) 铸铁排水管安装

(1) 先将安装横支管尺寸测量记录好，按正确尺寸和安装的难易程度在地面进行预制(若横支管过长或吊装有困难时也可分段预制和吊装)。

(2) 然后将吊卡装在楼板上，并按横支管的长度和规范要求的坡度调整好吊卡的高度，再开始吊管。

(3) 吊横托管时，要将横托管上的三通口或弯头的方向及坡度调好后，再将吊卡收紧，然后打麻和捻口将其固定在立管上，并应随手将所有管口堵好。

横支管与立管的连接和横支管与横支管的连接，应采用45°三通或四通和90°斜三通或斜四通，不得采用90°正三通或正四通连接。吊卡的间距不得大于2m，且必须装在承口部位。

2) 塑料排水管安装

(1) 一般做法是先将预制好的管段用铁丝临时吊挂，查看无误后再进行打口或粘接。

(2) 打口或粘接后，应迅速摆正位置，按规定校正坡度。塑料排水管用木楔卡牢接口，绑紧铁丝，临时予以固定，待粘接固化后再紧固支承件，但不宜卡箍过紧。

(3) 拆除临时绑固用铁丝，将接口临时封严。

(4) 支模浇筑细石混凝土封堵支架洞口。

2.3.4 排水管道的闭水试验

建筑内部排水管道为重力流管道，一般做闭水(灌水)试验，以检查其严密性。

建筑内部安装或埋地排水管道，应在隐蔽或回填土之前做闭水试验，其灌水高度应不低于底层地面高度。确认合格后方可进行隐蔽或回填土。

对生活和生产排水管道，其灌水高度一般以一层楼的高度为准。雨水管的灌水高度必须到每根立管最上部的雨水斗。

闭水试验以满水15min后，再灌满观察5min，液面不下降为合格。

整个试验过程中，各有关方面负责人必须到现场，做好记录和签证，并作为工程技术资料归档。

2.3.5 卫生器具的安装

1. 便溺用卫生器具的安装

1) 大便器安装

(1) 坐式大便器。坐式大便器的形式比较多样，品种也各异，其按内部构造可分为冲洗式、冲落式、虹吸式、喷射虹吸式、漩涡虹吸式和喷出式等；按安装方式可分为悬挂式和落地式两种。低水箱坐式大便器安装如图2.18所示。

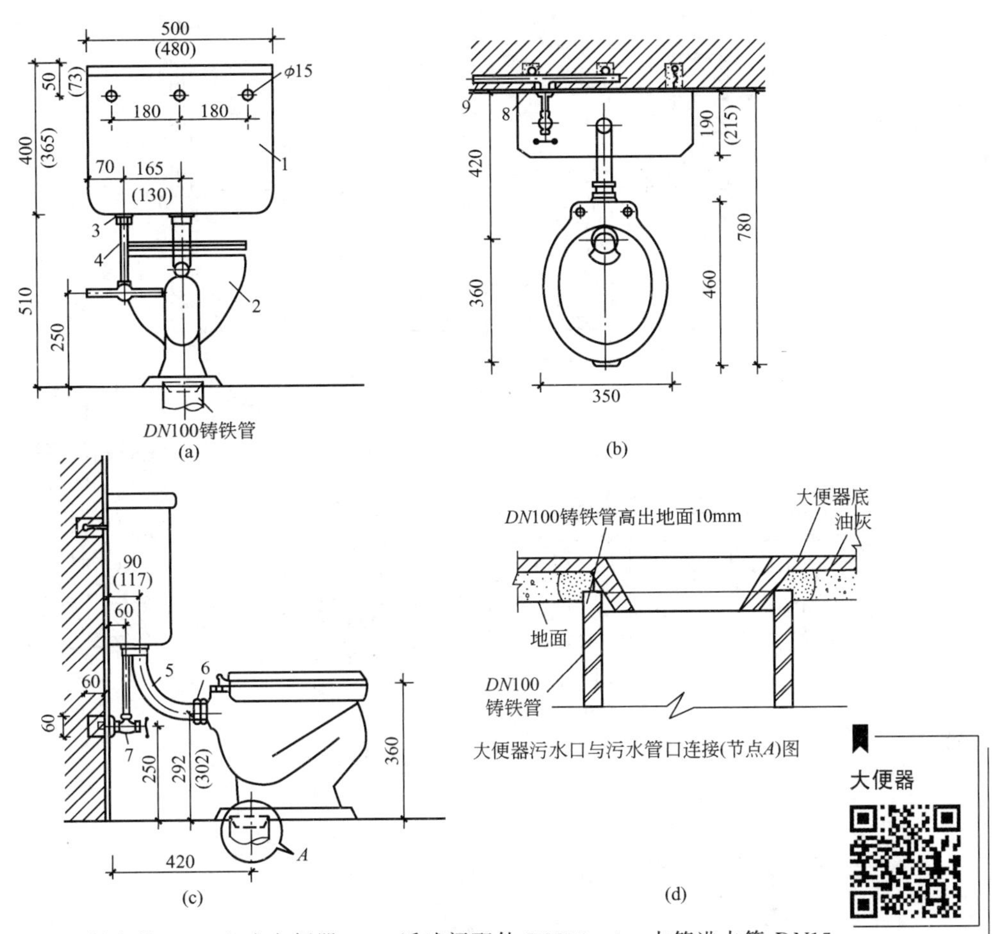

1—低水箱；2—坐式大便器；3—浮球阀配件 DN15；4—水箱进水管 DN15；
5—冲洗管及配件 DN50；6—锁紧螺母 DN50；7—角阀 DN15；8—三通；9—给水管。

图 2.18 低水箱坐式大便器安装

(2) 蹲式大便器。蹲式大便器使用时臀部不直接接触大便器，卫生条件较好，特别适合于集体宿舍、机关大楼等建筑的卫生间内。

蹲式大便器的冲洗设备，有自动虹吸式冲洗水箱和手动虹吸式冲洗水箱(手动虹吸式又有套筒式高水箱和提拉盘式低水箱)两种。近年来，延时自闭式冲洗阀得到广泛的推广使用，它不用水箱，直接安装在冲洗管上即可。

2) 大便槽安装

大便槽是一道狭长的敞开槽，按照一定的距离间隔成若干个蹲位，可同时供几个人使用。从卫生条件看，大便槽受污面积大，有恶臭，水量消耗大，但由于设备简单，建造费用低，因此广泛应用在建筑标准不高的公共建筑如学校、工厂或城镇的公共厕所内。大便槽的构造如图 2.19 所示。

3) 小便器安装

(1) 挂式小便器安装。挂式小便器是依靠自身的挂耳固定在墙上的。挂式小便器安装如图 2.20 所示。小便器安装尺寸如图 2.21 所示，小便器配件如图 2.22 所示。

(2) 立式小便器安装如图 2.23 所示。

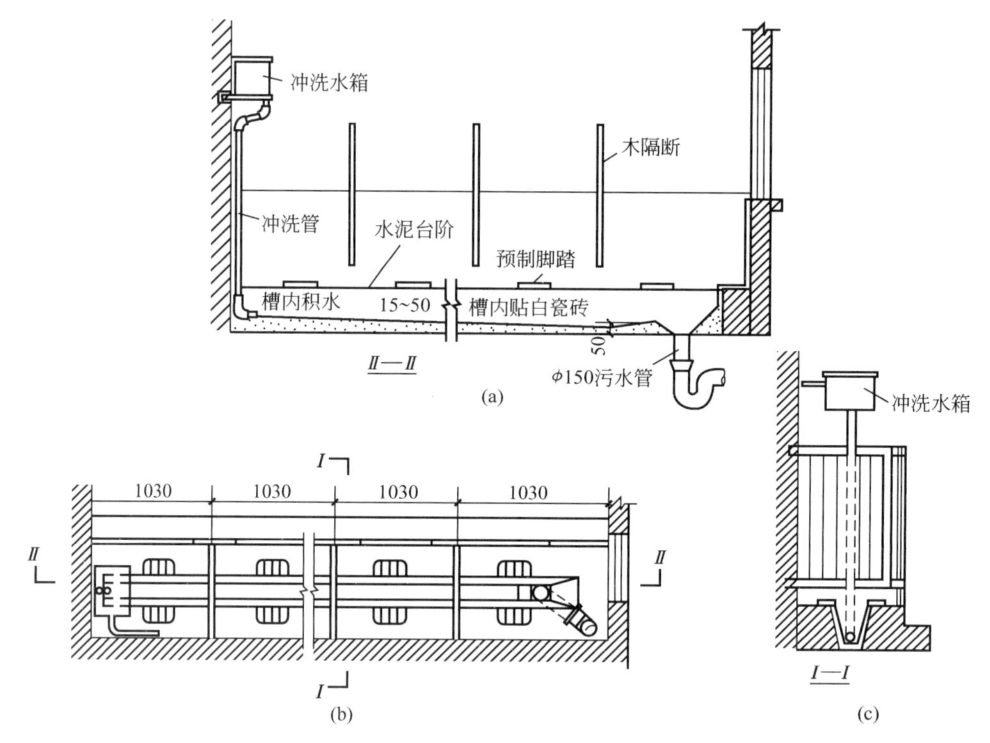

图 2.19 大便槽的构造

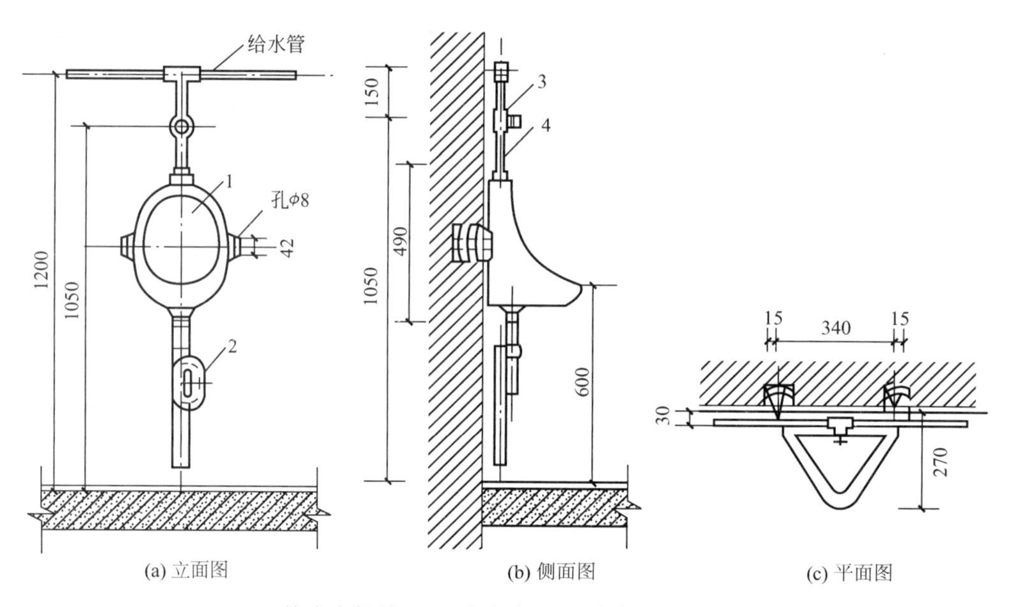

1—挂式小便器；2—存水弯；3—角阀；4—短管。

图 2.20 挂式小便器安装

4）小便槽安装

小便槽的长度无明确规定，按设计而定。小便槽的污水口可设在槽的中间，也可设于靠近污水立管的一端，但不管是在中间还是在某一端，从起点至污水口，均应有 0.01 的坡度坡向污水口，污水口应设置罩式排水栓。

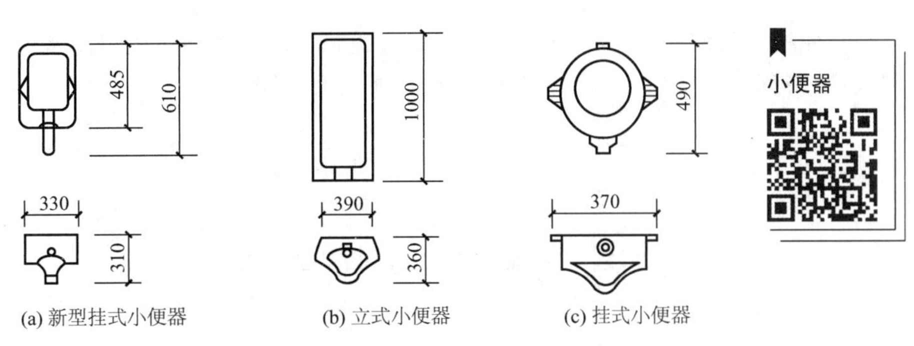

(a) 新型挂式小便器　(b) 立式小便器　(c) 挂式小便器

图 2.21　小便器安装尺寸

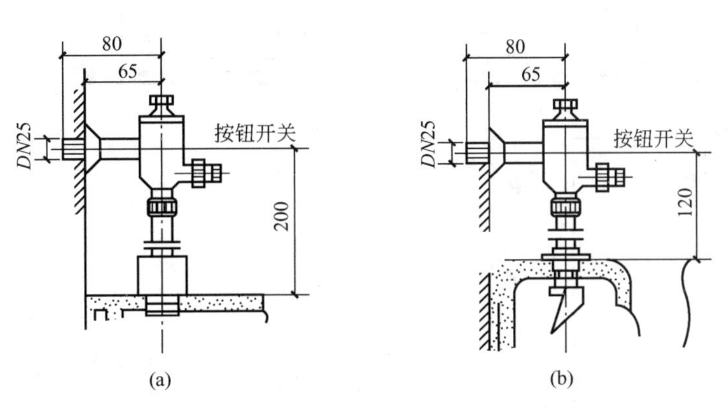

(a)　(b)

图 2.22　小便器配件

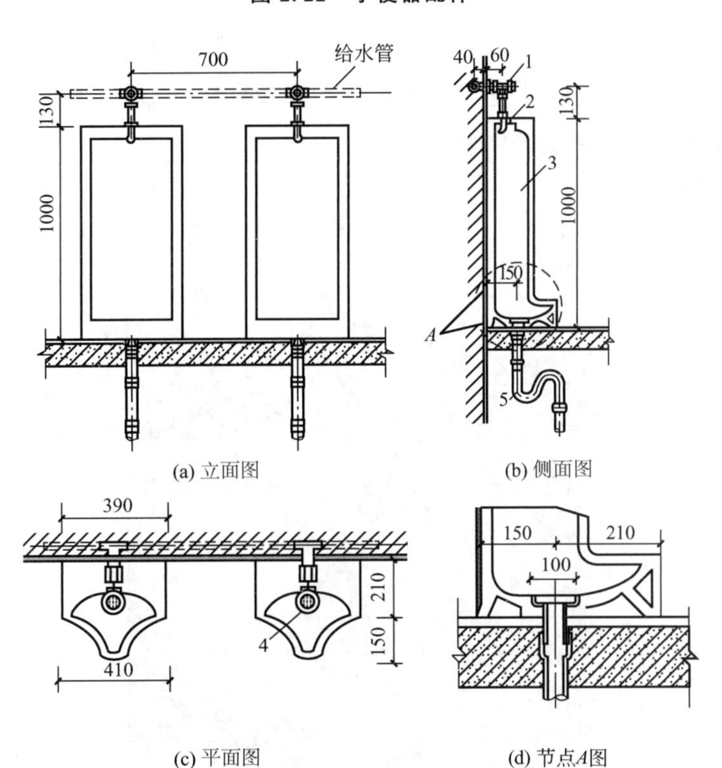

(a) 立面图　(b) 侧面图

(c) 平面图　(d) 节点A图

1—延时自闭式冲洗阀；2—喷水鸭嘴；3—立式小便器；4—排水栓；5—存水弯。

图 2.23　立式小便器安装

小便槽应沿墙 1300mm 高度以下铺贴白瓷砖，以防腐蚀，也可用水磨石或水泥砂浆粉刷代替白瓷砖。图 2.24 所示为自动冲洗小便槽安装图。

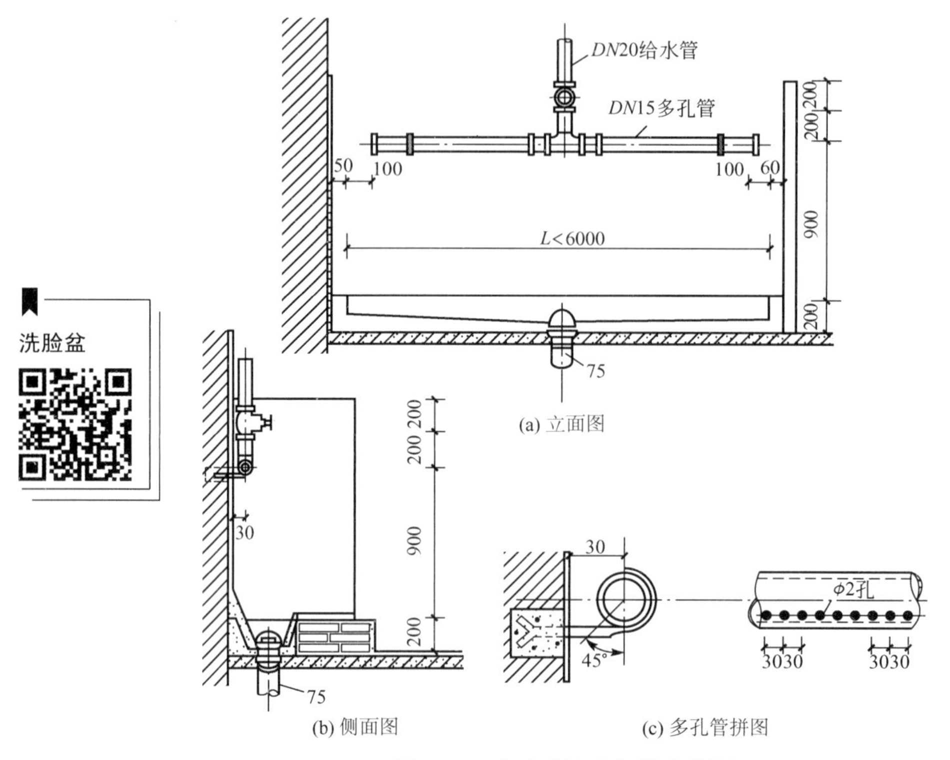

图 2.24　自动冲洗小便槽安装图

2. 盥洗、沐浴用卫生器具的安装

1) 洗脸盆安装

洗脸盆的规格形式很多，有长方形、三角形、椭圆形等。安装方式有墙架式、柱脚式(也叫立式洗脸盆，如图 2.25 所示)。

图 2.25　立式洗脸盆

2）浴盆安装

浴盆的种类很多，式样不一。图 2.26 所示为常用的一种浴盆安装图。

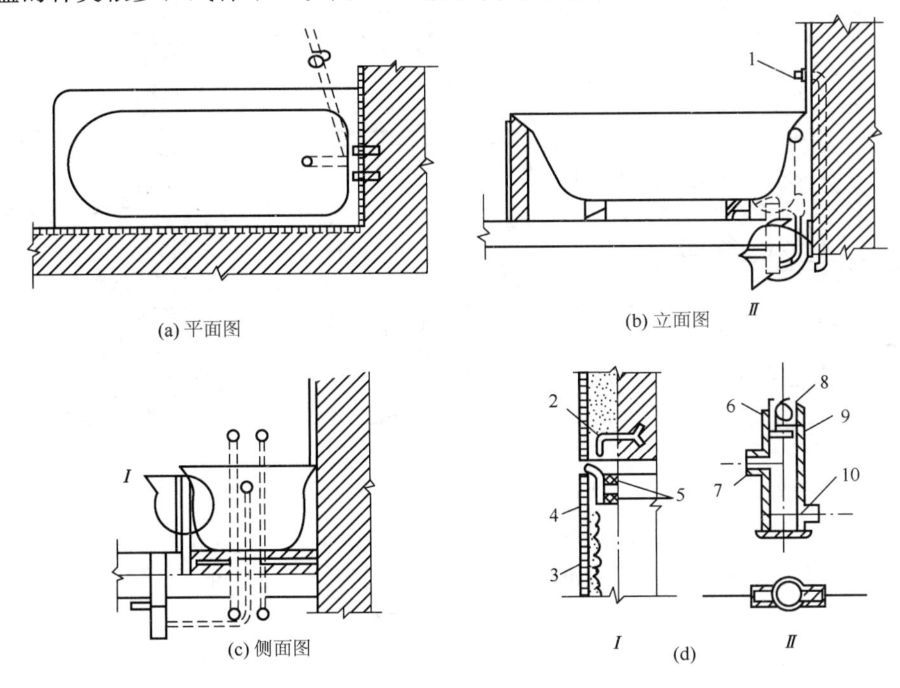

1—接浴盆水门；2—预埋 ϕ6 钢筋；3—铁丝网；4—瓷砖；5—角钢；
6—ϕ100 钢管；7—管箍；8—清扫口铜盖；9—焊在管壁上的 ϕ8 钢筋；10—进水口。

图 2.26　常用的一种浴盆安装图

3）淋浴器安装

淋浴器具有占地面积小、设备费用低、耗水量小、清洁卫生等优点，故采用广泛。淋浴器有成品出售，但大多数情况下是用管件现场组装。由于管件较多，布置紧凑，配管尺寸要求严格准确，安装时要注意整齐美观。

3. 洗涤用卫生器具的安装

1）洗涤盆安装

洗涤盆多装在住宅厨房及公共食堂厨房内，供洗涤碗碟和食物使用。常用的洗涤盆多为陶瓷制品，也有采用钢筋混凝土磨石子制成的。洗涤盆的规格无一定标准，如图 2.27 所示为洗涤盆安装图。

2）化验盆安装

化验盆一般装在化验室或实验室中。常用的陶瓷化验盆内已有水封，排水管上不需要再装存水弯。化验盆也可用陶瓷洗涤盆代替。根据使用要求，化验盆上可装单联、双联或三联鹅颈龙头。图 2.28 所示为化验盆安装图。在医院手术室等地，装有脚踏开关化验盆，其安装图如图 2.29 所示。

3）污水盆安装

污水盆也叫拖布盆，多装设在公共厕所或盥洗室中，供洗拖布和倒污水使用，故盆口距地面较低，但盆身较深，一般为 400～500mm，可防止冲洗时水花溅出。污水盆可在现场用水泥砂浆浇灌，也可用砖头砌筑，表层磨石子或贴瓷片。

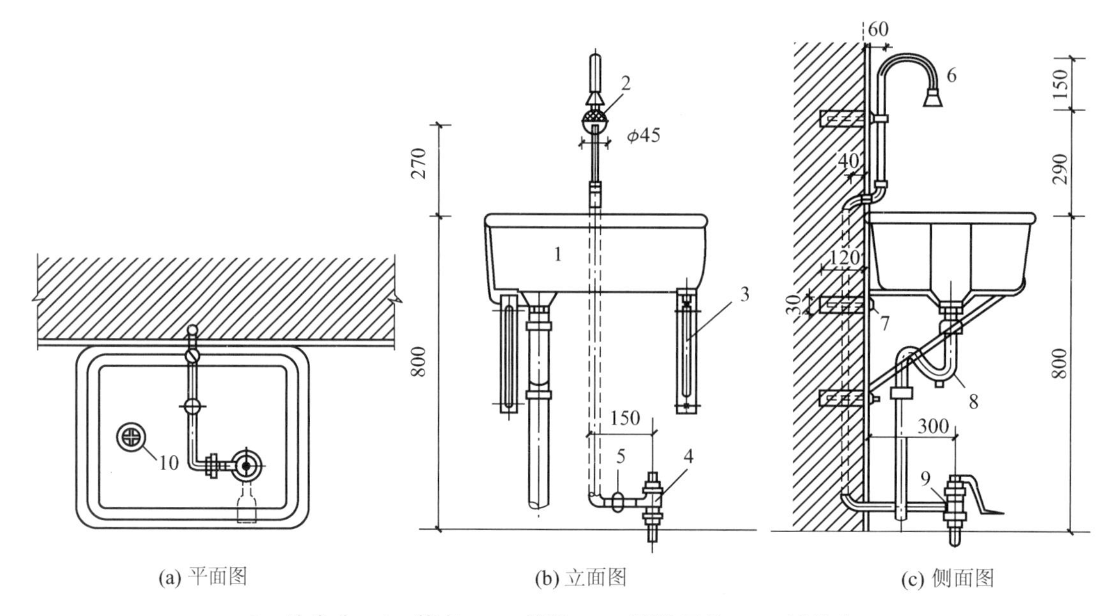

(a) 平面图　　(b) 立面图　　(c) 侧面图

1—洗涤盆；2—管卡；3—托架；4—脚踏开关；5—活接头；
6—洗手喷头；7—螺栓；8—存水弯；9—弯头；10—排水栓。

图 2.27　洗涤盆安装图

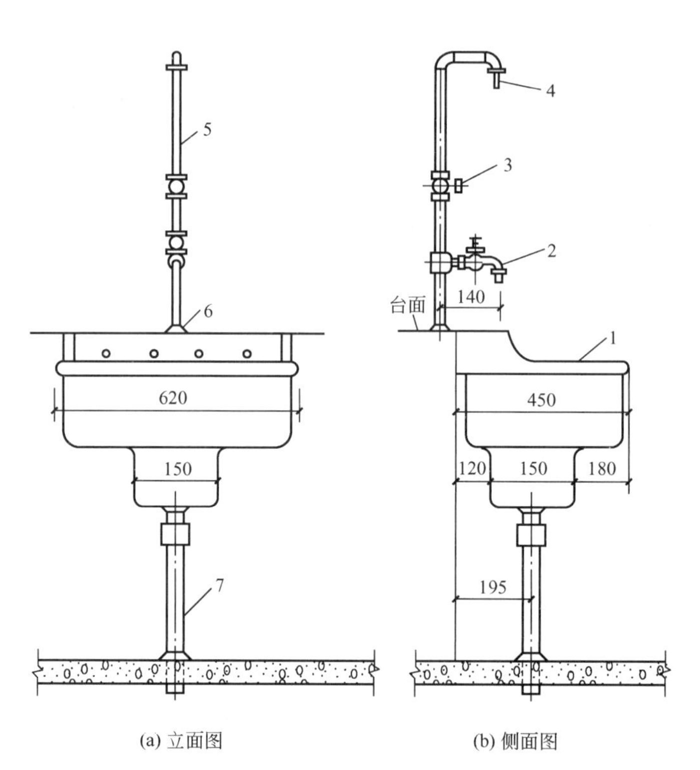

(a) 立面图　　(b) 侧面图

1—化验盆；2—*DN*15 化验龙头；3—*DN*15 截止阀；
4—螺纹接口；5—*DN*15 给水管；6—压盖；7—*DN*50 排水管。

图 2.28　化验盆安装图

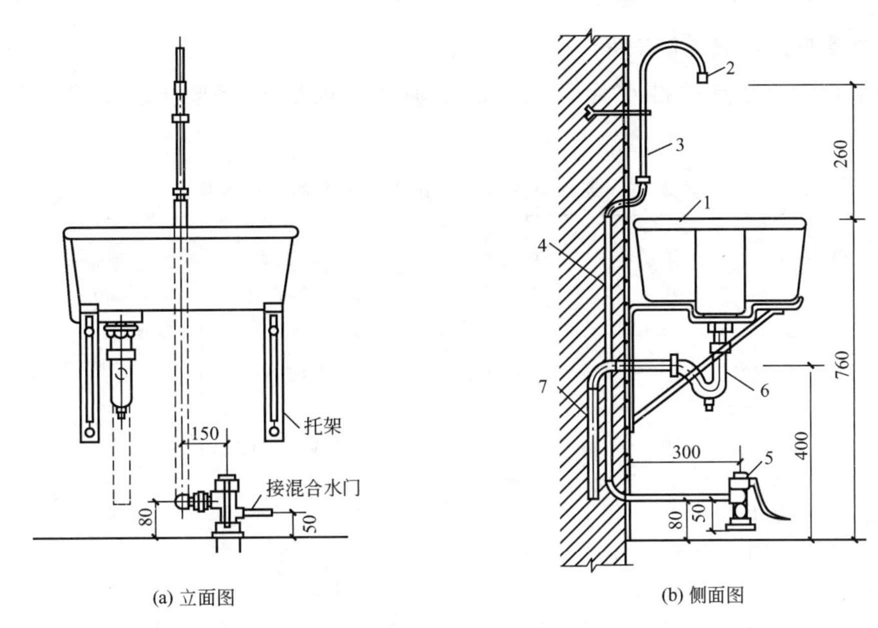

(a) 立面图 (b) 侧面图

1—化验盆；2—螺纹接口；3—$DN15$ 铜管；4—$DN15$ 给水管；
5—脚踏开关；6—$DN50$ 存水弯；7—$DN50$ 排水管。

图 2.29 脚踏开关化验盆安装图

图 2.30 所示为污水盆构造及安装，其管道配置较为简单。砌筑时，盆底宜形成一定坡度，以利排水。排水栓管径为 $DN50$，安装时应抹上油灰，然后固定在污水盆出水口处。存水弯为一般的铸铁 S 型存水弯。

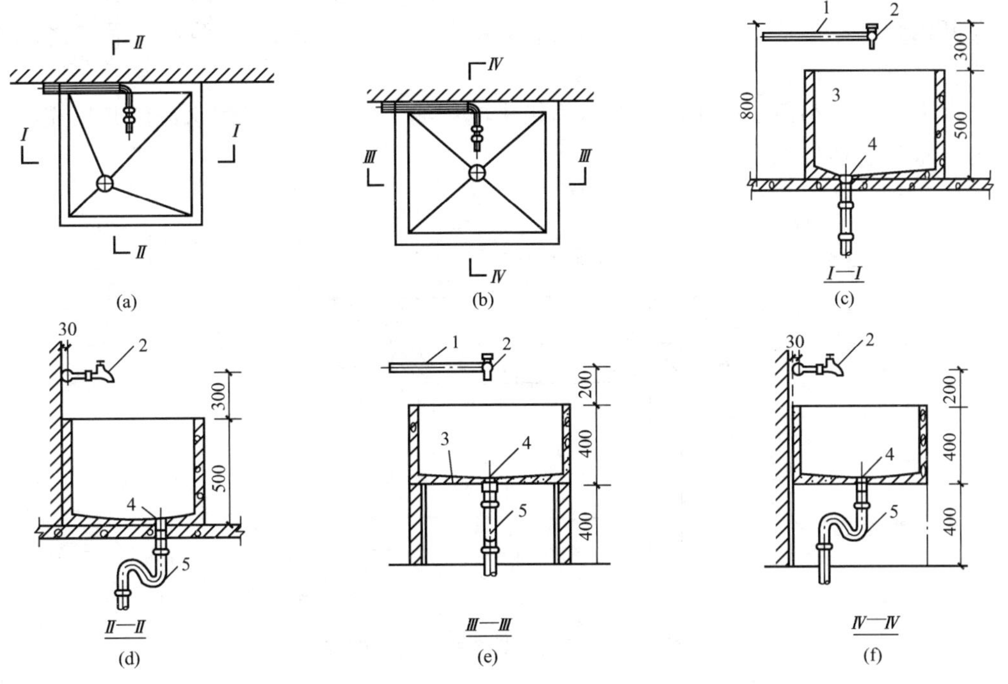

(a) (b) (c) (d) (e) (f)

1—给水管；2—龙头；3—污水盆；4—排水栓；5—存水弯。

图 2.30 污水盆构造及安装

4. 卫生器具排水管道的安装

(1) 连接卫生器具的排水管管径和最小坡度，如设计无要求，应符合表2-2的规定。

表2-2 连接卫生器具的排水管管径和最小坡度

项次	卫生器具名称	排水管管径/mm	管道最小坡度	项次	卫生器具名称	排水管管径/mm	管道最小坡度
1	污水盆	50	0.025	8	大便器		
2	单双格洗涤盆	50	0.025		高低水箱	100	0.012
3	洗手盆、洗脸盆	32～50	0.020		自闭式冲洗阀	100	0.012
4	浴盆	50	0.020		拉管式冲洗阀	100	0.012
5	淋浴器	50	0.020	9	小便器		
6	妇女卫生盆	40～50	0.020		手动冲洗阀	40～50	0.020
7	饮水器	25～50	0.01～0.02		自动冲洗水箱	40～50	0.020

(2) 连接卫生器具的铜管应保持平直，尽可能避免弯曲，如需弯曲，应采用冷弯法，并注意其椭圆度不大于10%。卫生器具安装完毕后，应进行通水试验，以无漏水现象为合格。

(3) 大便器、小便器的排水出口承插接头应用油灰填充，不得用水泥砂浆填充。卫生器具与排水管道连接如图2.31所示。

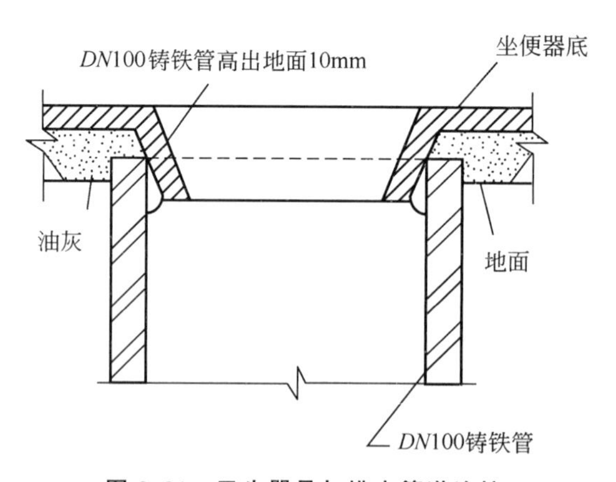

图2.31 卫生器具与排水管道连接

2.4 室外给排水管道安装

室外排水系统主要由管道系统、污水泵站及压力管道、污水处理厂及出水口设施组成。

室外给排水工程在建筑安装工程中是指建筑小区内的室外给排水管道系统，其范围是从室内、室外管道的划分点到城市管道的碰头点。

建筑小区给排水系统是室内给排水系统与城市给排水管道的连接部分。建筑小区给排水系统的范围可以很小，如城市街道旁建筑物的室外给排水管道，也可以很大，如若干栋建筑物组成的建筑群内的给排水管网。

室外给排水管道包括整个小区的给排水干管及小区内的给排水支管和接户管。

接户管是布置在建筑物周围，直接与建筑物引入管和排出管相接的给排水管道。小区支管是布置在居住组团内道路下与接户管相接的给排水管道。小区干管是布置在小区道路或城市道路下与小区支管相接的给排水管道。

2.4.1 室外给排水管道的敷设要求

1. 室外给水管道的布置及敷设要求

定线原则：首先按小区的干道布置给水干管网，然后在居住组团内布置小区支管及接户管。布置时应注意管网要遍布整个小区，保证每个居住组团都有合适的接水点。为了保证供水，给水管道的布置和敷设应满足下述要求。

（1）小区干管应布置成环网或与城市给水管道连成环网，小区支管和接户管的布置，通常采用枝状管网。

（2）小区干管宜沿用水量较大的地段布置，以最小距离向用户供水。

（3）给水管道宜与道路中心线或主要建筑物呈平行敷设，并尽量减少与其他管道的交叉。

（4）给水管道与其他管道平行或交叉敷设的净距，应根据两种管道的类型、埋深、施工检修的相互影响、管道上附属建筑物的大小和当地有关规定等条件确定。一般地下管线间最小净距可按表2-3采用。

表2-3 一般地下管线间最小净距 单位：m

管道类型	给水管		污水管		雨水管	
	水平	垂直	水平	垂直	水平	垂直
给水管	0.5～1.0	0.10～0.15	0.8～1.5	0.10～0.15	0.8～1.5	0.10～0.15
污水管	0.8～1.5	0.10～0.15	0.8～1.5	0.10～0.15	0.8～1.5	0.10～0.15
雨水管	0.8～1.5	0.10～0.15	0.8～1.5	0.10～0.15	0.8～1.5	0.10～0.15

续表

管道类型	给水管		污水管		雨水管	
	水平	垂直	水平	垂直	水平	垂直
低压煤气管	0.5～1.0	0.10～0.15	1.0	0.10～0.15	1.0	0.10～0.15
直埋式热水管	1.0	0.10～0.15	1.0	0.10～0.15	1.0	0.10～0.15

注：净距指管外壁距离，管道交叉设管套时指管套外壁距离，直埋式热力管指保温管壳外壁距离。

(5) 给水管道与建筑物基础的水平净距：管径为 100～150mm 时，不宜小于 1.5m；管径为 50～75mm 时，不宜小于 1.0m。

(6) 生活给水管道与污水管道交叉时，给水管道应敷设在污水管道上面，且不应有接口重叠；当给水管道敷设在污水管道下面时，给水管道的接口离污水管道的水平净距不宜小于 1m。

(7) 给水管道的埋设深度，应根据土壤冰冻深度、外部荷载、管材强度及与其他管道交叉等因素确定。管顶最小覆土深度不得小于土壤冰冻线以下 0.15m，行车道下的管线覆土深度不宜小于 0.7m。

(8) 给水管道一般敷设在未经扰动的原状土层上，对于淤泥和其他承载力达不到要求的，应进行基础处理，敷设在基岩上时，应敷设砂垫层。

(9) 埋地金属管，应根据选用管道材料、土壤性质、输送水的特性采用相应的内外防腐措施。

(10) 建筑小区给水管道应在小区干管从城市给水管接出处、小区支管与小区干管接出处、接户管从小区干管接出处及环状管网需调节和检修处设阀门。阀门应设在阀门井内。在寒冷地区的阀门井应采取保温防冻措施。在人行道、绿化地的阀门可采用阀门套筒。

2. 室外排水管道的布置及敷设要求

居住小区内排水方式有分流制和合流制两种。

分流制是指生活污水管道和雨水管道分流的排水方式，根据排水管道的功能不同分设污水管道系统和雨水管道系统；合流制是指同一管渠内接纳生活污水和雨水的排水方式。居住小区的排水出路一般应排入城市(镇)下水管道系统，故小区排水体制应与城市(镇)排水体制相一致。我国新建居住小区一般采用分流制系统。

(1) 排水管道的布置应根据小区规划、地形标高、排水流向，按管线短、埋深小、尽可能自流排出的原则确定。建筑小区排水管道宜沿建筑物平行敷设，在与房屋排出管交接处设排水检查井，管道或排水检查井中心至建筑物外墙面的距离不宜小于 3m。

(2) 排水管道最小覆土深度应根据道路的行车等级、管材受压强度、地基承载力等因素经计算确定，并符合下列要求。

① 小区干道和居住组团内道路下的管道，覆土深度不宜小于 0.7mm。

② 生活污水接户管道埋设深度不得高于土壤冰冻线以上 0.15m，且覆土深度不宜小于 0.3m。

(3) 室外排水管道的连接应符合下列要求。

① 排水管与排水管连接，应用检查井连接。

② 室外排水管道，除有水流跌落差以外，宜管顶平接。

③ 排出管管顶标高不得低于室外接户管管顶标高。

④ 连接处的水流偏转角不得大于90°，当跌落差大于0.3m时，可不受角度的限制。

(4) 室外排水沟与室外排水管道连接处，应设水封装置。

(5) 小区排水管道敷设时，与建筑物基础的水平净距：当管道埋深浅于基础时，应不小于1.5m；当管道埋深深于基础时，应不小于2.5m。

(6) 室外排水管道的连接在下列情况下应采用检查井。

① 在管道转弯和连接支管处。

② 在管道的管径、坡度改变处。

(7) 室外生活排水管道管径小于或等于150mm时，检查井间距不宜大于20m；管径大于或等于200mm时，检查井间距不宜大于30m。

2.4.2 室外给水管道安装

室外埋地给水管道采用的管材，应具有耐腐蚀和能承受相应地面荷载的能力，可采用塑料给水管、有衬里的铸铁给水管、经可靠防腐处理的钢管。

1. 铸铁管安装

(1) 安装前，应对管材的外观进行检查，查看有无裂纹、毛刺等，不合格的不能使用。

(2) 插口装入承口前，应将承口内部和插口外部清理干净，用气焊烤掉承口内及承口外的沥青。如采用橡胶圈接口时，应先将橡胶圈套在管子的插口上，插口插入承口后调整好管子的中心位置。

(3) 铸铁管全部放稳后，暂在接口间隙内填塞干净的麻绳等，防止泥土及杂物进入。

(4) 接口前挖好操作坑。

(5) 如接口内填麻丝时，将堵塞物拿掉，填麻的深度为承口总深的1/3，填麻应密实均匀，应保证接口环形间隙均匀。

(6) 打麻时，应先打油麻后打干麻。应把每圈麻拧成麻辫，麻辫直径等于承插口环形间隙的1.5倍，长度为铸铁管管口周长的1.3倍左右为宜。打锤要用力，凿凿相压，到铁锤打击时发出金属声为止。采用橡胶圈接口时，填打橡胶圈应逐渐滚入承口内，防止出现“闷鼻”现象。

(7) 将配置好的石棉水泥填入口内(不能将拌好的石棉水泥用料超过半小时再打口)，应分几次填入，每填一次应用力打实，应凿凿相压。第一遍贴里口打，第二遍贴外口打，第三遍朝中间打，打至呈油黑色为止，最后轻打找平。如果采用膨胀水泥接口，也应分层填入并捣实，最后捣实至表层面返浆，且比承口边缘凹进1～2mm为宜。

(8) 接口完毕，应速用湿泥或湿草袋将接口处周围覆盖好，并用虚土埋好进行养护。天气炎热时，还应铺上湿麻袋等物进行保护，防止热胀冷缩损坏管口。在太阳暴晒时，应随时洒水养护。

2. 镀锌钢管安装

(1) 镀锌钢管安装要全部采用镀锌配件变径和变向，不能用加热的方法制成管件(因加热会使镀锌层破坏而影响防腐能力)，也不能以黑铁管零件代替。

(2) 铸铁管承口与镀锌钢管连接时，镀锌钢管插入的一端要翻边，以防水压试验或运行时脱出，另一端要将螺纹套好。简单的翻边方法可将管端等分锯几个口，用钳子逐个将其翻成相同的角度即可。

(3) 管道接口法兰应安装在检查井或地沟内，不得埋在土壤中；如必须将法兰埋在土壤中，应采取防腐蚀措施。给水检查井内的管道安装，如设计无要求，井壁距法兰或承口的距离为：管径 $DN \leqslant 450$mm，应不小于 250mm；管径 $DN > 450$mm，应不小于 350mm。

3. 钢筋混凝土管安装

(1) 预应力钢筋混凝土管安装。当地基处理好后，为了使橡胶圈达到预定的工作位置，必须要有产生推力和拉力的安装工具，一般采用拉杆千斤顶，即预先于横跨在已安装好的 1～2 节管子的管沟两侧安装一截横木，作为锚点，横木上拴一个钢丝绳扣，钢丝绳扣套入一根钢筋拉杆，每根拉杆长度等于一节管长，安装一根管，加接一根拉杆，拉杆与拉杆间用 S 形扣连接。这样一个固定点，可以安装数十根管后再移动到新的横木固定点。然后用一根钢丝绳兜扣住千斤顶头连接到钢筋拉杆上。为了使两边钢丝绳在顶装过程中拉力保持平衡，中间应连接一个滑轮。

(2) 拉杆千斤顶法的安装要点。

① 套橡胶圈。在清理干净管端承插口后，即可将橡胶圈从管端两侧同时由管下部向上套，套好后的橡胶圈应平直，不允许有扭曲现象。

② 初步对口。利用斜挂在跨沟架子横杆上的倒链把承口吊起，并使管段慢慢移到承口，然后用撬棍进行调整，若管位很低，则用倒链把管提起，下面填砂捣实；若管位高，则沿管轴线左右晃动管子，使管下沉。为了使插口和橡胶圈能够均匀顺利地进入承口，达到预定位置，初步对口后，承插口间的承插间隙和距离务必均匀一致。否则，橡胶圈受压不均，进入速度不一致，将造成橡胶圈扭曲而大幅度回弹。

③ 顶装。初步对口正确后，即可装上千斤顶进行顶装。顶装过程中，要随时沿管四周观察橡胶圈和插口的进入情况。当管下部进入较少时，可用倒链把承口端稍稍抬起；当管左部进入较少或较慢时，可用撬棍在承口右侧将管向左侧拨动。进行矫正时则应停止顶进。

④ 找平找正。把管子顶到设计位置时，经找平找正后方可松放千斤顶。相邻两管的高度偏差不应超过±2cm。中心线左右偏差一般在 3cm 以内。

4. 管沟及井室

1) 管沟

(1) 沟槽的断面形式要符合设计要求，施工中常采用的沟槽断面形式有直槽、梯形槽、混合槽等。沟槽的断面形式通常根据土的种类、地下水情况、现场条件及施工方法决定，并按照设计规定的基础，管道的断面尺寸、长度和埋设深度进行选择。

(2) 沟槽开挖深度按管道设计纵断面图确定，应满足最小埋设深度的要求，避免让管道布置在可能受重物压坏处。

(3) 沟槽底部工作宽度应根据管径大小、管道连接方式和施工工艺确定。

(4) 为便于管段下沟，挖沟槽的土应堆放在沟的一侧，且土堆底边与沟边应保持一定距离。

(5) 机械挖槽应确保槽底土层结构不被扰动或破坏，用机械挖槽或开挖沟槽后，当天不能下管时，沟底应留出 0.2m 左右一层不挖，待铺管前用人工清挖。

(6) 沟槽开挖时，如遇有管道、电缆、建筑物、构筑物或文物古迹，应予保护，并及时与有关单位和设计部门联系，严防事故发生而造成损失。

(7) 沟底要求是坚实的自然土层，如果是松散的回填土或沟底有不易清除的块石时，都要进行处理，防止管子产生不均匀下沉而造成质量事故。松土层应夯实，加固密实，对块石则应将其上部铲除，然后铺上一层大于150mm厚度的回填土整平夯实或用黄沙铺平。管道的支撑和支墩不得直接铺设在冻土和未经处理的松土上。

2) 井室

(1) 井室的尺寸应符合设计要求，允许偏差为±20mm(圆形井指其直径，矩形井指其内边长)。

(2) 安装混凝土预制井圈，应将井圈端部洗干净并用水泥砂浆将接缝抹光。

(3) 砖砌井室。地下水位较低，内壁可用水泥砂浆勾缝。水位较高，井室的外壁应用防水砂浆抹面，其高度应高出最高水位200～300mm。含酸性污水检查井，内壁应用耐酸水泥砂浆抹面。

(4) 排水检查井内需做流槽的，应用混凝土浇筑或用砖砌筑，并用水泥砂浆抹光。流槽的高度等于引入管中的最大管径，允许偏差为±100mm。流槽下部断面为半圆形，其直径同引入管管径相等。流槽上部应做垂直墙，其顶面应有0.05的坡度。排出管同引入管直径不相等，流槽应按两个不同直径做成渐扩形。弯曲流槽同管口连接处应有0.5倍直径的直线部分，弯曲部分为圆弧形，管端应同井壁内表面齐平。管径大于500mm时，弯曲流槽同管口的连接形式应由设计确定。

(5) 在高级和一般路面上，井盖上表面应同路面相平，允许偏差为±5mm。无路面时，井盖应高出室外设计标高500mm，并应在井口周围以0.02的坡度向外做护坡。如采用混凝土井盖，标高应以井口计算。

(6) 安装在室外的地下消火栓、给水表井和排水检查井等用的铸铁井盖，应有明显区别，重型与轻型井盖不得混用。

(7) 管道穿过井壁处，应严密、不漏水。

3) 管沟回填

沟槽在管道敷设完毕应尽快回填，一般分为两个步骤。

(1) 管道两侧及管顶以上不小于0.5m的土方，安装完毕即行回填，接口处可留出，但其底部管基必须填实，与此同时，要办理“隐蔽工程验收记录”签证。

(2) 沟槽其余部分在管道试压合格后及时回填。如沟内有积水，则必须全部排尽，再行回填。

管道两侧及管顶以上0.5m部分的回填，应同时从管道两侧填土分层夯实，不得损坏管子及防腐层。沟槽其余部分的回填，也应分层夯实。分层夯实时，其虚铺厚度如设计无规定，应按下列规定执行。

① 使用动力打夯机不大于0.3m。

② 人工打夯不大于0.2m。

位于道路下的管段，沟槽内管顶以上部分的回填应用砂土分层充分夯实。

用机械回填管沟时，机械不得在管道上方行走。距管顶0.5m范围内，回填土不允许含有直径大于100mm的块石或冻结的大土块。

地下水位以下若是砂土，可用水撼砂进行回填。

沟槽如有支撑，随同填土逐步拆下，横撑板的沟槽，先拆支撑后填土，自下而上拆除支撑。若用直撑板或板桩，则可在填土过半以后再拔出，拔出后立即灌砂充实。如因拆除支撑不安全，则可保留。

雨后填土要测定土壤含水量，如超过规定，则不可回填。槽内有水则须排除后，符合规定方可回填。

雨期填土，应随填随夯，防止夯实前遇雨。填土高度不能高于检查井。

冬期填土时，混凝土强度达到设计强度 50%后方可填土。填土应高出地面 200～300mm，作为预留沉降量。

2.4.3 室外排水管道安装

1. 排水管道安装

(1) 下管前要从两个检查井的一端开始，当为承插管铺设时以承口在前。

(2) 稳管前将管口内外全部刷洗干净，管径在 600mm 及以上的平口或承插管道接口，应留有 10mm 缝隙，管径在 600mm 以下者，留出不小于 3mm 的对口缝隙。

(3) 下管后找正拨直，在撬杆下垫以木板，不可直插在混凝土基础上。待两窨井间全部管子下完，检查坡度无误后即可接口。

(4) 使用套环接口时，稳好一根管子，再安装一个套环。铺设小口径承插管时，稳好第一节管后，在承口下垫满灰浆，再将第二节管插入，挤入管内的灰浆应从里口抹平。

(5) 管道接口。排水管道的接口形式有承插口、平口管子接口和套环接口 3 种。

(6) 做排水管道闭水试验。

① 将被试验的管段起点及终点检查井(又称上游井及下游井)的管子两端用钢制堵板堵好。

② 在上游井的管沟边设置一个试验水箱，如管道设在干燥型土层内，则要求试验水位高度应当高出上游井管顶 4m。

③ 将进水管接至堵板的下侧，下游井内管子的堵板下侧应设泄水管，并挖好排水沟。管道应严密，并从水箱向管内充水，管道充满水后，一般应浸泡 1～2 昼夜再进行试验。

④ 量好水位，观察管口接头处是否严密不漏，如发现漏水应及时返修，做闭水试验，观察时间不应少于 30min，水渗入和渗出量应不大于规定。测量渗水量时，可根据计算出的 30min 的渗水量，求出试验段下降水位的数值(事先已标记出的水位为起点)，即为渗水量。

⑤ 闭水试验完毕应及时将水排出。

⑥ 如污水管道排出有腐蚀性水时，管道不允许有渗漏。

⑦ 雨水管和与其性质相似的管道，除湿陷性黄土及水源地区外，可不做闭水试验。

2. 排水管沟及井池

(1) 挖沟时沟底的自然土层被扰动，必须换以碎石或砂垫层。被扰动土为砂性或砂砾土时，铺设垫层前应先夯实；黏性土则须换土后再铺碎石或砂垫层。事先须将积水或泥浆清除出去。

(2) 基础在施工前，应清除浮土层、碎石铺填后夯实至设计标高。

(3) 铺垫层后浇灌混凝土，可以从窨井开始，完成后可进行管沟的基础浇灌。

(4) 有下列情况之一，应采用混凝土整体基础：雨水或污水管道在地下水位以下；管径在 1.35m 以上的管道；每根管长在 1.2m 以内的管道；雨水或污水管道在地下水位以上，覆土深大于 2.5m 或 4m。

(5) 检查井。在排水管与室内排出管连接处，管道交汇、转弯、管径或坡度改变处，跌水处和直线管段上每隔一定距离，均应设置检查井。不同管径的排水管在检查井中宜采用管顶平接。

(6) 管沟回填。在闭水试验完成并办理“隐蔽工程验收记录”后，即可进行回填工作。

① 管顶上部 500mm 以内不得回填直径大于 100mm 的块石和冻土块；500mm 以上部分回填块石和冻土块不得集中；用机械回填，机械不得在管沟上行驶。

② 回填土应分层夯实。虚铺厚度如设计无要求，应符合下列规定。

a. 机械夯实不大于 300mm。

b. 人工夯实不大于 200mm。

管子接口处坑土的回填必须仔细夯实。

2.5 中水系统安装

建筑中水能大量地节约水资源，为什么在我国应用却并不广泛？

2.5.1 中水的概念

中水是指生活污废水经过处理后，达到规定的水质标准，可在一定范围内重复使用的非饮用水。

2.5.2 中水的用途

中水主要用于厕所冲洗、园林灌溉、道路保洁、汽车洗刷，以及喷水池、冷却设备补充用水、采暖系统补充用水等。

对于淡水资源缺乏，城市供水严重不足的缺水地区，将生活污废水经适当处理后用于建筑物和建筑小区生活杂用，既节省水资源，又使污水无害化，是保护环境、防治水污染、缓解水资源不足的重要途径。

中水给水系统是给水系统的一个特殊部分，所以其给水方式与给水系统相同，主要有依靠最后处理设备的余压给水系统、水泵加压给水系统和气压罐给水系统等。

(1) 中水给水系统必须单独设置。中水给水管道严禁与生活饮用水给水管道连接，并应采取下列措施。

① 中水给水管道及设备、受水器等外壁应涂浅绿色标志。

② 中水池(箱)、阀门、水表及给水栓均应有“中水”标志。

(2) 中水给水管道不宜暗装于墙体和楼板内。如必须暗装于墙槽内，则必须在管道上有明显且不会脱落的标志。

(3) 中水给水管道与生活饮用水给水管道、排水管道平行埋设时，其水平净距离不得小于0.5m；交叉埋设时，中水给水管道应位于生活饮用水给水管道的下面、排水管道的上面，其净距离不应小于0.15m。

(4) 中水给水管道不得装设取水水嘴。便器冲洗宜采用密闭型设备和器具。绿化、浇洒、汽车冲洗宜采用壁式或地下式的给水栓。

(5) 中水高位水箱应与生活高位水箱分设在不同的房间内，如条件不允许只能设在同一房间时，与生活高位水箱的净距离应大于2m。止回阀安装位置和方向应正确，阀门启闭应灵活。

(6) 中水给水系统的溢流管、泄水管均应采取间接排水方式排出，溢流管应设隔网。

(7) 中水给水管道应考虑排空的可能性，以便维修。

特别提示

我国中水回用水质标准太高，目前建筑中水回用执行的水质标准是现行的《城市污水再生利用 城市杂用水水质》(GB/T 18920—2020)，该标准对大肠埃希氏菌的要求比发达国家的回用水水质标准及我国适用于游泳区的Ⅲ类水质标准还严格，这使得许多现有中水工程不达标，也限制了建筑中水工程的推广。

2.6 高层建筑给排水简介

引例

高层建筑给排水与多层建筑给排水的区别有哪些?

随着国民经济的迅速发展，城市建设日新月异，城市人口日有所增，建设用地也日趋紧张，为了节省土地，高层建筑越来越普遍，而且建筑高度也在不断地增高。

2.6.1 高层建筑给水系统

因为高层建筑具有层数多、高度大及卫生器具多等特点，所以要求高层建筑给水系统应分区配水，这样可以减少系统水压力过大而带来的许多不利因素，如配件易损、影响正常配水、流速过大引起噪声和振动、使室内环境不安静等。

高层建筑给水系统可以分为以下几种：①生活给水系统，供楼内饮用水和沐浴用水；②生产给水系统，供各种工业生产用水；③消防给水系统，其中包括消防栓和自动喷水消防系统、气体消防系统。

以下介绍高层建筑室内生活给水系统。

1. 高层建筑竖向分区

高层建筑给水应竖向分区，分区高度根据使用要求、设备材料性能、维护管理条件、建筑层数和室外给水管网水压等合理确定。一般管网中最不利点卫生器具给水配件的静水压力宜控制在以下范围内。

旅馆、公寓、住宅、医院为0.3～0.35MPa，其他建筑为0.35～0.45MPa。

因此，一般在层高3.5m以下的建筑，以10～12层作为一个供水分区为宜。竖向分区的给水方式有分区串联给水方式、分区并联给水方式和分区减压给水方式等多种形式。

(1) 分区串联给水方式。各区设置水箱和水泵，各区水泵设置在技术层内由下区水箱抽水供上区使用。这种给水方式的优点是各区水泵扬程按本区需要选择，水泵效率高，管路较简便，能源消耗少。其缺点是水泵设于技术层，对抗震、防噪声和防漏水等施工技术要求高；水泵分散设置，管理维修不便；下区水箱的传输容积大，占用使用面积较大；每区的供水都与前一区的可靠性有关，降低了其总体的可靠性。

(2) 分区并联给水方式。各区设置水箱和水泵，且各区的水泵都设在底层或地下室的水泵房内，水泵从储水池向各自的供水区水箱送水，再由各区的水箱向本区的管网供水。此种方式的优点是各供水区为独立系统，互不影响，供水可靠性提高了；水泵集中布置，便于维护管理。其缺点是管材消耗太多，水泵型号较多，水箱仍占用了较大的建筑面积。该给水方式目前广泛用于允许设置分区水箱的高层建筑中。

(3) 分区减压给水方式。分区设减压水箱给水方式，整个建筑的用水由水泵送至屋顶水箱，然后由屋顶水箱供给上区，并通过各分区减压水箱减压后再供下区用水，减压水箱只起释放静水压力的作用，因此，容积较小。这种方式的优点是水泵型号少，设备布置集中，维护管理方便。其缺点是屋顶水箱容积大，不利于结构抗震；一次提升耗能大，且安全可靠性低。

减压阀减压给水方式，设置减压阀代替各分区减压水箱。此种方式安装方便，投资少，不占建筑使用面积，因此有推广使用前途。

2. 压力给水

压力给水有以下几种方式。

(1) 气压给水。用气压罐代替高压水箱，可以将气压罐设在建筑底层，减轻荷载，节省楼层面积，对抗震有利。其缺点是气压给水压力变化幅度大，气压罐效率低、能耗多、造价较高。

(2) 水泵直接给水。水泵直接给水有3种途径：变频调速泵给水、多泵并联给水和水泵减压给水。

① 变频调速泵给水。各供水区自己选用水泵直接供水，为适应用水量变化和与之相连的扬程变化，一般采用自动控制变频调速泵。其优点是使水泵运行在高效区，节省电能，缺点是系统投资大。

② 多泵并联给水。在同一供水区内，为适应用水量变化和相应的水压变化，设置多台泵，在不同的情况下进行水泵切换。这种方式的优点是运行费用低，缺点是水泵台数多，占地面积大，初期投资大。

③ 水泵减压给水。在各区共用同一组水泵，水压以最高区为准，其他各区设减压阀减压后供水。其优点是设备简单，缺点是能耗大。

水泵直接给水方式，适用于用水量变化小的建筑。

高层建筑各分区的给水管网，可根据供水安全要求布置成枝状管网、竖向环网或水平环网。对供水范围较大的管网，可设置两个水箱，各个水箱上分别设出水箱接至管网。此外，为减少检修或故障时的停水影响范围，应在管网上适当设置闸阀，控制水龙头的数量，缩小停水范围。

2.6.2 高层建筑排水系统

高层建筑的排水立管长，沿途接入的排水设备多，排水量大，立管内气压波动大，容易形成柱塞流，在立管的下部形成负压，过大的负压会破坏卫生设备的水封。这是高层建筑排水系统需着重注意的问题。排水系统功能的好坏很大程度上取决于排水管道通气系统是否合理。

高层建筑排水系统按通风方式来分，可以分为：伸顶通气管的排水系统，这种系统在高层建筑中一般不用；特种接头的单立管排水系统，这种系统多用于 10 层及 10 层左右建筑；设专用通气立管的排水系统；设器具通气管的排水系统；地下室污水收集与提升排除系统。

设置专用通气立管虽能较好地稳定排水管内气压，提高通水能力，但占地面积大，施工复杂，造价高。20 世纪 60 年代以来，国外一些国家先后研制成功了多种新型的排水系统，如单立管排水系统，即苏维脱排水系统、赛克斯蒂阿排水系统、芯型排水系统和 UPVC 螺旋排水系统等。下面介绍两种常用的新型排水系统。

1. 苏维脱排水系统

苏维脱排水系统又称混流式排水系统。它包括两个管件，一是混合器，二是放气器，组成一个单立管排水系统。

混合器装设在各楼层横排水支管接入立管的地方。混合器有一个乙字弯，在混合器内，对着横支管接入口，有一隔板，并有一个扩大了的小空间。乙字弯是用来降低上游立管中水流速度的，上游水流经过隔板处，可以从隔板的缝隙处吸到混合器空腔中与横排水支管中的空气混合，使其成为气水混合体，以减轻其密度，降低下落速度，减轻对水流上方的抽吸作用，同样也减轻了对水流下方的增压作用。

混合器中的隔板的另一个作用是挡住横排水支管内流入的水流，使其只能沿着隔板的一侧进入立管，有引导水流呈附壁流的作用。这样在一定程度上改善了立管中的通气条件，使气压稳定。

放气器是装在立管底部的管件，它的构造是正对立管轴线有个突块，用以撞击立管上部流下来的水流。水流被撞击之后，水中夹带的气体在分离室被分离，分离室就在突块的对面，分离室上方有个跑气口，被分离的气体通过分离室上方的跑气口跑出，并被导入排出管排除。

2. 赛克斯蒂阿排水系统

赛克斯蒂阿排水系统又称旋流单立管排水系统，也是由两个管件组成的，一是旋流器，二是立管底部与排气管相接处的导流弯头。

旋流器装在立管与横支管相接处，横支管的来水进入旋流器后，水流被旋流器内的导流叶片整理成沿立管纵轴呈旋流状态进入立管，这样有利于保持立管中心部位的空气柱，使立管中气流上下畅通，维持立管中气压稳定。

导流弯头在弯头凸岸有一叶片，叶片迫使水流贴向凹岸一边流动。其作用是减缓水流的冲击，理顺水流，避免水流在拐弯处因能量转换而产生拥水，从而密闭立管中的气流，造成立管底部出现过大的正压。

这两种排水系统是高层建筑新型排水系统，均是由1根排水立管和两种特殊的连接配件组成的，所以又称单立管排水系统。单立管排水系统具有良好的排水性能和通气性能，与普通排水系统相比较，这种排水系统的配件较大，构造较复杂，安装质量要求高。

特别提示

给水区别：高层建筑常因为位差过大而采用分区给水方式。排水区别：高层建筑排水常需要设置通气系统。

2.7 给水排水施工图识读

引例

给水排水施工图的组成及判读方法有哪些?

2.7.1 给水排水施工图的一般规定

1. 图线

图线的宽度b，应根据图纸的类型、比例和复杂程度，按《房屋建筑制图统一标准》(GB/T 50001—2017)中的规定选用。线宽b宜为0.7mm或1.0mm。给水排水工程制图常用的各种线型宜符合表2-4的规定。

表2-4 给水排水工程制图常用的各种线型

名称	线型	线宽	用途
粗实线	━━━━━	b	新设计的各种排水和其他重力流管线
粗虚线	━ ━ ━	b	新设计的各种排水和其他重力流管线的不可见轮廓线
中粗实线	─────	$0.7b$	新设计的各种给水和其他压力流管线；原有的各种排水和其他重力流管线
中粗虚线	─ ─ ─ ─	$0.7b$	新设计的各种给水和其他压力流管线及原有的各种排水和其他重力流管线的不可见轮廓线
中实线	─────	$0.5b$	给水排水设备、零(附)件的可见轮廓线；总图中新建的建筑物和构筑物的可见轮廓线；原有的各种给水和其他压力流管线

续表

名 称	线 型	线 宽	用 途
中虚线	----------	0.5b	给水排水设备、零(附)件的不可见轮廓线；总图中新建的建筑物和构筑物的不可见轮廓线；原有的各种给水和其他压力流管线的不可见轮廓线
细实线	————	0.25b	建筑的可见轮廓线；总图中原有的建筑物和构筑物的可见轮廓线；制图中的各种标注线
细虚线	----------	0.25b	建筑的不可见轮廓线；总图中原有的建筑物和构筑物的不可见轮廓线
单点长画线	——·——·—	0.25b	中心线、定位轴线
折断线	——∧——	0.25b	断开界线
波浪线	∿∿∿	0.25b	平面图中水面线

2. 比例

给水排水工程制图常用的比例，宜符合表 2－5 的规定。

表 2－5　给水排水工程制图常用的比例

名 称	比 例
区域规划图、区域位置图	1∶50000、1∶25000、1∶10000、1∶5000、1∶2000
总平面图	1∶1000、1∶500、1∶300
管道纵断面图	竖向 1∶200、1∶100、1∶50；纵向 1∶1000、1∶500、1∶300
水处理厂(站)平面图	1∶500、1∶200、1∶100
水处理构筑物、设备间、卫生间，泵房平、剖面图	1∶100、1∶50、1∶40、1∶30
建筑给水排水平面图	1∶200、1∶150、1∶100
建筑给水排水轴测图	1∶150、1∶100、1∶50
详图	1∶50、1∶30、1∶20、1∶10、1∶5、1∶2、1∶1、2∶1

3. 标高

(1) 标高符号及一般标注方法应符合《房屋建筑制图统一标准》的规定。

(2) 室内工程应标注相对标高；室外工程宜标注绝对标高，当无绝对标高资料时，可标注相对标高，但应与总图专业一致。

(3) 压力管道应标注管中心标高；沟渠和重力流管道宜标注管(沟)内底标高。

(4) 在下列部位应标注标高。

沟渠和重力流管道的起讫点、转角点、连接点、变坡点、变尺寸(管径)点及交叉点；压力流管道中的标高控制点；管道穿外墙、剪力墙和构筑物的壁及底板等处；不同水位线处；建(构)筑物中土建部分的相关标高。

4. 管径

(1) 管径应以 mm 为单位。

(2) 管径的表达方法应符合下列规定。

① 水煤气输送钢管(镀锌或非镀锌)、铸铁管等管材，管径宜以公称直径 *DN* 表示(如 *DN*15、*DN*50)。

② 无缝钢管、焊接钢管(直缝或螺旋缝)等管材，管径宜以外径 *D*×壁厚表示(如 *D*108×4、*D*159×4.5 等)。

③ 钢筋混凝土(或混凝土)管，管径宜以内径 *d* 表示(如 *d*230、*d*380 等)。

④ 塑料管材，管径应按产品标准的方法表示。

⑤ 当设计中均采用公称直径 *DN* 表示管径时，应有公称直径 *DN* 与相应产品规格对照表。

(3) 管径的标注方法应符合下列规定：水平管道的管径尺寸应标注在管道上方；斜管道(指轴测图中前后方向的管道)的管径尺寸应标注在管道的斜上方；竖管的管径尺寸应标注在管道的左侧。管径标注方法如图 2.32 所示。

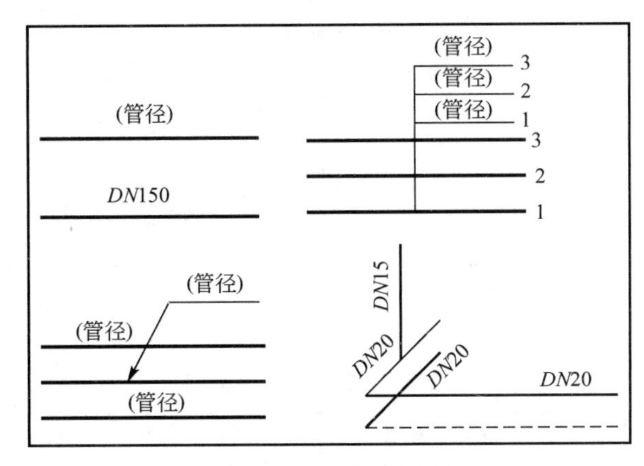

图 2.32 管径标注方法

5. 编号

(1) 当建筑物的给水引入管或排水排出管的数量超过 1 根时，应进行编号，管编号表示法如图 2.33 所示。

(2) 建筑物内穿越楼层的立管，其数量超过 1 根时，应进行编号，立管编号表示法如图 2.34 所示。

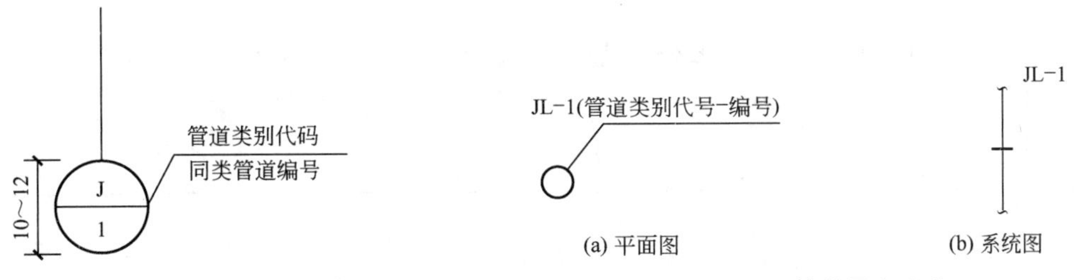

图 2.33 给水引入(排水排出)管编号表示法

图 2.34 立管编号表示法

6. 图例

(1) 管道类别应以汉语拼音字母表示，并符合表 2-6 的要求。

表 2-6 管道图例

序号	名 称	图 例	序号	名 称	图 例
1	生活给水管	——J——	10	冲箱水给水管	——CJ——
2	排水管	——P——	11	冲箱水回水管	——CH——
3	污水管	——W——	12	蒸汽管	——Z——
4	废水管	——F——	13	雨水管	——Y——
5	自动喷水灭火给水管	——ZP——	14	空调凝结水管	——KN——
6	热水给水管	——RJ——	15	凝结水管	——N——
7	热水回水管	——RH——	16	坡向	→
8	循环冷却给水管	——XJ——	17	排水明沟	坡向 →
9	循环冷却回水管	——XH——	18	排水暗沟	坡向 →

(2) 管道附件的图例宜符合表 2-7 的要求。

表 2-7 管道附件的图例

序号	名 称	图 例	序号	名 称	图 例
1	清扫口		6	自动冲洗水箱	
2	雨水斗	YD- YD-	7	淋浴喷头	
3	圆形地漏		8	管道立管	JL-1 JL-1
4	方形地漏		9	立管检查口	
5	通气帽				

(3) 管道连接的图例宜符合表 2-8 的要求。

表 2-8 管道连接的图例

序号	名 称	图 例	序号	名 称	图 例
1	法兰连接		6	盲板	
2	承插连接		7	弯折管	高 低 低 高
3	活接头		8	管道丁字上接	高 低
4	管堵		9	管道丁字下接	高 低
5	法兰堵盖		10	管道交叉	低 高

(4) 阀门的图例宜符合表 2-9 的要求。

表 2-9 阀门的图例

序号	名 称	图 例	序号	名 称	图 例
1	闸阀		9	温度调节阀	
2	截止阀		10	压力调节阀	
3	球阀		11	电磁阀	M
4	隔膜阀		12	止回阀	
5	液动闸阀		13	消声止回阀	
6	气动闸阀		14	自动排气阀	
7	减压阀		15	浮球阀	
8	旋塞阀				

(5) 给水配件的图例宜符合表 2-10 的要求。

表 2-10 给水配件的图例

序号	名 称	图 例	序号	名 称	图 例
1	水嘴	平面 系统	2	皮带水嘴	平面 系统

续表

序号	名　　称	图　　例	序号	名　　称	图　　例
3	洒水（栓）水嘴		7	混合水嘴	
4	化验水嘴		8	旋转水嘴	
5	肘式水嘴		9	浴盆带喷头混合水嘴	
6	脚踏开关水嘴	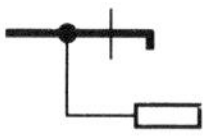	10	蹲便器脚踏开关	

（6）给水排水设备的图例宜符合表 2－11 的要求。

表 2－11　给水排水设备的图例

序号	名　　称	图　　例	序号	名　　称	图　　例
1	卧式水泵	 或 平面 系统	9	板式热交换器	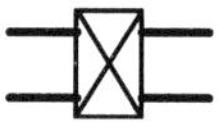
2	立式水泵	 平面 系统	10	开水器	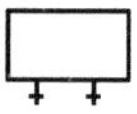
3	潜水泵		11	喷射器	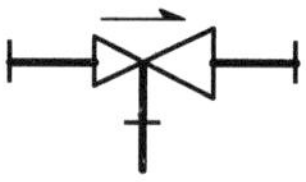
4	定量泵		12	除垢器	
5	管道泵		13	水锤消除器	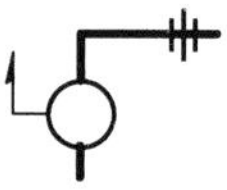
6	卧式容积热交换器	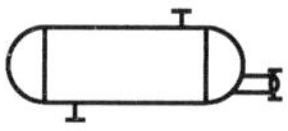	14	搅拌器	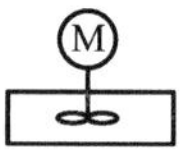 M
7	立式容积热交换器	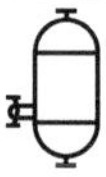	15	紫外线消毒器	 ZWX
8	快速管式热交换器				

（7）给水排水专业所用仪表的图例宜符合表 2－12 的要求。

表 2-12 给水排水专业所用仪表的图例

序号	名称	图例	序号	名称	图例
1	温度计		8	真空表	
2	压力表		9	温度传感器	-----[T]-----
3	自动记录压力表		10	压力传感器	-----[P]-----
4	压力控制器		11	pH 传感器	-----[pH]-----
5	水表		12	酸传感器	-----[H]-----
6	自动记录流量表		13	碱传感器	-----[Na]-----
7	转子流量计	平面 系统	14	余氯传感器	-----[Cl]-----

2.7.2 给水排水施工图的组成

建筑给水排水施工图是工程项目中单位工程的组成部分之一。它是基本建设概预算中施工图预算和组织施工的主要依据文件，也是国家确定和控制基本建设投资的重要依据材料。建筑给水排水施工图表示一栋建筑物的给水系统和排水系统，它是由设计说明、平面布置图、系统图、详图和设备及材料明细表等组成的。

1. 设计说明

设计说明是用文字来说明设计图样上用图形、图线或符号表达不清楚的问题，主要包括：采用的管材及接口方式；管道的防腐、防冻、防结露的方法；卫生器具的类型及安装方式；所采用的标准图号及名称；施工注意事项；施工验收应达到的质量要求；系统的管道水压试验要求及有关图例等。

设计说明可直接写在图样上，工程较大、内容较多时，则要另用专页进行编写。如果有水泵、水箱等设备，还需写明其型号规格及运行管理要求等。

2. 平面布置图

根据建筑规划，在设计图纸中，用水设备的种类、数量，要求的水质、水量，均要在给水和排水管道平面布置图中表示；各种功能管道、管道附件、卫生器具、用水设备，如消火栓箱、喷头等，均应用各种图例(详见制图标准)表示；各种横干管、立管、支管的管径、坡度等，均应标出。平面布置图上管道都用单线绘出，沿墙敷设不注管道距墙面距离。

一张平面布置图上可以绘制几种类型的管道，一般来说给水和排水管道可以在一起绘制。若图纸的管线复杂，也可以分别绘制，以图纸能清楚表达设计意图而图纸数量又很少为原则。

建筑内部给水排水，以选用的给水方式来确定平面布置图的张数；底层及地下室必绘；顶层若有高位水箱等设备，也必须单独绘出。建筑中间各层，如卫生器具或用水设备的种类、数量和位置都相同，绘一张标准层平面布置图即可；否则，应逐层绘制。各层图面若给水、排水管垂直相重，平面布置可错开表示。平面布置图的比例，一般与建筑图相同。常用的比例为 1∶100，施工详图可取 1∶50～1∶20。

在各层平面布置图上，各种管道应编号标明。

3. 系统图

系统图也称轴测图，其绘法取水平、轴测、垂直方向，完全与平面布置图比例相同。系统图上应标明管道的管径、坡度，标出支管与立管的连接处，管道各种附件的安装标高。标高的±0.000m 应与建筑图一致。系统图上各种立管编号，应与平面布置图相一致。系统图均应按给水、排水、热水等各系统单独绘制，以便施工安装和概预算应用。系统图中对卫生器具或用水设备的种类、数量和位置完全相同的支管、立管，可不重复完全绘出，但应用文字标明。当系统图立管、支管在轴测方向重复交叉影响识图时，可断开移到图面空白处绘制。建筑居住小区给水排水管道，一般不绘系统图，但绘管道纵断面图。

4. 详图

当某些设备的构造或管道之间的连接情况在平面布置图或系统图上表示不清楚又无法用文字说明时，将这些部位进行放大的图称为详图。详图表示某些给水排水设备及管道节点的详细构造及安装要求。有些详图可直接查阅标准图集或室内给水排水设计手册等。

5. 设备及材料明细表

为了能使施工准备的材料和设备符合图样要求，对重要工程中的材料和设备，应编制设备及材料明细表，以便做出预算。

设备及材料明细表应包括编号、名称、型号规格、单位、数量、质量及附注等项目。

施工图中涉及的管材、阀门、仪表、设备等均需列入表中，不影响工程进度和质量的零星材料，允许施工单位自行决定时可不列入表中。

施工图中选定的设备对生产厂家有明确要求时，应将生产厂家的厂名写在明细表的附注里。

此外，施工图还应绘出工程图所用图例。

以上所有图纸及施工说明等应编排有序，写出图纸目录。

2.7.3 室内给水排水施工图识读

阅读主要图纸之前，应当先看设计说明和设备及材料明细表，然后以系统为线索深入阅读平面布置图、系统图及详图。阅读时，应将 3 种图相互对照一起看。先看系统图，对各系统做到大致了解。看给水系统图时，可由建筑的给水引入管开始，沿水流方向经干管、立管、支管到用水设备；看排水系统图时，可由排水设备开始，沿排水方向经支管、横管、立管、干管到排出管。

1. 平面布置图的识读

建筑给水排水管道平面布置图是施工图纸中最基本和最重要的图纸，常用的比例是 1∶100和 1∶50 两种。它主要表明建筑物内给水排水管道及卫生器具和用水设备的平面布置。图上的线条都是示意性的，同时管配件（如活接头、补芯、管箍等）也不需画出来，因此在识读图纸时还必须熟悉给水排水管道的施工工艺。

2. 系统图的识读

给水排水管道系统图主要表明管道系统的立体走向。在给水系统图上，卫生器具不画出来，只需画出龙头、淋浴器莲蓬头、冲洗水箱等符号；用水设备，如锅炉、热交换器、水箱等则画出示意性的立体图，并在旁边注以文字说明。在排水系统图上也只画出相应的卫生器具的存水弯或器具排水管。

3. 详图的识读

室内给排水工程的详图包括节点图、大样图、标准图，主要是管道节点、水表、消火栓、水加热器、开水炉、卫生器具、过墙套管、排水设备、管道支架等的安装图。这些图都是根据实物用正投影法画出来的，画法与机械制图画法相同，图上都有详细尺寸，可供安装时直接使用。

成套的专业施工图首先要看它的图样目录，然后看具体图样，并应注意以下几点。

(1) 给水排水施工图所表示的设备和管道一般采用统一的图例，在识读图样前应查阅和掌握有关的图例，了解图例代表的内容。

(2) 给水排水管道纵横交叉，平面布置图难以表明它们的空间走向，一般采用系统图表明各层管道的空间关系及走向。识读时应将系统图和平面布置图对照识读，以了解系统全貌。

(3) 系统图中图例及线条较多，应按一定流向进行，一般给水系统图(图 2.35)的识读顺序为房屋引入管→水表井→给水干管→给水立管→给水支管→用水设备；排水系统图(图 2.36)的识读顺序为排水设备→排水支管→横管→立管→干管→排出管。

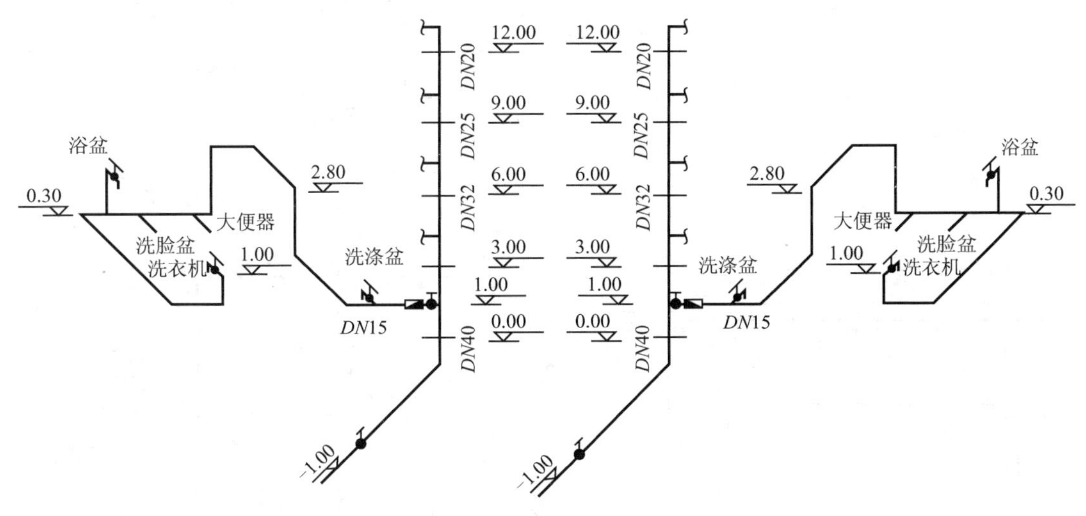

图 2.35 给水系统图

(4) 结合平面布置图、系统图及设计说明看详图，了解卫生器具的类型、安装形式、型号规格、配管形式等，搞清系统的详细构造及施工的具体要求(图 2.37)。

(5) 识读图纸时应注意预留孔洞、预埋件、管沟等的位置及对土建的要求，还需对照查看有关的土建施工图纸，以便与施工配合。

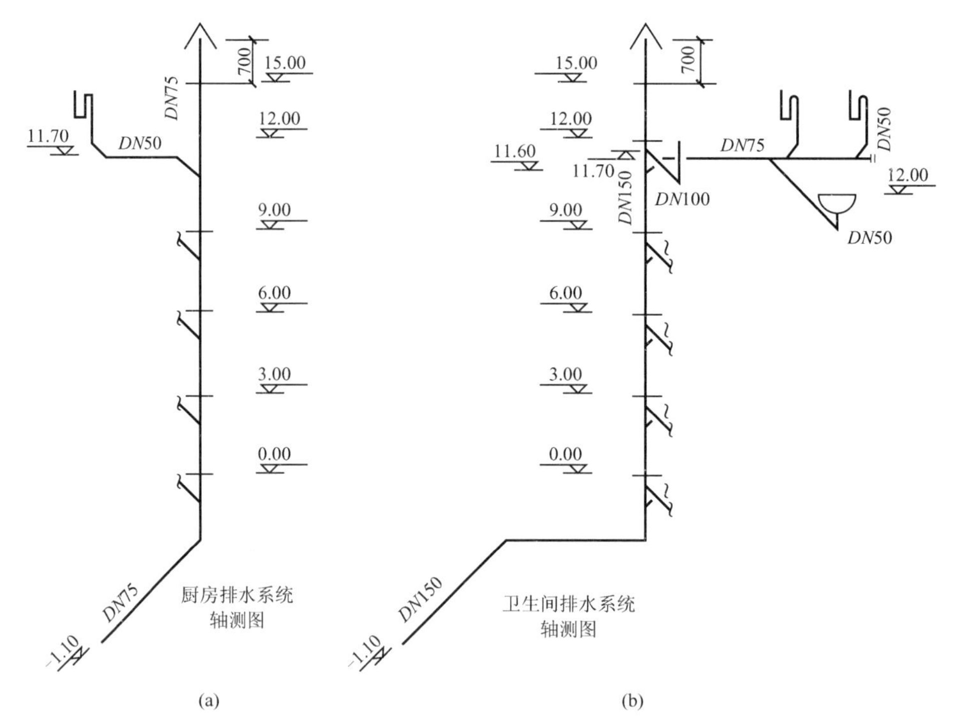

图 2.36 排水系统图

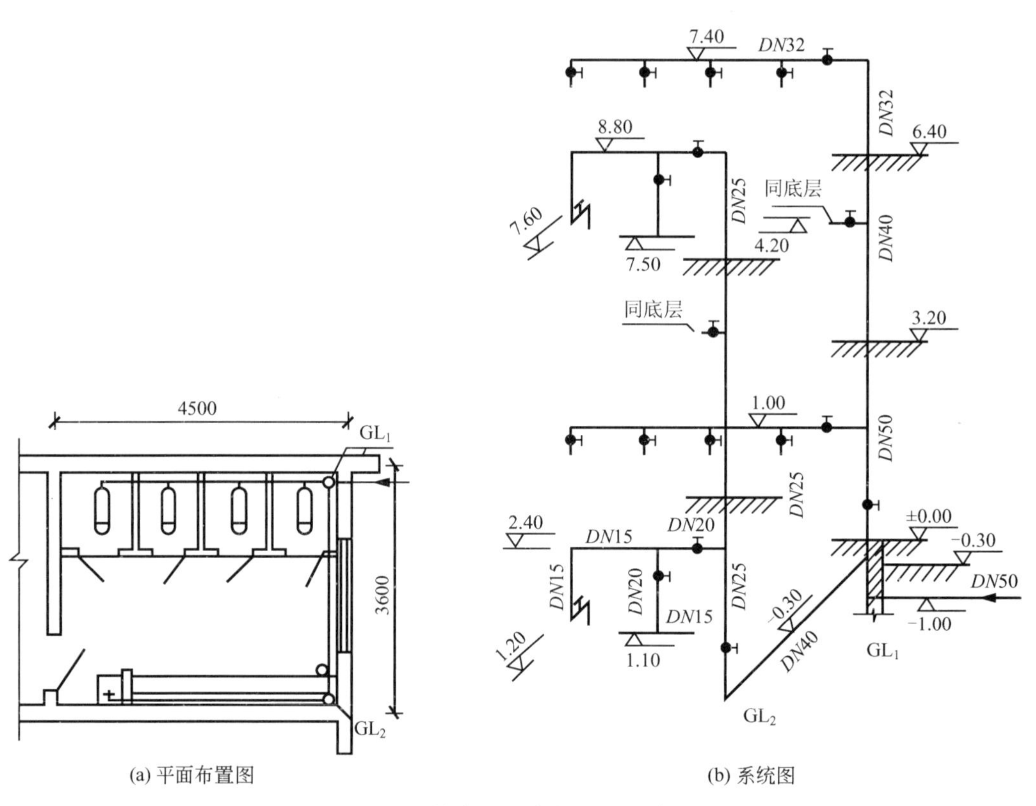

图 2.37 给水平面布置图、系统图

2.7.4 室外（建筑小区）给水排水施工图识读

室外给水排水施工图一般由室外给水排水平面图、室外给水排水管道断面图、室外给水排水节点图组成。

1. 室外给水排水平面图

室外给水排水平面图表示室外给水排水管道的平面布置情况。

某室外给水排水平面图如图 2.38 所示。图中表示了 3 种管道：给水管道、污水排水管道和雨水排水管道。

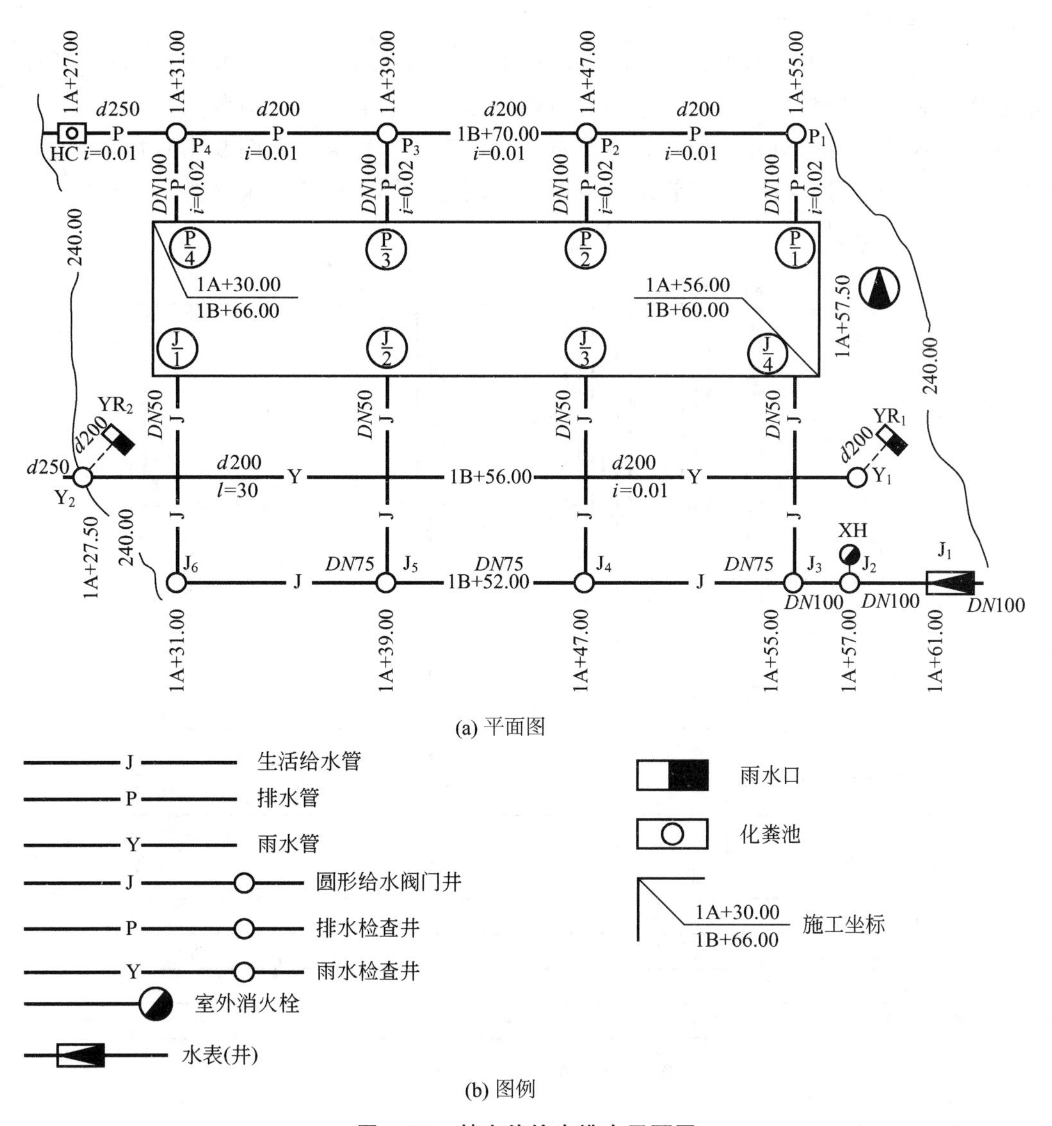

(a) 平面图

(b) 图例

图 2.38 某室外给水排水平面图

2. 室外给水排水管道断面图

室外给水排水管道断面图分为给水排水管道纵断面图和给水排水管道横断面图两种，

其中，常用给水排水管道纵断面图。室外给水排水管道纵断面图是室外给水排水工程图中的重要图样，它主要反映室外给水排水平面图中某条管道在沿线方向的标高变化、地面起伏、坡度、坡向、管径和管基等情况。这里仅介绍室外给水排水管道纵断面图的识读。

室外给水排水管道纵断面图的识读步骤分为 3 步。

(1) 首先看是哪种管道的纵断面图，然后看该管道纵断面图中有哪些节点。

(2) 在相应的室外给水排水平面图中查找该管道及其相应的各节点。

(3) 在该管道纵断面图的数据表格内，查找其管道纵断面图中各节点的有关数据。

如图 2.39～图 2.41 所示分别为图 2.38(a)的给水、污水排水和雨水排水管道纵断面图。

3. 室外给水排水节点图

在室外给水排水平面图中，对检查井、消火栓井和阀门井，以及其内的附件、管件等均不做详细表示。为此，应绘制相应的节点图，以反映本节点的详细情况。

室外给水排水节点图分为给水管道节点图、污水排水管道节点图和雨水排水管道节点图 3 种图样。通常需要绘制给水管道节点图，而当污水排水管道、雨水排水管道的节点比较简单时，可不绘制其节点图。

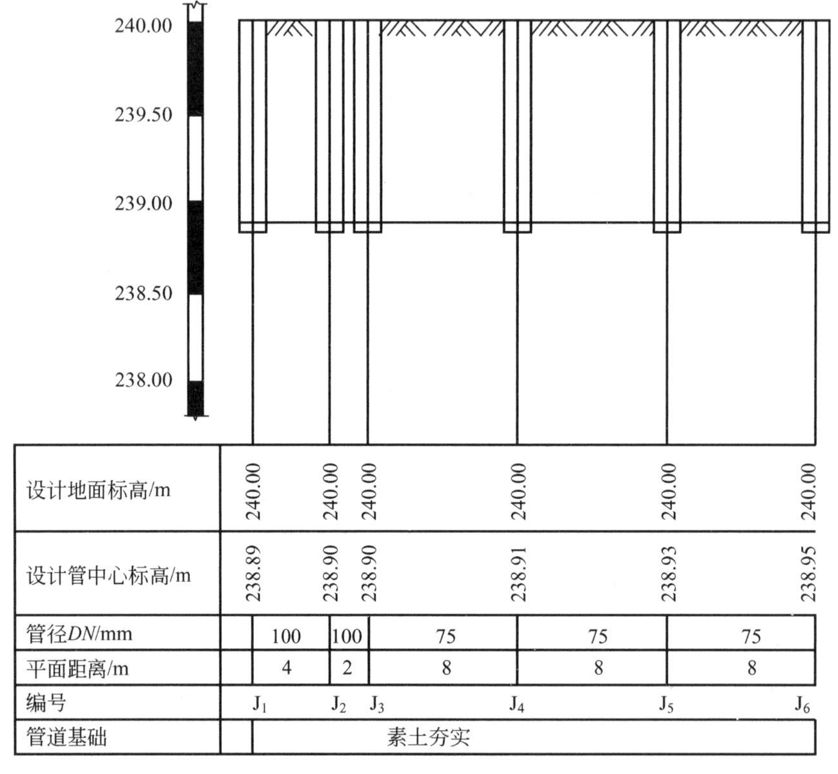

设计地面标高/m	240.00	240.00	240.00	240.00	240.00	240.00
设计管中心标高/m	238.89	238.90	238.90	238.91	238.93	238.95
管径DN/mm	100	100	75	75	75	
平面距离/m	4	2	8	8	8	
编号	J_1	J_2	J_3	J_4	J_5	J_6
管道基础	素土夯实					

图 2.39 给水管道纵断面图

室外给水管道节点图识读时可以将室外给水管道节点图与室外给水排水平面图中相应的给水管道图对照着看，或由第一个节点开始，顺次看至最后一个节点止。

如图 2.42 所示为图 2.38(a)中的给水管道节点图。

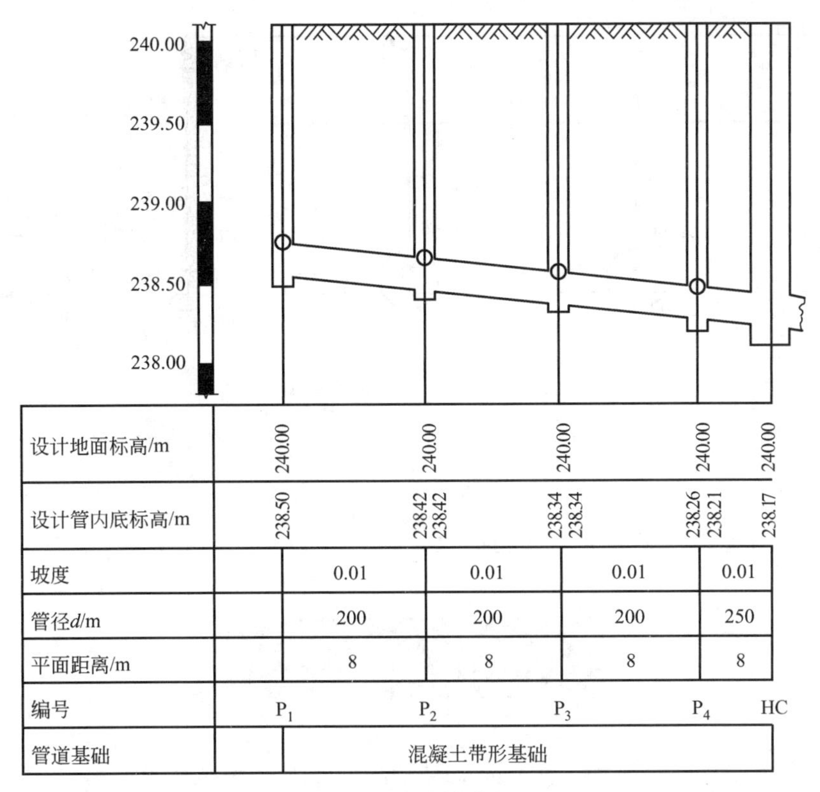

设计地面标高/m	240.00		240.00		240.00		240.00		240.00
设计管内底标高/m	238.50		238.42 238.42		238.34 238.34		238.26 238.21		238.17
坡度		0.01		0.01		0.01		0.01	
管径d/m		200		200		200		250	
平面距离/m		8		8		8		8	
编号	P_1		P_2		P_3		P_4		HC
管道基础	混凝土带形基础								

图 2.40 污水排水管道纵断面图

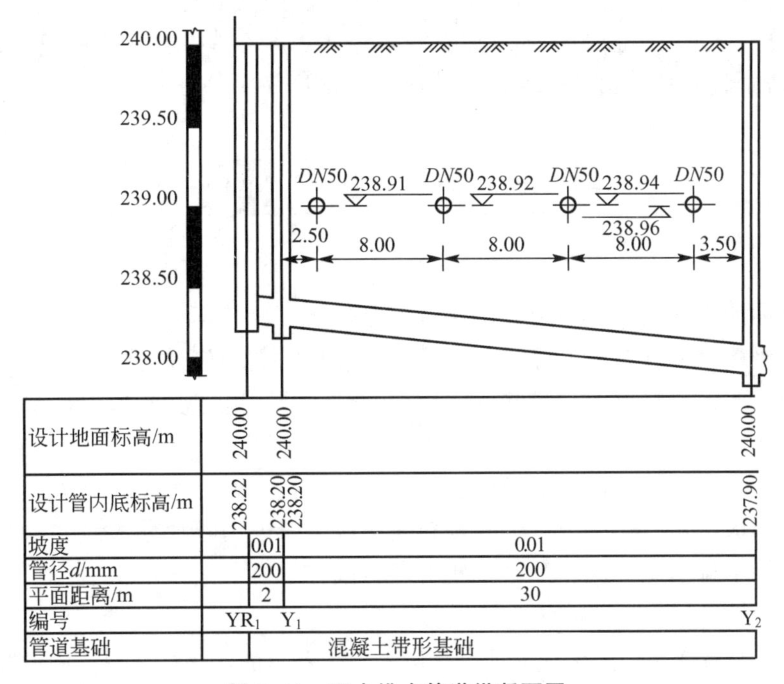

设计地面标高/m	240.00		240.00		240.00
设计管内底标高/m	238.22		238.20 238.20		237.90
坡度		0.01		0.01	
管径d/mm		200		200	
平面距离/m		2		30	
编号	YR_1		Y_1		Y_2
管道基础	混凝土带形基础				

图 2.41 雨水排水管道纵断面图

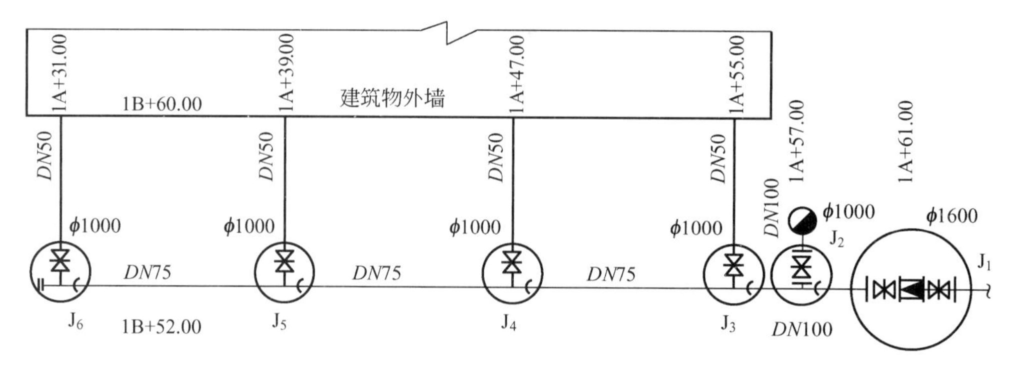

图 2.42 给水管道节点图

特别提示

本节的内容未包括消防给水施工图的识读。

小　结

本学习情景对室内给排水系统的分类与组成、室内外给排水管道的安装、中水系统的安装、高层建筑给排水系统及室内外给水排水施工图的识读进行了阐述。

本学习情景具体内容包括室内给水系统的分类、组成及给水方式；室内外给排水管道的敷设要求、安装及卫生器具的安装；中水系统的概念和作用；高层建筑给排水的方式；室内外给水排水施工图的一般规定、组成及识读方法。

习　题

1. 简答题

(1) 常见的给水方式有哪些及其适用范围是什么?

(2) 管道沿建筑构件敷设及穿过室内墙壁和楼板时应如何处理?

(3) 室内排水系统按照接纳排除的污废水性质可分为哪三类? 室内排水系统一般由哪几部分组成?

(4) 简述室内排水系统的安装顺序。

(5) 居住小区排水有哪些方式? 我国新建小区一般采用哪种方式?

(6) 室外给水排水施工图一般由哪些内容组成?

2. 选择题

(1) 连接两个及两个以上大便器或3个以上卫生器具的污水横支管上应设置(　　)。

A. 地漏　　B. 清扫口　　C. 检查口　　D. 堵头

(2) 室内排水管道安装的一般程序为(　　)。

A. 排出管→干管→支管→立管　　B. 排出管→支管→干管→立管

C. 排出管→横管→支管→立管　　D. 排出管→干管→立管→支管

(3) 存水弯应装在排水系统中的(　　)上。

A. 器具排水管　　B. 排水横支管

C. 排水横管　　D. 排出管

(4) 适用于 $DN \leqslant 100\text{mm}$ 的镀锌钢管，以及管路压力较小的连接方法是(　　)。

A. 法兰连接　　B. 承插连接　　C. 焊接连接　　D. 螺纹连接

(5) 当城市配水管网的水压和水量大部分时间能满足要求，仅在供水高峰出现不足时，应采用(　　)给水方式。

A. 直接　　B. 设水箱　　C. 设水泵　　D. 设气压罐

3. 填空题

(1) 室内给水支管和装有 3 个及 3 个以上配水点的支管始端，均应安装__________连接件。

(2) 清通设备检查口设置在排水系统中的__________上。

学习情景3 建筑消防系统安装

思维导图

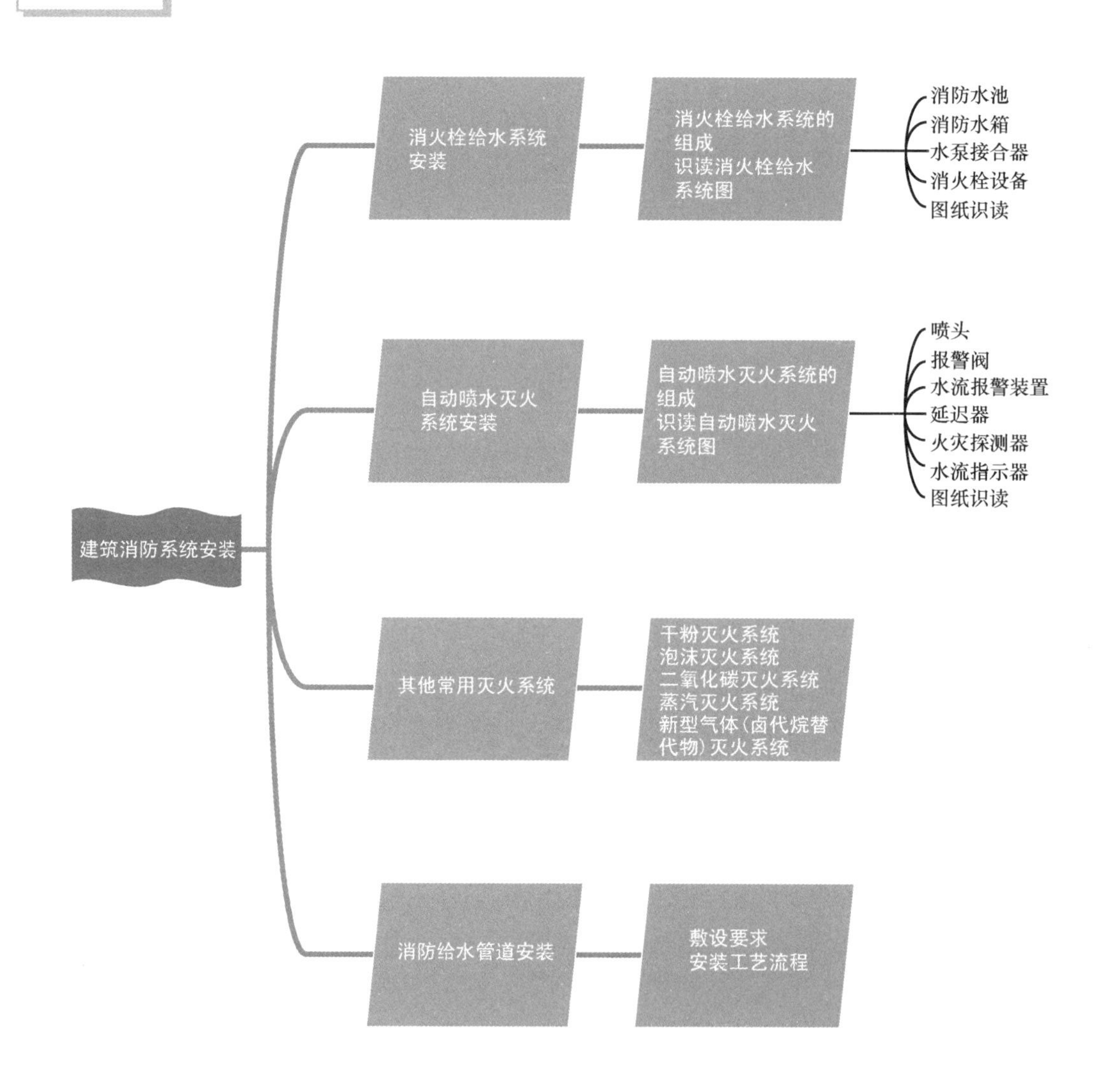

情景导读

在进行城镇、居住区、企事业单位规划和建筑设计时，应根据建筑用途及其重要性、火灾特征和火灾危险性等综合因素设计消防给水系统。城镇、居住区应设市政消火栓。民用建筑、厂房(仓库)、储罐(区)、堆场应设室外消火栓。民用建筑、厂房(仓库)还应设室内消火栓。

消防用水可由给水管网、天然水源或消防水池供给。利用天然水源时，其保证率不应小于97%，且应设置可靠的取水设施。

耐火等级不低于二级，且建筑物体积小于或等于3000m^{3}的戊类厂房或居住区人数不超过500人，且建筑物层数不超过二层的居住小区，可不设消防给水。

建筑的低压室外消防给水系统可与生产、生活给水系统合并，如合并不经济或技术上不可能，可采用独立的消防给水系统。高层工业建筑室内消防给水，宜采用独立的消防给水管道。

知识点滴

消防历史

中国消防历史之悠久，从已发现的史实来看，可以说在世界范围内是无与伦比的。

《甲骨文合集》记录了商代武丁时期，奴隶夜间放火焚烧奴隶主的3座粮食仓库。这是有文字以来，最早的火灾记录。

事实上，文字出现之前，先民们早已遭到过火灾的焚掠。为了生存的需要，我们的祖先早就开始了防范和治理火灾的消防工作。当考古工作者把一座埋藏在地下数千年的人类居住遗址，发掘并展现在世人面前时，我们惊异地发现，这些居住遗址，简直就是早期建筑火灾的见证。如果说两千年前西安半坡遗址，那一座半地穴式的方形小屋，因火灾毁坏后留下的木炭还清晰可见，足以表明是一座比较原始的早期建筑火灾现场遗址的话，那么五千年前甘肃秦安大地湾大型公共建筑遗址，就不仅是建筑火灾现场遗址，那些在木柱周围用泥土构筑的“防火保护层”和残存的“防火保护层”中，涂抹于木柱上的一层坚固防火涂料(胶结材料)，就更能证明我们的祖先，很早前就在探索建筑防火的技术，其卓越成就，令今人惊叹不已。

面对防范和治理火灾，古代的思想家、政治家、法学家和史学家，一向都十分看重。

中国古代的消防，作为社会治安的一个方面，没有独立分离出来设置专门的机构。从汉代中央管理机构的“二千石曹尚书”和京城的“执金吾”开始，均“主水火盗贼”，或“司非常水炎”“擒讨奸猾”。西汉长安“每街一亭”，设有16个街亭；东汉洛阳城内二十四街，共有24个街亭，又称都亭。唐代京师长安，没有亭，却建有“武侯铺”的治安消防组织，分布于各个城市和坊里。这种“武侯铺”，大城门100人，大坊30人，小城门20人，小坊5人，在全城形成一个治安消防网络系统。北宋开封“每坊三百步有军巡铺一所，铺兵五人”，显然是唐代“武侯铺”制度的继承和发展。元化的正史中未见有“军巡铺”的记载，但在《马可·波罗游记》中却有与“军巡铺”完全相同的“遮阴哨所”。而明朝内外皇城则设有“红铺”112处，每铺官军10人。这些虽然各异，但它们都是城市基层的治安消防机构，相当于今天的公安派出所或警亭。

从元、明、清到“中华民国”时期，随着经济、社会的发展，火灾也随之增加，相应的消防治理、消防技术也在与时俱进，不断发展。

党的二十大报告提出，推动战略性新兴产业融合集群发展，构建新一代信息技术、人工智能、生物技术、新能源、新材料、高端装备、绿色环保等一批新的增长引擎。众所周知，以前我们消防系统的状态多是未知的，消防巡查也很难落到实处，从而导致消防风险积聚，这给消防安全管理带来了很大困扰。而随着新一代信息技术的发展，使智能化消防安全管理的工作实现了信息化、可视化建设，也实现了消防安全管理工作的标准化、规范化。比如通过消防水压远程监测可实现对消防用水的全实时监测和报警，借助消防巡查信息管理杜绝了巡查作弊的问题；通过消控联网报警集成系统，可确保在第一时间收到报警信息，给火灾的应急处理提供宝贵时间，从而可以有效保证人民生命财产安全，给经济发展带来新的增长点。

数千年的人类历史证明，消防是世界文明进步的产物，社会越发展，防范和治理火灾的消防工作越显重要。

3.1 建筑消防系统的分类

不同的消防系统分别应用在哪些地方？

建筑消防系统根据使用灭火剂的种类和灭火方式一般分为 3 种。

1. 消火栓给水系统

根据《建筑设计防火规范(2018 年版)》(GB 50016—2014)的规定，符合以下条件的建筑应设置消火栓。

(1) 建筑占地面积大于 300m^2 的厂房和仓库。

(2) 高层公共建筑和建筑高度大于 21m 的住宅建筑。

(3) 体积大于 5000m^3 的车站、码头、机场的候车(船、机)建筑、展览建筑、商店建筑、旅馆建筑、医疗建筑、老年人照料设施和图书馆建筑等单、多层建筑。

(4) 特等、甲等剧场，超过 800 个座位的其他等级的剧场和电影院等以及超过 1200 个座位的礼堂、体育馆等单、多层建筑。

(5) 建筑高度大于 15m 或体积大于 10000m^3 的办公建筑、教学建筑和其他单、多层民用建筑。

2. 自动喷水灭火系统

除《建筑设计防火规范(2018 年版)》另有规定和不宜用水保护或灭火的场所外，下列厂房或生产部位应设置自动灭火系统，并宜采用自动喷水灭火系统。

(1) 不小于 50000 纱锭的棉纺厂的开包、清花车间，不小于 5000 锭的麻纺厂的分级、梳麻车间，火柴厂的烤梗、筛选部位。

(2) 占地面积大于 1500m^2 或总建筑面积大于 3000m^2 的单、多层制鞋、制衣、玩具及电子等类似生产的厂房。

(3) 占地面积大于 1500m^2 的木器厂房。

(4) 泡沫塑料厂的预发、成型、切片、压花部位。

(5) 高层乙、丙类厂房。

(6) 建筑面积大于 500m^2 的地下或半地下丙类厂房。

3. 其他使用非水灭火剂的固定灭火系统(如干粉灭火系统、卤代烷灭火系统)

根据《建筑设计防火规范(2018 年版)》的规定,下列场所应设置自动灭火系统,并宜采用气体灭火系统。

(1) 国家、省级或人口超过 100 万的城市广播电视发射塔内的微波机房、分米波机房、米波机房、变配电室和不间断电源(UPS)室。

(2) 国际电信局、大区中心、省中心和一万路以上的地区中心内的长途程控交换机房、控制室和信令转接点室。

(3) 两万线以上的市话汇接局和六万门以上的市话端局内的程控交换机房、控制室和信令转接点室。

(4) 中央及省级公安、防灾和网局级及以上的电力等调度指挥中心内的通信机房和控制室。

(5) A、B 级电子信息系统机房内的主机房和基本工作间的已记录磁(纸)介质库。

(6) 中央和省级广播电视中心内建筑面积不小于 120m^2 的音像制品库房。

(7) 国家、省级或藏书量超过 100 万册的图书馆内的特藏库;中央和省级档案馆内的珍藏库和非纸质档案库;大、中型博物馆内的珍品库房;一级纸绢质文物的陈列室。

3.2 消火栓给水系统安装

根据室外给水管网的水压和水量是否满足室内消防设备对水压和水量的要求,室内消火栓给水系统一般有以下几种类型。

(1) 无水箱、水泵的消火栓给水系统。

(2) 设有加压水泵和水箱的消火栓给水系统。

(3) 分区消防给水系统。

(4) 设水箱的消火栓给水系统。

(5) 不分区消防给水系统。

3.2.1 消火栓给水系统的组成

消火栓给水系统由消防水池、消防水箱、水泵接合器、消火栓设备、消防管道及增压水泵等组成,下面重点介绍前四项内容。

1. 消防水池

在不允许消防水泵从室外给水管网直接抽水、室外给水管网为枝状、室内外消防用水量之和超过 25L/s、外管网水量不能满足室内外消防用水的情况下,应设消防水池。消防水池用于贮存火灾持续 30min 的消防用水量。当消防水池与生产或者生活水池合用时,应有消防水不被动用的措施。

消防水泵接合器

2. 消防水箱

其用于扑救初期火灾，一般采用消防水箱和生活水箱合用，以保证箱内贮存水保持流动，防止水质变坏，同时水箱的安装高度应保证建筑物内最不利点消火栓所需水压要求，贮存水量应满足室内 10min 的消防用水量。

3. 水泵接合器

水泵接合器是连接消防车向室内消防给水系统加压供水的装置，一端由消防给水管网水平干管引出，另一端设于消防车易于接近的地方。水泵接合器有以下几种安装类型。

(1) 地上式。栓身与接口高出地面，目标显著，使用方便，如图 3.1 所示。

(2) 地下式。其安装在路面下，不占地方，不易遭到破坏，特别适用于寒冷地区，如图 3.2 所示。

(3) 墙壁式。其安装在建筑物墙根处，墙壁上只露出两个接口和装饰标牌，目标清晰、美观，使用方便，如图 3.3 所示。

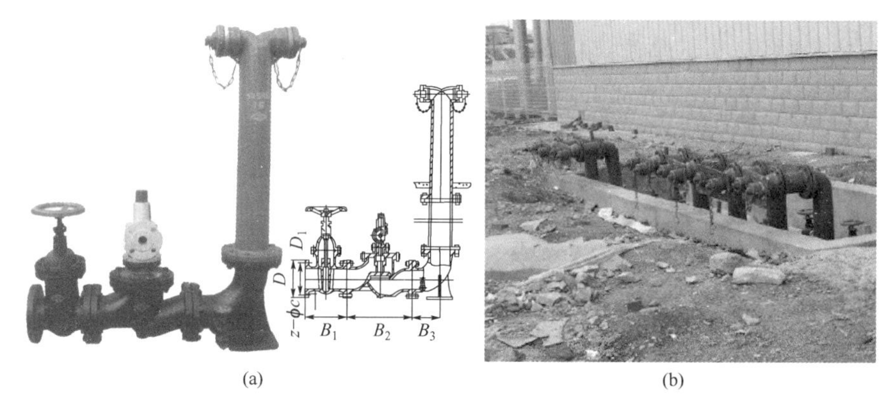

(a) (b)

图 3.1 地上式水泵接合器

(a)

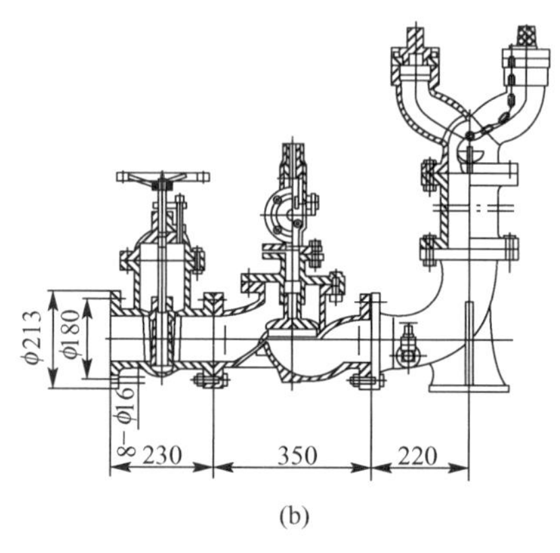

(b)

图 3.2 地下式水泵接合器

消火栓

4. 消火栓设备

消火栓设备由消火栓、水枪和水带组成，均安装于消火栓箱内。

1) 消火栓

消火栓是具有内扣式接头的球形阀式龙头，有单出口和双出口之分，如

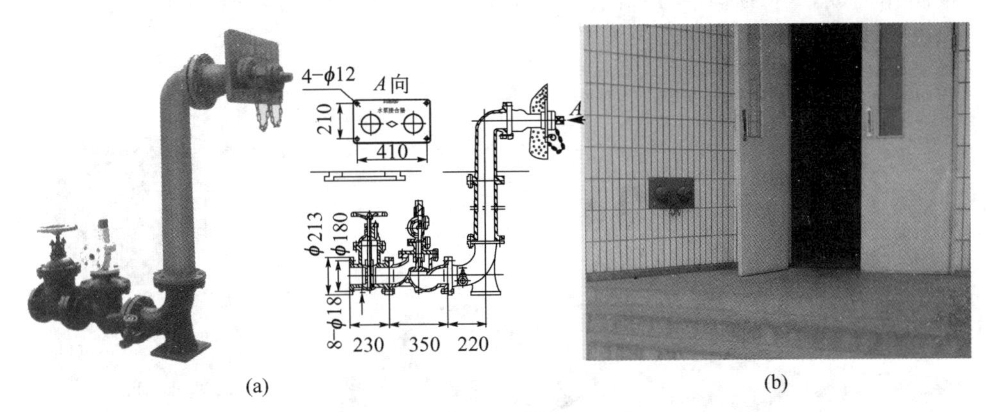

(a) (b)

图 3.3 墙壁式水泵接合器

图 3.4 所示。一般情况下推荐单出口消火栓。

(a) 单出口消火栓　　(b) 双出口消火栓

图 3.4 消火栓

2）水枪

水枪是灭火的主要工具之一，用钢、铝合金或塑料制成，其作用在于收缩水流、产生击灭火焰的充实水柱，如图 3.5(a)所示。室内一般采用直流式水枪，常用喷口直径有 13mm、16mm 和 19mm 3 种，另一端设有与水带相接的接口，其口径有 50mm 和 65mm 两种。

3）水带

水带有麻织的、棉织的和衬胶的 3 种，如图 3.5(b)所示。衬胶的压力损失小，但抗折叠性能不如麻织的和棉织的好。室内常用的消防水带口径有 *DN*50 和 *DN*64 两种，其长度有 15m、20m、25m 3 种，不宜超过 25m，水带的两端分别与水枪和消火栓连接。

消火栓、水带和水枪之间的连接，一般采用内扣式快速接头。在同一建筑物内应选用同一规格的水枪、水带和消火栓，以利于维护、管理和串用。

4）消火栓箱

消火栓箱用来放置消火栓、水带和水枪，一般嵌入墙体暗装，也可以明装和半暗装。室内消火栓口距地面安装高度为 1.1m，栓口出口方向宜向下或与墙面垂直。

常用消火栓箱的规格为 800mm×650mm×200(320)mm，用木材、铝合

金或钢板制作而成，外装单开门，门上应有明显的标志，箱内水带和水枪平时应安放整齐，如图 3.6 所示。

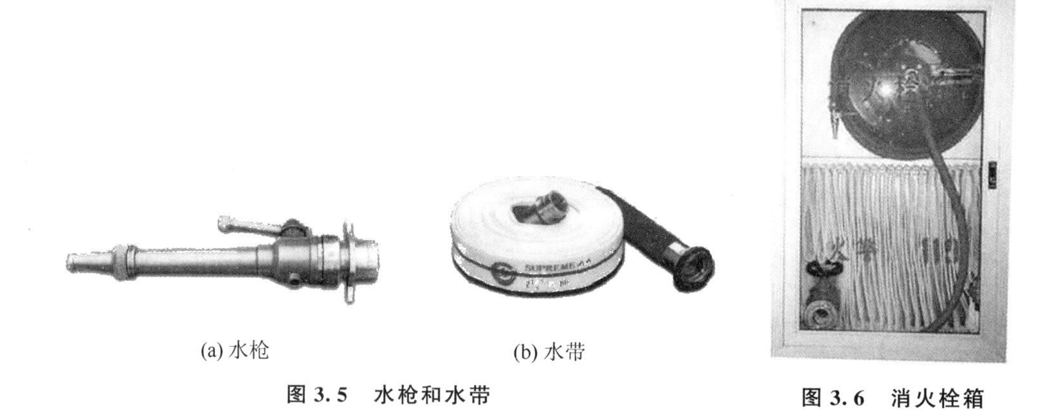

(a) 水枪

(b) 水带

图 3.5　水枪和水带

图 3.6　消火栓箱

特别提示

消防水箱、增压水泵这类组成部分不是各种消火栓给水系统都包括。

3.2.2 消火栓给水系统的安装

单、多层建筑的室内消火栓给火系统是指建筑高度不大于 27m 的住宅建筑(包括设置商业服务网点的住宅建筑)、建筑高度大于 24m 的单层公共建筑以及建筑高度不大于 24m 的其他公共建筑的室内消火栓给水系统。

高层建筑的室内消火栓给水系统分为一类和二类。一类是指建筑高度大于 54m 的住宅建筑(包括设置商业服务网点的住宅建筑)，建筑高度大于 50m 的公共建筑、建筑高度 24m 以上部分任一楼层建筑面积大于 1000m² 的商店、展览、电信、邮政、财贸金融建筑和其他多种功能组合的建筑，医疗建筑、重要公共建筑、独立建造的老年人照料设施，省级及以上的广播电视和防灾指挥调度建筑、网局级和省级电力调度建筑，以及藏书超过 100 万册的图书馆、书库的室内消火栓给水系统。二类是指建筑高度大于 27m，但不大于 54m 的住宅建筑(包括设置商业服务网点的住宅建筑)的室内消火栓给水系统。

消火栓给水系统主要是依靠水对燃烧物的冷却降温来扑灭火灾，由室内消火栓、消火栓箱、消防水枪、消防水带、消防水泵、消防水池或水箱、水泵接合器、消防管道、控制阀等组成。

(1) 低层建筑消火栓给水系统给水方式。当室外给水管网提供的水压和水量，在任何时候均能满足室内消火栓给水系统所需的水压和水量时，宜优先采用无水箱、水泵的消火栓给水系统，如图 3.7 所示。

当室外给水管网一日内压力变化较大，但能满足室内消防、生活和生产用水量要求时，可采用仅设水箱的消火栓给水系统。水箱可以与生产、生活水箱合用，但其生活或生产用水不能动用消防 10min 贮存的备用水量，如图 3.8 所示。

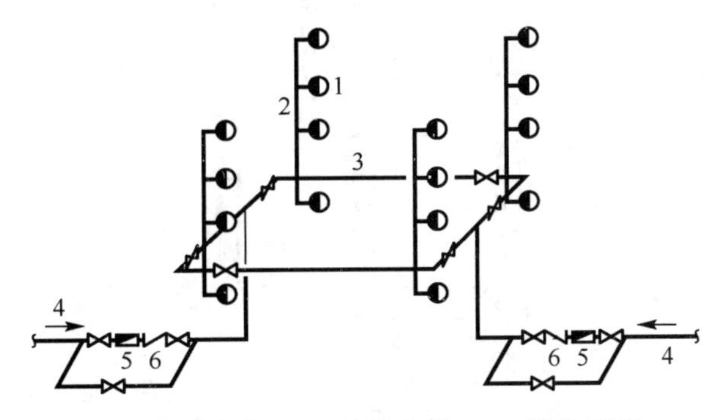

1—室内消火栓；2—消防立管；3—消防干管；
4—进户管；5—水表；6—止回阀。

图 3.7　无水箱、水泵的消火栓给水系统

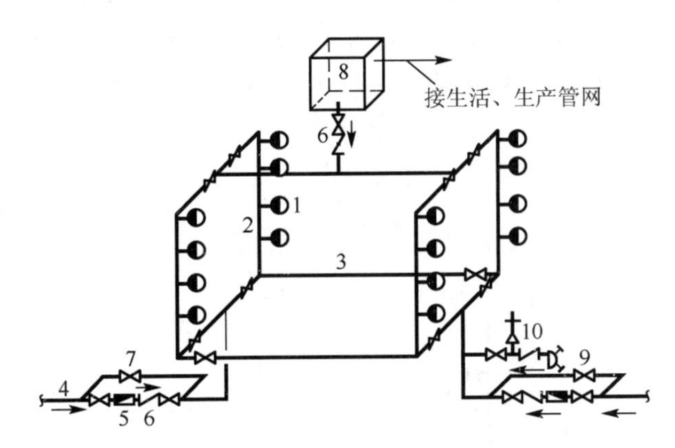

1—室内消火栓；2—消防立管；3—消防干管；4—进户管；5—水表；
6—止回阀；7—旁通管及阀门；8—水箱；9—水泵接合器；10—安全阀。

图 3.8　设水箱的消火栓给水系统

当室外给水管网的水压不能满足室内消火栓给水系统所需的水压时，为保证一旦用于消防灭火时有足够的消防水量，设置水箱应储备 10min 的室内消防用水量。水箱补水采用生活用水泵，严禁消防水泵补水，为防止消防灭火时消防水泵出水进入水箱，在水箱进入消防管网的出水管上应设止回阀，如图 3.9 所示。

(2) 高层建筑消火栓给水系统给水方式。当建筑物高度大于 24m 但不超过 50m，建筑物内最低层消火栓口压力不超过 0.8MPa 时，可以采用不分区消防给水系统，如图 3.10 所示。当发生火灾时消防车可通过水泵接合器向室内消火栓给水系统供水。

当建筑物高度超过 50m 或消火栓口静水压力大于 0.8MPa 时，消防车已难于协助灭火，此外，管材及水带的工作耐压强度也难以保证，因此，为加强供水的安全可靠性，宜采用分区消防给水系统，如图 3.11 所示。

① 并联分区供水给水方式。这种给水方式的特点是水泵集中在同一泵房内，便于集中管理，但高区使用的消防水泵及水泵出水管需耐高压。由于高区水压高，因此高区水泵接合器必须有高压消防车才能起作用，否则将失去作用。

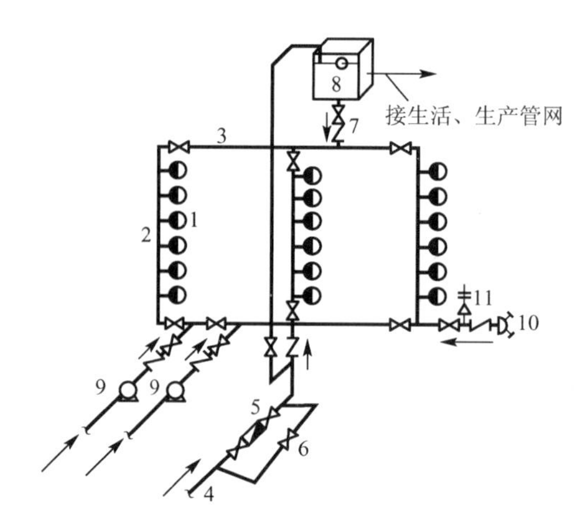

1—室内消火栓；2—消防立管；3—消防干管；
4—进户管；5—水表；6—旁通管及阀门；7—止回阀；
8—水箱；9—消防水泵；10—水泵接合器；11—安全阀。

图 3.9 设有加压水泵和水箱的消火栓给水系统

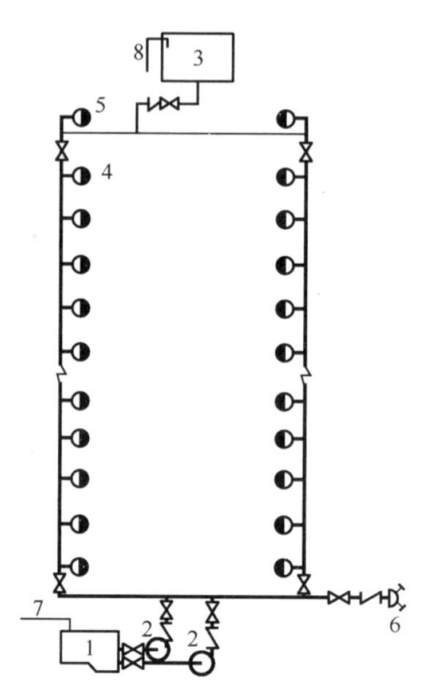

1—水池；2—消防水泵；3—水箱；4—消火栓；5—试验消火栓；
6—水泵接合器；7—水池进水管；8—水箱进水管。

图 3.10 不分区消防给水系统

② 串联分区供水给水方式。这种给水方式的消防水泵分别设于各区，当高区发生火灾时，下面各区消防水泵需要同时工作，从下向上逐区加压供水。其优点是水泵扬程低，管道承受压力小，水泵接合器可以对高区发挥作用；其缺点是供水安全性、可靠性较低，一旦低区发生故障，将对后面的供水产生影响。

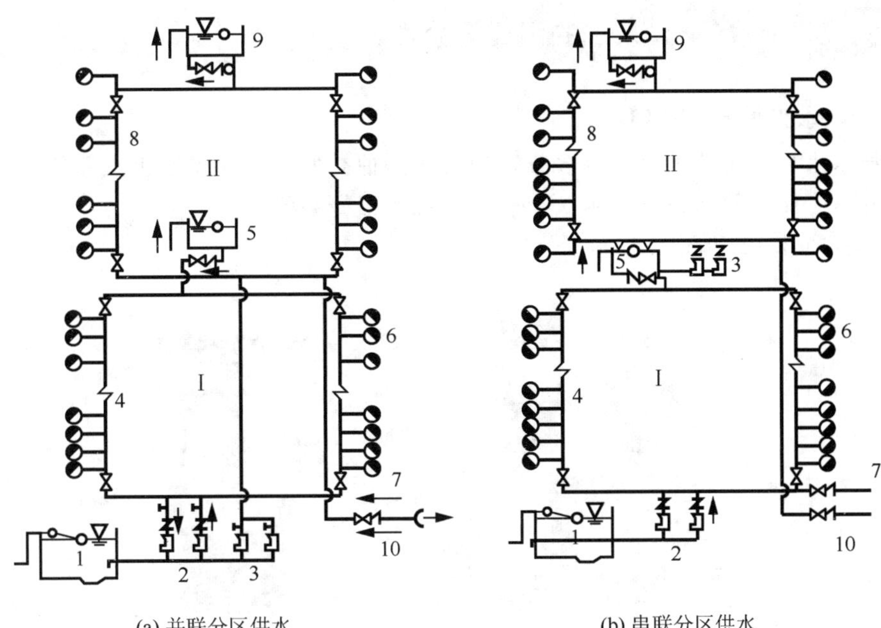

1—水池；2—Ⅰ区消防水泵；3—Ⅱ区消防水泵；4—Ⅰ区管网；
5—Ⅰ区水箱；6—消火栓；7—Ⅰ区水泵接合器；8—Ⅱ区管网；
9—Ⅱ区水箱；10—Ⅱ区水泵接合器。

图 3.11 分区消防给水系统

3.3 自动喷水灭火系统安装

喷头布置原则如下。

(1) 满足喷头的水力特性和布水特性要求。

(2) 设在顶板或吊顶下易于接触到火灾热气流并有利于均匀洒水。

(3) 喷头布置应不超过最大保护面积。

(4) 均匀洒水并满足设计喷水强度要求。

自动喷水灭火系统是一种能在发生火灾时，自动打开喷头喷水灭火并能同时发出火警信号的消防灭火设施。

自动喷水灭火系统通过加压设备将水送入管网至带有热敏元件的喷头处，喷头在火灾的热环境中自动开启洒水灭火。自动喷水灭火系统扑灭初期火灾的功效较高，成功率在97%以上。

3.3.1 自动喷水灭火系统的组成与分类

1. 自动喷水灭火系统的组成

自动喷水灭火系统的种类较为多样，但无论哪种类型，自动喷水灭火系统的组成一般都包括水源、升压和储水设备、喷头、管网系统、报警装置。

1）喷头(图 3.12 和图 3.13)

(a) 开式喷头　　(b) 闭式喷头

图 3.12　喷头(一)

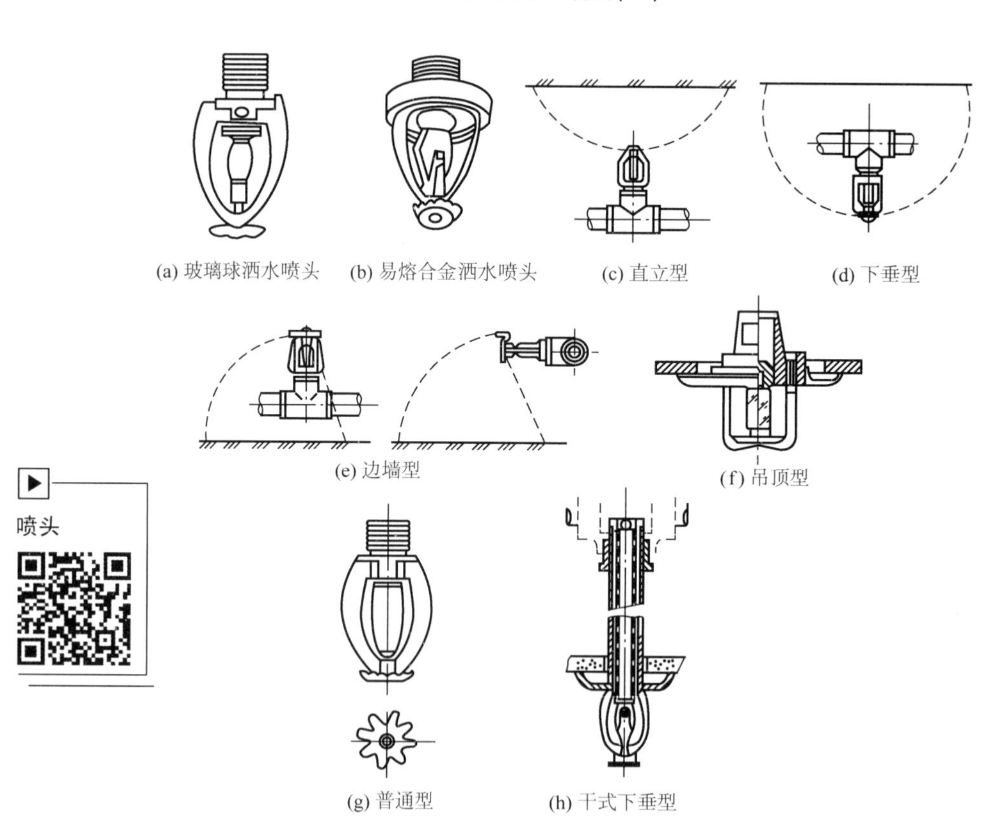

(a) 玻璃球洒水喷头　(b) 易熔合金洒水喷头　(c) 直立型　(d) 下垂型

(e) 边墙型　(f) 吊顶型

(g) 普通型　(h) 干式下垂型

图 3.13　喷头(二)

喷头根据工作状态分为闭式和开式两类。

闭式喷头喷口由热敏元件组成，达到一定温度后自动开启，如玻璃球爆炸、易熔合金脱离。

开式喷头根据用途分为开启式、水幕和喷雾 3 种类型。其构造按溅水盘的形式和安装位置有直立型、下垂型、边墙型、吊顶型、普通型和干式下垂型洒水喷头之分。

2）报警阀

报警阀的作用是开启和关闭管网的水流，传递控制信号至控制系统并启动水力警铃直接报警。报警阀(图 3.14)有湿式、干湿式、雨淋式和干式 4 种。下面介绍下前三项。

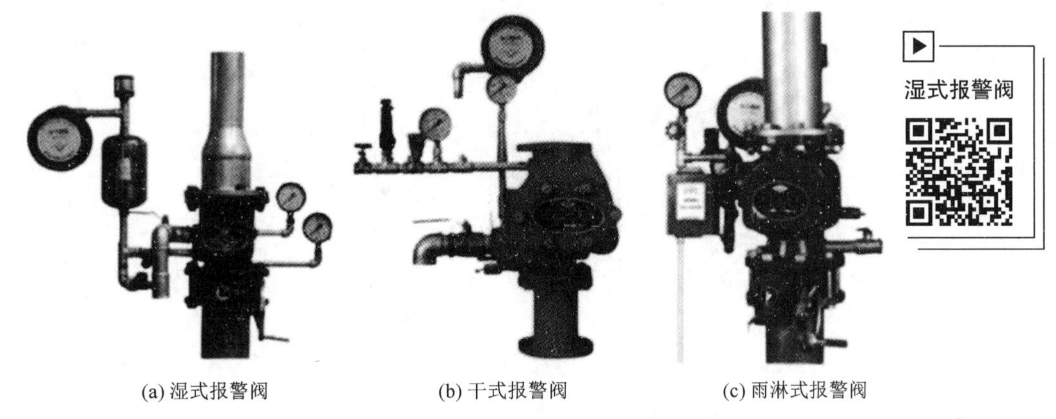

(a) 湿式报警阀　(b) 干式报警阀　(c) 雨淋式报警阀

图 3.14　报警阀

湿式报警阀组由湿式报警阀、附加的延时器、水力警铃、压力开关、压力表和排水阀等组成。湿式报警阀是自动喷水灭火系统的核心部件，起着向系统单向供水和在规定流量下报警的作用。

干湿式报警阀组是由湿式、干式报警阀依次连接而成的，在温暖季节用湿式装置、在寒冷季节用干式装置。

雨淋式报警阀用于雨淋、预作用、水幕、水喷雾自动灭火系统。

3）水流报警装置

水流报警装置(图 3.15)主要由水力警铃、水流指示器和压力开关组成。当报警阀打开消防水源后，具有一定压力的水流冲动叶轮打铃报警。

4）延迟器

延迟器(图 3.16)是一个罐式容器，安装在报警阀与水力警铃之间，主要用来防止由于水压波动引起报警阀开启而导致误报火警。报警阀开启后，水流需要经 30s 左右充满延迟器，然后方可打响水力警铃。

5）火灾探测器

火灾探测器(图 3.17)是自动喷水灭火系统的重要组成部分，常见的有感烟、感温探测器。火灾探测器是系统的“感觉器官”，它的作用是监视环境中有没有火灾的发生。一旦有了火情，就将火灾的特征物理量，如温度、烟雾、气体和辐射光强等转换成电信号，并立即动作，向火灾报警控制器发送报警信号。

火灾探测器

图 3.15　水流报警装置

图 3.16　延迟器

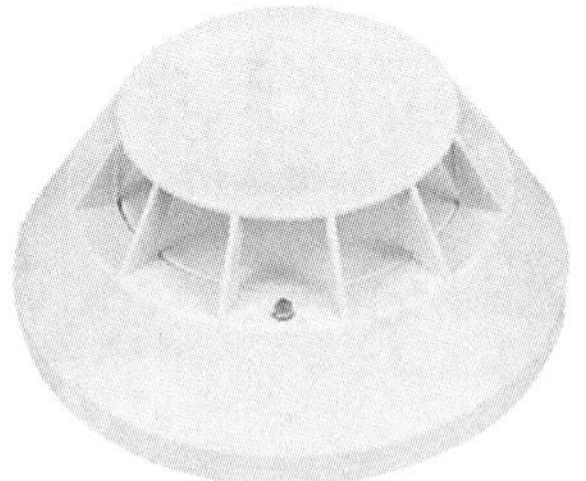

图 3.17　火灾探测器

水流指示器

6）水流指示器

水流指示器(图 3.18)主要应用在自动喷水灭火系统中，通常安装在每层楼宇的横干管或分区干管上，对干管所辖区域，起监控及报警作用。当某区域发生火灾，喷水灭火，输水管中的水流推动水流指示器的桨片，可将水流动的信号转换为电信号，对系统实施监控，起到报警的作用。

(a) 法兰式

(b) 螺纹式

图 3.18　水流指示器

2. 自动喷水灭火系统的分类

根据喷头的开闭形式和管网充水与否可将自动喷水灭火系统分为以下几种系统。

1）湿式自动喷水灭火系统

湿式自动喷水灭火系统(图 3.19)由闭式喷头、湿式报警阀、水力警铃和供水管路等组成，为喷头常闭的灭火系统。

湿式自动喷水灭火系统管网在正常状态下充满压力水，当建筑物发生火灾，着火点温度达到闭式喷头开启温度时，喷头出水灭火。

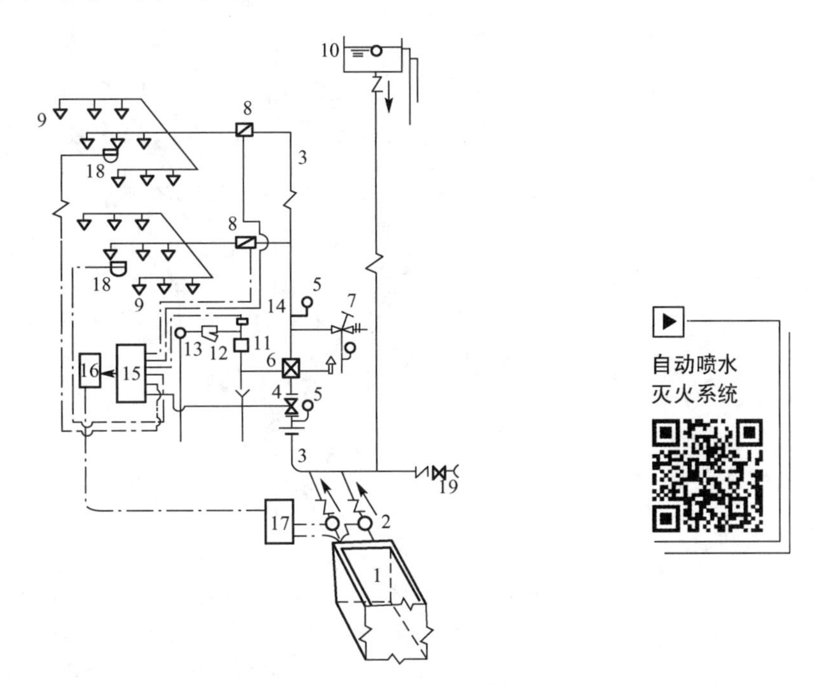

1—消防水池；2—消防水泵；3—管网；4—控制蝶阀；5—压力表；
6—湿式报警阀；7—泄放试验阀；8—水流指示器；9—喷头；
10—高位水箱、稳压泵或气压给水设备；11—延迟器；
12—过滤器；13—水力警铃；14—压力开关；15—报警控制器；
16、17、18—弱电控制器；19—消防水泵接合器。

图 3.19　湿式自动喷水灭火系统示意图

2）干式自动喷水灭火系统

干式自动喷水灭火系统(图 3.20)由闭式喷头、干式报警阀、水力警铃、排气加速器、自动充气装置和供水管路等组成。

干式自动喷水灭火系统为喷头常闭的灭火系统，管网中平时不充水，只充有压空气(或氮气)，故又称干式系统。当建筑物发生火灾，着火点温度达到闭式喷头开启温度时，喷头开启排气、充水灭火。

3）预作用喷水灭火系统

预作用喷水灭火系统由闭式喷头、雨淋式报警阀、火灾自动探测报警装置、自动充气装置和供水管路组成。

预作用喷水灭火系统为喷头常闭的灭火系统，管网中平时不充水，发生火灾时，火灾探测器报警后，自动控制系统控制阀门排气、充水，由干式变为湿式。只有当着火点温度达到喷头开启温度时，系统才开始喷水灭火。该系统综合了上述两种系统的特点，管网平时不充水——不影响建筑物的装修和装饰，管网有预报警充水过程——能在着火点温度达到喷头开启温度时及时灭火。

预作用喷水灭火系统适用于冬季结冻和不能采暖的建筑物内，以及不允许有误喷而造成水渍损失的建筑物(如高级旅馆、医院、重要办公楼和大型商场等)中。

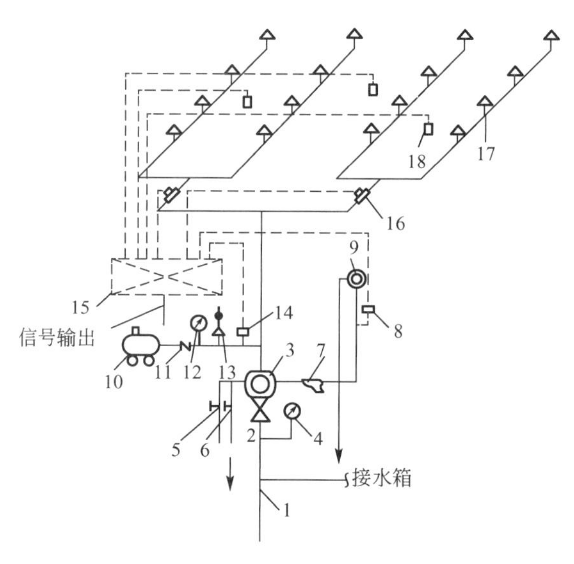

1—供水管；2—闸阀；3—干式阀；4、12—压力表；5、6—截止阀；
7—过滤器；8—压力开关；9—水力警铃；10—空压机；11—止回阀；
13—安全阀；14—压力开关；15—火灾报警控制箱；
16—水流指示器；17—闭式喷头；18—火灾探测器。

图 3.20 干式自动喷水灭火系统示意图

4）雨淋喷水灭火系统

雨淋喷水灭火系统由开式喷头、雨淋式报警阀、火灾自动探测报警装置、水力警铃和供水管路组成。

雨淋喷水灭火系统安装各种开式喷头，喷头喷水由火灾自动探测报警装置通过雨淋式报警阀来控制。雨淋式报警阀打开后，所有喷头同时喷水，好似倾盆大雨，故又称为雨淋系统或洪水系统。

该系统具有出水量大、灭火及时的优点，适用于火灾蔓延快、危险性大的建筑物和建筑部位。

5）水幕系统和水喷雾系统

水幕系统和水喷雾系统与雨淋喷水灭火系统一样，都是开式系统。从系统的组成、控制方式到工作原理都与雨淋喷水灭火系统相同，区别只是在于水幕系统和水喷雾系统分别采用水幕喷头和喷雾喷头，而不是雨淋喷水灭火系统中的开式喷头。

水幕系统在布置上采用线状布置，发生火灾时主要起到阻火、冷却和隔离火源的作用，不是直接用来扑灭火灾。该系统适用于需防火隔离的部位，如大型公共舞台与观众之间的隔离水帘、消防防火卷帘的冷却等。

水喷雾系统采用喷雾喷头，把水粉碎成细小的水雾滴后喷射到正在燃烧的物质表面，通过表面冷却、窒息及乳化、稀释的同时作用实现灭火。

3.3.2 自动喷水灭火系统的工作原理

当被保护范围内的楼层角落出现火警，温度超过闭式喷头的额定温度时，喷头的温感元件炸开，即时喷水灭火。同时，该层的水流指示器被水流触动，转化为电信号，在总值班室的火警信号控制箱的显示屏上，发出该区域的火警信号。另外，水力警铃被水流推动，发出报警铃声，系统压力下降，触动压力开关，从而开启补给水泵，保障火警区域的喷头洒水有足够的水压和水量，有效扑灭灾情。这一系列的动作，大约在喷头开始喷水后30s内完成。自动喷水灭火系统的工作原理如图 3.21 所示。

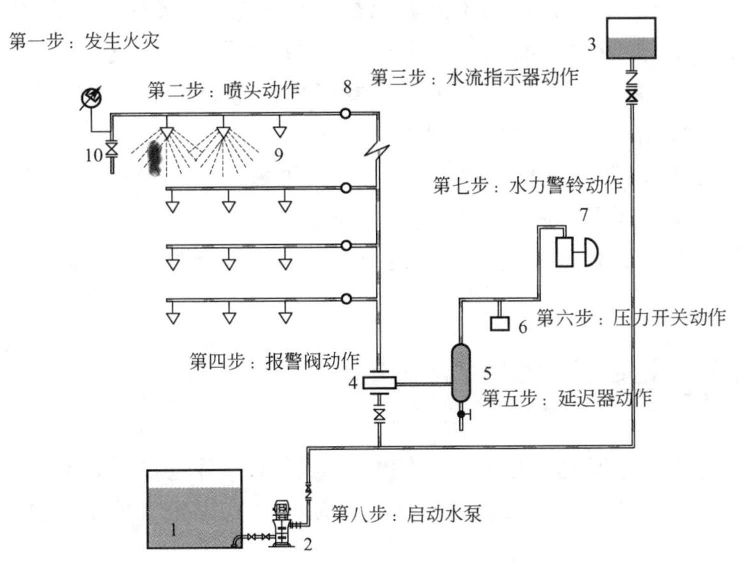

1—水池；2—消防水泵；3—水箱；4—报警阀；5—延迟器；
6—压力开关；7—水力警铃；8—水流指示器；9—喷头；10—试验装置。

图 3.21 自动喷水灭火系统的工作原理

特别提示

自动喷水灭火系统若室外给水管网的水压和水量均能满足室内最不利点消防用水量和水压要求时，可不设消防水箱(屋顶水箱)等储水设备。

3.4 其他常用灭火系统

引例

为了有效扑救建筑物内的初期火灾，应设置建筑灭火器(9 层及以下的普通住宅除外)。灭火器宜放置在明显、便于取用的地方，且不得影响安全疏散。

除消火栓给水系统、自动喷水灭火系统两大类灭火系统外，其他常用的灭火系统主要是指非水灭火剂的固定灭火系统，目前常用的有以下几类。

3.4.1 干粉灭火系统

干粉灭火系统是指以干粉作为灭火剂的灭火系统。干粉灭火剂是一种干燥的、易于流动的细微粉末，平时贮存于干粉灭火器或干粉灭火设备中，灭火时由加压气体(二氧化碳或氮气)将干粉从喷嘴射出，形成一股雾状粉流射向燃烧物，起到灭火作用。

干粉根据用途分为以下几种。

(1) 普通型(BC类)干粉，适用于扑救易燃、可燃液体(如汽油、润滑油等)火灾，也可用于扑救可燃气体(如液化石油气、乙炔气等)和带电设备的火灾。

(2) 多用途型(ABC类)干粉，适用于扑救可燃液体、可燃气体、带电设备和一般固体物质(如木材、棉、麻、竹等)形成的火灾。

(3) 金属专用型(D类)干粉，适用于扑灭金属的燃烧。干粉可与燃烧的金属表层发生反应形成熔层，而与周围空气隔绝，使金属燃烧窒息。

干粉灭火具有灭火历时短、效率高、绝缘好、灭火后损失小、不怕冻、不用水、可长期贮存等优点。

3.4.2 泡沫灭火系统

泡沫灭火系统的工作原理是使其与水混溶后，产生一种可漂浮、黏附在可燃或易燃液体和固体表面，或者充满某一着火物质空间的物质，达到隔绝、冷却燃烧物质的作用，使燃烧物质熄灭。

泡沫灭火剂有以下类型。

1. 化学灭火剂

这种灭火剂是由结晶硫酸铝[$Al_2(SO_4)_3 \cdot H_2O$]和碳酸氢钠($NaHCO_3$)组成的。使用时使两者混合反应后产生 CO_2 灭火，我国目前仅装填在灭火器中手动使用。

2. 合成型泡沫灭火剂

目前国内应用较多的有凝胶型、水成膜和高倍数3种合成型泡沫液。泡沫灭火系统广泛用于油田、炼油厂、油库、发电厂、汽车库、飞机库、矿井坑道等场所。

泡沫灭火系统按其使用方式有固定式、半固定式和移动式之分。

3.4.3 二氧化碳灭火系统

二氧化碳灭火系统是一种具有不污损保护物、灭火快、空间淹没效果好等优点的气体灭火系统。

二氧化碳灭火剂是液化气体型，一般以液相二氧化碳贮存在高压瓶内。当二氧化碳以气体喷向燃烧物时，产生冷却和隔离氧气的作用。二氧化碳灭火系统的选用要根据防护区和保护对象具体情况确定。

全淹没二氧化碳灭火系统适用于无人居留或发生火灾能迅速(30s以内)撤离的防护区;局部二氧化碳灭火系统适用于经常有人的较大防护区内，扑救个别易燃烧设备或室外设备。

3.4.4 蒸汽灭火系统

蒸汽灭火系统是只有在经常具备充足蒸汽源的条件下使用的一种灭火方式。其工作原理是向火场燃烧区内释放蒸汽，阻止空气进入燃烧区致使燃烧窒息。

3.4.5 新型气体（卤代烷替代物）灭火系统

(1) 七氟丙烷灭火系统的灭火剂七氟丙烷是一种无色、无味、低毒性、绝缘性好、无二次污染的气体，对大气臭氧层的耗损潜能值为零，是目前替代卤代烷灭火剂最理想的替代品。

(2) 混合气体灭火系统的灭火剂混合气体是由氮气、氩气和二氧化碳气体按一定的比例混合而成的，这些气体都是在大气层中自然存在的，对大气臭氧层没有损耗，也不会对地球的“温室效应”产生影响。混合气体既不支持燃烧，又不与大部分物质产生反应，是一种十分理想的环保型灭火剂。

特别提示

已安装消火栓和自动喷水灭火系统的各类建筑，仍需配置灭火器作早期防护。

3.5 消防给水管道安装

引例

消防系统施工完毕后，各部位的设备组件应做好成品保护措施。

(1) 各部位的设备组件要有保护措施，防止碰动跑水，损坏装修成品。

(2) 报警阀配件、消火栓箱内附件、各部位的仪表等均应加强管理，防止丢失和损坏。

(3) 消防管道安装与土建或其他管道发生矛盾时，不得私自拆改，要经过设计，办理变更、洽商妥善解决。

(4) 喷洒头安装时不得污染和损坏吊顶装饰面。

3.5.1 消防给水管道的敷设要求

1. 室外消防给水管道的布置规定

(1) 室外消防给水管网应布置成环状，当室外消防用水量小于或等于15L/s时，可布置成枝状。

(2) 向环状管网输水的进水管不应少于两条，当其中一条发生故障时，其余的进水管应能满足消防用水总量的供给要求。

(3) 环状管道应采用阀门分成若干独立段，每段内室内消火栓的数量不宜超过5个。

(4) 室外消防给水管道的直径不应小于 $DN100$。

(5) 室外消防给水管道设置的其他要求应符合现行国家标准《室外给水设计标准》(GB 50013—2018)的有关规定。

2. 室内消防给水管道的布置规定

(1) 室内消火栓超过10个且室外消防用水量大于15L/s时，其消防给水管道应连成环状，且至少应有两条进水管与室外给水管网或消防水泵连接。当其中一条进水管发生事故时，其余进水管应仍能供应全部消防用水量。

(2) 高层厂房(仓库)应设置独立的消防给水系统。室内消防竖管应连成环状。

(3) 室内消防竖管直径不应小于 $DN100$。

(4) 室内消火栓给水管网与自动喷水灭火系统的管网分开设置，当合用消防水泵时，供水管路应在报警阀前分开设置。

(5) 高层厂房(仓库)、设置室内消火栓且层数超过4层的厂房(仓库)、设置室内消火栓且层数超过5层的公共建筑，其室内消火栓给水系统应设置消防水泵接合器。

消防水泵接合器应设置在室外便于消防车使用的地点，与室外消火栓或消防水池取水口的距离宜为15.0～40.0m。

消防水泵接合器的数量应按室内消防用水量计算确定。每个消防水泵接合器的流量宜按10～15L/s计算。

(6) 室内消防给水管道应采用阀门分成若干独立段。对于单层厂房(仓库)和公共建筑，检修停止使用的消火栓不应超过5个。对于多层民用建筑和其他厂房(仓库)，室内消防给水管道上阀门的布置应保证检修管道时关闭的竖管不超过1根，但设置的竖管超过3根时，可关闭两根。

(7) 允许直接吸水的市政给水管网，当生产、生活用水量达到最大且仍能满足室内外消防用水量时，消防水泵宜直接从市政给水管网吸水。

(8) 严寒和寒冷地区非采暖的厂房(仓库)及其他建筑的室内消火栓给水系统，可采用干式系统，但在进水管上应设置快速启闭装置，管道最高处应设置自动排气阀。

3.5.2 消防给水管道的安装工艺流程

1. 工艺流程

其工艺流程为安装准备→干管安装→报警阀安装→立管安装→喷洒分层干支管、消火栓及支管安装→管道试压→管道冲洗→喷洒头支管安装(系统综合试压及冲洗)→节流装置安装→报警阀配件、消火栓配件、喷洒头安装→系统通水试调。

2. 安装准备

(1) 认真熟悉图纸，根据施工方案、技术、安全交底的具体措施选用材料，测量尺寸，绘制草图，预制加工。

(2) 核对有关专业图纸，查看各种管道的坐标、标高是否交叉或排列位置不当，及时与设计人员研究解决，办理洽商手续。

(3) 检查预埋件和预留洞是否准确。

(4) 检查管材、管件、阀门、设备组件等是否符合设计要求和质量标准。

(5) 要安排合理的施工顺序，避免工种交叉作业干扰，影响施工。

3. 干管安装

(1) 喷洒管道一般要求使用镀锌管件(干管直径在100mm以上，无镀锌管件时采用焊接法兰连接，试压完后做好标记拆下来加工镀锌)。需要镀锌加工的管道应选用碳素钢管或无缝钢管，在镀锌加工前不允许给管道刷油和污染管道。需要拆装镀锌的管道应先安排施工。

(2) 喷洒干管用法兰连接，每根配管长度不宜超过6m，直管段可把几根连接在一起，使用倒链安装，但不宜过长。也可调直后，编号依次顺序吊装，吊装时，应先吊起管道一端，待稳定后再吊起另一端。

(3) 管道连接紧固法兰时，检查法兰端面是否干净，采用3～5mm的橡胶垫片。法兰螺栓的规格应符合规定。紧固螺栓应先紧最不利点，然后依次对称紧固。法兰接口应安装在易拆装的位置。

(4) 消火栓给水系统干管安装应根据设计要求使用管材，按压力要求选用碳素钢管或无缝钢管。

① 管道在焊接前应清除接口处的浮锈、污垢及油脂。

② 当壁厚≤4mm、直径≤50mm时应采用气焊；当壁厚≥45mm、直径≥70mm时应采用电焊。

③ 不同管径的管道焊接，连接时如两管径相差不超过小管径的15%，可将大管端水流指示部缩口与小管对焊。如果两管径差值超过小管径的15%，应加工异径短管焊接。

④ 管道对口焊缝上不得开口焊接支管，焊口不得安装在支架、吊架位置上。

⑤ 管道穿墙处不得有接口(丝接或焊接)，管道穿过伸缩缝处应有防冻措施。

⑥ 碳素钢管开口焊接时要错开焊缝，并使焊缝朝向易观察和维修的方向。

⑦ 管道焊接时先点焊3点以上，然后检查预留口位置、方向、变径等无误后，找直、找正，再焊接，紧固卡件、拆掉临时固定件。

4. 消防喷洒和消火栓立管安装

(1) 立管暗装在竖井内时，在竖井内预埋铁件上安装卡件固定，立管底部的支架、吊架要牢固，防止立管下坠。

(2) 立管明装时每层楼板要预留孔洞，立管可随结构穿入，以减少立管接口。

5. 消防喷洒分层干支管安装

(1) 管道的分支预留口在吊装前应先预制好，丝接的用三通定位预留口，焊接可在干管上开口焊上熟铁管箍，调直后吊装。所有预留口均应加好临时堵。

(2) 需要镀锌加工的管道在其他管道未安装前试压、拆除、镀锌后进行二次安装。

(3) 走廊吊顶内的管道安装与通风道的位置要协调好。

(4) 喷洒管道不同管径连接不宜采用补芯，而应采用异径管箍，弯头上不得用补芯，应采用异径弯头，三通上最多用一个补芯，四通上最多用两个补芯。

(5) 向上喷的喷洒头有条件的可与分支干管顺序安装好。其他管道安装完后不易操作的位置也应先安装好向上喷的喷洒头。

6. 消火栓箱及支管安装

(1) 消火栓箱要符合设计要求(其材质有木、铁和铝合金等)，栓阀有单出口和双出口双控等。产品均应有消防部门的制造许可证及合格证方可使用。

(2) 消火栓支管要以栓阀的坐标、标高定位甩口，核定后再稳固消火栓箱，箱找正稳固后再把栓阀安装好，栓阀侧装在箱内时应在箱门开启的一侧，箱门开启应灵活。

(3) 消火栓箱安装在轻质隔墙上时，应有加固措施。

7. 消防管道试压

消防管道试压可分层分段进行，上水时最高点要有排气装置，高低点各装一块压力表，上满水后检查管路有无渗漏，如有法兰、阀门等部位渗漏，应在加压前紧固，升压后再出现渗漏时做好标记，卸压后处理，必要时泄水处理。冬季试压环境温度不得低于+5℃，夏季试压最好不直接用外线上水，以防止结露。试压合格后及时办理验收手续。

8. 管道冲洗

消防管道在试压完毕后可连续做冲洗工作。冲洗前先将系统中的流量减压孔板、过滤装置拆除，冲洗水质合格后重新装好，冲洗出的水要有排放去向，不得损坏其他成品。

特别提示

(1) 本工艺标准适用于民用和一般工业建筑室内消防自动喷水灭火系统和消火栓给水系统的管道及设备安装工程。

(2) 消火栓给水系统、自动喷水灭火系统施工图的识读可以参考学习情景2中室内给水施工图的识读。

3.6 施工案例

消防给水工程施工图识读方法同给水工程识读(略)。消防施工常用图例，见表3-1。

表3-1 消防施工常用图例

序号	名称	图例	序号	名称	图例
1	消火栓给水管	—— XH ——	7	自动喷洒头(闭式上喷)	平面 系统
2	自动喷水灭火给水管	—— ZP ——	8	水流指示器	L
3	室外消火栓		9	水力警铃	
4	室内消火栓(单口)	平面 系统	10	管道泵	
5	自动喷洒头(开式)	平面 系统	11	管道固定支架	
6	自动喷洒头(闭式下喷)	平面 系统	12	刚性防水套管	

续表

序号	名　　称	图　　例	序号	名　　称	图　　例
13	闸阀		22	预作用报警阀	平面 系统
14	三通阀		23	雨淋阀	平面 系统
15	止回阀		24	末端试水阀	平面 系统
16	雨淋灭火给水管	—— YL ——	25	减压孔板	
17	水幕灭火给水管	—— SM ——	26	管道滑动支架	
18	消防水泵接合器		27	柔性防水套管	
19	室内消火栓(双口)	平面 系统	28	电动阀	
20	干式报警阀	平面 系统	29	信号阀	
21	湿式报警阀	平面 系统	30	压力调节阀	

以某辅楼消防给水工程为例，介绍室内消防给水工程施工图的识读。自动喷水灭火系统管道平面图、立面图如图 3.22 和图 3.23 所示。

1. 工程概况

(1) 本工程为某辅楼的消防设计。地上四层，一层为厨房，二层为餐厅，三、四层为宿舍。

(2) 本工程 1～4 层采用消火栓给水系统和自动喷水灭火系统。

2. 施工说明

(1) 图中所注管道标高均以管中为准。

(2) 消防水管全部采用热浸镀锌钢管，*DN*100 及以下螺纹连接，*DN*100 以上法兰连接。

(3) 管道支架、吊架的最大跨距按《建筑给水排水及采暖工程施工质量验收规范》(GB 50242—2002)的有关规定确定。

(4) 管道支架、吊架及托架的具体形式和安装位置，由安装单位根据现场情况确定。

(5) 管道安装完毕后应进行水压试验，试验压力为 0.8MPa，在 10min 内压降不大于 0.05MPa，不渗不漏为合格。经试压合格后，应对系统反复冲洗，直至排出水中不含泥

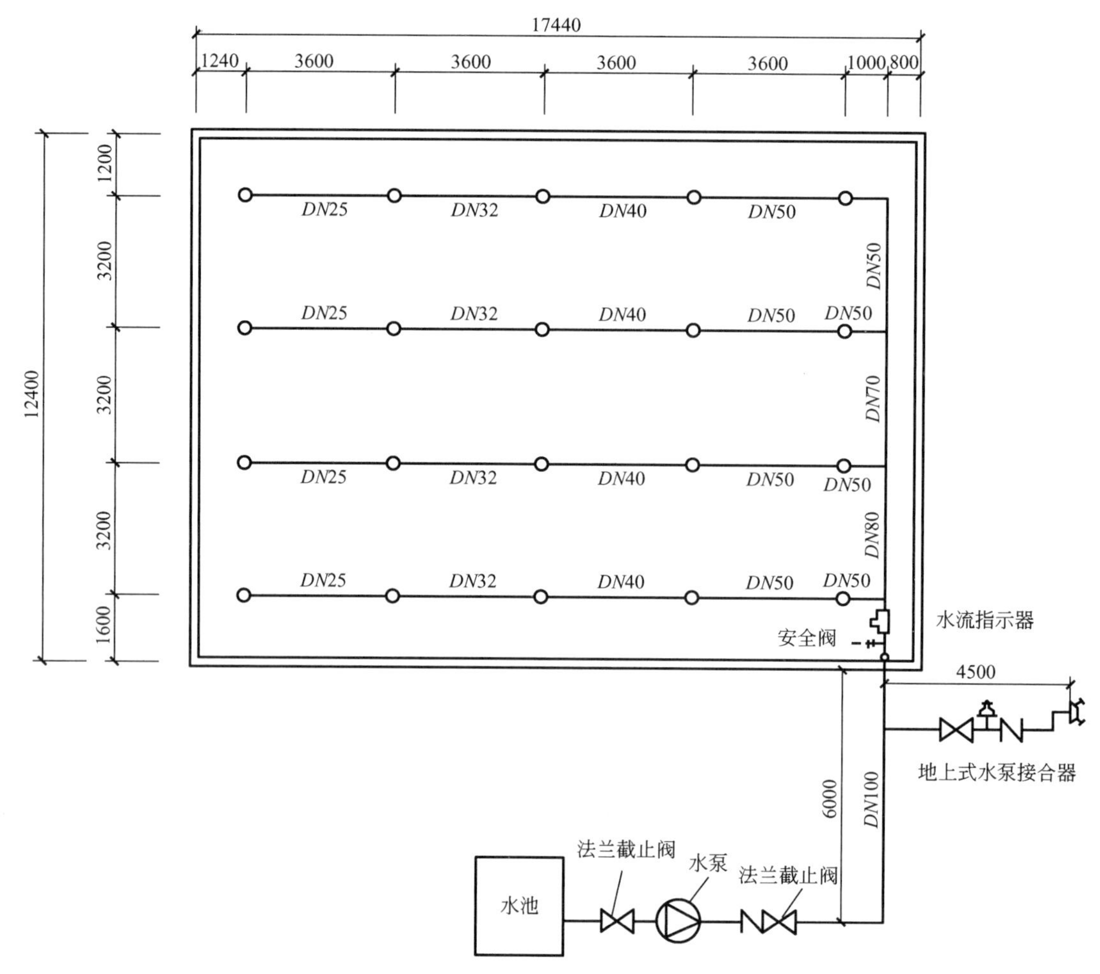

图 3.22 自动喷水灭火系统管道平面图

沙、钢屑等杂质，且水色不浑浊时方为合格。

(6) 消防系统安装试压完毕后，应对所安装的消火栓给水系统和自动喷水灭火系统进行调试、标定，满足要求后方可使用。

(7) 油漆。

① 镀锌钢管在表面先清除污垢、灰尘等杂质后刷色漆两道。

② 支架、吊架等在除锈后刷防锈底漆、色漆各两道。

(8) 所有穿越剪力墙、砖墙和楼板处的水管，均应事先预埋钢套管。套管直径应比穿管直径大 2 号。此部分套管及小于 300mm 的洞在土建图上有些未予以表示。安装单位应根据设施图配合土建一起施工预留，以防漏留。套管安装完毕后，应采用混凝土封堵，表面抹光。

(9) 安装单位应在设备和管道安装前与水、电等作业加以密切配合，安装中管道如有相碰，可根据现场情况做局部调整。

(10) 本工程安装施工应严格遵守《建筑给水排水及采暖工程施工质量验收规范》(GB 50242—2002)。

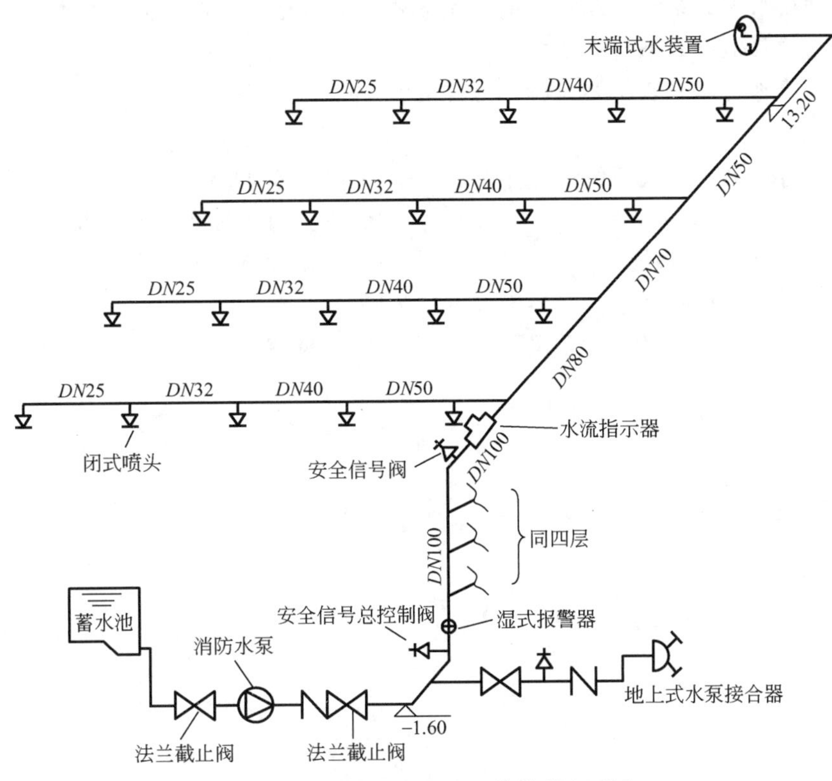

图 3.23 自动喷水灭火系统管道立面图

本学习情景对建筑消防系统的分类、消火栓给水系统的组成、自动喷水灭火系统的分类及工作原理、其他常用灭火系统的分类及消防给水管道的敷设要求和安装进行了阐述。

本学习情景具体内容包括：消防系统的分类及适用范围；消火栓给水系统的各个组成部分的种类和作用；自动喷水灭火系统的种类和工作原理；其他常用灭火系统的种类及适用范围；消防给水管道的敷设要求、安装工艺流程和各个施工过程中的施工重点。

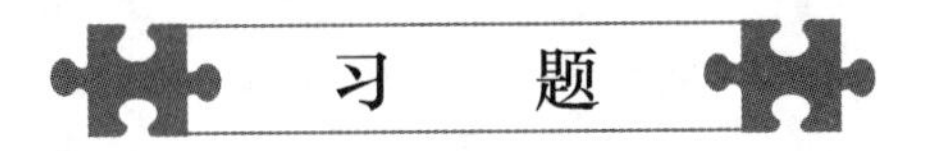

1. 简答题

（1）建筑消防系统根据使用灭火剂的种类和灭火方式可以分为哪几种？各种消防系统的适用范围是什么？

（2）消火栓给水系统一般由哪几部分组成？各部分的作用是什么？

（3）自动喷水灭火系统由哪几部分组成？自动喷水灭火系统的工作原理是怎样的？

(4) 自动喷水灭火系统根据喷头的开闭形式和管网充水与否分为哪几类?

(5) 常用的其他灭火系统有哪些?

(6) 消防给水管道安装工艺流程是怎样的?

2. 选择题

(1) 以下自动喷水灭火系统中使用开式喷头喷水灭火的是(　　)。

A. 干式自动喷水灭火系统　　B. 湿式自动喷水灭火系统

C. 预作用喷水灭火系统　　D. 雨淋喷水灭火系统

(2) 以下不属于消防水泵接合器敷设方式的是(　　)。

A. 地上式　　B. 地下式　　C. 墙壁式　　D. 埋地式

学习情景4 采暖系统安装

思维导图

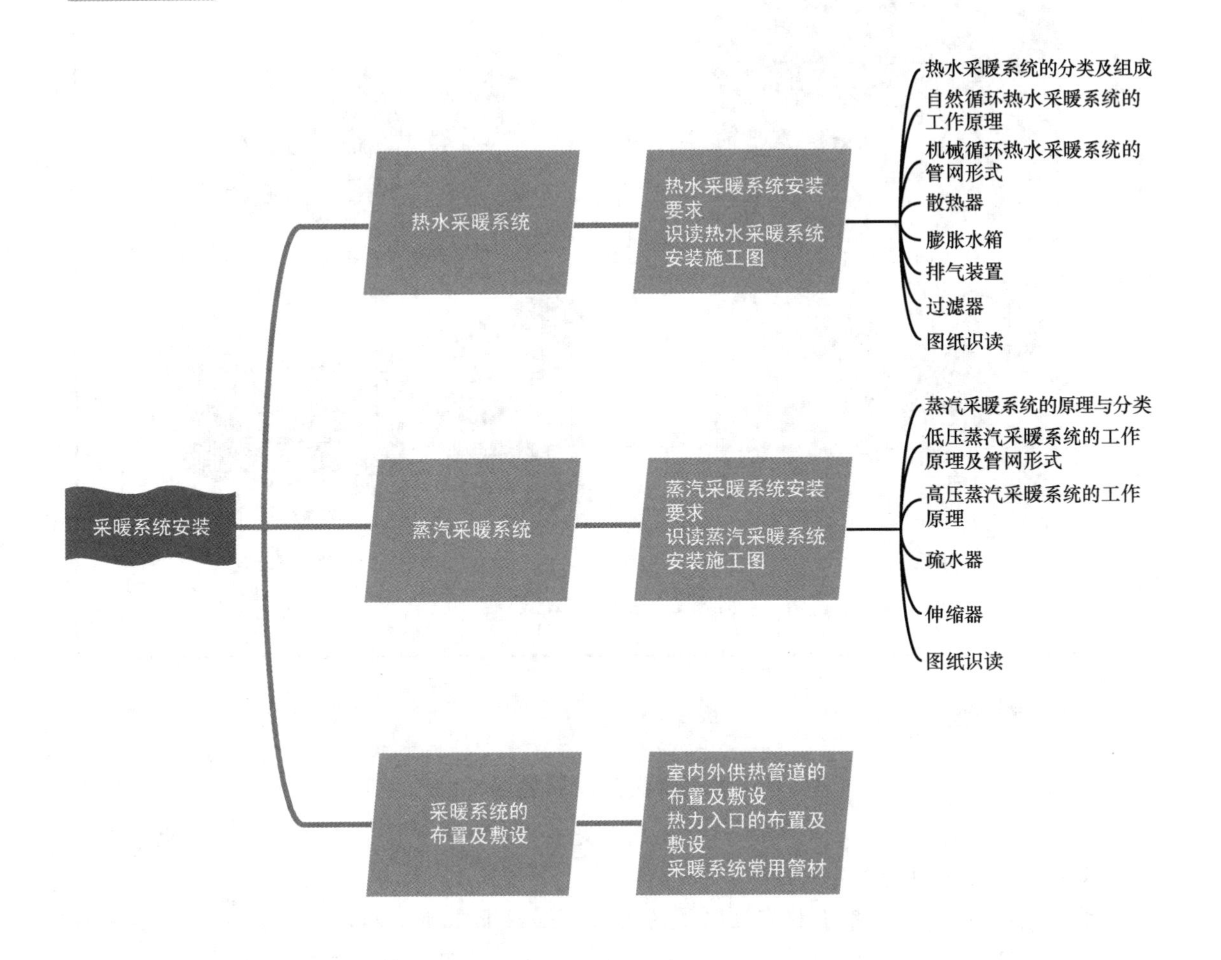

情景导读

在冬季，北方的室外温度大大低于室内温度，导致房间里的热量不断地传向室外，为了保持人们日常生活、工作所需要的环境温度，就必须设置建筑采暖，并向室内供给相应的热量。

建筑采暖是由室外的热源将生产的热媒通过采暖管道送至建筑物内设置的散热器，采暖系统采用的管网应能使建筑物内每层每个采暖房间的温度不随建筑物高度和所在位置有所不同。合适的供暖方式、热媒种类、散热器的散热效果、管材的耐压耐腐蚀性、正确合理的坡向和坡度、膨胀水箱、集气装置等设备的性能，是保证采暖效果的基础。采暖施工散热器如图 4.1 所示。

(a) 太阳能采暖工程

(b) 立式/卧式燃油燃气热水锅炉

(c) 地板辐射采暖管道

(d) 工厂用暖风器/移动式采暖车

图 4.1　采暖施工散热器

知识点滴

建筑采暖的发展概况

我国采用热电联产的城市集中供热方式，是在 1958 年由北京市建设第一热电厂开始的，多年来经历了曲折发展的过程。

该方式在最初的 10 年中曾有过较快的发展，如继北京市之后，1968 年东北地区的沈阳市也率先开始发展集中供热，但是后来在很长一段时间里，一直发展缓慢。

改革开放后，“三北”(东北、西北、华北)地区集中供热事业得到了发展，各大、中城市积极规划和实施。到 1989 年已有 81 个城市发展了集中供热。

随着我国经济的迅速发展和人民生活水平的不断提高，我国建筑能耗日益增长，因此，暖通空调专业其新产品、新技术、新材料的发展与创新在以后的建筑发展中起着至关重要的作用，必须调整能源结构，减少燃煤造成的污染。

建筑采暖的发展方向如下。

(1) 将枝状单热源系统变为多热源联网的环状供热系统。

(2) 在热源的生产和热网的输配上采用了计算机监控技术。

(3) 燃气锅炉供热七项节能技术：气候补偿系统、烟气冷凝热回收系统、锅炉集控系统、变频风机系统、分时分区控制供热、水力平衡系统、室温调控系统的应用。

(4) 推进建筑节能要与供热采暖系统节能同步，综合考虑锅炉房、管网和室内采暖系统的节能。

在采暖工程中，建筑物的围护结构传热主要是通过外墙、外窗、外门、顶棚和地面，从室内向室外传递热量，整个传热过程实际上由热传导、热对流、热辐射3种基本的传热方式组成。

1. 热传导

当物体内有温差或两个不同温度的物体接触时，在物体各部分之间不发生相对位移的情况下，物质微粒(分子、原子或自由电子)的热运动会传递热量，使热量从高温物体传向低温物体，或从同一物体的高温部分传向低温部分，这种现象称为热传导，简称导热。热传导可以在固体、液体和气体中发生，但只在密实的固体中存在单纯的热传导过程，而在液体和气体中通过热传导传递的热能很少。

2. 热对流

在流体中，温度不同的各部分之间发生相对位移时所引起的热量传递过程称为热对流。流体各部分之间由于密度差而引起的相对运动称为自然对流，而由于机械(泵或风机等)的作用或其他压差而引起的相对运动称为强迫对流(或受迫对流)。

实际上，热对流同时伴随着热传导，构成复杂的热量传递过程。工程上经常遇到的流体流过固体壁面时的热传递过程就是热对流和热传导作用的热量传递过程，称为表面对流传热，简称对流传热。影响对流传热的因素很多，如流体的流动速度、流体的物理性质和传热表面的几何尺寸等。

3. 热辐射

通常把投射到物体上能产生明显热效应的电磁波称为热射线，其中包括可见光线、部分紫外线和红外线。物体不断向周围空间发出热辐射能，并被周围物体吸收，同时，物体也不断接收周围物体辐射给它的热能。这样，物体发出和接收热能过程的综合结果是产生了物体间通过热辐射而进行的热量传递，称为表面辐射传热，简称辐射传热。

4.1 热水采暖系统

目前，随着我国现代化建设的飞速发展和人民生活水平的不断提高，舒适的建筑热环

境已然成为人们生活和工作的需要，尤其是在冬天，室外温度低于室内温度，室外的冷空气通过各个渠道侵入房间，使人们感受到寒冷，为了维持室内所需的空气温度，必须向室内供给相应的热量。热量的供应必须依靠采暖系统，而热水采暖系统是目前广泛使用的一种采暖系统，适用于民用建筑与工业建筑。

热水采暖系统是以热水为热媒，把热量带给散热设备的采暖系统。当热水采暖系统的供水温度为95℃，回水为70℃，称为低温热水采暖系统；供水温度高于100℃的称为高温热水采暖系统。低温热水采暖系统多用于民用建筑的采暖系统，高温热水采暖系统多用于生产厂房。

4.1.1 热水采暖系统的分类及组成

1. 热水采暖系统的分类

热水采暖系统主要有4种分类方法。

(1) 其按热水供暖循环动力的不同，可分为自然循环热水采暖系统和机械循环热水采暖系统。热水采暖系统中的水如果是靠供、回水温度差产生的压力循环流动的，称为自然循环热水采暖系统；系统中的水若是靠水泵强制循环的，称为机械循环热水采暖系统。

(2) 其按供、回水方式的不同，可分为单管系统和双管系统。热水经立管或水平供水管顺序通过多组散热器，并顺序地在各散热器中冷却的系统，称为单管系统。热水经供水立管或水平供水管平行地分配给多组散热器，冷却后的回水自每个散热器直接沿回水立管或水平回水管流回热源的系统，称为双管系统。

(3) 其按系统管道敷设方式的不同，可分为垂直式和水平式系统。

(4) 其按热媒温度的不同，可分为低温热水采暖系统和高温热水采暖系统。

2. 热水采暖系统的组成

其由热源、管道系统和散热设备3部分组成。

(1) 热源是指使燃料产生热能并将热媒加热的部分，如锅炉。

(2) 管道系统是指热源和散热设备之间的管道。热媒通过管道系统将热能从热源输送到散热设备。

(3) 散热设备是将热量散入室内的设备，如散热器、暖风机、辐射板等。

4.1.2 自然循环热水采暖系统

自然冷凝法如图4.2所示。它是用采暖建筑物室内部分的上行热水干管的散热来冷凝自汽化蒸汽的，热水炉出口立管的高度不能超过上行热水干管。由于受上行热水干管的散热能力和高度的限制，该系统不能产生和冷凝太多的蒸汽，因此仅适用于循环水量不大、上行热水干管较高的情况。这种自然冷凝的方法限制了供热能力和循环压头的提高，为解决这一问题，可采用回水冷凝法。回水冷凝法如图4.3所示。它是一个最简明的例子，在上行热水干管增设了一个回水冷凝套管，用回水将汽化的蒸汽冷凝。立管高度可按需要适当提高，在回水冷凝套管之后的上行热水干管可以引下来与回水干管布置在一起。这样不但提高了冷凝蒸汽的能力，又回收了蒸汽的热量，提高了热效率和供热能力，而且使得热网的敷设更加方便。

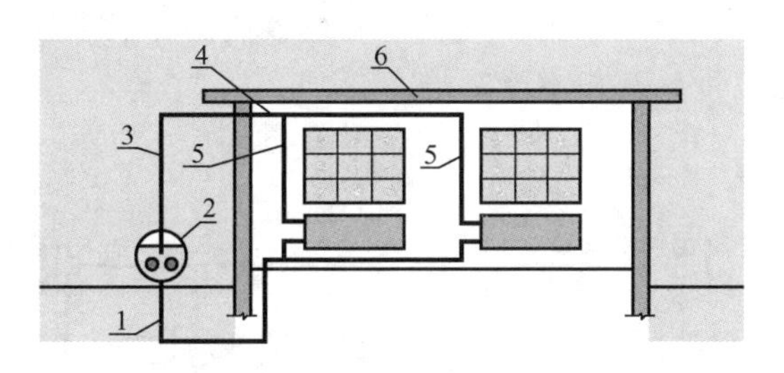

1—回水管；2—热水炉；3—出口立管；
4—上行热水干管；5—热用户立管；6—热用户。

图 4.2 自然冷凝法

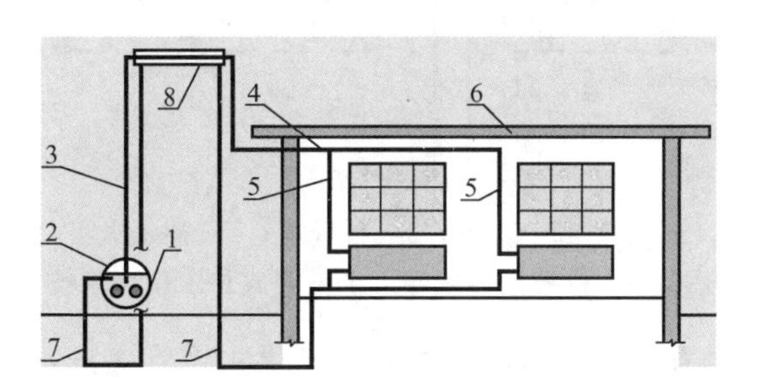

1—热水炉；2—蒸汽空间；3—出口立管；4—上行热水干管；
5—热用户立管；6—热用户；7—回水管；8—回水冷凝套管。

图 4.3 回水冷凝法

特别提示

自然循环热水采暖系统具有装置简单、操作方便、维护管理省力、不耗费电能、不产生噪声等优点，但是由于系统作用压力有限，管路流速偏小，致使管径偏大，造成初次投资较高，应用范围受到一定程度的限制。自然循环热水采暖系统由于循环压力较小，其作用半径(总立管至最远立管的水平距离)不宜超过50m，通常只能在单栋建筑物中使用。

4.1.3 机械循环热水采暖系统

对于管路较长、建筑面积和热负荷都较大的建筑物，则要采用机械循环热水采暖系统。在机械循环热水采暖系统中，设置水泵为系统提供循环动力。由于水泵的作用压力大，使得机械循环热水采暖系统的供暖范围扩大很多，可以负担单栋、多栋建筑物的供暖，甚至可以负担区域范围内的供暖，这是自然循环热水采暖系统力不能及的，目前已经成为应用最为广泛的采暖系统。机械循环热水采暖系统常用的管网有如下形式。

1. 机械循环双管上供下回式热水采暖系统

机械循环热水采暖系统除膨胀水箱的连接位置与自然循环热水采暖系统不同外，还增加了循环水泵和排气装置。机械循环双管上供下回式热水采暖系统(图 4.4)的供水干管设在系统的顶部，回水干管设在系统的下部，一般设在地沟内，散热器的供水管和回水管分别设置，每组散热器都能组成一个循环环路，每组散热器的供水温度基本是一致的，各组散热器可自行调节热媒流量，互相不受影响。

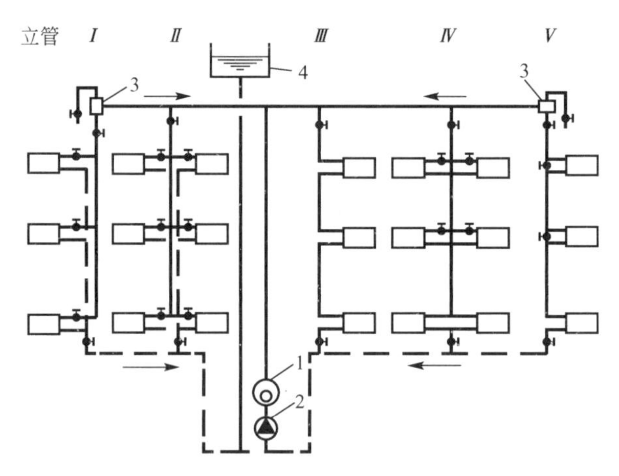

1—锅炉；2—水泵；3—集气罐；4—膨胀水箱。

图 4.4 机械循环双管上供下回式热水采暖系统

在机械循环热水采暖系统中，水流速度较快，供水干管应按水流方向设上升坡度，使气泡随水流方向流动汇集到系统的最高点，通过在最高点设置排气装置，将空气排出系统外。回水干管的坡向与自然循环热水采暖系统相同，坡度宜采用 0.003。

特别提示

在机械循环双管上供下回式热水采暖系统中，热水的循环主要依靠水泵的作用压力，同时也存在着自然作用压力，各层散热器与锅炉间形成独立的循环，因而从上层到下层，散热器中心与锅炉中心的高差逐层减小，各层循环压力也出现由大到小的现象。上层作用压力大，流经散热器的流量多，下层作用压力小，流经散热器的流量少，因而造成上热下冷的“垂直失调”现象，楼层越多，失调现象越严重。因此机械循环双管上供下回式热水采暖系统不宜在 4 层以上的建筑物中采用。

2. 机械循环单管上供下回式热水采暖系统

机械循环单管上供下回式热水采暖系统中的散热器的供、回水立管共用一根管，立管上的散热器串联起来构成一个循环环路，立管Ⅲ如图 4.4 所示。从上到下各楼层散热器的进水温度不同，温度依次降低，每组散热器的热媒流量不能单独调节。为了克服单管上供下回式不能单独调节热媒流量，且下层散热器入口的热媒温度过低的弊病，又产生了单管跨越式系统，立管Ⅳ如图 4.4 所示。热水在散热器前分成两部分，一部分流入散热器，另一部分流入跨越管内。

对于单管系统，由于各层的冷却中心串联在一个循环管路上，从上而下逐渐冷却过程中所产生的压力可以叠加在一起形成一个总压力，因此单管系统不存在双管系统的垂直失调问题。即使最底层散热器低于锅炉中心，也可以使水循环流动。由于下层散热器入口的热媒温度低，下层散热器的面积比上层要大。在多层和高层建筑中，宜用单管系统。

3. 机械循环双管下供下回式热水采暖系统

机械循环双管下供下回式热水采暖系统，如图 4.5 所示。该系统一般适用于顶层难以布置干管的场合及有地下室的建筑。当无地下室时，供、回水干管一般敷设在底层地沟内。与机械循环双管上供下回式热水采暖系统比较，该系统供、回水干管均敷设在地沟或地下室内，管道保温效果好，热损失少。系统的供、回水干管都敷设在底层散热器下面，系统内空气的排除较为困难。排气方法主要有两种：一种是通过顶层散热器的冷风阀，手动分散排气；另一种是通过专设的空气管，手动或集中自动排气。

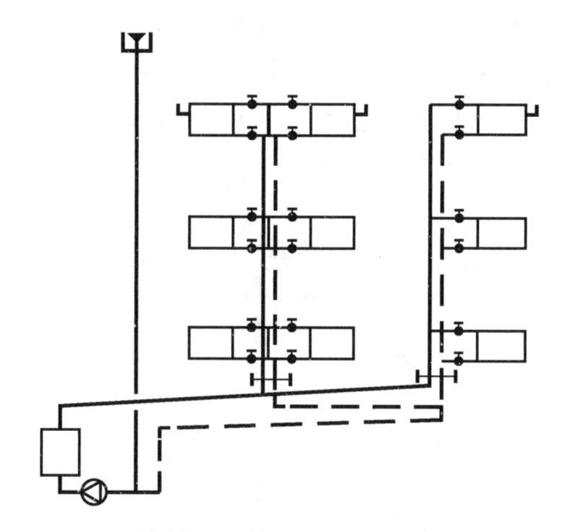

图 4.5 机械循环双管下供下回式热水采暖系统

4. 机械循环双管中供式热水采暖系统

机械循环双管中供式热水采暖系统，如图 4.6 所示。水平供水干管敷设在系统的中部，上部系统可用上供下回式，也可用下供下回式，下部系统则用上供下回式。中供式系统减轻了上供下回式系统楼层过多而易出现垂直失调的现象，同时可避免顶层梁底高度过低导致供水干管挡住顶层窗户而妨碍其开启。中供式系统可用于加建楼层的原有建筑物。

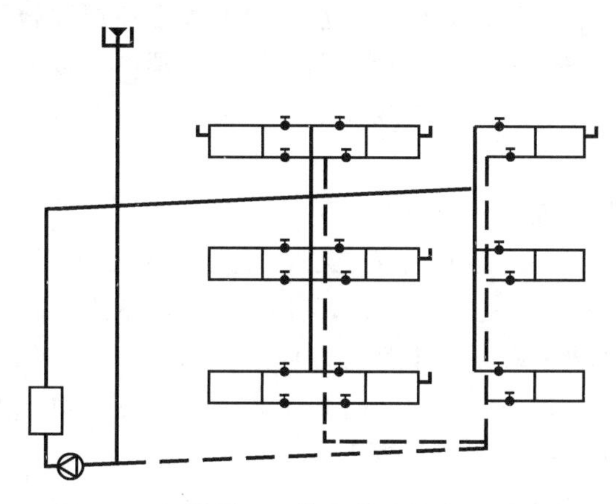

图 4.6 机械循环双管中供式热水采暖系统

5. 机械循环双管下供上回式热水采暖系统

机械循环双管下供上回式热水采暖系统，如图4.7所示。该系统的供水干管设在所有散热器的下面，回水干管设在所有散热器的上面，膨胀水箱连接在回水干管上。回水经膨胀水箱流回锅炉房，再被循环水泵送入锅炉。这种系统具有以下特点。

(1) 水在系统内的流动方向是自下而上，与空气流动方向一致，可通过膨胀水箱排除空气，无须设置集中排气罐等排气装置。

(2) 对热损失大的底层房间，由于底层供水温度高，底层散热器的面积减小，便于布置。

(3) 当采用高温热水采暖系统时，由于供水干管设在底层，这样可降低防止高温水汽化所需的水箱标高，减少布置高架水箱的困难。

(4) 供水干管在下部，回水干管在上部，无效热损失小。

这种系统的缺点是散热器的放热系数比上供下回式系统低，散热器的平均温度几乎等于散热器的出口温度，这样就增加了散热器的面积。但当采用高温热水采暖系统时，这一特点却有利于满足散热器表面温度不致过高的卫生要求。

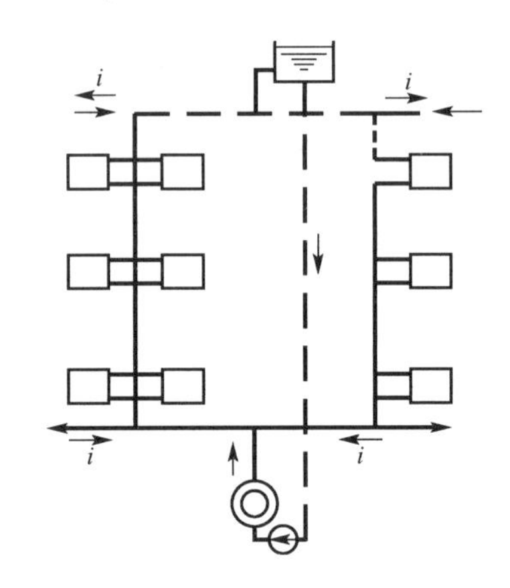

图4.7　机械循环双管下供上回式热水采暖系统

6. 机械循环上供中回式热水采暖系统

机械循环上供中回式热水采暖系统将回水干管设置在一层顶板下或楼层夹层中，可省去地沟，如图4.8所示。安装时，在立管下端设泄水堵螺纹，以方便泄水及排放管道中的杂物。回水干管末端需设置自动排气阀或其他排气装置。该系统适合不宜设置地沟的多层建筑。

7. 机械循环水平串联式热水采暖系统

一根立管水平串联多组散热器的布置形式，称为机械循环水平串联式热水采暖系统(图4.9)。按照供水管与散热器的连接方式，其可分为顺流式和跨越式两种，这两种方式在机械循环和自然循环热水采暖系统中都可以使用。这种系统的优点是：系统简捷，安装简单，少穿楼板，施工方便；系统的总造价较垂直式系统低；对各层有不同使用功能和不同温度要求的建筑物，便于分层调节和管理。

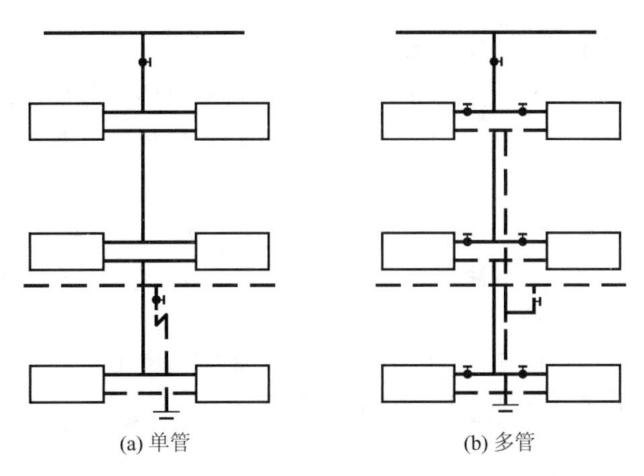

图 4.8 机械循环上供中回式热水采暖系统

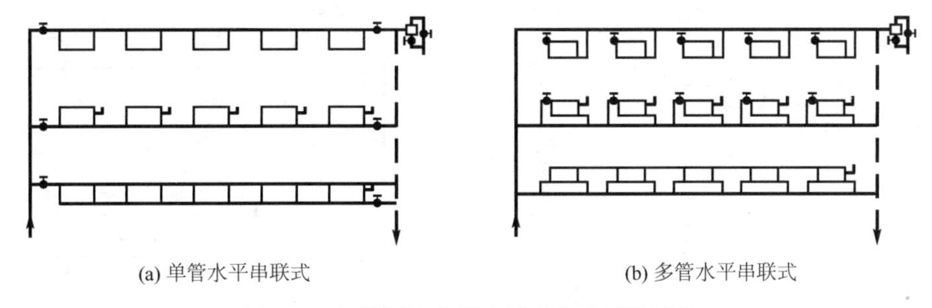

图 4.9 机械循环水平串联式热水采暖系统

特别提示

单管水平串联式系统串联散热器很多时，运行中易出现前端过热、末端过冷的“水平失调”现象。一般每个环路散热器组以 8～12 组为宜。

8. 机械循环异程式与同程式热水采暖系统

在该系统供、回水干管布置上，通过各个立管的循环环路的总长度不相等的布置形式称为异程式热水采暖系统；而通过各个立管的循环环路的总长度相等的布置形式称为同程式热水采暖系统。

特别提示

在机械循环热水采暖系统中，由于作用半径较大，连接立管较多，异程式热水采暖系统各立管的循环环路长短不一，各个立管环路的压力损失较难平衡，会出现近处立管流量超过要求，而远处立管流量不足的现象。在远近立管处出现流量失调而引起在水平方向冷热不均的现象，称为系统的水平失调。

为了消除或减轻系统的水平失调，可采用同程式热水采暖系统。通过最近立管的循环环路与通过最远外立管的循环环路的总长度都相等，因而压力损失易于平衡。由于同程式热水采暖系统具有上述优点，因此在较大的建筑物中，常采用同程式热水采暖系统，但其管道的消耗量要多于异程式热水采暖系统。

9. 机械循环分户计量热水采暖系统

对于新建住宅采用热水集中采暖系统时，应设置分户热计量和室温控制装置，实行供热计量收费。分户热计量是指以户(套)为单位进行采暖热量的计量，每户需安装热量表和散热器温控阀。

(1) 上供上回式系统。图 4.10(a)所示的分户水平双管系统适用于旧房改造工程。供、回水干管均设于系统上方，管材用量多，供、回水干管设在室内，影响美观，但能单独控制某组散热器，有利于节能。

(2) 下供下回式系统。图 4.10(b)所示的这种系统适用于新建住宅，供、回水干管埋设在地面层内，但由于暗埋在地面层内的管道有接头，一旦漏水，维修复杂。

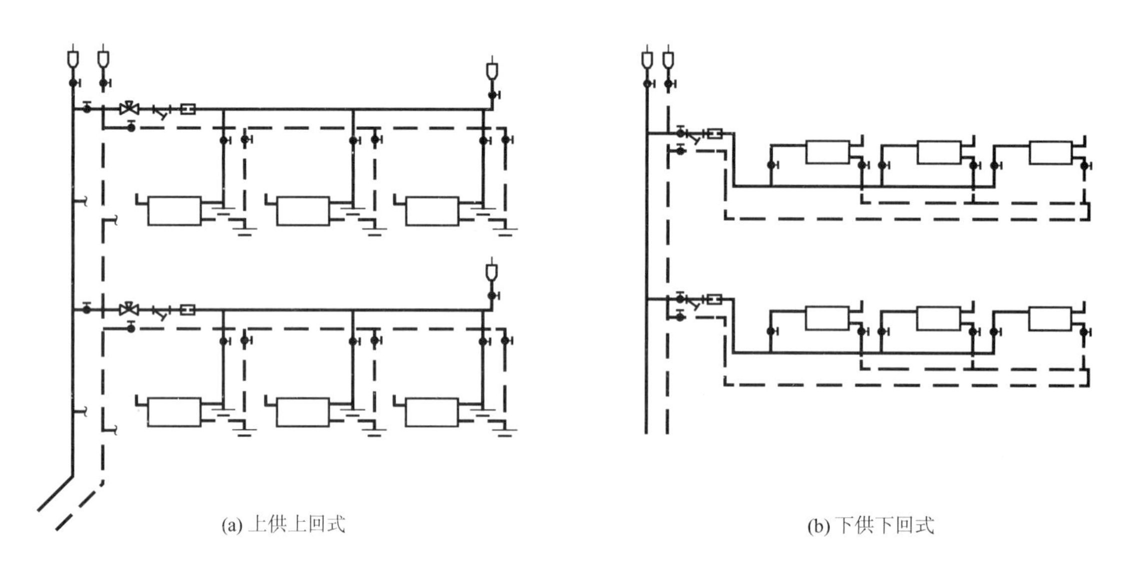

(a) 上供上回式　　(b) 下供下回式

图 4.10　机械循环分户计量热水采暖系统(一)

(3) 水平放射式系统。该系统如图 4.11(a)所示，可用于新建住宅，供、回水干管均暗埋于地面层内，暗埋管道没有接头。但管材用量大，且需设置分水器和集水器。

(4) 分户计量带跨越管的单管散热器系统。该系统如图 4.11(b)所示，可用于新建住宅，干管暗埋于地面层内，系统简单，但需加散热器温控阀。

(5) 低温热水辐射采暖系统。低温热水辐射采暖系统具有节能、卫生、舒适、不占室内面积等特点，近年来在国内发展迅速。低温热水辐射采暖一般指加热管埋设在建筑构件内的采暖形式，包括墙壁式、顶棚式和地板式 3 种。目前我国主要采用的是地板式，称为低温热水地板辐射采暖。低温热水地板辐射采暖的供、回水温差不宜大于 10℃，民用建筑的供水温度不应超过 60℃。

特别提示

机械循环热水采暖系统分类方式较多，应结合它们的特点学习每种系统的适用建筑物类型及布置方式。

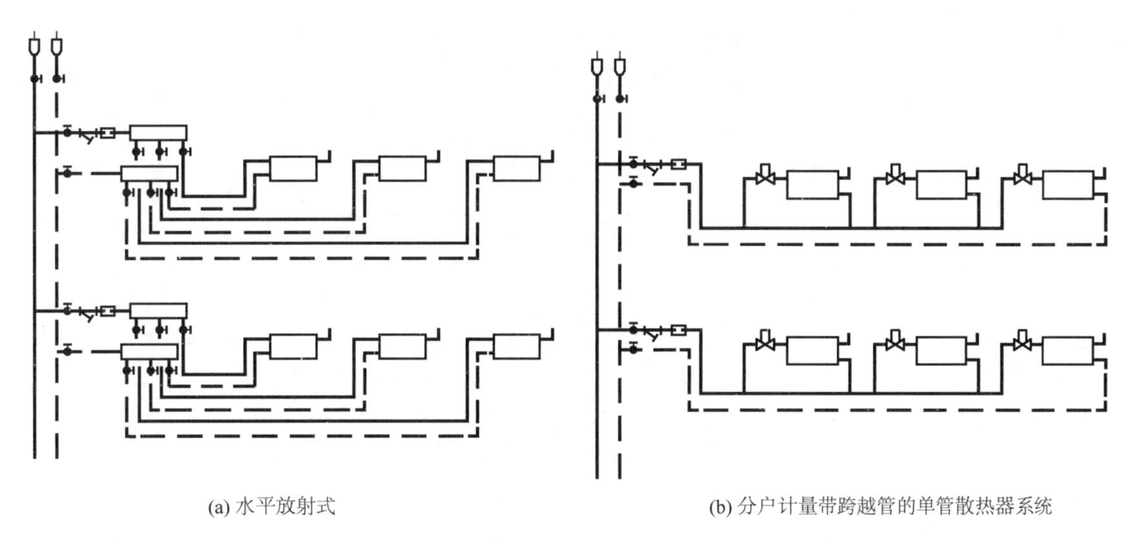

(a) 水平放射式　　(b) 分户计量带跨越管的单管散热器系统

图 4.11　机械循环分户计量热水采暖系统(二)

4.2 蒸汽采暖系统

通过对上节内容的学习，我们了解到热水采暖系统的工作原理和特点。作为采暖系统中另一个重要采暖形式——蒸汽采暖系统，它的热媒是什么？它与热水采暖系统相比又有哪些优缺点呢？

4.2.1 蒸汽采暖系统的原理与分类

城市集中供热系统中用水为供热介质，以蒸汽的形态，从热源携带热量，经过热网送至用户。靠蒸汽本身的压力输送，每千米压降约为 0.1MPa，中国热电厂所提供蒸汽的参数多为 0.8～1.3MPa，供汽距离一般在 3～4km。蒸汽供热易满足多种工艺生产用热的需要；蒸汽的比重小，在高层建筑中不致产生过大的静压力；蒸汽在管道中的流速比水大，一般为 25～40m/s；蒸汽采暖系统易于迅速启动；蒸汽在换热设备中传热效率较高。但蒸汽在输送和使用过程中热能及热介质损失较多，热源所需补给水不仅量大，而且水质要求也比热水采暖系统高。图 4.12 所示为蒸汽锅炉和蒸汽-水加热器网路。

1. 蒸汽采暖系统节能技术

蒸汽采暖系统节能技术主要由以下两个关键产品组成。

(1) 凝结水回收器适用于电力、化工、石油、冶金、机械、建材、交通运输、轻工、纺织、橡胶等工业部门，以及宾馆、医院、商场、写字楼等单位的蒸汽锅炉实现高温凝结水和二次汽回收利用，也适用于蒸汽采暖和中央空调溴化锂制冷系统。

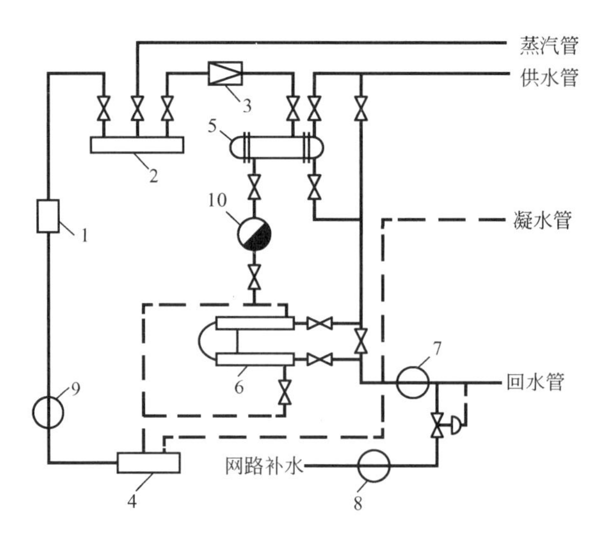

1—蒸汽锅炉；2—分汽缸；3—减压阀；4—凝结水箱；5—蒸汽-水加热器；
6—凝结水冷却器；7—热水网路循环水泵；8—热水系统补给水泵；
9—锅炉给水泵；10—疏水器。

图 4.12 蒸汽锅炉和蒸汽-水加热器网路

(2) 低位热力除氧器适用于蒸汽锅炉和热水锅炉高标准除氧。

2. 蒸汽采暖系统节能技术的主要技术内容

(1) 基本原理。凝结水回收器具有 5 个创造性装置：除污装置、自动调压装置、汽蚀消除装置、水泵最佳流态和自控。在保证正常回水的情况下，适当提高自动调压装置的特制阀门压力：一是有利于闪蒸在容器内的二次凝结，回收二次汽；二是二次汽向水面施压，保证水泵防汽蚀必需的正压水头；三是形成闭式压力系统，保证设备及管道内无氧腐蚀。

低位热力除氧器第一级，形成数个"圆锥形水膜裙"与上升的蒸汽产生强烈的热交换，氧气基本被除净。第二级篦栅和网波填层除氧，当进水条件差(水温低、含氧多、水量波幅大)时，除氧器仍正常工作。第三级水箱内再沸腾除氧。

(2) 技术关键。凝结水回收器的自动调压装置和汽蚀消除装置配合应用，有效地解决了水泵汽蚀"泵癌"的世界难题。

低位热力除氧器充分利用二次经汽蚀消除装置，也有效地解决了水泵汽蚀"泵癌"的世界难题。

3. 蒸汽采暖系统的特点

蒸汽作为采暖系统的热媒，应用极为普遍。与热水作为采暖系统的热媒相比，蒸汽采暖具有如下一些特点。

(1) 蒸汽凝结放出的汽化潜热比水通过有限的温降放出的热量要大得多，因此，对同样的热负荷，蒸汽采暖时所需的蒸汽质量流量要比热水少得多。

(2) 热水在封闭的散热设备系统内循环流动，靠其温度释放出热量，而且热水的形态不发生变化。蒸汽和凝结水在系统管路内流动时，还会伴随相态变化，靠水蒸气凝结成水放出热量，其状态参数变化比较大。

(3) 对同样的热负荷，蒸汽供热要比热水供热节省散热设备的面积。但蒸汽采暖系统的散热器表面温度高，易烘烤积在散热器上的有机灰尘，产生异味，卫生条件较差。

(4) 蒸汽采暖系统中的蒸汽比容较热水比容大得多。因此，蒸汽管道中的流速通常可采用比热水流速高得多的速度。

(5) 由于蒸汽具有比容大、密度小的特点，因此在给高层建筑供暖时，不会像热水采暖那样，产生很大的静水压力。此外，蒸汽采暖系统的热惰性小，供汽时热得快，停汽时冷得也快，很适宜用于间歇供热的用户。

4. 蒸汽采暖系统的分类

(1) 按照供汽压力的大小，将蒸汽采暖系统分为3类：供汽的相对压力高于70kPa时，称为高压蒸汽采暖；供汽的相对压力等于或低于70kPa时，称为低压蒸汽采暖；当系统中的压力低于大气压力时，称为真空蒸汽采暖。

(2) 按照蒸汽干管布置的不同，蒸汽采暖系统可有上供式、中供式和下供式3种。

(3) 按照立管的布置特点，蒸汽采暖系统可分为单管式和双管式。目前国内绝大多数蒸汽采暖系统采用双管式。

4.2.2 低压蒸汽采暖系统

1. 低压蒸汽采暖系统的工作原理

如图4.13所示，蒸汽锅炉产生的蒸汽通过供汽干管、立管及散热设备支管进入散热器，蒸汽在散热器中放出热量后变成凝结水，凝结水经疏水器沿凝结水管流回凝结水箱，由凝结水泵将凝结水送回锅炉重新加热。

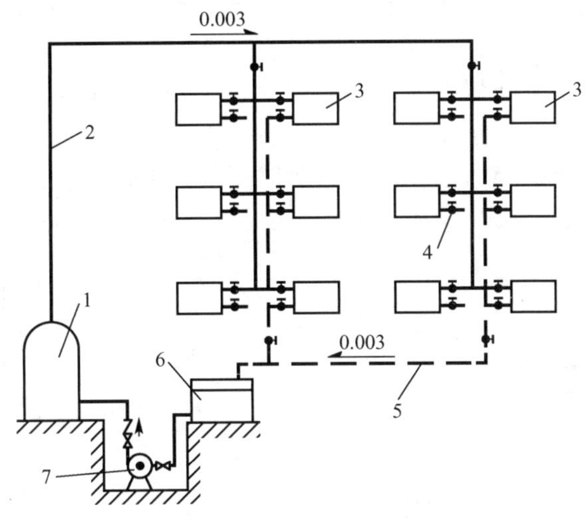

1—蒸汽锅炉；2—蒸汽管道；3—散热器；4—疏水器；
5—凝结水管；6—凝结水箱；7—凝结水泵。

图4.13 低压蒸汽采暖系统

为使凝结水可以顺利地流回凝结水箱，凝结水箱应设在低处。同时，为了保证凝结水泵正常工作，避免水泵吸入口处压力过低使凝结水汽化，凝结水箱的位置应高于水泵。

为了防止水泵停止工作时，水从锅炉倒流入凝结水箱，在锅炉和凝结水泵间应设止回阀。要使蒸汽采暖系统正常工作，必须将系统内的空气及凝结水顺利、及时地排出，还要阻止蒸汽从凝结水管窜回锅炉，疏水器的作用就是阻汽疏水。蒸汽在输送过程中，也会逐渐冷却而产生部分凝结水，为将它顺利排出，蒸汽干管应有沿流向下降的坡度。凡蒸汽管路抬头处，应设相应的疏水装置，及时排除凝结水。

为了减少设备投资，在设计中多是在每根凝结水立管下部装一个疏水器，以代替每个凝结水支管上的疏水器。这样可保证凝结水干管中无蒸汽流入，但凝结水立管中会有蒸汽。

当系统调节不良时，空气会被堵在某些蒸汽压力过低的散热器内，这样蒸汽就不能充满整个散热器而影响放热。所以最好在每一个散热器上安装自动排气阀，随时排净散热器内的空气。

2. 低压蒸汽采暖系统图式

低压蒸汽采暖系统有双管上供下回式、双管下供下回式、双管中供下回式和单管上供下回式 4 种。

(1) 双管上供下回式。图 4.14 所示为双管上供下回式蒸汽采暖系统。蒸汽管与凝结水管完全分开，每组散热器可以单独调节。蒸汽干管设在顶层房间的屋顶下，通过蒸汽立管分别向下送汽，回水干管敷设在底层房间的地面上或地沟里。疏水器可以每组散热器或每个环路设 1 个。疏水器数量越多效果越好，是节约能源的一个措施，但是投资、维修工作量也大。

双管上供下回式蒸汽采暖系统是蒸汽采暖中使用最多的一种形式，采暖效果好，可用于多层建筑，但是浪费钢材，施工麻烦。

(2) 双管下供下回式。当采用双管上供下回式蒸汽采暖系统的蒸汽干管不好布置时，也可以采用双管下供下回式蒸汽采暖系统，如图 4.15 所示。它与双管上供下回式蒸汽采暖系统所不同的是蒸汽干管布置在所有散热器之下，蒸汽通过立管由下向上送入散热器。当蒸汽沿着立管向上输送时，沿途产生的凝结水由于重力作用向下流动，与蒸汽流动的方向正好相反。由于蒸汽的运动速度较大，会携带许多水滴向上运动，并撞击弯头、阀门等部件，产生振动和噪声，这就是常说的水击现象。

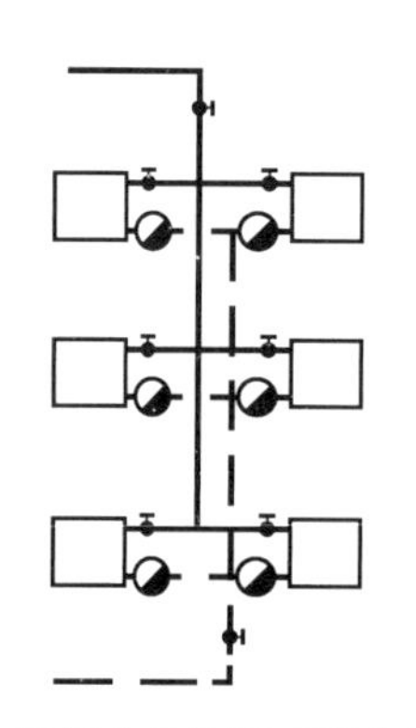

图 4.14　双管上供下回式蒸汽采暖系统

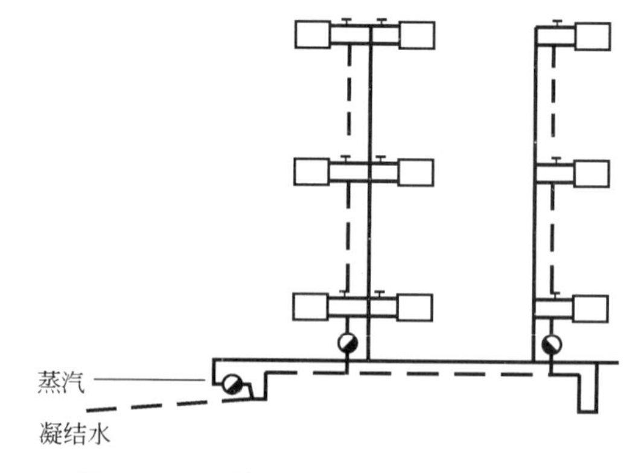

图 4.15　双管下供下回式蒸汽采暖系统

(3) 双管中供下回式。双管中供下回式蒸汽采暖系统如图 4.16 所示。当多层建筑的采暖系统在顶层天棚下面不能敷设干管时采用。

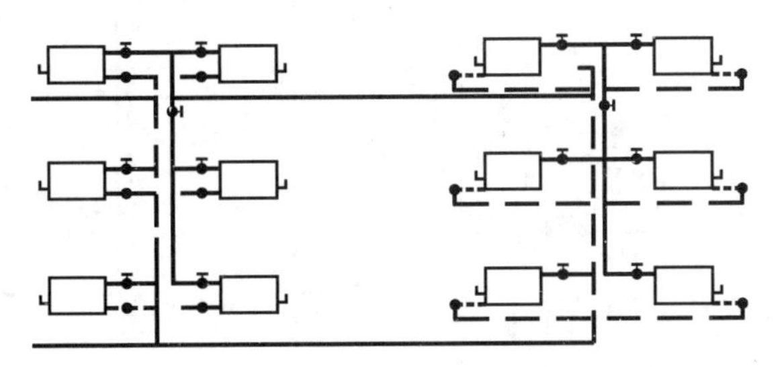

图 4.16 双管中供下回式蒸汽采暖系统

(4) 单管上供下回式。单管上供下回式蒸汽采暖系统如图 4.17 所示。单管上供下回式蒸汽采暖系统由于立管中汽水同向流动，运行时不会产生水击现象。该系统适用于多层建筑，可节约钢材。

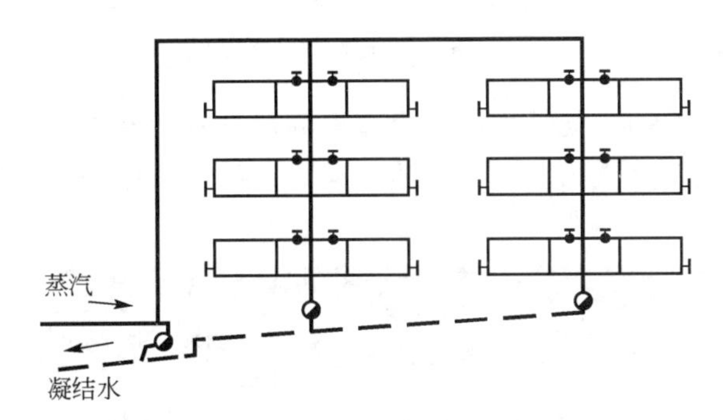

图 4.17 单管上供下回式蒸汽采暖系统

4.2.3 高压蒸汽采暖系统

高压蒸汽采暖系统的热媒为相对压力大于 70kPa 的蒸汽。图 4.18 所示为高压蒸汽采暖系统，它由蒸汽锅炉、蒸汽管道、减压阀、散热器、凝结水管道、凝结水泵等组成。

高压蒸汽采暖系统有较好的经济性。高压蒸汽采暖系统的缺点是卫生条件差，并容易烫伤人，因此这种系统一般只在工业厂房中应用。

工业企业的锅炉房，往往既供应生产工艺用蒸汽，同时也供应高压蒸汽采暖系统所需要的蒸汽。由于这种锅炉房送出的蒸汽，压力常常很高，因此将这种蒸汽送入高压蒸汽采暖系统之前，要用减压装置将蒸汽压力降至所要求的数值。一般情况下，高压蒸汽采暖系统的蒸汽压力不超过 300kPa。

和低压蒸汽采暖系统一样，高压蒸汽采暖系统也有上供和下供及单管和双管系统之分。但是为了避免高压蒸汽和凝结水在立管中反向流动所发出的噪声，一般高压蒸汽采暖系统均采用双管上供下回式系统。

高压蒸汽采暖系统在启动和停止运行时，管道温度的变化要比热水采暖系统和低压蒸汽采暖系统都大，应充分注意管道的伸缩问题。另外，由于高压蒸汽采暖系统的凝结水温度很高，在它通过疏水器减压后，会重新汽化，产生二次蒸汽。也就是说，在高压蒸汽采

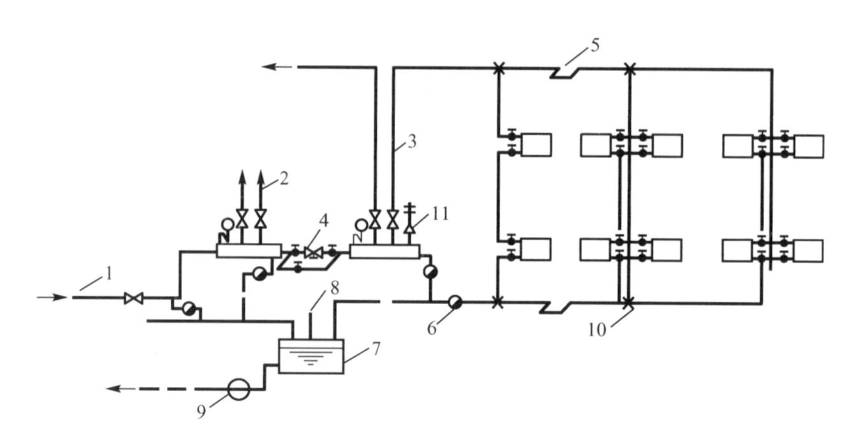

1—室外蒸汽管；2—室内高压蒸汽供热管；3—室内高压蒸汽供暖管；
4—减压装置；5—补偿器；6—疏水器；7—开式凝结水箱；8—空气管；
9—凝结水泵；10—固定支点；11—安全阀。

图 4.18 高压蒸汽采暖系统

暖系统的凝结水管中输送的是凝结水和二次蒸汽的混合物。在有条件的地方，要尽可能将二次蒸汽送到附近的低压蒸汽采暖系统或热水采暖系统中加以利用。

4.3 采暖设备和附件

随着生产力的逐渐发展、经济水平的不断提高，人们对生产和生活的环境要求越来越高，北方建筑物内都安装了采暖系统，甚至越来越多的南方家庭也加入了安装采暖系统的行列。而我们在前一节的学习中了解到热水采暖系统和蒸汽采暖系统的特点，那么，这两个采暖系统又由哪些设备、管件等组成呢？

4.3.1 散热器

散热器是采暖系统的主要散热设备，是通过热媒把热源的热量传递给室内的一种散热设备。通过散热器的散热，使室内的得失热量达到平衡，从而维持房间需要的空气温度，达到供暖的目的。

散热器按材质可分为铸铁、钢制、合金散热器；按结构形式分为柱型、翼型、管型、板式、排管式散热器等；按对流方式分为对流型和辐射型散热器。

目前市场上销售的采暖散热器从材质上基本可分为钢制散热器、铝制散热器、铜制散热器、铜管铝翅对流散热器、铜铝复合散热器、不锈钢散热器等，还有原有的铸铁散热器。

1. 铸铁散热器

铸铁散热器具有结构简单、防腐性好、使用寿命长、适用于各种水质、造价低、热稳定性好等优点，长期以来广泛使用于低压蒸汽和热水采暖系统中。现已逐步被钢制散热器所替代。

2. 钢制散热器

常用的钢制散热器有以下几种。

(1) 钢制板式散热器。其是用联箱连通两根平行管，并在钢管外面串上许多弯边长方形散热片而制成的，如图 4.19 所示。由于串片上下端是敞开的，形成了许多相互平行的竖直空气通道，具有较大的对流散热能力，其可分为单板单对流、双板单对流、双板双对流、三板三对流。该散热器采用优质冷轧低碳钢板为原料，装饰性强，小体积能达到最佳散热效果，无须加暖气罩，最大程度减小室内占用空间，提高房间的利用率，对流片的设计增强了室内空气流通，产品质量稳定，在低温热水采暖系统中使用室内舒适性最佳，安装灵活多样，适用于高层建筑办公楼、民用建筑及工厂等工业建筑的热水采暖系统。

(2) 钢管柱型散热器。该散热器每片有几个中空的立柱，它是用 1.5～2mm 厚的普通冷轧钢板经冲压加工焊接而成的，如图 4.20 所示，可分为钢三柱、钢四柱，还有钢制二柱扁管型、钢制元宝管型。钢管柱型散热器是铸铁散热器的换代产品，采用优质低碳精密钢管及特殊焊接工艺制成，外表面喷涂高级静电粉末。其结构新颖合理，散热方式优势互补，性能发挥得淋漓尽致，具有质量轻、外观高雅时尚、耐高压、寿命长、表面光滑易清扫积灰、安装维护方便等特点。

(3) 钢制扁管散热器。其由数根矩形扁管叠加焊接成排管，再与两端联箱形成水流通路，采用云梯式结构，如图 4.21 所示。其主要特点是低碳耐腐蚀，利用可靠的氩弧焊承压能力高，水容量大，方便安装和充分节约空间，可适用于热水采暖的所有建筑中的卫浴。

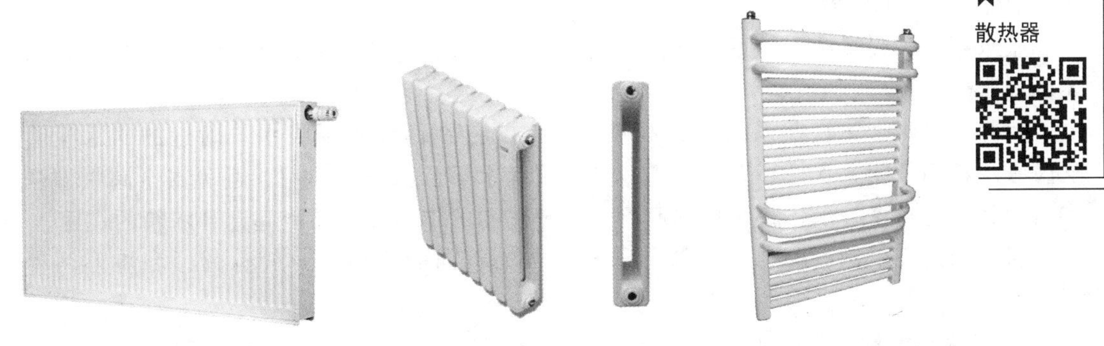

图 4.19　钢制板式散热器　　**图 4.20　钢管柱型散热器**　　**图 4.21　钢制扁管散热器**

(4) 钢制装饰型散热器。随着人们生活水平越来越高，近几年，钢制散热器不断发展，其中以装饰型散热器发展尤为突出，出现了很多造型别致、色彩鲜艳、美观的散热器，如图 4.22 所示。

3. 合金散热器

(1) 铝合金散热器。铝合金散热器是我国工程技术人员在总结吸收国内外经验的基础上，潜心开发的一种新型、高效散热器。其造型美观大方，线条流畅，占地面积小，富有

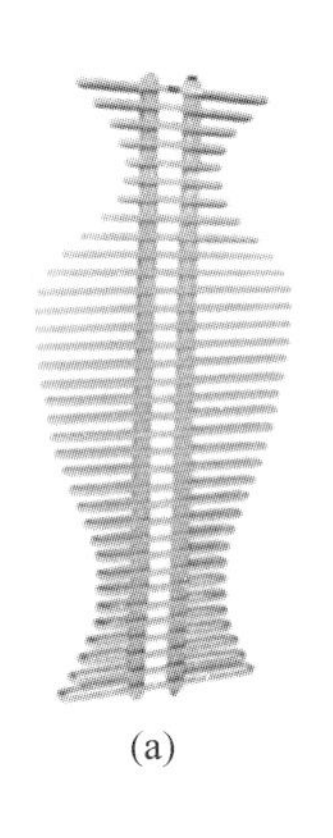
(a)

(b)

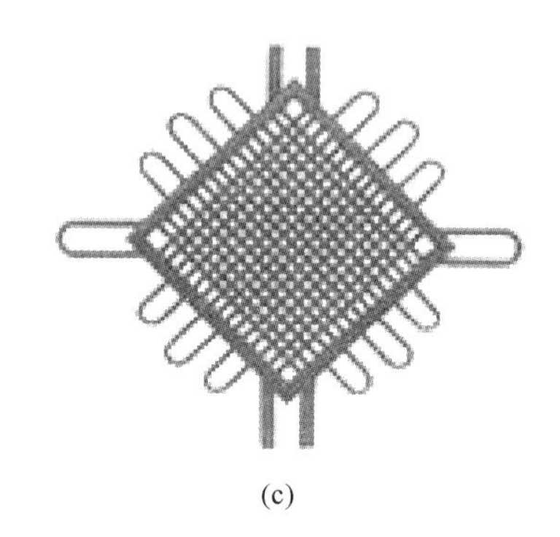
(c)

图 4.22 钢制装饰型散热器

装饰性；质量轻，便于运输安装；金属热强度高，节省能源，采用内防腐处理技术。

(2) 复合材料型铝制散热器。复合材料型铝制散热器是普通铝制散热器发展的一个新阶段。随着科技发展与技术进步，从 21 世纪开始，铝制散热器已迈向主动防腐。

所谓主动防腐，主要有两个方法：一个方法是规范供热运行管理，控制水质，对钢制散热器主要控制含氧量，停暖时充水密闭保养，对铝制散热器主要控制水的 pH 值；另一个方法是采用耐腐蚀的材质，如铜、钢、塑料等。铝制散热器发展到复合材料型，如铜-铝复合、钢-铝复合、铝-塑复合材料等，这些新产品适用于任何水质，水道采用优质复合材料管，具有耐腐蚀性能优异、防碱、耐酸、抗氧化、承压高、抗拉性强等特点，是轻型、高效、节材、节能、美观、耐用、环保产品。

4.3.2 膨胀水箱

1. 膨胀水箱的作用和形式

膨胀水箱是采暖系统中的重要部件，它的作用是收容和补偿系统中水的胀缩量，并起一定的稳压作用。

一般都将膨胀水箱设在系统的最高点，通常都接在循环水泵吸水口附近的回水干管上。膨胀水箱用于闭式水循环系统中，起到了平衡水量及水压的作用，避免安全阀频繁开启和自动补水阀频繁补水。膨胀罐除起到容纳膨胀水的作用外，还能起到补水箱的作用。

膨胀水箱是一个钢板焊制的容器，有各种大小不同的规格，一般有圆形和矩形两种形式。

2. 膨胀水箱附件

膨胀水箱上接有膨胀管、循环管、溢流管、信号管(检查管)、排污管和补水管。

(1) 膨胀管。膨胀水箱设在系统的最高处，系统的膨胀水量通过膨胀管进入膨胀水箱。自然循环系统膨胀管接在供水总立管的上部；机械循环系统膨胀管接在回水干管循环水泵入口前，如图 4.23 所示。膨胀管上不允许设置阀门，以免偶然关断使系统内压力增高，以致发生事故。

(2) 循环管。当膨胀水箱设在不供暖的房间内时，为了防止水箱内的水冻结，膨胀水箱需设置循环管。机械循环系统循环管接至定压点前的水平回水干管上，如图 4.23 所示。

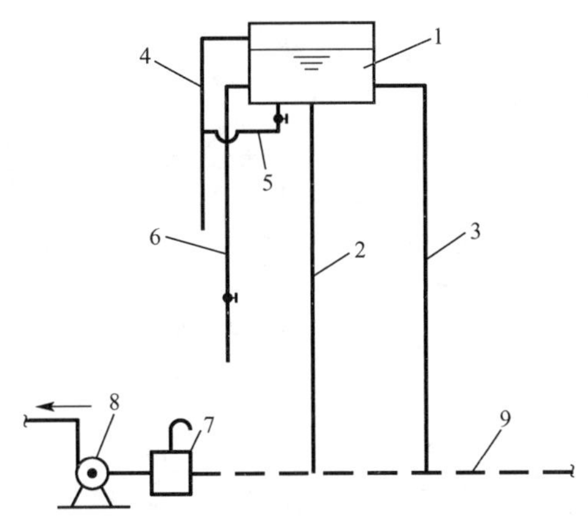

1—膨胀水箱；2—膨胀管；3—循环管；4—溢流管；5—排污管；
6—信号管；7—过滤器；8—水泵；9—回水管。

图 4.23 膨胀水箱与采暖系统连接示意图

连接点与定压点之间应保持 1.5～3m 的距离，使热水能缓慢地在循环管、膨胀管和水箱之间流动。自然循环系统循环管接到供水干管上，与膨胀管也应有一段距离，以维持水的缓慢流动。循环管上也不允许设置阀门，以免水箱内的水冻结。

(3) 溢流管。它控制系统的最高水位。当水的膨胀体积超过溢流管口时，水溢出就近排入排水设施中。溢流管上也不允许设置阀门，以免偶然关断，水从入孔处溢出。

(4) 信号管(检查管)。其用于监督水箱内的水位，决定系统是否需要补水。信号管控制系统的最低水位，应接至锅炉房内或人们容易观察的地方，信号管末端应设置阀门。

(5) 排污管。其用于清洗、检修时放空水箱，可与溢流管一起就近接入排水设施中，其上应安装阀门。

(6) 补水管。其与水箱相连，水位低于设定值则通过阀门补充水。

4.3.3 排气装置

系统中的水被加热时，会分离出空气。在系统停止运行时，通过不严密处也会渗入空气，充水后，也会有些空气残留在系统内。系统中如果积存空气，就会形成气塞，影响水的正常循环。因此，系统中必须设置排除空气的设备。目前常见的排气设备，主要有集气罐、自动排气阀和手动排气阀等几种。

1. 集气罐

集气罐一般是用直径 100～200mm 的钢管焊制而成，分为立式和卧式两种，如图 4.24 所示。集气罐顶部连接内径为 15mm 的排气管，排气管应引至附近的排水设施处，排气管另一端装有阀门，排气阀应设在便于操作的地方。

集气罐一般设于系统供水干管末端的最高点处，供水干管应向集气罐方向设上升坡度以使管中水流方向与空气气泡的浮升方向一致，有利于空气汇集到集气罐的上部，定期排除。当系统充水时，应打开集气罐上的排气阀，直至有水从管中流出，方可关闭排气阀。系统运行期间，应定期打开排气阀排除空气。

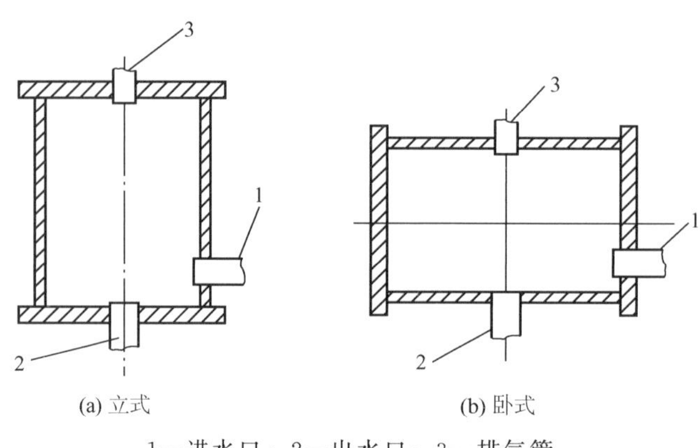

1—进水口；2—出水口；3—排气管。

图 4.24　集气罐

2. 自动排气阀

自动排气阀是靠阀体内的启闭机构自动排除空气的装置。它安装方便，体积小巧，且避免了人工操作管理的麻烦，是在采暖系统中排除系统空气的一种功能性阀门，经常安装在系统的最高点，或者直接跟分水器、散热器一起配套使用。它主要是排除内部空气，使散热器内充满暖水，保证房间温度。

目前国内生产的自动排气阀，大多采用浮球启闭机构，当阀内充满水时，浮球升起，排气口自动关闭；当阀内空气量增加时，水位降低，浮球依靠自重下垂，排气口打开排气。自动排气阀如图 4.25 所示。自动排气阀常会因水中污物堵塞而失灵，需要拆下清洗或更换，因此，自动排气阀前一般装一个截止阀、闸阀或球阀，加装阀门常年开启，只在自动排气阀失灵、需检修时临时关闭。

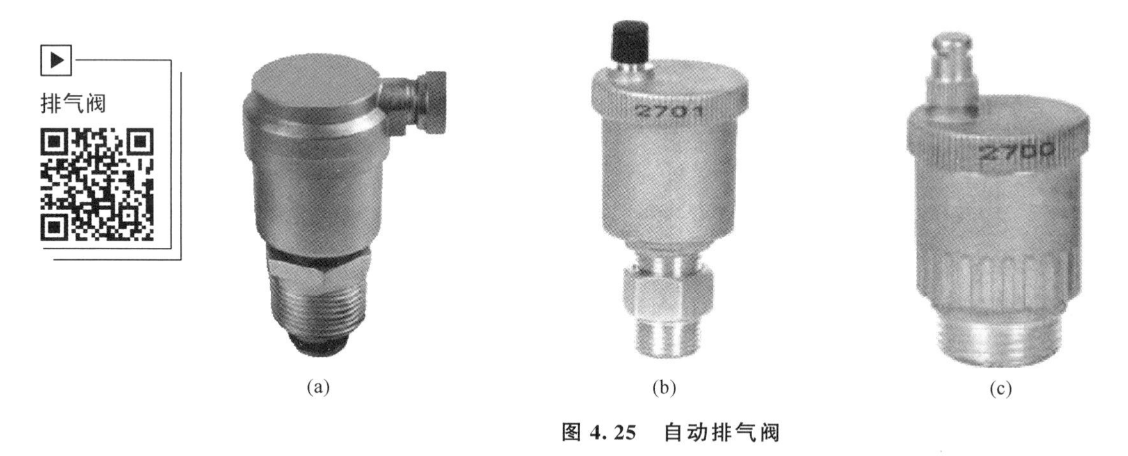

图 4.25　自动排气阀

自动排气阀的安装如下。

（1）自动排气阀必须垂直安装，即必须保证其内部的浮筒处于垂直状态，以免影响排气。

（2）自动排气阀在安装时，最好跟隔断阀一起安装，这样当需要拆下自动排气阀进行检修时，能保证系统的密闭，水不致外流。

（3）自动排气阀一般安装在系统的最高点，有利于提高排气效率。

3. 手动排气阀

手动排气阀用于散热器或分集水器排除积存空气，适用于工作压力不大于 0.6MPa，温度不超过 130℃的热水及蒸汽采暖散热器或管道上。

特别提示

手动排气阀多为铜制，用于热水采暖系统时，应装在散热器上部丝堵上；用于低压蒸汽采暖系统时，则应装在散热器下部 1/3 的位置上。结合建筑物情况及管道布置情况确定集气装置的设置位置，并根据集气装置的设置位置确定管道的坡度。

4.3.4 过滤器

过滤器的作用是阻留管网中的污物，以防管路堵塞，一般安装在用户入口的供水管道上或循环水泵之前的回水总管上，并设有旁通管道，以便定期清洗检修。

圆筒形过滤器如图 4.26 所示。该过滤器为圆筒形钢制筒体，有卧式和立式两种。其工作原理是，水由进水管进入过滤器内，水流速度突然减小，使水中污物沉降到筒底，较清洁的水从带有大量小孔(起过滤作用)的出水管流出。

图 4.27 所示为 Y 形过滤器，该过滤器体积小、阻力小、滤孔细密、清洗方便，一般不需装设旁通管。清洗时关闭前后阀门，打开排污盖，取出滤网即可，清洗干净原样装回，通常只需几分钟。为了排污和清洗方便，Y 形过滤器的排污盖一般应朝下方或 45°斜下方安装，并留有抽出滤网的空间。安装时应注意介质流向，不可装反。

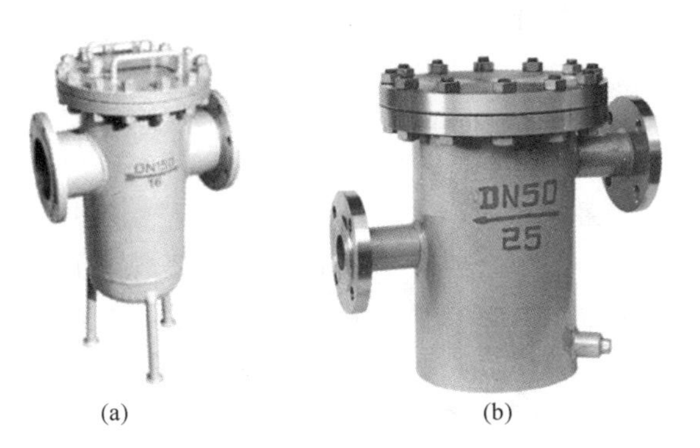

(a) (b)

图 4.26 圆筒形过滤器

自来水过滤器

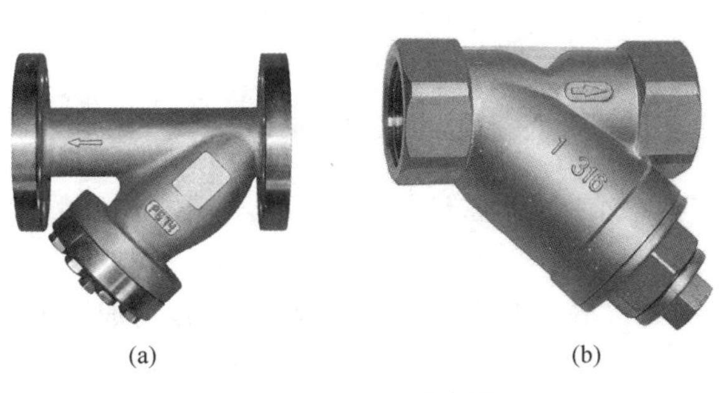

(a) (b)

图 4.27 Y 形过滤器

4.3.5 疏水器

蒸汽采暖系统中，散热设备及管网中的凝结水和空气通过疏水器自动而迅速地排出，同时阻止蒸汽逸漏。

疏水器种类繁多，按其工作原理可分为机械型、热力型和恒温型 3 种，如图 4.28 所示。

(a) 机械型　(b) 热力型　(c) 恒温型

图 4.28　疏水器

疏水器

机械型疏水器是依靠蒸汽和凝结水的密度差，利用凝结水的液位进行工作的，主要有浮桶式、钟形浮子式、倒吊桶式等；热力型疏水器是利用蒸汽和凝结水的热动力学特性来工作的，主要有脉冲式、热动力式和孔板式等。机械型和热力型疏水器均属高压疏水器。恒温型疏水器是利用蒸汽和凝结水的温度差引起恒温元件变形而工作的，具有工作性能好、使用寿命长的特点，适用于低压蒸汽采暖系统。

4.3.6 伸缩器

伸缩器又称补偿器。在采暖系统中，金属管道会因受热而伸长。每米钢管本身的温度每升高 1℃时，便会伸长 0.012mm。当平直管道的两端都被固定不能自由伸长时，管道就会因伸长而弯曲。当伸长量很大时，管道的管件就有可能因弯曲而破裂。因此需要在管道上补偿管道的热伸长，同时还可以补偿因冷却而缩短的长度，使管道不致因热胀冷缩而遭到破坏。常用伸缩器有以下几种。

(1) L 形和 Z 形伸缩器。其利用管道自然转弯和扭转处的金属弹性，使管道具有伸缩的余地，如图 4.29(a)、(b)所示。进行管道布置时，应尽量考虑利用管道自然转弯做伸缩器，当自然补偿不能满足要求时可采用其他伸缩器。

(2) 方形伸缩器。其如图 4.29(c)所示。它是在直管道上专门增加的弯曲管道，管径小于或等于 40mm 时用焊接钢管，管径大于 40mm 时用无缝钢管弯制。方形伸缩器具有构造简单、制作方便、补偿能力大、严密性好、不需要经常维修等特点，但占地面积大，大管径不易弯制。

(3) 套筒伸缩器。其由直径不同的两段管子套在一起制成，如图 4.30 所示。填料圈可保证两管之间接触严密，不漏水(或汽)，填料圈用浸过煤焦油的石棉绳，加些润滑油后安放进去。热媒温度高、压力大时用聚四氟乙烯圈。套筒伸缩器管径大，用法兰连接，外

伸缩器

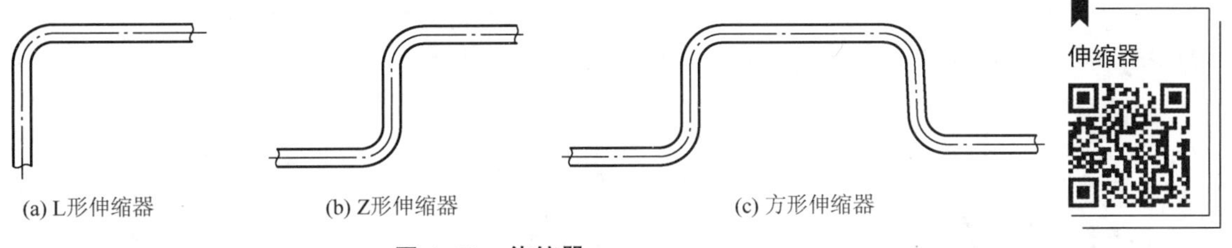

(a) L形伸缩器　(b) Z形伸缩器　(c) 方形伸缩器

图 4.29　伸缩器

形尺寸小，补偿量大，但造价高，易漏水、漏汽，需经常维修和更换填料圈。

(4) 波形伸缩器。波形伸缩器是用金属片焊接成的像波浪形的装置，如图 4.31 所示。利用这些波片的金属弹性来补偿管道热胀冷缩的长度，减轻管道热应力作用。波形伸缩器补偿能力较小，一般用于压力较低的蒸汽管道和热水管道上。为使管道产生的伸长量能合理地分配给伸缩器，使之不偏离允许的位置，在伸缩器之间应设固定卡。

(a)　(b)

图 4.30　套筒伸缩器

图 4.31　波形伸缩器

4.3.7 热量表

热量表是用于测量及显示热载体为水时，流过热交换系统所释放或吸收的热量的仪表。热量表的工作原理：将一对温度传感器分别安装在通过载热流体的上行管和下行管上，流量计安装在流体入口或回流管上(流量计安装的位置不同，最终的测量结果也不同)，流量计发出与流量成正比的脉冲信号，一对温度传感器给出表示温度高低的模拟信号，而积算仪采集来自流量计和温度传感器的信号，利用计算公式算出热交换系统获得的热量。

热量表

热量表按照结构和原理不同，可分为机械式(其中包括涡轮式、孔板式、涡街式)、超声波式、电磁式等种类。

(1) 机械式热量表。其是采用机械式流量计的热量表的统称，如图 4.32(a)所示。机械式热量表具有制造工艺简单、相对成本较低、性能稳定、计量精度相对较高等优点。目前在 *DN*25 以下的户用热量表当中，无论是国内还是国外，几乎全部采用机械式热量表。

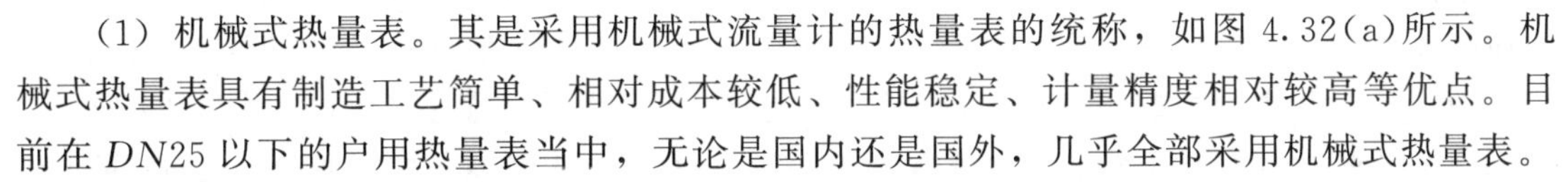

机械式热量表因其经济、维修方便和对工作条件的要求相对不高，在热水管网的热量表中占据主导地位。

(2) 超声波式热量表。其是采用超声波式流量计的热量表的统称，如图 4.32(b)所示。一般 *DN*40 以上的热量表多采用这种，具有压损小、不易堵塞、精度高等特点。

(3) 电磁式热量表。其是采用电磁式流量计的热量表的统称，如图 4.32(c)所示。因为成本极高，需要外加电源等原因，所以很少采用这种热量表。

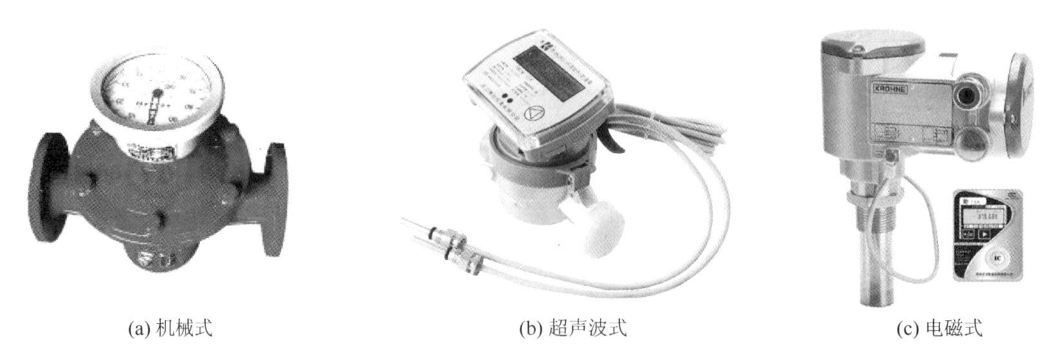

(a) 机械式　　(b) 超声波式　　(c) 电磁式

图 4.32　热量表

4.3.8　散热器温控阀

散热器温控阀是一种自动控制进入散热器热媒流量的阀门，它由阀体部分和温控元件控制部分组成，如图 4.33 所示。

图 4.33　散热器温控阀

4.3.9　平衡阀

平衡阀是一种特殊功能的阀门。由于介质(各类可流动的物质)在管道或容器的各个部分存在较大的压力差或流量差，为减小或平衡该差值，在相应的管道或容器之间装设阀门，用以调节两侧压力的相对平衡，或通过分流的方法达到流量的平衡，如图 4.34 所示。

静态平衡阀也称平衡阀、手动平衡阀、数字锁定平衡阀、双位调节阀等，它是通过改变阀芯与阀座的间隙(开度)，来改变流经阀门的流动阻力以达到调节流量的目的。其作用对象是系统的阻力，能够将新的水量按照设计计算的比例平衡分配，各支路同时按比例增减，仍然满足当前气候需要下的部分负荷的流量需求，起到热平衡的作用。

动态平衡阀分为动态流量平衡阀、动态压差平衡阀、自力式自身压差控制阀等。

(a)

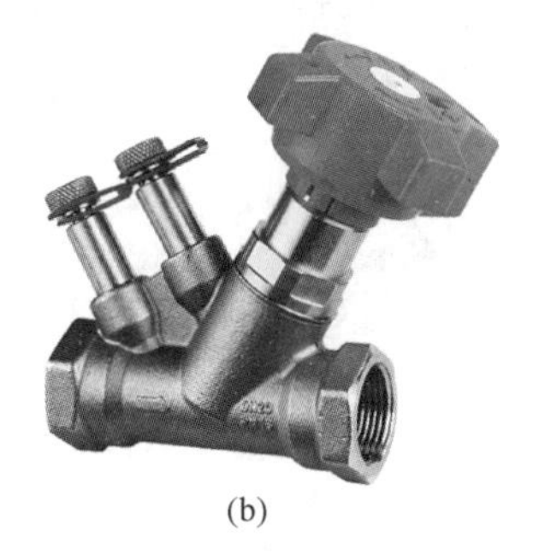

(b)

(c)

图 4.34　平衡阀

4.3.10 气候补偿器

在采用热计量的采暖系统中，有效利用自由热，按照室内采暖的实际需求，对采暖系统的供热量进行有效的调节，将有利于供热的节能。气候补偿器就能够完成此功能。它可以根据室外气候的温度变化及用户设定的不同时间的室内温度要求，按照设定的曲线自动控制供水温度，实现采暖系统供水温度的气候补偿。另外它还可以通过室内温度传感器，根据室温调节供水温度，实现室温补偿的同时，还具有限定最低回水温度的功能。气候补偿器一般用于采暖系统的热力站中，或者采用锅炉直接供暖的采暖系统中，是局部调节的有力手段。

气候补偿器安装在采暖系统的热源处，当室外温度降低时，气候补偿器自动调整，增大电动阀的开度，使进入换热器的蒸汽或高温水的流量增大，从而使进入采暖用户的供水温度升高；反之，减小电动阀的开度，使进入换热器的蒸汽或高温水的流量减小，从而降低进入采暖用户的供水温度。

气候补偿器的功能特性如下。

(1) 根据室外温度变化控制三通调节阀来调节供水温度，避免建筑物中因过热而开启窗户的现象。

(2) 通过设定时间控制器，设定不同时间段的不同室温要求，可以减少房间夜间或无人时的供暖量。

(3) 能够使散热器恒温阀更有效地利用从太阳、电器和人体等热源获得的额外热量，以节省房间和系统的供暖量。

(4) 对于未安装散热器恒温阀的建筑，安装一个额外房间探头，可以利用太阳辐射等额外热量，维持室温稳定，节省供暖量。

4.4 采暖系统的布置及敷设

我们在前一节的学习中认识了采暖系统的组成和采暖设备、管件等。但是，当我们冬

季处在温暖如春的室内时，却发现给我们提供热量的采暖设备、管件等基本没有影响到室内的美观，甚至有时还起到了装饰的作用。那么，这个庞大的系统是如何安装的呢?

4.4.1 室外供热管道的布置及敷设

因为室外供热管网是集中供热系统中投资最多、施工最繁重的部分，所以合理地选择室外供热管道的敷设方式及做好管网平面的定线工作，对节省投资、保证热网安全可靠运行和施工维修方便等，都具有重要的意义。

1. 管道的布置

供热管道应尽量经过热负荷集中的地方，且以线路短、便于施工为宜。管线尽量布置在地势较平坦、土质良好、地下水位低的地方，同时还要考虑和其他地上管线的相互关系。

地下供热管道的埋设深度一般不考虑冻结问题，对于直埋管道，在车行道下为0.8～1.2m，在非车行道下为0.6m左右；管沟顶上的覆土深度一般不小于0.3m，以避免直接承受地面的作用力。当架空管道设于人和车辆稀少的地方时，采用低支架敷设，交通频繁之处采用中支架敷设，穿越主干道时采用高支架敷设。埋地管线坡度应尽量采用与自然地面相同的坡度。

2. 管道的敷设

室外供热管道的敷设方式可分为管沟敷设、埋地敷设和架空敷设3种。

1）管沟敷设

厂区或街区交通特别频繁以致管道架空有困难或影响美观时，或在蒸汽采暖系统中，凝结水是靠高度差自流回收时，适于采用地下敷设。管沟是地下敷设管道的围护构筑物，其作用是承受土压力和地面荷载并防止水的侵入。根据管沟内人行通道的设置情况，其分为通行管沟、半通行管沟和不通行管沟。

(1) 通行管沟如图4.35所示。工作人员在通行管沟内可以直立通行，可采用单侧或双侧两种布管方式。通行管沟人行通道的高度不低于1.8m，宽度不小于0.7m，并应允许管沟内管径最大的管道通过通道。管沟内若装有蒸汽管道，应每隔100m设一个事故人口；无蒸汽管道应每隔200m设一个事故入口。沟内设自然通风或机械通风设备。沟内空气温度按工人检修条件的要求不应超出50℃。安全方面还要求管沟内设照明设施，照明电压不高于36V。通行管沟的主要优点是操作人员可在管沟内进行管道的日常维修及大修更换管道，其缺点是土方量大、造价高。

(2) 半通行管沟如图4.36所示。在半通行管沟内，留有高度为1.2～1.4m、宽度不小于0.5m的人行通道。操作人员可以在半通行管沟内检查管道和进行小型修理工作，但更换管道等大修工作仍需挖开地面进行。从工作安全方面考虑，半通行管沟只宜用于低压蒸汽管道和温度低于130℃的热水管道。在决定敷设方案时，应充分调查当时当地的具体条件，征求管理和运行人员的意见。

(3) 不通行管沟如图4.37所示。不通行管沟的横截面较小，只需保证管道施工安装的必要尺寸。不通行管沟的造价较低，占地面积较小，是城镇供热管道经常采用的管沟敷设方式。其缺点是检修时必须掘开地面。

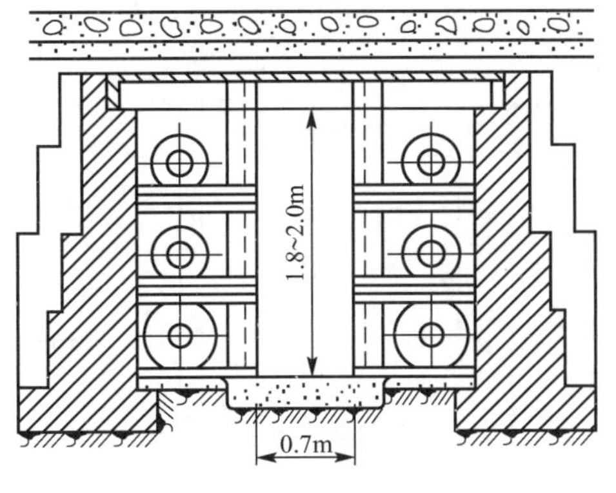

图 4.35 通行管沟

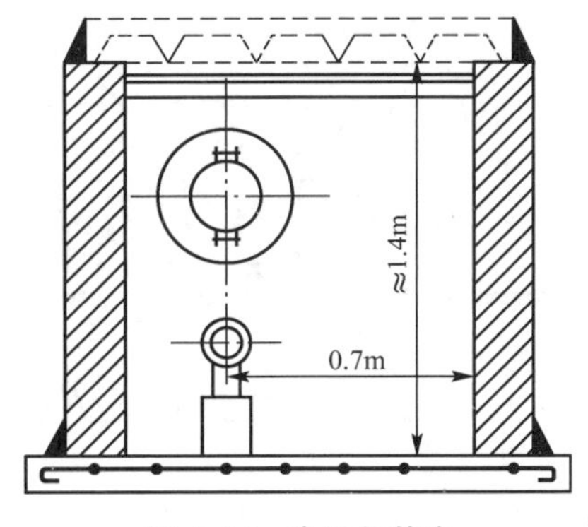

图 4.36 半通行管沟

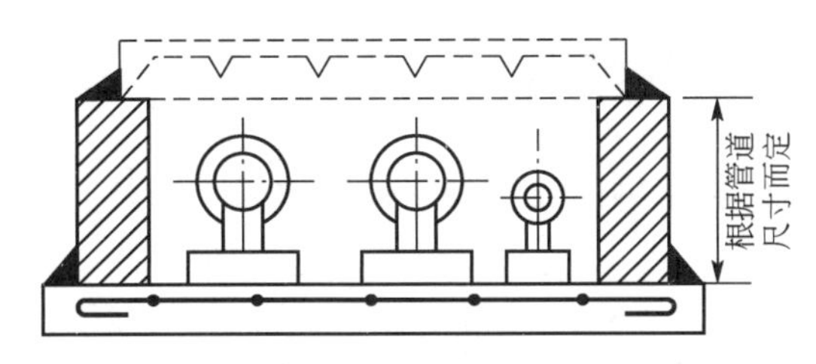

图 4.37 不通行管沟

2）埋地敷设

对于 $DN\leqslant500$mm 的热力管道均可采用埋地敷设，一般敷设在地下水位以上的土层内，它是将保温后的管道直接埋于地下，从而节省了大量建造管沟的材料、工时和空间。管道应有一定的埋深，外壳顶部的埋深应满足覆土厚度的要求。此外，还要求保温材料除热导率小之外，还应吸水率低，电阻率高，并具有一定的机械强度。为了防水、防腐蚀，保温结构应连续无缝，形成整体。

3）架空敷设

架空敷设在工厂区和城市郊区应用广泛，它是将供热管道敷设在地面上的独立支架或带纵梁的管架及建筑物的墙壁上。架空敷设管道不受地下水的侵蚀，因而管道寿命长；由于空间通畅，故管道坡度易于保证，所需放气与排水设备量少，而且通常有条件使用工作可靠、构造简单的方形补偿器；因为只有支撑结构基础的土方工程，故施工土方量小，造价低；在运行中，易于发现管道事故，维修方便，是一种比较经济的敷设方式。架空敷设的缺点是占地面积较大，管道热损失大，在某些场合下不够美观。

按照支架的高度不同，可把支架分为下列 3 种形式。

(1) 低支架敷设如图 4.38 所示。在不妨碍交通及厂区、街区扩建的地段，供热管道可采用低支架敷设。此时，最好是沿工厂的围墙或平行于公路、铁路来布线。低支架上管道保温层的底部与地面间的净距通常为 0.5～1.0m，两个相邻管道保温层外面的间距一般为 0.1～0.2m。

(2) 中、高支架敷设如图 4.39 所示。在行人出行频繁处，可采用中支架敷设。中支架的净空高度为 2.5～4.0m。

在跨越公路或铁路处可采用高支架敷设，高支架的净空高度为 4.5～6.0m。

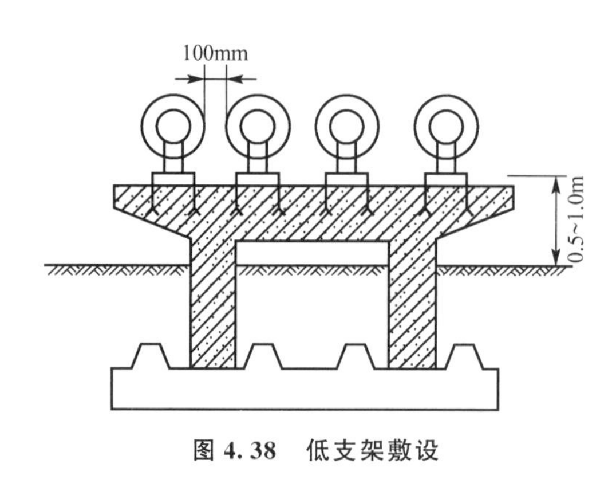

图 4.38　低支架敷设

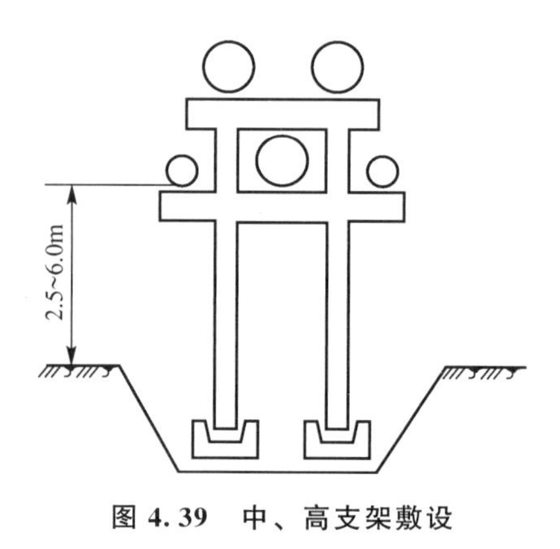

图 4.39　中、高支架敷设

4.4.2　热力入口的布置及敷设

室内采暖系统与室外供热管网的连接处叫做室内采暖系统热力入口，入口处一般装有必要的设备和仪表。

图 4.40 所示为热水采暖系统热力入口示意图。热力入口处设有温度计、压力表、旁通管、调压板、除污器、阀门等。温度计用来测量采暖系统供水和回水的温度。压力表用来测量供、回水的压力差或调压板前、后的压力差。当室外供热管网和室内采暖系统的工作压力不平衡时，调压板就用来调节压力，使室外供热管网和室内采暖系统的压力达到平衡。旁通管只在室内停止供暖或管道检修而外网仍需运行时打开，使引入用户的支管中的水可继续循环流动，以防止外网支路被冻结。

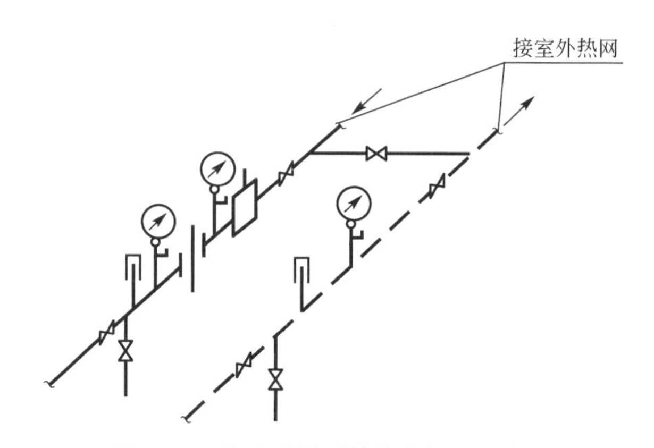

图 4.40　热水采暖系统热力入口示意图

4.4.3　室内供热管道的布置及敷设

室内采暖系统的种类和形式应根据建筑物的使用特点和要求来确定，一般是在选定了系统的种类(热水还是蒸汽采暖系统)和形式(上供式还是下供式，单管式还是双管式，同程式还是异程式)后进行系统的管网布置。

1. 热水采暖系统管道的布置及敷设

管道布置直接影响到系统造价和使用效果。因此，系统管道走向布置应合理，以节省管材，便于调节和排除空气，而且要求各并联环路的阻力损失易于平衡。

采暖系统的引入口一般宜在建筑物中部。系统应合理地设若干支路，而且尽量使各支路的阻力易于平衡。在布置采暖系统管网时，一般先在建筑平面图上布置散热器，然后布置干管，再布置立管，最后绘出管网系统图。布置系统时力求管道最短，便于管理，并且不影响房间的美观。

采暖系统供热管道的安装方法，有明装和暗装两种。采用明装还是暗装，要依建筑物的要求而定，一般民用建筑、公共建筑及工业厂房都采用明装，装饰要求较高的建筑物，采用暗装。

1）干管的布置

对于上供式采暖系统，供热干管暗装时应布置在建筑物顶部的设备层中或吊顶内，明装时可沿墙敷设在窗过梁和顶棚之间的位置。布置供热干管时应考虑到供热干管的坡度、集气罐的设置要求。有门顶的建筑物，供热干管、膨胀水箱和集气罐都应设在门顶层内，回水或凝结水干管一般敷设在地下室顶板之下或底层地面以下的供暖地沟内。

对于下供式采暖系统，供热干管和回水或凝结水干管均应敷设在建筑物地下室顶板之下或底层地面以下的供暖地沟内，也可以沿墙明装在底层地面上。当干管穿越门洞时，可局部暗装在沟槽内。无论是明装还是暗装，回水干管均应保证设计坡度的要求。地沟断面的尺寸应由沟内敷设的管道数量、管径、坡度及安装检修的要求确定，其净尺寸不应小于800mm×1000mm×1200mm。沟底应有0.003的坡度坡向采暖系统引入口用以排水。

2）立管的布置

立管可布置在房间、窗间墙或墙身转角处，对于有两面外墙的房间，立管宜设置在温度低的外墙转角处。楼梯间的立管应尽量单独设置，以防冻结后影响其他立管的正常供暖。

要求暗装时，立管可敷设在墙体内预留的沟槽中，也可以敷设在管道竖井内。竖井每层应用隔板隔断，以减少管道竖井中空气对流而形成无效的立管传热损失。

3）支管的布置

支管的位置与散热器的位置、进水和出水口的位置有关。支管与散热器的连接方式有3种：上进下出式、下进下出式和下进上出式。散热器支管进水、出水口可以布置在同侧，也可以在异侧。设计时应尽量采用上进下出式、同侧连接方式，这种连接方式具有传热系数大、管路最短、外形美观的优点。下进下出式的连接方式散热效果较差，但在水平串联系统中可以使用，因为安装简单，对分层控制散热量有利。下进上出式的连接方式散热效果最差，但这种连接有利于排气。

连接散热器的支管应有坡度以利排气，当支管全长不大于500mm时，坡度值为5mm；当支管全长大于500mm时，坡度值为10mm，进水、回水支管均沿流向顺坡。

2. 蒸汽采暖系统管道的布置及敷设

蒸汽采暖系统管道布置的基本要求与热水采暖系统基本相同，此外还要注意以下几点。

(1) 水平敷设的供汽和凝结水管道必须有足够的坡度并尽可能地使汽、水同向流动。

(2) 布置蒸汽采暖系统时应尽量使系统作用半径小，流量分配均匀。系统规模较大，作用半径较大时宜采用同程式布置，以避免远近不同的立管环路因压降不同造成环路凝结水回流不畅。

(3) 合理地设置疏水器。为了及时排除蒸汽采暖系统中的凝结水，除了应保证管道必要的坡度外，还应在适当位置设置疏水装置，一般低压蒸汽采暖系统每组散热设备的出口或每根立管的下部设置疏水器，高压蒸汽采暖系统一般在环路末端设置疏水器。水平敷设的供汽干管，为了减小敷设深度，每隔 30～40m 需要局部抬高，局部抬高的低点处设置疏水器和泄水装置。

(4) 为避免蒸汽管路中的沿途凝结水进入供汽立管造成水击现象，供汽立管应从蒸汽干管的上方或侧上方接出。干管沿途产生的凝结水，可通过干管末端设置的凝结水立管和疏水装置排除。

(5) 水平干式凝结水干管通过过门地沟时，需将凝结水干管内的空气与凝结水分流，应在门上设空气绕行管。

3. 低温热水地板辐射加热管的布置及敷设

地面辐射供暖，俗称“地暖”，具有舒适、卫生、节能、不影响室内观感、占有室内面积与空间小等优点。近年来在住宅和公共建筑中使用越来越多。

1) 低温热水地板辐射采暖构造

加热管的布置要保证地面温度均匀，一般将高温管段布置在外窗、外墙侧。加热管的敷设间距，应根据地面散热量、室内计算温度、平均水温及地面传热热阻等通过计算确定，一般为 100～300mm。加热管应保持平直，防止管道扭曲，加热管一般无坡度敷设。埋设在填充层内的每个环路加热管不应有接头，其长度不大于 120m。环路布置不宜穿越填充层内的伸缩缝，必须穿越时，伸缩缝处应设长度不小于 200mm 的柔性套管。加热管管道弯曲时，圆弧的顶部应加以限制，并用管卡进行固定，不得出现“死折”现象。采用塑料及铝塑复合管时，弯曲半径不宜小于 6 倍管外径；采用铜管时，弯曲半径不宜小于 5 倍管外径。加热管应设固定装置。

2) 系统设置

低温热水地板辐射采暖系统的楼内分户热量计量系统需在户内设置分水器和集水器，如图 4.41 所示。另外，当集中采暖热媒的温度超过低温热水地板辐射采暖的允许温度时，可设集中的换热站以保证温度在允许的范围内。

低温热水地板辐射采暖的楼内系统一般通过设置在户内的分、集水器与埋在户内地面层内的管路系统连接，每套分、集水器宜接 3～5 个回路，最多不超过 8 个。分、集水器宜布置在厨房、卫生间等地方，注意应留有一定的检修空间，且每层安装位置应相同。

4.4.4 采暖系统常用管材

采暖系统常用管材有以下几种。

1. 焊接钢管

焊接钢管及镀锌钢管常用于输送低压流体，是采暖工程中最常用的管材。焊接钢管使用时压力不大于 1MPa，输送介质的温度不大于 130℃。当焊接钢管的 $DN \leqslant 32$mm 时，用

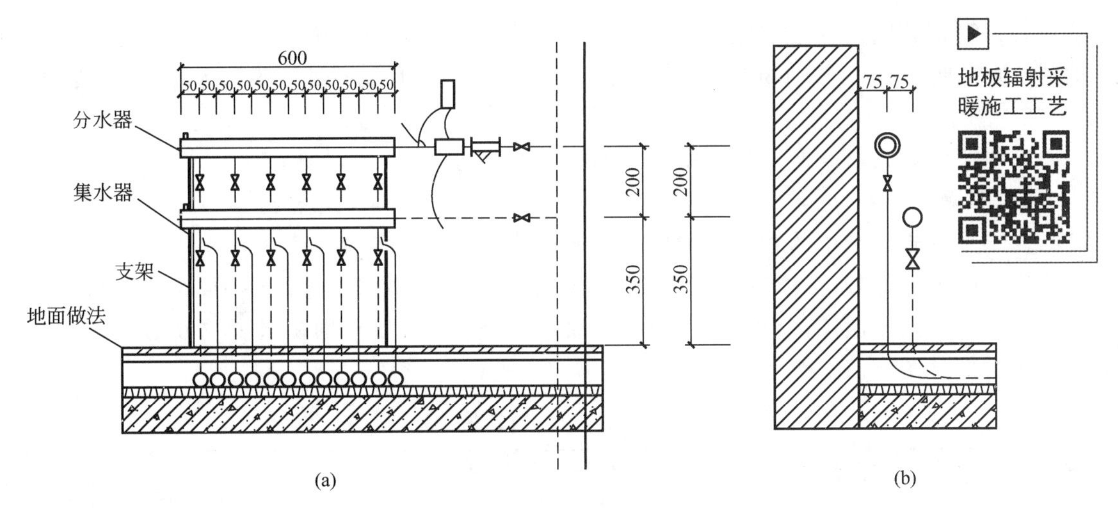

图 4.41　低温热水地板辐射采暖系统

螺纹方式连接；当 $DN \geqslant 40\text{mm}$ 时，用焊接方式连接。

2. 无缝钢管

无缝钢管主要用于系统需承受较高压力的室内采暖系统，采用焊接连接。

3. 铝塑管

铝塑管抗蠕变性能优良，结构合理，稳定性高，阻氧性能好，但抗压、抗冻性不是特别好。

4. 其他管材

采暖系统常见的其他管材有聚丁烯(PB)管、交联聚乙烯(PE-X)管、无规共聚聚丙烯(PP-R)管、稳态管和铜管(价格昂贵)。

4.5　建筑采暖施工图

建筑采暖施工图是室内采暖系统施工的依据和必须遵守的文件，其使施工人员明白设计人员的设计意图，并贯彻到采暖工程施工中去。施工时，未经设计单位同意，不能随意修改施工图中的内容。

4.5.1　建筑采暖施工图的组成

建筑采暖施工图由文字部分和图示部分组成。文字部分包括设计施工说明、图纸目录、图例及设备材料表等，图示部分包括系统图、平面图和详图。

1. 文字部分

1）设计施工说明

其主要内容有：建筑物的采暖面积；采暖系统的热源种类、热媒参数、系统总热负荷；系统形式，进出口压力差；各房间设计温度；散热器形式及安装方式；管材种类及连接方式；管道防腐、保温的做法；所采用的标准图号及名称；施工注意事项，施工验收应达到的质量要求；系统的试压要求；对施工的特殊要求和其他不易用图表达清楚的问题等。

2）图纸目录

其包括设计人员绘制部分和所选用的标准图部分。

3）图例

建筑采暖施工图中的管道及附件、管道连接、采暖设备及仪表等，采用《暖通空调制图标准》(GB/T 50114—2010)中统一的图例表示，凡在标准图例中未列入的可自设，但在图纸上应专门画出图例，并加以说明。表4-1～表4-4分别摘录了《暖通空调制图标准》中的部分图例。

表4-1　水、汽管道代号

代　　号	管道名称	备　　注
RG	采暖热水供水管	可附加1、2、3等表示一个代号、不同参数的多种管道
RH	采暖热水回水管	可通过实线、虚线表示供、回关系省略字母G、H
N	凝结水管	—
PZ	膨胀水管	—
BS	补水管	—
XS	泄水管	—
X	循环管	—
J	给水管	—

表4-2　水、汽管道阀门和附件图例

图　　例	名　　称	备　　注
	截止阀	—
	闸阀	—
	球阀	—
	柱塞阀	—
	快开阀	—

续表

图例	名称	备注
	蝶阀	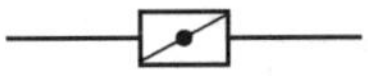
	旋塞阀	—
	止回阀	
	浮球阀	—
	三通阀	—
	平衡阀	—
	定流量阀	—
	定压差阀	—
	自动排气阀	—
	集气罐、放气阀	—
	节流阀	—
	调节止回关断阀	水泵出口用
	膨胀阀	—
	排入大气或室外	—
	安全阀	—
	角阀	—
	底阀	—
	漏斗	—
	地漏	—
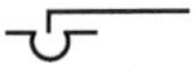	明沟排水	—
	向上弯头	—

续表

图例	名称	备注
	向下弯头	—
	法兰封头或管封	—
	上出三通	—
	下出三通	—
	变径管	—
	活接头或法兰连接	—
	固定支架	—
	导向支架	—
	活动支架	—
	金属软管	—
	可屈挠橡胶软接头	—
	Y形过滤器	—
	疏水器	—
	减压阀	左高右低
	直通型（或反冲型）除污器	—
E	除垢仪	—
	补偿器	—
	矩形补偿器	—
	套管补偿器	—
	波纹管补偿器	—
	弧形补偿器	—

续表

图例	名称	备注
	球形补偿器	—
	伴热管	—
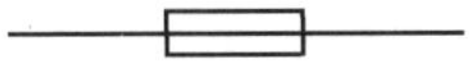	保护套管	—
	爆破膜	—
	阻火器	—
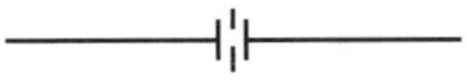	节流孔板、减压孔板	—
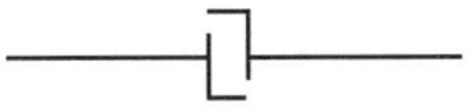	快速接头	—
 或	介质流向	在管道断开处时，流向符号宜标注在管道中心线上，其余可同管径标注位置
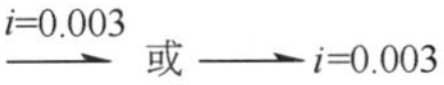 i=0.003 或 i=0.003	坡度及坡向	坡度数值不宜与管道起、止点标高同时标注。标注位置同管径标注位置

表4-3　暖通空调设备图例

图例	名称	备注
 15　15　15	散热器及手动放气阀	左为平面图画法，中为剖面图画法，右为系统图（Y轴测）画法
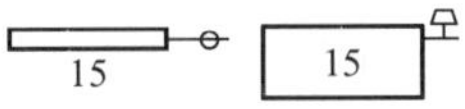 15　15	散热器及温控阀	—
	水泵	—
	电加热器	—

表4-4　调控装置及仪表图例

序号	图例	名称
1	 T	温度传感器
2	 H	湿度传感器

续表

序　号	图　例	名　称
3	P	压力传感器
4	ΔP	压差传感器
5		弹簧执行机构
6	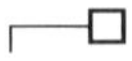	重力执行机构
7		浮力执行机构
8		温度计
9		压力表
10	 F.M	流量计
11	 E. M	能量计
12	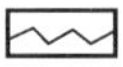	记录仪

4）设备材料表

为了使施工准备的材料和设备符合图纸要求，并且便于备料，设计人员应编制设备材料表，包括序号、名称、型号规格、单位、数量、备注等项目，施工图中涉及的采暖设备、采暖管道及附件等均列入表中。

2. 图示部分

1）系统图

系统图主要表达采暖系统中管道、附件及散热器的空间位置及空间走向，管道与管道之间的连接方式，散热器与管道的连接方式，立管编号，各管道的管径和坡度，散热器的片数，供、回水干管的标高，膨胀水箱、集气罐(或自动排气阀)、疏水器、减压阀等设置位置和标高等。

系统图上各立管的编号应和平面图上一一对应，散热器的片数也应与平面图完全对应。系统图一般采用与平面图相同的比例，这样在绘图时按轴向量取长度较为方便，但有时为了避免管道的重叠，可不严格按比例绘制，适当将管道伸长或缩短，以达到可以清楚表达的目的。

系统图中的设备、管路往往重叠在一起，为表达清楚，在重叠、密集处可断开引出绘制，称为引出画法或移至画法。在管道断开处用相同的小写英文字母或阿拉伯数字注明，以便相互查找。

2）平面图

平面图是施工图的主要部分，采用的比例一般与建筑图相同，常用1∶100、1∶200。

平面图所表达的内容主要有：与采暖有关的建筑物轮廓，包括建筑物墙体，主要的轴线及轴线编号，尺寸线等；采暖系统主要设备(集气罐、膨胀水箱、补偿器等)的平面位置；干管、立管、支管的位置和立管编号；散热器的位置、片数；采暖地沟的位置；热力入口的位置与编号等。

多层建筑的采暖平面图应分层绘制，一般底层和顶层平面图应单独绘制，如各层采暖管道和散热器布置相同，可画在一个平面图上，该平面图称为标准层平面图。各层采暖平面图是在各层管道系统之上经水平剖切后，向下水平投影的投影图，这与建筑图的剖切位置不同。

3）详图

当某些设备的构造或管道间的连接情况在平面图和系统图上表达不清楚，也无法用文字说明时，可以将这些局部放大比例，画出详图。

4.5.2 建筑采暖施工图的识读

建筑采暖系统安装于建筑物内，因此要先了解建筑物的基本情况，然后阅读采暖施工图中的设计施工说明，熟悉有关的设计资料、标准规范、采暖方式、技术要求及引用的标准图等。

平面图和系统图是采暖施工图中的主要图纸，看图时应相互联系和对照，一般按照热媒的流动方向阅读，即供水总管→供水总立管→供水干管→供水立管→供水支管→散热器→回水支管→回水立管→回水干管→回水总管。按照热媒的流动方向，可以较快地熟悉采暖系统的来龙去脉。

工程实训

某两层宿舍楼，设有宿舍、盥洗间、卫生间，双面走廊。建筑物总采暖面积为6301.50m^2，总采暖热负荷为330kW，系统采用的热源种类为95℃/70℃热水，由校区热力管网供给；室外设计温度为－5℃；室内设计温度宿舍为16～18℃，卫生间、盥洗间为16℃，走廊、楼梯间为14℃。以该工程图为例，说明识读建筑采暖施工图的方法和步骤。

（1）该工程采暖热源来自锅炉房，供水95℃，回水70℃，系统入口Q=65kW。

（2）系统采用上行下给单管同程式系统，供水管设在二层梁下，回水管设在地沟里。

（3）采暖管道选用普通焊接钢管，DN≤32mm采用螺纹连接，DN>32mm采用焊接。

（4）除图中注明外，本工程中水管标高均指管中心标高。

（5）管道穿墙壁、楼板时，应设置钢套管。入户供、回水干管采用DN80柔性防水套管进行处理。

（6）明装非保温管道在正常相对湿度、无腐蚀性气体的房间内刷一遍红丹防锈漆，两遍快干磁漆；在卫生间内刷一遍红丹防锈漆，一遍耐酸漆，两遍快干磁漆。暗装管道表面刷两遍红丹防锈漆。

（7）散热器表面刷一遍红丹防锈漆，两遍银粉漆，支架刷一遍红丹防锈漆，两遍快干磁漆。

（8）应在防腐、水压试验合格后进行管道保温。不采暖房间的管道刷两遍红丹防锈漆后用40mm厚岩棉管壳保温，玻璃丝布做保护层，保护层表面刷一遍沥青漆。

（9）系统以0.6MPa进行水压试验，5min内不渗不漏为合格。

（10）管道经试压合格投入使用前必须进行反复冲洗，直至出水水色不浑浊时为合格。

（11）未叙之处参见有关规范。

（12）一层采暖平面图和采暖系统图分别如图4.42和图4.43所示，主要设备材料表见表4-5。

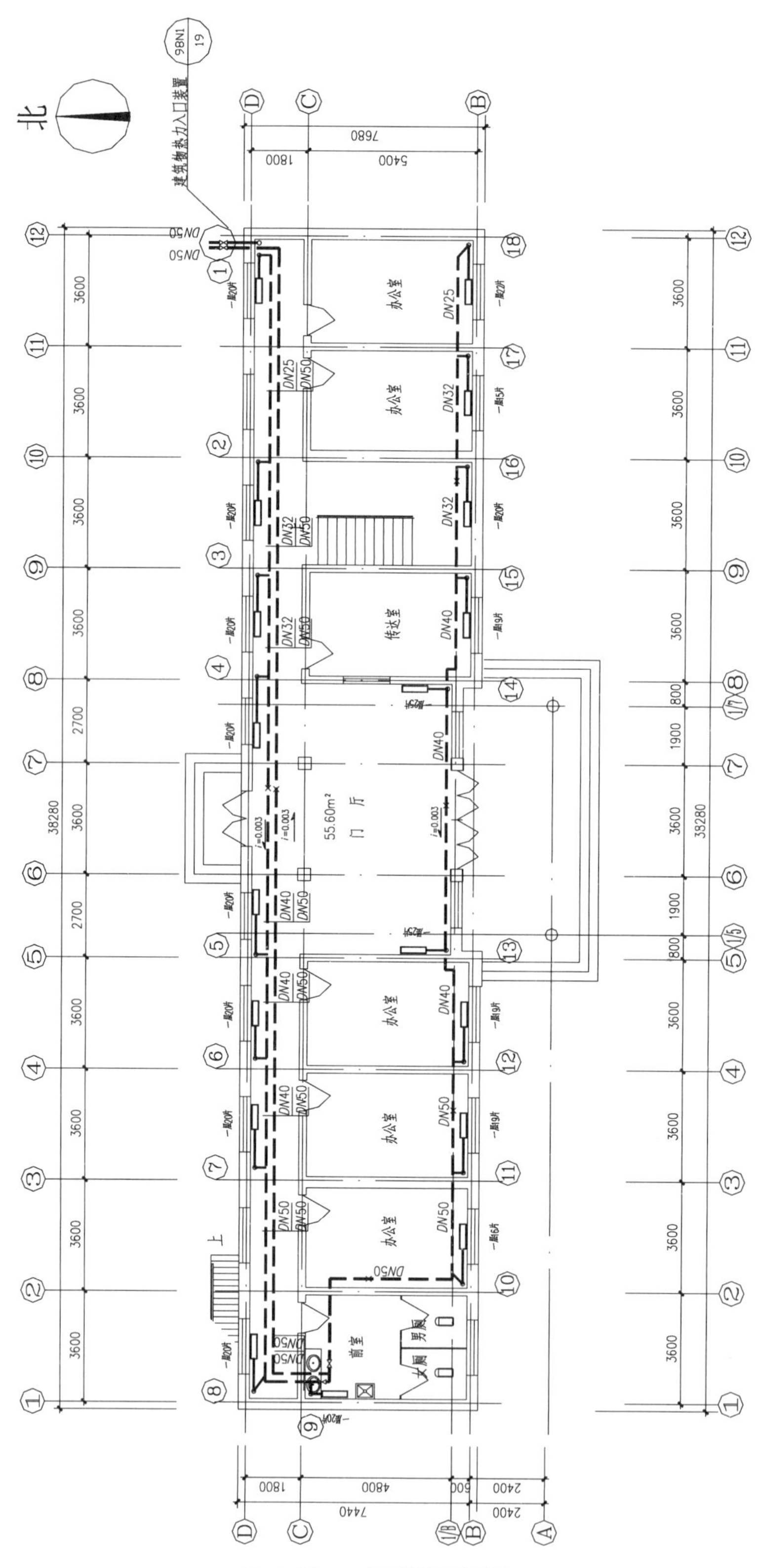

图 4.42　一层采暖平面图

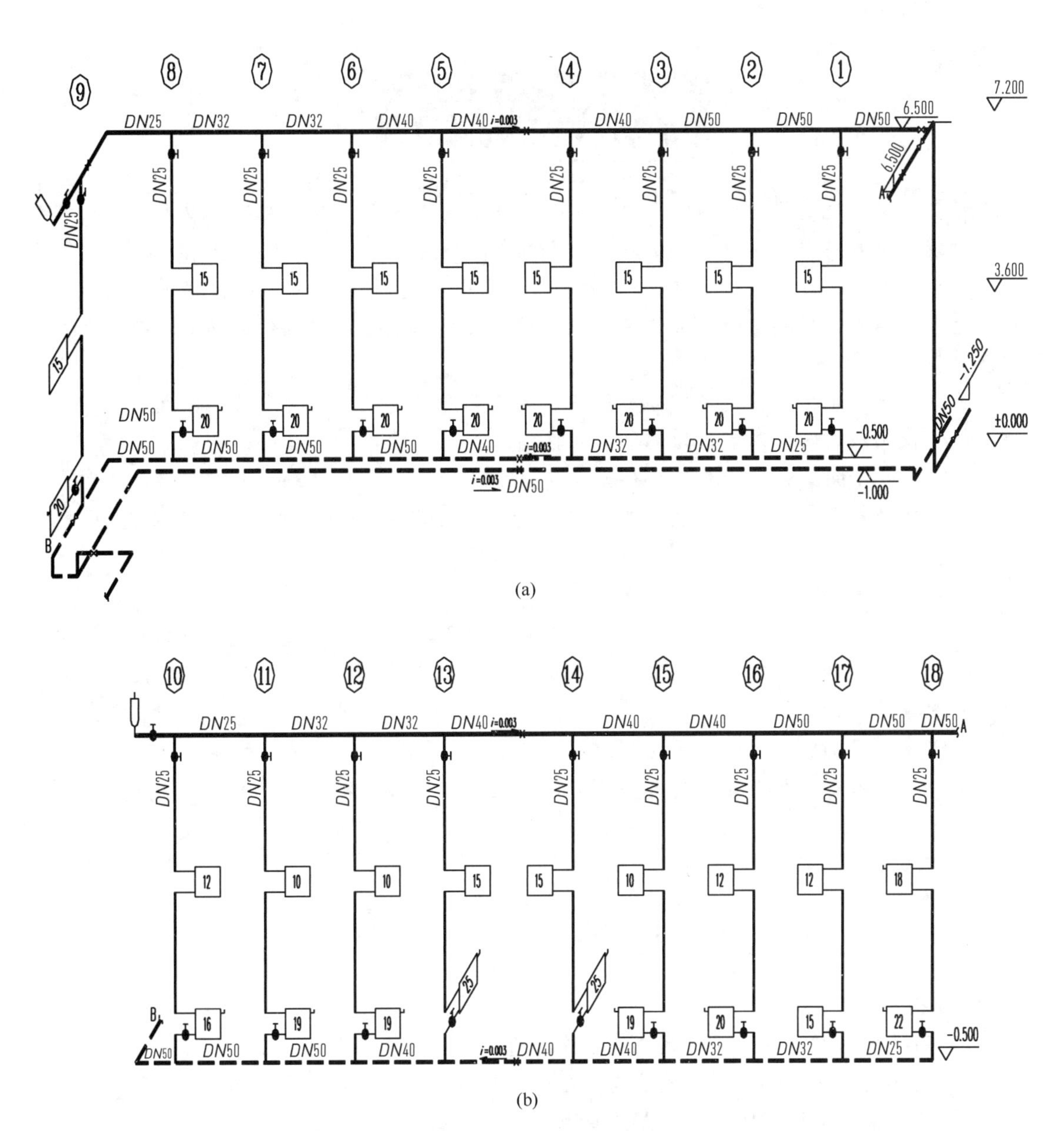

图 4.43 采暖系统图

表 4-5 主要设备材料表

序号	名称	型号规格	单位	数量	备注
1	散热器	TFD1(Ⅱ)—0.9/6—5 辐射对流	片	609	
2	截止阀	J11T—16 *DN*25	个	38	
3	截止阀	J11T—16 *DN*50	个	6	
4	自动排气阀	ZP—Ⅱ *DN*20	个	2	

小　结

建筑采暖系统是建筑物内的重要系统，包含的内容很多，是本课程的重点和难点。

建筑采暖系统重点学习热水采暖系统和蒸汽采暖系统。

热水采暖系统分为自然循环和机械循环，集中采暖的建筑物基本上都采用机械循环。机械循环根据建筑物的实际情况可以选用双管式、单管式、上供下回式、下供下回式、同程式、分户计量等。

蒸汽采暖系统根据供汽压力分为低压和高压蒸汽采暖系统，蒸汽采暖系统与热水采暖系统的供热原理有所不同，组成也有所区别。

采暖系统是依靠采暖设备及附件实现的，应对散热器的种类和特点有所了解，钢制散热器、铸铁散热器、合金散热器各有不同的特性。热水采暖系统中所用的膨胀水箱、排气装置、过滤器，蒸汽采暖系统中所用的疏水器、伸缩器等设备在系统中的作用、类型、特点、安装位置等应掌握。

采暖系统的布置、敷设及安装是采暖系统的重要环节，布置应遵循相应的原则，敷设可分为明装和暗装，室外供热管道根据地形、地下水位等具体情况可选用地沟敷设和地上支架敷设，各具特点。

采暖施工图是对前述采暖系统理论的具体应用，也是本学习情景的学习目标，应引起重视。采暖系统应掌握其主要内容并掌握采暖施工图的识读步骤，正确、快速熟读采暖施工图。

习　题

1. 简答题

(1) 简述自然循环热水采暖系统的工作原理。

(2) 简述自然循环热水采暖系统与机械循环热水采暖系统的不同之处。

(3) 热水采暖系统常用的管网图式有哪几种？各有何特点？

(4) 在采暖系统中采用同程式的优点是什么？

(5) 简述蒸汽采暖系统的工作原理及分类。

(6) 钢制散热器与铸铁散热器相比，有哪些特点？

(7) 画出膨胀水箱的示意图，并简述膨胀水箱及其配管的作用。

(8) 热水采暖系统中常用的排气装置有哪几种？简述其各自的特点。

(9) 室外供热管道的敷设方式有哪几种？各有何特点？

(10) 热力入口上有哪些仪表？起何作用？

(11) 室内热水采暖系统管道的布置及敷设应注意哪些问题？

(12) 绘制地暖安装地面结构示意图。

(13) 采暖施工图包括哪些内容？

(14) 怎样识读采暖施工图?

2. 选择题

(1) 关于蒸汽采暖系统，不正确的是(　　)。

A. 蒸汽采暖系统的散热器表面温度高

B. 蒸汽采暖系统的热惰性很小，系统的加热和冷却都很快

C. 蒸汽采暖系统的使用年限较长

D. 蒸汽采暖系统的热损失大

(2) 在采暖管路上能排放凝结水并阻止蒸汽通过的设备是(　　)。

A. 排气装置　　B. 过滤器　　C. 疏水器　　D. 补偿器

(3) 采暖系统中各层散热器都有单独的供水管和回水管的热水采暖形式为(　　)。

A. 双管式　　B. 单管式　　C. 水平串联式　　D. 混管式

(4) 采暖系统中为了防止管道和管件因受热而发生弯曲破裂，常在管路中设置(　　)。

A. 疏水器　　B. 过滤器　　C. 补偿器　　D. 排气装置

3. 填空题

(1) 自然循环热水采暖系统由__________、__________、__________和__________组成。

(2) 常用的采暖形式有__________、__________、__________、__________、__________和__________。

(3) 常用的散热器按构造可分为__________、__________、__________、__________和__________。

(4) 在采暖系统中常用的排气装置有__________、__________和__________。

(5) 室外供热管道的敷设方式可分为__________、__________和__________。

学习情景 5 通风空调系统安装

思维导图

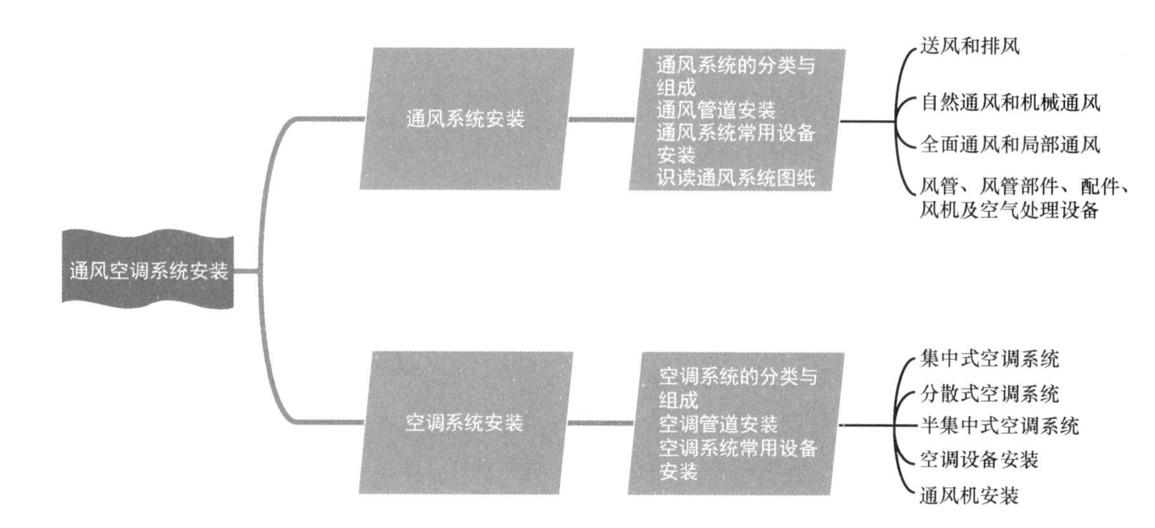

情景导读

随着社会的进步、科学技术的不断发展和经济的繁荣，人们对空气环境提出了更高的要求，以满足日益发展的生产和生活要求，从而保证人们身体的健康和生产的正常进行。采取人工的方法创造和保持一定的空气环境来满足生产和生活的需要，这就是通风与空气调节的任务。

通风与空气调节是空气换气技术，包括通风和空气调节(简称空调)两部分，如图5.1所示。它是采用某些设备对空气进行适当处理(热、湿处理和过滤净化等)，通过对建筑物进行送风和排风来保证生产和生活正常进行所需要的空气环境，同时保护大气环境。

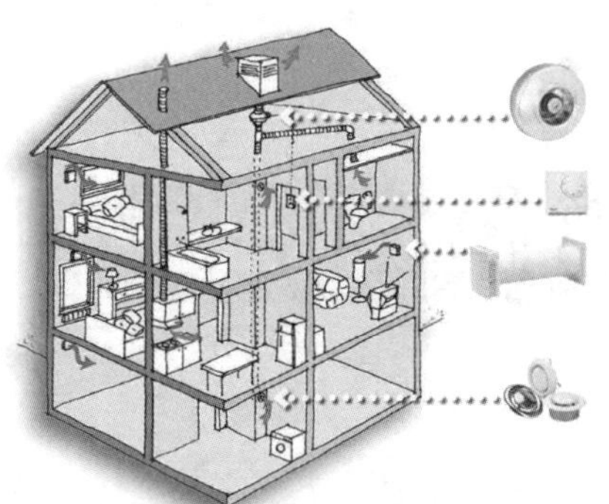
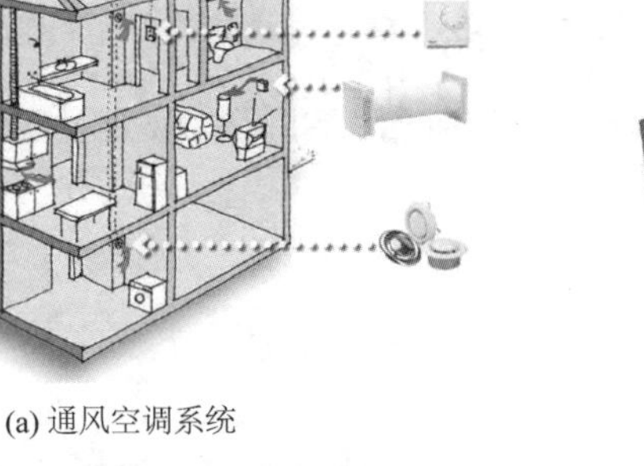

(a) 通风空调系统

(b) 净化空调机组

(c) 通风管道

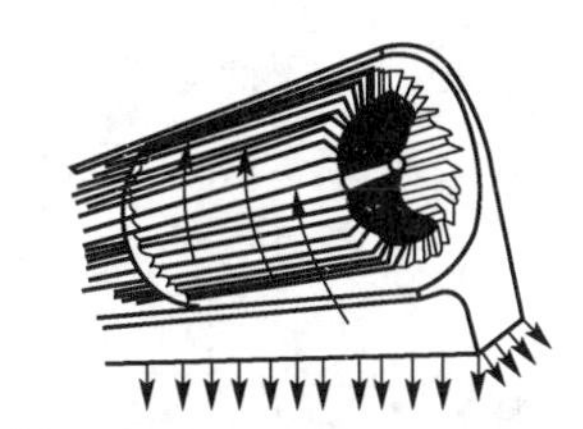

(d) 超市、商场等门口装设的大门空气幕

图5.1　通风与空气调节

知识点滴

通风与空气调节的发展概况、发展方向

发展概况如下。

20世纪初，美国的一家印刷厂首次采用能够实现全年运行的用喷水室进行热、湿处理的空气调节系统。

1919—1920年，芝加哥的一家电影院也安装了空调系统，这是人类首次将空调应用到民用建筑中。

1931年，我国第一个真正意义的空调系统诞生在上海纺织厂。

21世纪，中国的通风与空气调节行业市场发展的潜力很大，预示着行业的发展前景远大。

通风与空气调节行业的发展也推动了空调技术的进步。党的二十大报告提出，加快推动产业结构、能源结构、交通运输结构等调整优化。实施全面节约战略，推进各类资源节约集约利用，加快构建废弃物循环利用体系。本着合理利用能源、节约资源和保护环境的原则，现代空调技术将向以下方向发展。

发展方向如下。

(1) 设计观念和方法的变革。

(2) 适应城市能源结构变动的新趋势。

(3) 节约能源。

(4) 新技术的应用采取既积极又慎重的态度，如制冷剂替代。

(5) 适应智能建筑在中国的发展。

(6) 通风空调与可持续发展。

5.1 通风空调系统的分类及组成

引例

建筑物内由于生产过程和人们日常生活产生的有害气体、蒸汽、灰尘、余热，使室内空气质量变坏，建筑通风空调系统是保证室内空气质量，保障人体健康的重要措施。

通风系统是把室内被污染的空气直接或经过净化排到室外，把室外新鲜空气或经过净化的空气补充进来，单纯的通风一般只对空气进行净化和加热方面的处理。空气调节是采用人工方法，通过对空气的处理(过滤、加热或冷却、加湿或除湿等)，创造和保持恒温、恒湿、高清洁度和一定的气流速度的室内生产和生活环境。

5.1.1 通风系统的任务、分类及组成

1. 通风系统的任务

通风系统的任务是把室内被污染的空气直接或经过净化后排至室外，把室外新鲜空气或经过净化的空气补充进来，以保持室内的空气环境满足卫生标准和生产工艺的要求。

2. 通风系统的分类

通风系统主要有3种分类方法。

(1) 按照通风系统处理房间空气方式的不同，其可分为送风和排风。送风是将室外新鲜空气送入房间，以改善空气质量；排风是将房间内被污染的空气(有害气体、粉尘、余热和余湿等)直接或经过有效处理后排至室外。

(2) 按照通风动力的不同，通风系统可分为自然通风和机械通风两类。

自然通风不消耗机械动力，是一种经济的通风方式，是依靠室外风力造成的风压(图5.2)和室内外空气温差所造成的热压(图5.3)使空气流动的。机械通风是依靠风机造成的压力使空气流动的。

自然通风可分为有组织自然通风和无组织自然通风两类。

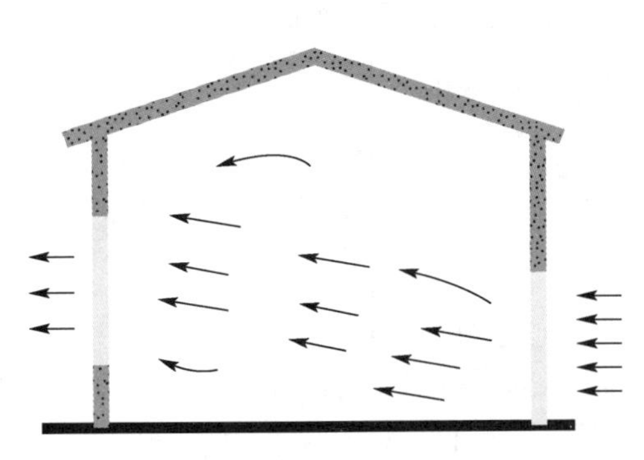

图 5.2 风压作用下的自然通风

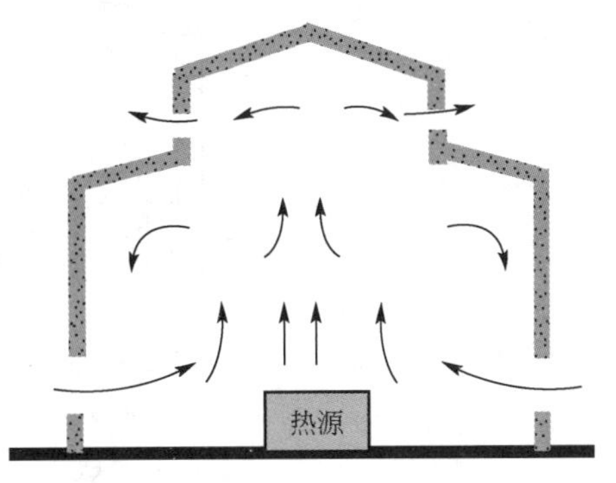

图 5.3 热压作用下的自然通风

(3) 按照通风作用范围的不同，通风系统可分为全面通风和局部通风。全面通风又称稀释通风，它一方面用清洁空气稀释室内空气中的有害物浓度；另一方面不断把被污染空气排至室外，使室内空气中的有害物浓度不超过卫生标准规定的最高允许浓度。全面机械通风系统如图 5.4 所示。

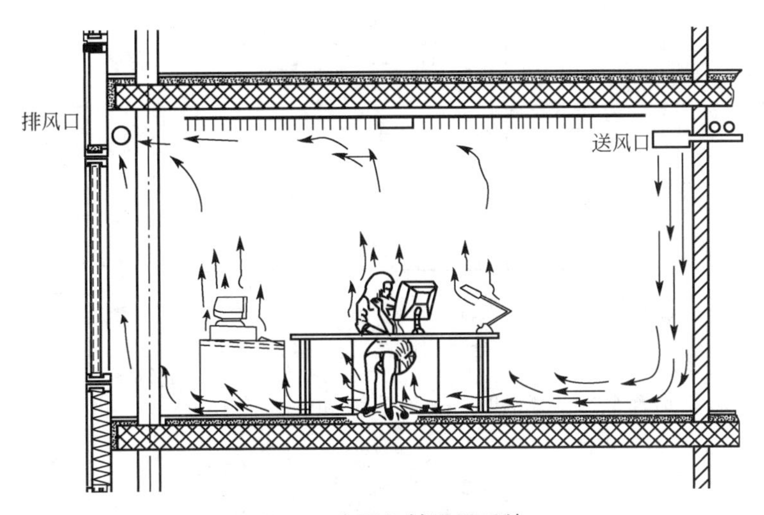

图 5.4 全面机械通风系统

局部通风系统分为局部送风和局部排风两大类，它们都是利用局部气流，使局部工作地点不受有害物的污染，形成良好的空气环境。

3. 通风系统的组成

通风系统一般包括风管、风管部件、配件、风机及空气处理设备等(图 5.5)。风管部件指各类风口、阀门、排气罩、消声器、检查测定孔、风帽、吊托支架等；配件指弯管、三通、四通、异径管、静压箱、倒流叶片、法兰及法兰连接件等。

(1) 自然通风。自然通风优点是不消耗能量、结构简单、不需要复杂装置和专人管理等，是一种条件允许时应优先采用的经济的通风方式；缺点是由于自然通风的作用压力比较小，热压和风压受到自然条件的限制，其通风量难以控制，通风效果不稳定。因此，在一些对通风要求较高的场合，自然通风难以满足卫生要求时，需要设置机械通风系统。

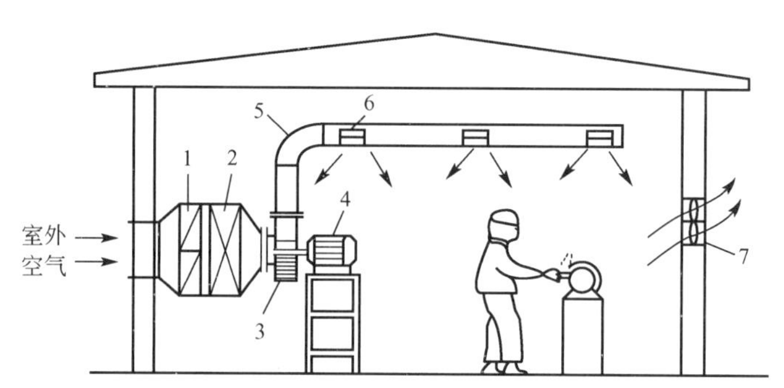

1—空气过滤器；2—空气加热器；3—风机；4—电动机；
5—风管；6—送风口；7—轴流式风机。

图 5.5　通风系统的组成

（2）全面通风。全面通风是对整个控制空间进行通风换气，从而使整个控制空间的空气品质达到允许的标准，同时将室内被污染的空气直接或经过净化排到室外。全面通风分为全面送风和全面排风，可同时或单独使用。单独使用时需要与自然进、排风方式相结合。全面机械送风、自然排风系统如图 5.6 所示。

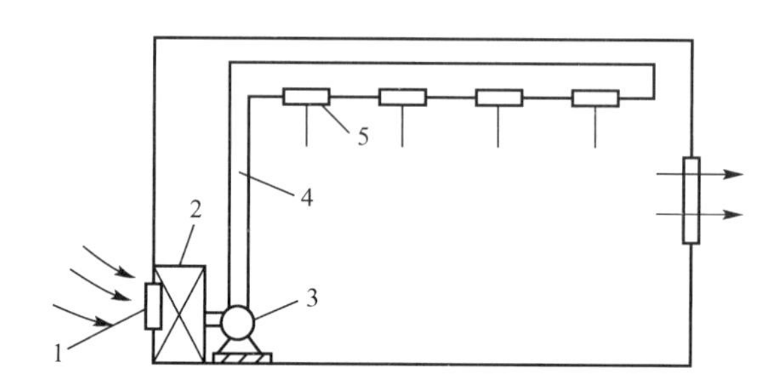

1—进风口；2—空气处理设备；3—风机；4—风道；5—送风口。

图 5.6　全面机械送风、自然排风系统

（3）局部机械排风系统。局部机械排风系统如图 5.7 所示。

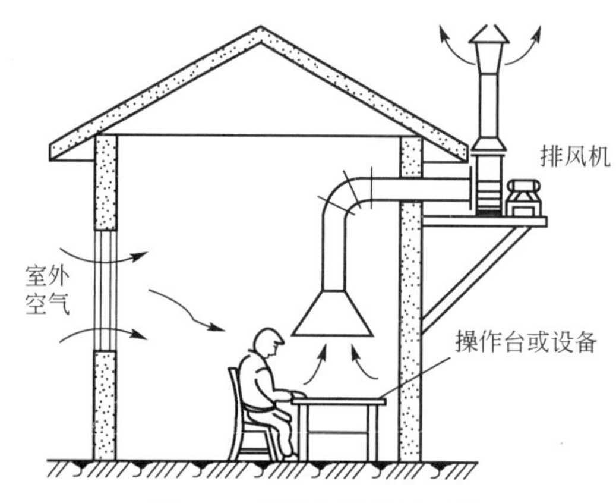

图 5.7　局部机械排风系统

① 吸风口。其是将被污染的空气吸入排风管道内，形式有吸风罩、吸风口、吹吸罩等。

② 排风管道及管件。其用于输送被污染的空气。

③ 风帽。其是将被污染的空气排入大气中，防止空气倒灌或防止雨水灌入管道部件。

④ 空气处理设备。其是将超过国家规定卫生许可标准的被污染空气，排放前进行净化处理，常用的有除尘器、吸收塔等。该设备根据排放的污染物浓度不同，可设可不设。

(4) 局部机械送风系统。局部机械送风系统如图 5.8 所示。

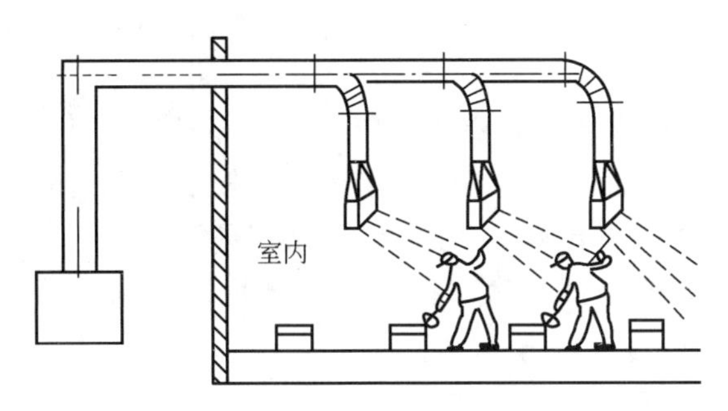

图 5.8 局部机械送风系统

室外新鲜空气通过进风口进入，经空气处理设备、送风机、送风管道、送风口送到局部通风地点，以改善工作人员操作区的局部空气环境。该系统适用于空间面积大，工作地点比较固定，操作人员分散、稀少的场合。

5.1.2 空调系统的分类及组成

空气调节是指对空气温度、湿度、流动速度及清洁度进行的人工调节，以满足人体舒适和工艺生产过程的要求。

1. 空调系统的分类

空调系统分类方法很多，通常可用以下几种方法进行分类。

1) 按室内环境的要求分类

(1) 恒温恒湿空调工程。在生产过程中，为保证产品质量，空调房间内的空气温度和相对湿度要求恒定在一定范围内，如机械精密加工车间、计量室等。

(2) 一般空调工程。在某些公共建筑物内，将房间内的空气温度和湿度控制在一定范围内，在此期间，房间内的温、湿度会随着室外气温的变化而在允许的范围内变化。

(3) 净化空调工程。在生产工程中某些生产工艺要求房间不仅保持一定的温、湿度，还需要有一定的洁净度，如电子工业精密仪器生产加工车间、制药车间等。

2) 按空气处理设备集中程度分类

(1) 集中式空调系统。集中式空调系统是指空气处理设备集中放置在空调机房内，空气经过处理后，经风道输送和分配到各个空调房间。

集中式空调系统可以严格地控制室内温度和相对湿度；可以进行理想的气流分布；可以对室外空气进行过滤处理，满足室内空气洁净度的不同要求；空调风道系统复杂，布置困难，而且各空调房间被风管连通，当发生火灾时火势会通过风管迅速蔓延。

对于大空间公共建筑物的空调设计，如商场，可以采用这种空调系统。

(2) 分散式空调系统。分散式空调系统是指把空气处理所需的冷热源、空气处理设备和风机整体组装起来，直接放置在被调房间内或被调房间附近，控制一个或几个房间的空调系统。

分散式空调系统布置灵活，各空调房间可根据需要启停；各空调房间之间不会相互影响；室内空气品质较差；气流组织困难。

(3) 半集中式空调系统。半集中式空调系统是指空调机房集中处理部分或全部风量，然后送往各房间，由分散在各空调房间内的二次设备(又称末端装置)再进行处理的系统。

半集中式空调系统可根据各空调房间负荷情况自行调节，只需要新风机房，机房面积较小；当末端装置和新风机组联合使用时，新风风量较小，风管较小，利于空间布置；对室内温、湿度要求严格时，难于满足；水系统复杂，易漏水。

对于层高较低又主要由小面积房间构成的建筑物的空调设计，如办公楼、旅馆、饭店，可以采用这种空调系统。

3) 按负担室内负荷所用的介质分类

(1) 全空气系统。全空气系统是指室内的空调负荷全部由经过处理的空气来负担的空调系统。集中式空调系统就属于全空气系统。

由于空气的比热较小，需要用较多的空气才能消除室内的余热、余湿，因此这种空调系统需要有较大断面的风道，占用建筑空间较多。

(2) 全水系统。全水系统是指室内的空调负荷全部由经过处理的水来负担的空调系统。

由于水的比热比空气大得多，因此在相同的空调负荷情况下，该系统所需的水量较小，可以解决全空气系统占用建筑空间较多的问题，但不能解决房间通风换气的问题，所以不单独采用这种系统。

(3) 空气-水系统。空气-水系统是指室内的空调负荷全部由空气和水共同来负担的空调系统。风机盘管加新风的半集中式空调系统就属于空气-水系统。这种系统实际上是前两种空调系统的组合，既可以减少风道占用的建筑空间，又能保证室内的新风换气要求。

(4) 制冷剂系统。制冷剂系统是指由制冷剂直接作为负担室内空调负荷介质的空调系统。如窗式空调器、分体式空调器就属于制冷剂系统。

这种系统是把制冷系统的蒸发器直接放在室内来吸收室内的余热、余湿，通常用于分散式安装的局部空调。由于制冷剂不宜长距离输送，因此该系统不宜作为集中式空调系统来使用。

4) 按处理空气的来源分类

(1) 全新风系统。这类系统所处理的空气全部来自室外新鲜空气，经集中处理后送入室内，然后排出室外。它主要应用于空调房间内产生有害气体或有害物而不允许利用回风的场合。

(2) 混合式系统。这类系统所处理的空气一部分来自室外新风，另一部分来自空调房间的回风，其主要目的是节省能量。

(3) 封闭式系统。这类系统所处理的空气全部来自空调房间本身，其经济性好但卫生效果差，因此这类系统主要用于无人员停留的密闭空间。

5）按风管内空气流速分类

（1）低速空调系统。工业建筑主风道风速低于15m/s，民用建筑主风道风速低于10m/s的称为低速空调系统，一般民用建筑舒适性空调系统风管内风速不宜大于8m/s。

（2）高速空调系统。工业建筑主风道风速高于15m/s，民用建筑主风道风速高于12m/s的称为高速空调系统。这类系统噪声大，应设置相应防治措施。

2. 空调系统的组成

图5.9所示为空调系统原理图，完整的空调系统通常可由4个部分组成：空调房间、空气处理设备、空气输配设备、冷热源。

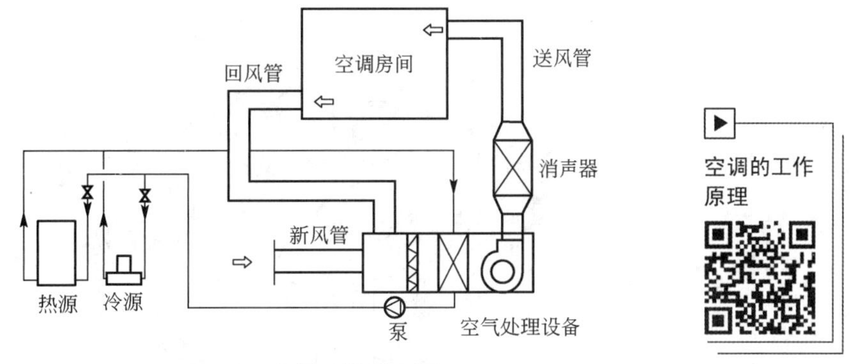

图5.9 空调系统原理图

（1）空调房间可以是封闭式的，也可以是敞开式的；可以由一个房间或多个房间组成，也可以是一个房间的一部分。

（2）空气处理设备是由过滤器、表面式空气冷却器、空气加热器、空气加湿器等空气热湿处理和净化设备组合在一起的，是空调系统的核心，室内空气与室外新鲜空气被送到这里进行热湿处理与净化，达到要求的温度、湿度等空气状态参数，再被送回室内。

（3）空气输配设备由风机（送、排风机）、风口（送、排、回风口）、风管道（送、排、回风管）及部件等组成。它把经过处理的空气送至空调房间，将室内的空气送至空气处理设备进行处理或排出室外。

（4）冷热源是指空气处理设备的冷源和热源。夏季降温用冷源一般用制冷机组，在有条件的地方也可以用深井水作为自然冷源。空调加热或冬季加热用热源可以是蒸汽锅炉、热水锅炉、热泵等。

下面主要介绍按空气处理设备集中程度分类的几种空调系统的组成。

（1）分散式空调系统。分散式空调系统如图5.10所示，又称局部式空调系统。该系统由空气处理设备、风机、制冷设备、温控装置等组成，这些设备集中安装在一个壳体内，由厂家集中生产、现场安装。该系统基本无风道，适用于用户分散、负荷小、距离远的场合。常用的分散式空调系统有窗式空调器（图5.11）、分体壁挂式空调器（图5.12）、立柜式空调机组等。

（2）集中式空调系统。集中式空调系统的特点是系统中的所有空气处理设备，包括风机、冷却器、加热器、加湿器、过滤器等都设置在一个集中的空调机房里，而空气处理所

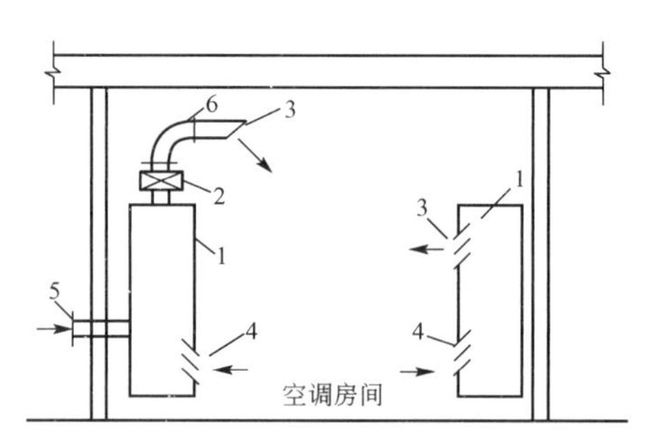

1—空调机组；2—电加热器；3—送风口；
4—回风口；5—新风口；6—送风管道。

图 5.10　分散式空调系统

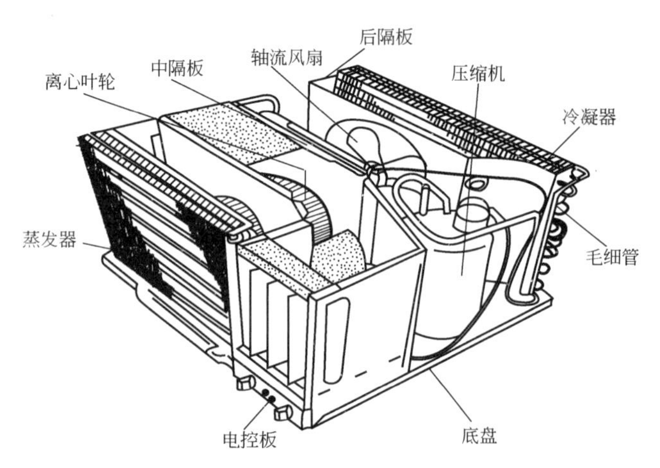

图 5.11　窗式空调器

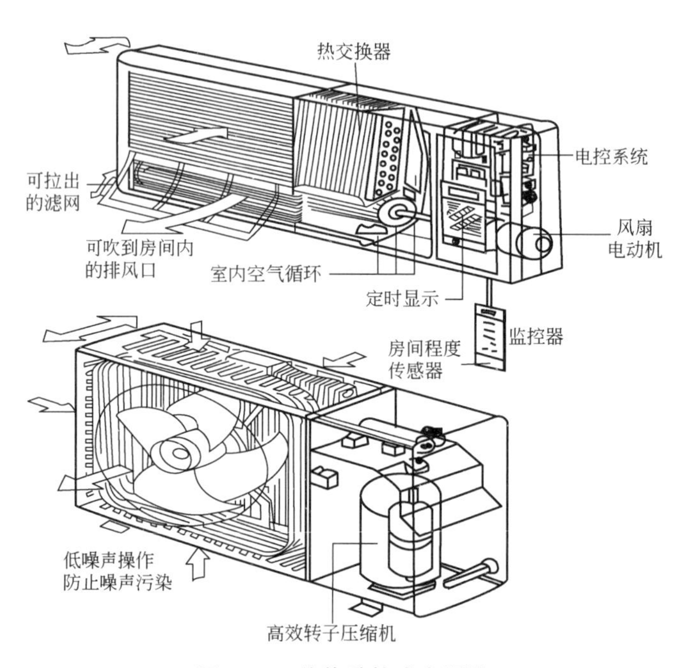

图 5.12　分体壁挂式空调器

需的冷热源由集中设置的冷冻站、锅炉或热交换站供给，其组成如图 5.13 所示。

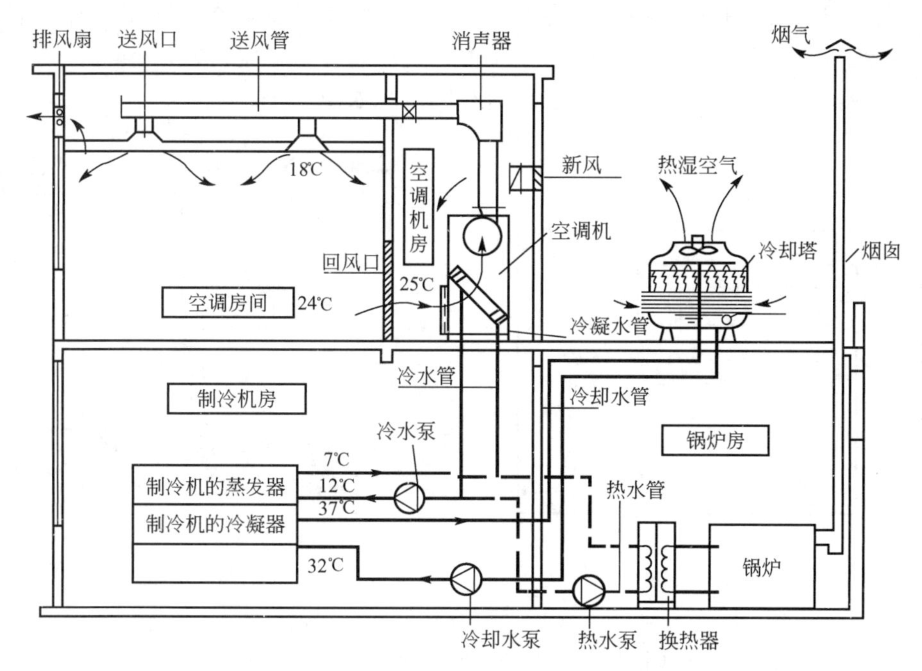

图 5.13　集中式空调系统组成

集中式空调系统可分为单风道系统和双风道系统。

① 单风道系统。其适用于空调房间较大或各房间负荷变化情况类似的场合，如办公楼、剧场等。该系统主要由集中设置的空气处理设备、风机、风道、阀部件、送风口、回风口等组成。常用的有封闭式、直流式和混合式 3 种，如图 5.14 所示。

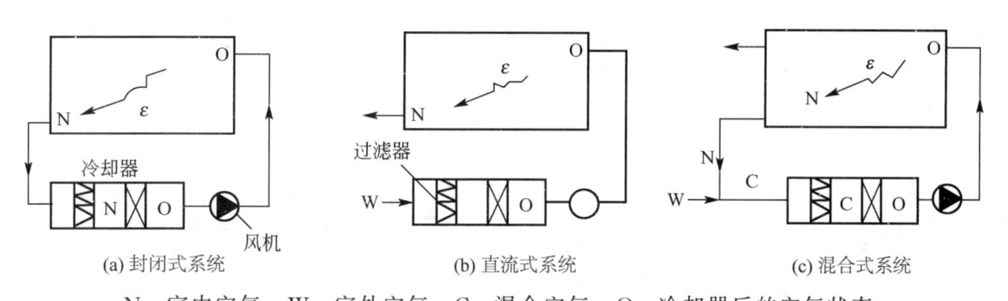

N—室内空气；W—室外空气；C—混合空气；O—冷却器后的空气状态。

图 5.14　单风道系统常用的 3 种形式

② 双风道系统。其由集中设置的空气处理设备、送风机、热风道、冷风道、阀部件及混合箱、温控装置等组成。冷热风分别送入混合箱，通过室温调节器控制冷热风混合比例，从而保证各房间温度独立控制。该系统尤其适合负荷变化不同或温度要求不同的用户。其缺点是初始投资大、运行费用高、风道断面占用空间大、难于布置。

(3) 半集中式空调系统。集中式空调系统由于具有系统大、风道粗、占用建筑面积和空间较多、系统的灵活性差等缺点，在许多民用建筑，特别是高层民用建筑的应用中受到限制。半集中式空调系统就是结合了集中式空调系统的优点、改进其缺点发展起来的，主要形式有风机盘管加新风系统和诱导式空调系统。

① 风机盘管加新风系统。它由风机盘管机组和新风系统两部分组成。风机盘管设置在空调系统内作为系统的末端装置，将流过盘管机组的室内循环空气冷却、加热后送入室内；新风系统是为了保证人体健康的卫生要求，给房间补充一定的新鲜空气。通常室外新风经过处理后，送入空调房间。风机盘管加新风系统如图 5.15 所示。

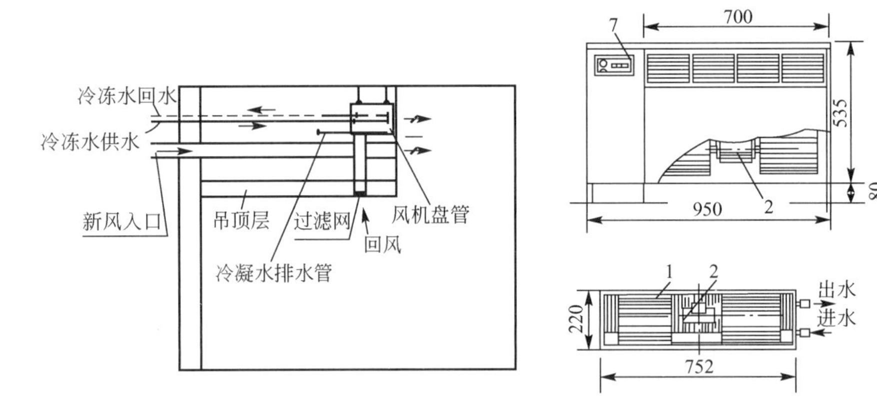

(a) 新风与风机盘管送风各自送入室内　　(b) 风机盘管构造示意图

1—风机；2—电动机；3—盘管；4—凝结水盘；5—循环风进口及过滤器；
6—出风格栅；7—控制器；8—吸声材料；9—箱体。

图 5.15　风机盘管加新风系统

从风机盘管的结构特点来看，它的主要优点是布置灵活，各房间可独立地通过风量、水量(或水温)的调节，改变室内的温、湿度，房间不住人时可方便地关闭风机盘管机组而不影响其他房间，从而比较节省运转费用。此外，房间之间空气互不串通，又因风机多挡变速，在冷量上能由使用者直接进行一定的调节。

风机盘管加新风系统具有半集中式空调系统和空气-水系统的特点。目前这种系统已广泛应用于宾馆、办公楼、公寓等商用或民用建筑。

风机盘管加新风系统空调机组的新风供给方式主要有 3 种，如图 5.16 所示。

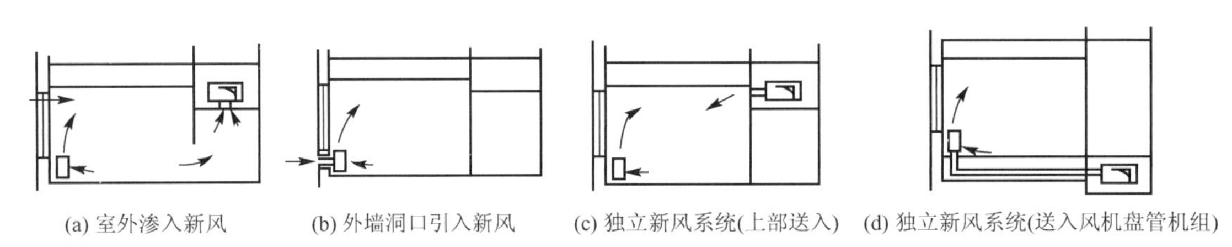

(a) 室外渗入新风　(b) 外墙洞口引入新风　(c) 独立新风系统(上部送入)　(d) 独立新风系统(送入风机盘管机组)

图 5.16　风机盘管加新风系统空调机组的新风供给方式

② 诱导式空调系统。诱导器加新风的混合系统称为诱导式空调系统。该系统中新风通过集中设置的空气处理设备的处理，经风道送入设置于空调房间的诱导器中，再由诱导器喷嘴高速喷出，同时吸入房间内空气，使得这两部分空气在诱导器内混合后送入空调房间。空气-水诱导式空调系统，诱导器带有空气再处理装置即盘管，可通入冷热水，对诱导进入的二次风进行冷热处理。冷热水可通过冷热源或热源提供。

诱导式空调系统的优点是节省建筑面积和空间，房间之间交叉污染的可能性小，用于产生爆炸危险的气体或粉尘的房间不会有危险。其缺点是在对电气净化要求高的地方不宜使用，对节能不利，喷嘴处风速高时可能产生噪声，管路复杂，施工不便。

特别提示

通风空调系统分类方式较多，结合它们的特点、使用场合学习每种系统的组成及其构成设备、部件的作用。

5.2 通风空调管道的加工制作安装

随着生产力的逐渐发展、经济水平的不断提高，人们对生产和生活的环境要求越来越高，很多公共建筑都安装了通风空调系统，甚至越来越多的家庭也加入了安装中央空调系统的行列。而从5.1节的学习中，我们了解到建筑通风空调系统相对于给排水等系统还是复杂的。但是，当我们不经意地抬头时却从未发现此系统的安装影响到建筑物的美感。到底这个庞大的系统是如何安装的呢?

5.2.1 通风空调管道的加工制作

建筑通风空调管道及阀部件大多是根据工程需要现场加工制作的。因此，其可根据工程的实际要求加工成圆形或矩形。

1. 通风空调工程常用材料

(1) 板材。通风空调工程中常用的板材有金属板材和非金属板材两大类。金属板材有普通钢板、镀锌钢板、不锈钢板、铝板等，一般的通风空调管道可采用0.5～1.5mm厚的钢板，有防腐及防火要求的场合可选用不锈钢板和铝板。非金属板材有塑料复合钢板(在普通钢板表面喷涂0.2～0.4mm厚的塑料层，用于防腐要求高或温度为－10～70℃有腐蚀性的空调系统，连接方式只能是咬口和铆接)、塑料板、玻璃钢板等。塑料板因其光洁、耐腐蚀，有时用于洁净空调系统中。玻璃钢板耐腐蚀性好，常用于带有腐蚀性气体的通风系统中。

风管系统按其压力可分为3个类别，其类别划分规定见表5-1。根据系统类别和应用场合不同，应选用不同厚度的板材。常用板材厚度的选用，见表5-2～表5-7。

表5-1 风管系统类别划分规定

系统类别	系统工作压力 P/kPa	密封要求
低压系统	$P \leqslant 0.5$	接缝和接管连接处严密
中压系统	$0.5 < P \leqslant 1.5$	接缝和接管连接处增加密封措施
高压系统	$P > 1.5$	所有的拼接缝和接管连接处，均采取密封措施

表 5-2　普通钢板通风管道及配件的板材厚度

圆形风管直径 D 或矩形风管大边长尺寸 b/mm	厚度/mm			
	圆形风管	矩形风管		除尘系统风管
		中、低压系统	高压系统	
D(b)≤320	0.50	0.50	0.75	1.50
320<D(b)≤450	0.60	0.60	0.75	1.50
450<D(b)≤630	0.75	0.60	0.75	2.00
630<D(b)≤1000	0.75	0.75	1.00	2.00
1000<D(b)≤1250	1.00	1.00	1.00	2.00
1250<D(b)≤2000	1.20	1.00	1.20	按设计
2000<D(b)≤4000	按设计	1.20	按设计	按设计

注：① 螺旋风管的钢板厚度可适当减少 10%～15%。
② 排烟系统风管钢板厚度按高压系统计算。
③ 特殊除尘风管钢板厚度应符合设计要求。
④ 不适用于地下人防与防火隔墙的预埋管。

表 5-3　低、中、高压系统不锈钢板风管板材厚度

圆形风管直径 D 或矩形风管大边长尺寸 b/mm	厚度/mm
D(b)≤500	0.50
500<D(b)≤1120	0.75
1120<D(b)≤2000	1.00
2000<D(b)≤4000	1.20

表 5-4　低、中压系统铝板风管板材厚度

圆形风管直径 D 或矩形风管大边长尺寸 b/mm	厚度/mm
D(b)≤320	1.00
320<D(b)≤630	1.50
630<D(b)≤2000	2.00
2000<D(b)≤4000	按设计

表 5-5　低、中压系统有机玻璃钢板风管板材厚度

圆形风管直径 D 或矩形风管大边长尺寸 b/mm	厚度/mm
D(b)≤200	2.50
200<D(b)≤400	3.20
400<D(b)≤630	4.00
630<D(b)≤1000	4.80
1000<D(b)≤2000	6.20

表 5-6　低、中压系统无机玻璃钢板风管板材厚度

圆形风管直径 D 或矩形风管大边长尺寸 b/mm	厚度/mm
D(b)≤300	2.5～3.5
300<D(b)≤500	3.5～4.5
500<D(b)≤1000	4.5～5.5
1000<D(b)≤1500	5.5～6.5
1500<D(b)≤2000	6.5～7.5
D(b)>2000	7.5～8.5

表 5-7　低、中压系统聚氯乙烯风管板材厚度

圆形风管直径 D/mm	矩形风管大边长尺寸 b/mm	厚度/mm
D≤320	b≤320	3.0
320<D≤630	320<b≤500	4.0

续表

圆形风管直径 D/mm	矩形风管大边长尺寸 b/mm	厚度/mm
$630<D\leqslant1000$	$500<b\leqslant800$	5.0
$1000<D\leqslant2000$	$800<b\leqslant1250$	6.0
	$1250<b\leqslant2000$	8.0

(2) 型材。通风空调工程中常用角钢、扁钢、槽钢等制作管道及设备支架、管道连接用法兰、管道加固框。

(3) 垫料。每节风管两端法兰接口之间要加衬垫，衬垫应具有不吸水、不透气、耐腐蚀、弹性好等特点。衬垫的厚度一般为 3～5mm。目前，在一般通风空调系统中应用较多的垫料是橡胶板。输送烟气温度高于 70℃的风管，可用石棉橡胶板或石棉绳。另外，泡沫氯丁胶垫也是应用较广的一种衬垫材料。

2. 通风空调管道及阀部件、配件的加工制作

风管和配件广泛的制作方法是由平整的板材加工而成的。从平板到成品的加工由于材质的不同形状而有各种要求，但从工艺上看，其基本工序可分为放样下料、剪切（折方和卷圆），连接成型及法兰的制作安装等步骤。

(1) 放样下料。按照风管或配件的外形尺寸把它的面积展成平面，在平板上依实际尺寸画成展开图，这个过程称为展开划线，在工地上也称为放样。展开图应留有接口余量。在风管圆周或周长方向预留咬口或焊接余量，在管节长度方向预留与法兰连接的板边余量。风管放样下料如图 5.17 所示。

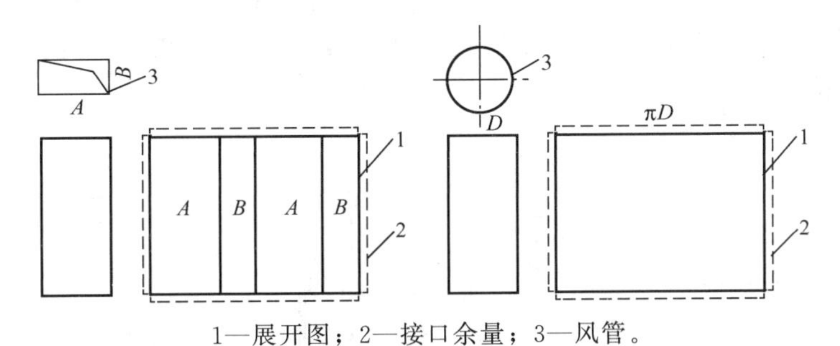

1—展开图；2—接口余量；3—风管。

图 5.17 风管放样下料

风管的放样下料一般在平台上进行，以每块板材的长度作为风管的长度，板材的宽度作为风管的圆周或周长。当一块板材不够时，可用几块板材拼接起来。对于矩形风管，应当将咬口闭合缝设置在角上。矩形风管组合可采用一片法、U 形二片法、L 形二片法、四片法，如图 5.18 所示。

(2) 剪切。根据板材厚度可选择不同的剪切方式。对于板材厚度在 1.2mm 以内的钢板，可选用手工剪切，常用的工具为手剪。板材厚度大于 1.2mm 的钢板可选用剪切机进行剪切，常用的剪切机械有龙门剪板机、双轮剪板机、振动式曲线剪板机、电动手提式曲线剪板机等。

折方用于矩形风管和配件的直角成型。手工折方时，先将厚度小于 1.0mm 的钢板放

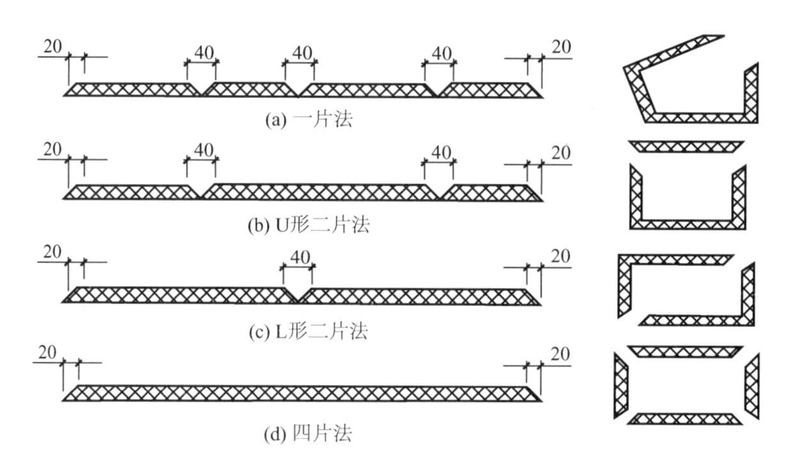

图 5.18 矩形风管放样图

在方垫铁(或槽钢、角钢)上打成直角，然后用硬木尺进行修整，打出棱角，使表面平整。机械折方，则使用扳边机压制折方。制作圆形风管和配件时需将平板卷圆，然后做闭合连接。将钉好咬口边的板材在圆垫铁或圆钢管上压弯曲，卷接成圆形，使咬口互相扣合，并把接缝打紧合实。最后用硬木尺均匀敲打找正，使圆弧均匀成正圆。

(3) 连接成型。通风空调工程中制作风管和各种配件时，必须连接板材。其按连接的目的可分为拼接、闭合接和延长接 3 个方面。拼接是把两张钢板的半边相接以增大面积；闭合接是把板材卷制成风管或配件时对口缝的连接；延长接是把一段段风管连成管路系统。

连接的方法有咬口连接、铆钉连接和焊接，其中以咬口连接使用最为广泛。

① 咬口连接。其要将互相结合的两个半边折成能互相咬合的各种钩形，钩接后压紧折边。这种连接不需要其他材料，它适用于厚度 $\delta \leqslant 1.2$mm 的薄钢板，也可用于 $\delta \leqslant 1.0$mm 的不锈钢板和 $\delta \leqslant 1.5$mm 的铝板。各种咬口形式如图 5.19 所示，常用的各种咬口适用范围见表 5-8。

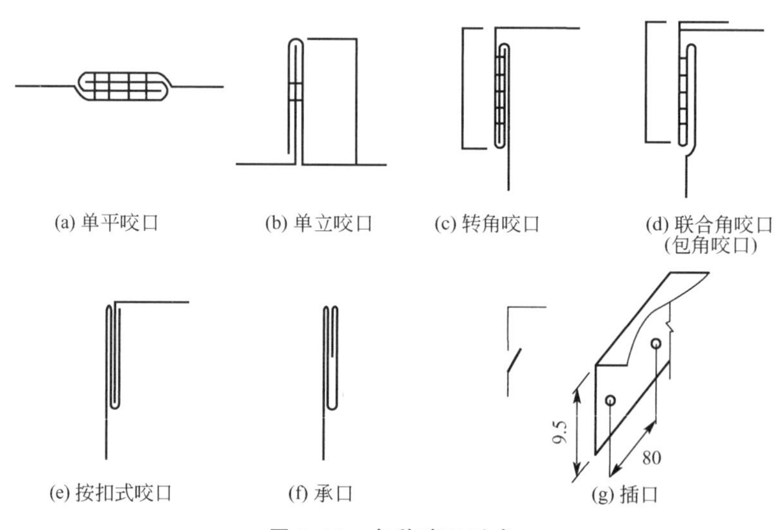

图 5.19 各种咬口形式

表 5-8 常用的各种咬口适用范围

名 称	适用范围
单平咬口	用于板材的拼接和圆形风管的闭合缝
单立咬口	用于圆形风管的环向接缝
转角咬口	用于矩形风管的纵向接缝和矩形弯管、三通的转角缝的连接
联合角咬口	用于矩形风管的纵向接缝和矩形弯管、三通的转角缝的连接
按扣式咬口	矩形风管的转角闭合缝

咬口的加工过程主要是折边——咬口成型和咬口相搭接后的压实。要求折边宽度一致、平直均匀，以保证咬口牢固紧密、不漏风。加工咬口可用手工或机械加工。

手工咬口：制作咬口的手工工具比较简单，在折边和压实过程中都采用木方打板和木槌，以免使板面受损。机械咬口：常用的有直线多轮咬口机、圆珠笔形弯头联合咬口机、矩形弯头咬口机和合缝机、按扣式咬口机和咬口压实机等。咬口机一般适用于厚度为1.2mm以内的钢板，其主要过程是由电动机驱动，通过齿轮减速，带动固定在设备上的多对带不同槽型的滚轮旋转。把钢板边插入槽间折压变形，由浅到深循序渐变，被加工成所需要的各种咬口形式。

② 铆钉连接。铆钉连接简称铆接，是将要连接的板材板边搭接，用铆钉穿连铆合在一起。在通风空调工程中板与板的连接已很少使用铆接，但在风管与角钢法兰之间的固定连接仍大量使用铆接。当管壁厚度$\delta \leqslant 1.5$mm时，采用翻边铆接。为避免管外侧受力后容易脱落，故铆接部位应在法兰外侧。

③ 焊接。焊接在通风空调工程中也使用得较为广泛，一般用电焊、气焊、氩弧焊、锡焊。它适用于厚度$\delta > 1.2$mm的薄钢板、厚度$\delta > 1.0$mm的不锈钢板、厚度$\delta > 1.5$mm的铝板。根据材质及部位不同，可采用不同的焊缝形式(图5.20)和焊接方法(表5-9)。

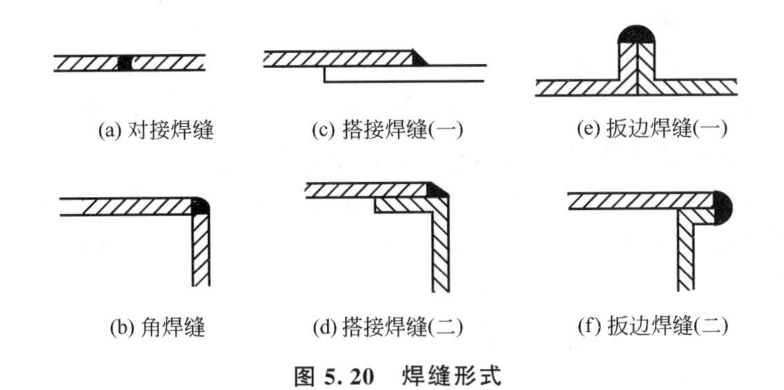

图 5.20 焊缝形式

表 5-9 各种板材适用的焊接方法

焊接方法	适用范围
电焊	$\delta > 1.2$mm的钢板
气焊	$\delta = 0.8 \sim 3.0$mm的钢板，$\delta > 1.5$mm的铝板
氩弧焊	$\delta \leqslant 3$mm的不锈钢板和铝板
锡焊	用于咬口连接的密封

(4) 法兰的制作安装。法兰主要用于风管之间和风管与部、配件之间的延长连接，对于直段风管，法兰还能起加强作用。常用的法兰有扁钢法兰和等边角钢法兰。

圆形风管法兰加工顺序：下料→卷圆→焊接→找平→钻孔。法兰卷圆分为手工煨制和机械卷圆。机械卷圆用法兰煨弯机进行。

矩形风管法兰加工顺序：下料→找正→焊接→钻孔。矩形风管法兰由4根角钢焊接而成。两根长度等于风管一侧边长，另两根等于另一侧边长加上两倍角钢宽度。法兰螺孔间距一般不大于150mm。

5.2.2 通风空调管道的安装

风管的安装应与土建专业及其他相关工艺设备专业的施工配合进行。

(1) 一般送、排风系统和空调系统的安装，需在建筑物的顶面做完、安装部位的障碍物已基本清理干净的条件下进行。

(2) 洁净空调系统的安装，需在建筑内部有关部位的地面干净、墙面已抹灰、室内无大面积扬灰的条件下进行。

在安装前应对到货的设备和加工成品进行检查。

(1) 加工成品的出厂合格证有清单。

(2) 风管、配件有无损坏及遗失，各种阀门、风口等部件的调节装置、开关是否灵活，保温层、油漆层是否损伤。

(3) 金属空调器、除尘器、热交换器、消声器、静压箱、风机盘管、诱导器和通风机等设备的技术文件是否齐全，核对型号、外形尺寸、性能标注等是否与设计要求一致，可动部分是否灵活，接口法兰是否平整，内外部有无锈蚀、开焊、松动、破损等现象。

安装前应对施工现场进行如下检查。

(1) 预留孔洞、支架、设备基础的位置、方向及尺寸是否正确。

(2) 安装场地是否清理干净、安全无碍，安装机具是否齐备。

(3) 本系统的安装同其他专业工程(如给排水、电气照明等)的管线有无相碰之处。

安装工作开始前，还需要进行现场测绘，测绘安装简图。

现场测绘师根据设计，在安装地点测绘管路和设备器具的实际位置、距离尺寸及角度，安装简图是以施工图中的平面图、系统图为依据，结合现场具体条件，画出的通风系统单线图，标出安装距离及各部件尺寸。

风管及部件安装工艺流程如图5.21所示。

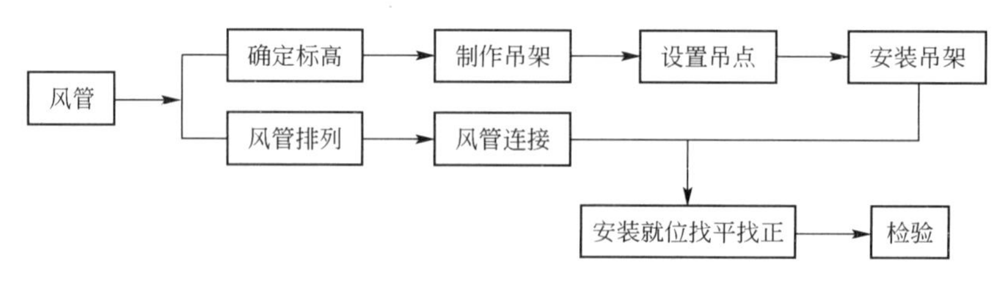

图5.21　风管及部件安装工艺流程

1. 风管支架制作安装

风管一般都是沿屋内楼板、靠墙或柱子敷设的，有的是主管设在技术夹层内。它需要各种形式的支架将其固定支撑在一定空间位置，风管支架的形式基本和钢管支架类似，有吊架、托架和立管管卡等。

支架应在风管吊装前，先栽固在建筑结构上，最好采用膨胀螺栓法安装，这样可以边做支架边安装风管，如采用灌浆法，需待混凝土达到强度以后方可使用。

风管支架根据风管质量和现场情况，可用扁钢、角钢或槽钢制作，吊筋用 ϕ10mm 圆钢。具体选用应按设计要求和参照标准图制作安装。不承重的管箍，可采用镀锌钢板的边角料加工制作。

各种风管支架形式如图 5.22 所示。

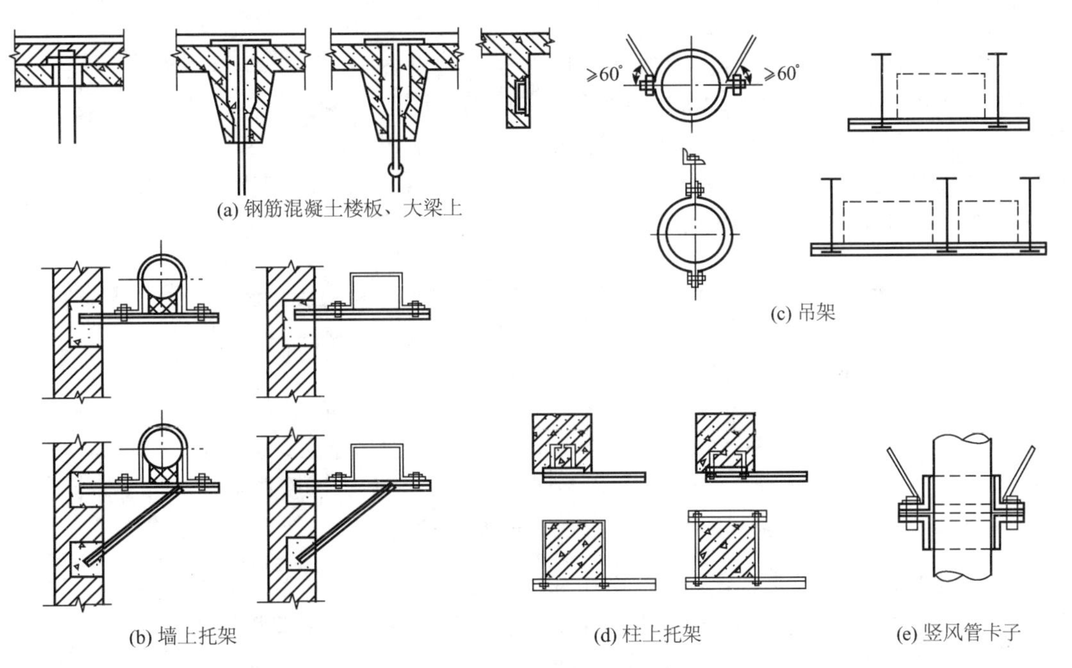

图 5.22 各种风管支架形式

风管支架安装注意事项如下。

(1) 按风管的中心线找出吊杆安装位置(吊点的位置根据风管中心线对称设置，间距按表 5-10 选取)，单吊杆在风管的中心线上，双吊杆可按托架的螺孔间距或风管的中心线对称安装。吊杆与吊件应进行安全可靠的固定，对焊接后的部位应补刷油漆。

表 5-10 吊点位置间距

矩形风管长边或圆形风管直径	水平风管间距		垂直风管间距		最少吊架数
	规范	企业标准	规范	企业标准	
≤400mm	不大于 4m	不大于 3m	不大于 4m	不大于 3.5m	2 副
>400mm、≤1000mm	不大于 3m	不大于 2.5m	不大于 3.5m	不大于 3m	2 副
>1000mm	不大于 2m	不大于 2m	不大于 2m	不大于 2m	2 副

(2) 立管管卡安装时，应先把最上面的一个管件固定好，再用线坠在中心处吊线，下面的风管即可进行固定。

(3) 当风管较长要安装成排支架时，先把两端安好，然后以两端的支架为基准，用拉线法找出中间各支架的标高进行安装。

(4) 吊架、托架不得设置在风口、阀门、检查门及自控机构处，风口或插接管的距离不宜小于200mm。

(5) 抱箍支架的折角应平直，抱箍应紧贴并抱紧风管。安装在支架上的圆形风管应设托座和抱箍，其圆弧应均匀，且与风管外径相一致。

(6) 保温风管的吊架、托架装置宜放在保温层外部，保温风管不得与吊架、托架直接接触，应垫上坚固的隔热防腐材料，其保温厚度与保温层相同，防止产生“热桥”。

2. 风管间的连接

风管最主要的连接方式是法兰连接，除此之外还可采用无法兰连接的形式，包括抱箍式无法兰连接、承插式无法兰连接、插条式无法兰连接。

(1) 法兰连接。风管与扁钢法兰之间的连接可采用翻边连接。风管与角钢法兰之间的连接，当管壁厚度不大于1.5mm时，可采用翻边铆接；当管壁厚度大于1.5mm时，可采用翻边点焊或周边满焊。法兰盘与风管连接方式如图5.23所示。

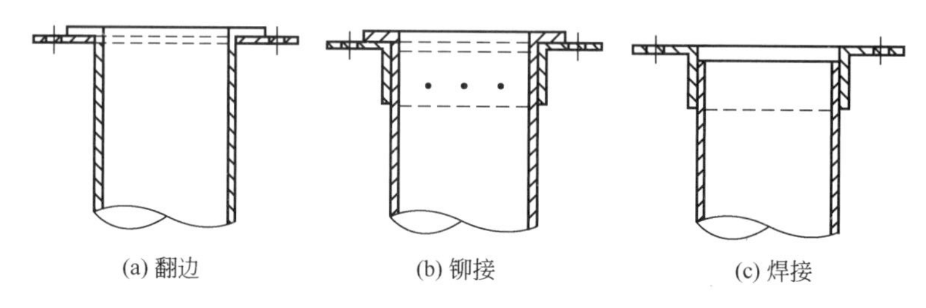

图5.23 法兰盘与风管连接方式

风管由于受材料限制，每段长度均在2m以内，故工程中法兰的数量非常大，密封垫圈及螺栓数量也非常庞大。因此，法兰连接工程中耗钢量大，工程投资大。

(2) 无法兰连接。无法兰连接改进了法兰连接耗钢量大的缺点，可大大降低工程造价。抱箍式无法兰连接主要用于钢板圆风管和螺旋风管连接，先把每一管段的两端轧制出鼓筋，并使其一端缩为小口。安装时按气流方向把小口插入大口，外面用钢制抱箍将两个管端的鼓筋抱紧连接，最后用螺栓穿在耳环中固定拧紧。承插式无法兰连接主要用于矩形或圆形风管连接，先制作连接管，然后插入两侧风管，再用自攻螺钉或抽芯铆钉将其紧密固定。插条式无法兰连接主要用于矩形风管连接，将不同形式的插条插入风管两端，然后压实。

圆形风管无法兰连接形式及各种连接形式的适用范围，见表5-11。

表5-11 圆形风管无法兰连接形式及各种连接形式的适用范围

无法兰连接形式		附件板厚/mm	接口要求	适用范围
承插接口		—	插入深度≥30mm，有密封要求	低压风管，直径＜700mm

续表

无法兰连接形式		附件板厚/mm	接口要求	适用范围
带加强筋承插	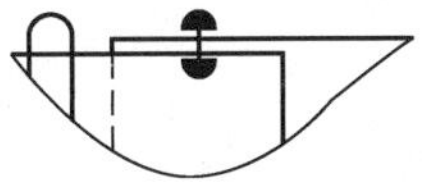	—	插入深度≥20mm，有密封要求	中、低压风管
角钢加固承插	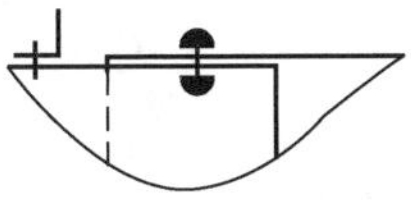	—	插入深度≥20mm，有密封要求	中、低压风管
芯管连接	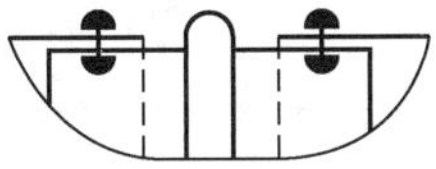	≥管板厚	插入深度≥20mm，有密封要求	中、低压风管
立筋抱箍连接	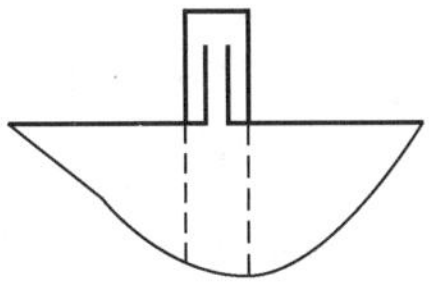	≥管板厚	翻边与楞筋匹配一致，紧固严密	中、低压风管
抱箍连接	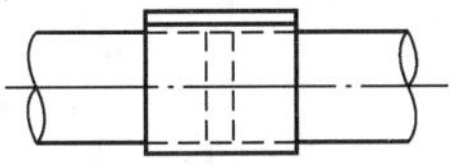	≥管板厚	对口尽量靠近不重叠，抱箍应居中	中、低压风管，宽度≥100mm

矩形风管插条式无法兰连接形式，见表5－12。把钢板加工成不同形状的插条，插入风管的端部进行连接。插条式无法兰连接最好用于不常拆卸的风管系统中。

表5－12 矩形风管插条式无法兰连接形式

无法兰连接形式		附件板厚/mm	适用范围
S形插条	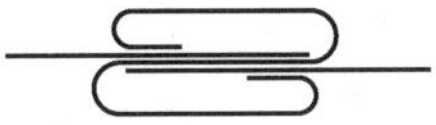	≥0.7	低压风管单独使用连接处必须有固定措施
C形插条		≥0.7	中、低压风管
立插条		≥0.7	中、低压风管
立咬口		≥0.7	中、低压风管
包边立咬口		≥0.7	中、低压风管
薄钢板法兰插条	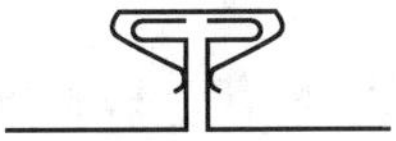	≥1.0	中、低压风管
薄钢板法兰弹簧夹		≥1.0	中、低压风管

续表

无法兰连接形式		附件板厚/mm	适用范围
直角形平插条		≥0.7	低压风管
立联合角形插条		≥0.8	低压风管

3. 风管的加固

对于管径较大的风管，为了使其断面不变形，同时减少由于管壁振动而产生的噪声，需要对管壁进行加固。金属板材圆形风管(不包括螺旋风管)直径大于 800mm，且其管段长度大于 1250mm 或总表面积大于 $4m^2$ 时均需加固；矩形不保温风管当其边长不小于 630mm，保温风管边长不小于 800mm，管段法兰间距大于 1250mm 时，应采取加固措施；非规则椭圆风管加固，可参照矩形风管执行。硬聚氯乙烯风管的管径或边长大于 500mm 时，其与法兰的连接处应设加强板，且间距不得大于 450mm；玻璃风管边长大于 900mm，且管段长度大于 1250mm 时，应采取加固措施。风管加固可采用以下几种形式，如图 5.24所示。

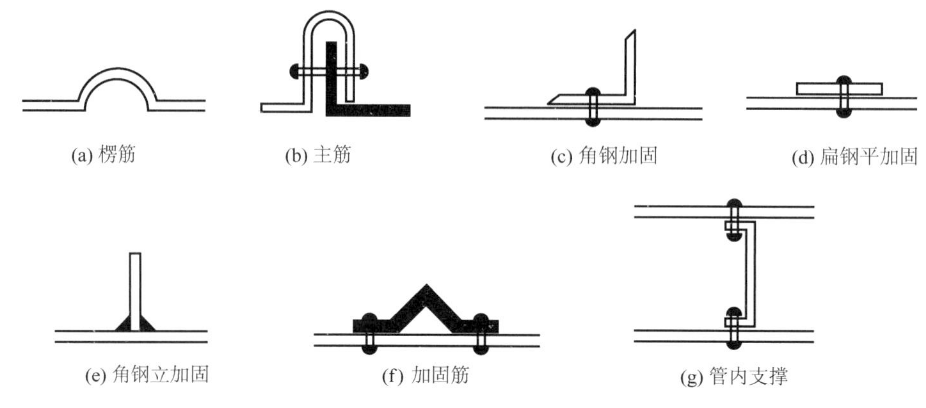

图 5.24　风管加固形式

4. 风管的安装要求

(1) 风管穿墙、楼板一般要预埋管或防护套管，钢套管板材厚度不小于 1.6mm，高出楼面大于 20mm，套管内径应以能穿过风管法兰及保温层为准。需要封闭的防火、防爆墙体或楼板套管内，应用不燃且对人体无害的柔性材料封堵。

(2) 钢板风管安装完毕后需除锈、刷漆，若为保温风管，只刷防锈漆，不刷面漆。

(3) 风管穿屋面应做防雨罩，具体做法如图 5.25 所示。

(4) 风管穿出屋面高度超过 1.5m，应设拉索。拉索用镀锌铁丝制成，并不少于 3 根。拉索不应落在避雷针或避雷网上。

(5) 硬聚氯乙烯风管直管段连续长度大于20m时，应按设计要求设置伸缩节。

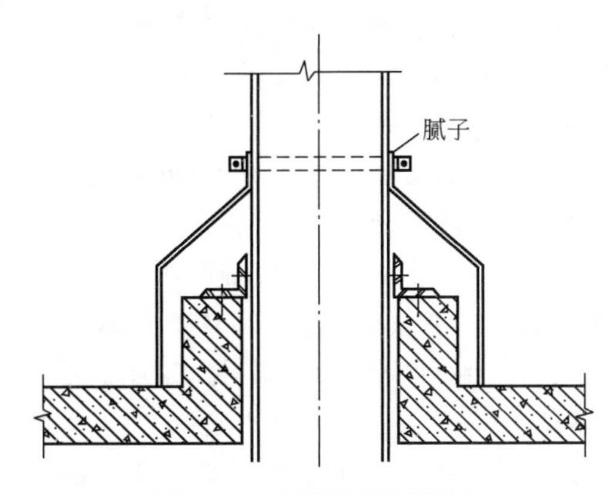

图5.25 风管穿屋面做法

5. 洁净空调系统风管的安装

(1) 风管安装前应对施工现场彻底清扫，做到无产尘作业，并应建立有效的防尘措施。

(2) 风管连接处必须严密；法兰垫料应采用不产尘和不易老化的弹性材料，严禁在垫料表面刷涂料；法兰密封垫应尽量减少接头，接头采用阶梯或企口形式。

(3) 经清洗干净并包装密封的风管及部件，安装前不得拆除。如安装中间停顿，应将端口重新封好。

(4) 风管与洁净室吊顶、隔墙等围护结构的穿越处应严密，可设密封填料或密封胶，不得有渗漏现象发生。

6. 风管的检测

风管系统安装后，必须通过工艺性的检测或验证，合格后方能交付下道工序。风管检验以主干管为主，其强度和严密性应符合设计要求。

(1) 风管的强度应能满足在1.5倍工作压力下接缝处无开裂。

(2) 风管严密性检测方法有漏光检测法和漏风量检测法两种。

在加工工艺得到保证的前提下，低压系统可采用漏光检测法，按系统总量的5%检查，且不得少于一个系统。检测不合格时，应按规定抽检率做漏风量检测。中压系统风管应在系统漏光检测合格后，对系统进行漏风量的抽查，抽检率为20%，且不得少于一个系统。高压系统应全部进行漏风量检测。

洁净空调系统风管的严密性检测，洁净等级为1～5级的系统，按高压系统风管的规定执行；洁净等级为6～9级的系统，按低压系统风管的规定执行。排烟、除尘、低温送风系统，按中压系统风管的规定执行。

被抽查的系统，若检测结果全部合格，则视为通过；若有不合格，则应再加倍检查，直至全数合格。

特别提示

(1) 漏光检测法。漏光检测法是利用光线对小孔的强穿透力，对系统风管严密程度进行检测的方法。检测应采用具有一定强度的安全光源。手持移动光源可采用不低于100W带保护罩的低压照明灯，或其他低压光源。系统风管在进行漏光检测时，光源可置于风管内侧或外侧，但其相对侧应为暗黑环境。检测光源应沿着被检测接口部位与接缝做缓慢移动，在另一侧进行观察，当发现有光线射出时，则说明查到明显漏光处，并应做好记录。

对系统风管的检测，宜采用分段检测、汇总分析的方法。在对风管的制作与安装实施了严格的质量管理的基础上，系统风管的检测以总管和干管为主。当采用漏光检测法检测系统的严密性时，低压系统风管以每10m接缝，漏光点不大于两处，且100m接缝平均不大于16处为合格；中压系统风管以每10m接缝，漏光点不大于1处，且100m接缝平均不大于8处为合格。漏光检测中对发现的条缝形漏光，应做密封处理。

(2) 漏风量检测法。漏风量测试应选用专用测量仪器，如漏风测试仪。测试前，被测系统风管的所有开口处均应严密封闭，不得漏风，将专用的漏风量测试装置用软管与被测系统风管连接。开启漏风量测试装置的电源，调节变频器的频率，使系统风管内的静压达到设定值后，测出漏风量测试装置上流量节流器的压差值ΔP。测出流量节流器的压差值ΔP后，按公式$Q=f(\Delta P)(m^3/h)$计算出流量值，该流量值$Q(m^3/h)$再除以被测系统风管的展开面积$F(m^2)$，即为被测系统风管在实验压力下的漏风量$Q_A[m^3/(h\cdot m^2)]$。当被测系统风管的漏风量$Q_A[m^3/(h\cdot m^2)]$超过设计的规定时，应查出漏风部位(可用听、摸、观察、肥皂水或烟气检漏)，做好标记，并在修补后重新测试，直至合格。

此外，通风空调管道安装过程还包括加固过程，按需加强风管的边长，用砂轮切割机下料，切断镀锌管。在镀锌管两端，各放入60mm长圆木条，用夹钳将圆木条固定在镀锌管两端，按设计要求用钢尺在风管面确定加强点。将镀锌管插入风管内，在两端各垫一块圆垫片，将镀锌管置于圆垫片的中心并对准加强点。在风管外加强点上放置一片圆垫片和一片密封垫圈，并将圆垫片和密封垫圈的中心对准加强点。用自攻螺钉穿过密封垫圈、圆垫片，并从加强点穿过风管板材，穿过内置圆垫片，拧紧在圆木条内。检查加强杆是否安装牢固、平直，螺钉是否拧紧。在要求严格的地方，可用全丝螺杆加固。

5.2.3 通风阀部件及消声器制作与安装

1. 阀门制作安装

阀门制作按照国家标准图集进行，并按照《通风与空调工程施工质量验收规范》(GB 50243—2016)的要求进行验收。阀门与管道间的连接方式一样，主要是法兰连接。通风空调工程中常用的阀门有以下几种。

(1) 调节阀。其有对开多叶调节阀、蝶阀、防火调节阀、三通调节阀、插板阀等。插板阀安装阀板必须为向上拉启，水平安装阀板还应顺气流方向插入。

(2) 防火阀。风管防火阀如图5.26所示。防火阀是通风空调系统中的安全装置，对其质量要求严格，要保证在发生火情时能立即关闭，切断气流，避免火从风道中传播蔓延。通常使用的防火阀采用温感易熔件，熔断点为72℃。当火灾发生时，气温升高，达到易熔件熔断点，易熔片熔化断开，阀板自行关闭，将系统气流切断。制作阀体板厚不应小于2mm，遇热后不能有显著变形。阀门轴承可动部分必须采用耐腐蚀材料制成，以免发生火灾时因锈蚀导致动作失灵。防火阀制成后应做漏风试验。

防火阀有水平安装、垂直安装和左式、右式之分，安装时不可随意改变。阀板开启方向应逆气流方向，不得装反。易熔件材质严禁代用，它安装于气源一侧。

(3) 单向阀。单向阀用于防止风机停止运转后气流倒流。单向阀安装时，开启方向要与气流方向一致。安装在水平位置和垂直位置的止回阀不可混用。

(4) 圆形瓣式启动阀及旁通阀。圆形瓣式启动阀及旁通阀为离心式风机启动用阀门。风管阀门安装前应检查框架结构是否牢固，调节、制动、定位等装置是否准确灵活。

风管阀门安装时，应使阀件的操纵装置便于人工操作。其安装方向应与阀体外壳标注的方向一致。安装完的风管阀门，应在阀体外壳上有明显和准确的开启方向、开启程度的标志。

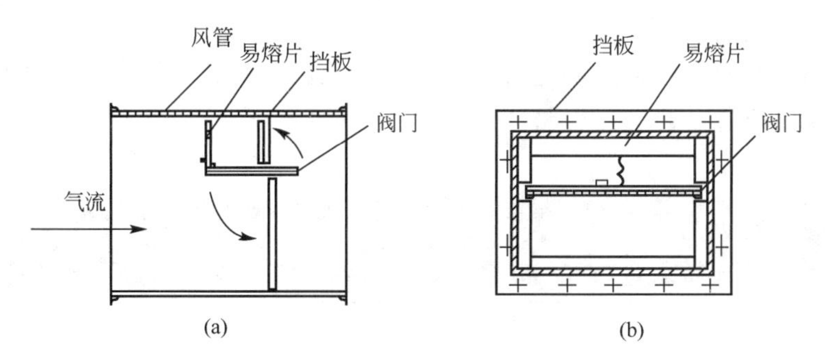

图 5.26 风管防火阀

2. 风口安装

通风系统中风口设置于系统末端，安装在墙上或顶棚上，与风管的连接要严密牢固，边框与建筑装饰面贴实，外表面平整不变形。空调系统常用风口形式有百叶窗式风口、格栅风口、条缝式风口、散流器等。洁净空调系统风口与建筑结构接缝处应加设密封垫料或密封胶。

3. 软管接头安装

软管接头设在离心式风机的出口与入口处，以减小风机的振动及噪声向室内传递。一般通风空调系统的软管接头用厚帆布制成，输送腐蚀性气体时用耐酸橡胶板或厚度为0.8～1.0mm的聚氯乙烯塑料布制成。洁净空调系统则用表面光滑、不易积尘与韧性良好的材料制成，如橡胶板、人造革等。软管接头长度为150～250mm，两端固定在法兰上，一端与风管相连，另一端与风机相接。安装时应松紧适宜，不得扭曲。

当系统风管跨越建筑物的沉降缝时，也应设置软管接头，其长度视沉降缝的宽度适当加长。

4. 消声器安装

消声器内部装设吸声材料，用于消除管道中的噪声。消声器常设置于风机进、出风管上，以及产生噪声的其他空调设备处。消声器可按国家标准图集现场加工制作，也可购买成品，常用的有片式消声器、矿棉管式消声器、聚酯泡沫管式消声器、卡普隆纤维管式消声器、弧形声流式消声器、阻抗复合式消声器、消声弯头等。消声器一般单独设置支架，以便拆卸和更换。普通空调系统消声器可不做保温，但对于恒温恒湿系统，要求较高时，消声器外壳应与风管一样做保温。

特别提示

通风空调系统的管道安装还要做成品保护。

(1) 安装完的风管要保证表面光滑洁净，室外风管应有防雨、防雪措施。

(2) 风管伸入结构风道时，其末端应安装钢板网，以防系统运行时，杂物进入风管内。风管与结构风道的缝隙应封堵严密。

(3) 风管穿越沉降缝时应按设计要求加设套管，套管与风管的间隙用防火填料(软质)封堵严密。

(4) 运输和安装风管时，应避免产生刮伤表面的现象，安装时，尽量减少与铁制物品的接触。

(5) 运输和安装阀件时，应避免由于碰撞而产生执行机构和叶片变形的现象。

(6) 露天堆放应有防雨、防雪措施。

5.3 通风空调系统常用设备安装

引例

我们在5.2节的学习中了解到建筑通风空调系统管道的安装工艺，如果把通风空调系统的管道比喻成人体的血管，那么通风空调系统的设备就是人体的脏器。这些“脏器”的正常工作必须建立在系统完整且不出问题的基础上，那么这些设备如何安装呢？

5.3.1 空调设备安装

1. 空调机组安装

空调机组的安装工艺流程，如图5.27所示。

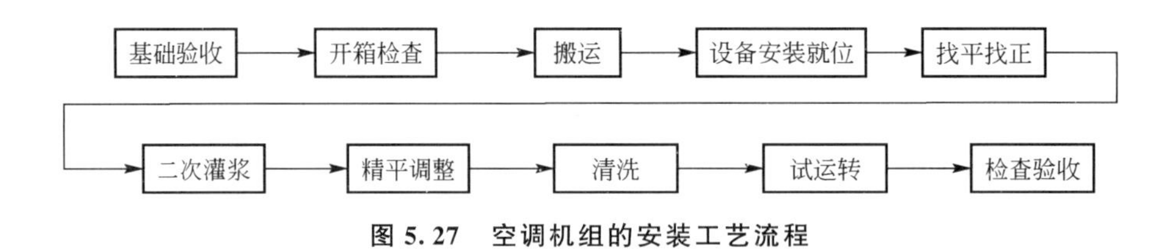

图5.27 空调机组的安装工艺流程

工程中常用的空调机组有装配式空调机组、整体式空调机组和单元式空调机组。

1) 设备基础验收

根据安装图对设备基础的强度、外形尺寸、坐标、标高及减振装置进行认真检查。

2) 设备开箱检查

(1) 开箱前检查外包装有无损坏和受潮。开箱后认真核对设备的名称、型号规格、技术条件是否符合设计要求，产品说明书、合格证、随机清单和设备技术文件应齐全。逐一检查主机附件、专用工具、备用配件等是否齐全，设备表面应无缺陷、缺损、损坏、锈蚀、受潮的现象。

（2）取下风机活动板或通过检查门进入，用手盘动风机叶轮，检查是否与机壳相碰，风机减振部分是否符合要求。

（3）检查表冷器的凝结水部分是否畅通、有无渗漏，加热器及旁通阀是否严密、可靠，过滤器零部件是否齐全，滤料及过滤形式是否符合设计要求。

3）设备运输

空调设备在水平运输和垂直运输之前尽可能不要开箱并保留好底座。现场水平运输时，应尽量采用车辆运输或钢管、跳板组合运输。室外垂直运输一般采用门式提升架或吊车，在机房内采用滑轮、倒链进行吊装和运输。整体设备允许的倾斜角度参照说明书。

4）装配式空调机组安装

（1）阀门启闭应灵活，阀叶须平直。表面式换热器应有合格证，在规定期间内外表面又无损伤时，安装前可不做水压试验，否则应做水压试验。试验压力等于系统最高工作压力的1.5倍，且不低于0.4MPa，试验时间为2～3min，试验时压力不得下降。空调器内挡水板，可阻挡喷淋处理后的空气夹带水滴进入风管内，使空调房间湿度稳定。挡水板安装时前后不得装反。要求机组清理干净，箱体内无杂物。

（2）现场有多套空调机组，安装前将段体进行编号，切不可将段体互换调错，并按厂家说明书，分清左式、右式，段体排列顺序应与图纸吻合。

（3）从空调机组的一端开始，逐一将段体抬上底座就位找正，加衬垫，将相邻两个段体用螺栓连接牢固严密，每连接一个段体前，应将内部清扫干净。装配式空调机组各功能段连接后，整体应平直，检查门开启要灵活，水路畅通。

（4）加热段与相邻段体间应采用耐热材料作为垫片。

（5）喷淋段连接处要严密、牢固可靠，喷淋段不得渗水，喷淋段的检视门不得漏水。积水槽应清理干净，保证冷凝水畅通不溢水。凝结水管应设置水封，水封高度根据机外余压确定，防止空气调节器内空气外漏或室外空气进来。

（6）安装空气过滤器时方向应符合以下要求。

① 框式及袋式粗、中效空气过滤器的安装要便于拆卸及更换滤料。过滤器与框架间、框架与空气处理室的维护结构间应严密。

② 自动浸油过滤器的网子要清扫干净，传动应灵活，过滤器间接缝要严密。

③ 卷绕式过滤器安装时，框架要平整，滤料应松紧适当，上下筒平行。

④ 静电过滤器的安装应特别注意平稳，与风管或风机相连的部位设柔性短管，接地电阻要小于4Ω。

⑤ 亚高效、高效过滤器的安装应符合以下规定。按出厂标志方向搬运、存放，安置于防潮洁净的室内。其框架端面或刀口端面应平直，平整度允许偏差为±1mm，外框不得改动。洁净室全部安装完毕，并全面清扫擦净。系统连续试车12h后，方可开箱检查，不得有变形、破损和漏胶等现象，合格后立即安装。安装时，外框上的箭头与气流方向应一致。用波纹板组合的过滤器在竖向安装时，波纹板应垂直于地面，不得反向。过滤器与框架间必须加密封垫料或涂抹密封胶，厚度为6～8mm，定位粘贴在过滤器边框上，用梯形或榫形拼接，安装后的垫料压缩率应大于50%。采用硅橡胶密封时，先清除边框上的杂物

和油污，在常温下挤抹硅橡胶，应饱满、均匀、平整。采用液槽密封时，槽架安装应水平，槽内保持清洁无水迹。密封液宜为槽深的2/3。现场组装的空调机组，应做漏风量测试。

(7) 安装完的空调机组静压为700Pa时，漏风率不大于3%。洁净空调系统机组静压为1000Pa，在室内洁净度低于1000级时，漏风率不应大于2%；洁净度高于或等于1000级时，漏风率不应大于1%。

5) 整体式空调机组安装

(1) 安装前应认真熟悉图纸、设备说明书及有关的技术资料。检查设备零部件、附属材料及随机专用工具是否齐全。制冷设备充有保护气体时，应检查有无泄漏情况。

(2) 空调机组安装时，坐标、位置应正确。基础应达到安装强度。基础表面应平整，一般应高出地面100～150mm。

(3) 空调机组加减振装置时，应严格按设计要求的减振器型号、数量和位置进行安装并找平找正。

(4) 水冷式空调机组的冷却水系统、蒸汽、热水管道，以及电气、动力与控制线路的安装工应持证上岗。充注冷冻剂和调试应由制冷专业人员按产品说明书的要求进行。

6) 单元式空调机组安装

(1) 分体式空调机组和风冷整体式空调机组的安装。安装位置应正确，目测呈水平，凝结水的排放应畅通。周边间隙应满足冷却风的循环。制冷剂管道连接应严密无渗漏。穿过的墙孔必须密封，雨水不得渗入。

(2) 水冷柜式空调机组的安装。安装时其四周要留有足够空间，方能满足冷却水管道连接和维修保养的要求。机组安装应平稳。冷却水管连接应严密，不得有渗漏现象，应按设计要求设有排水坡度。

(3) 窗式空调器的安装。其支架的固定必须牢靠，应有遮阳、防雨措施，但注意不得妨碍冷凝器的排风。安装时其凝结水盘应有坡度，出水口设在水盘最低处，应将凝结水从出水口用软塑料管引至排放地。安装后，其面板应平整，不得倾斜，用密封条将四周封闭严密。运转时应无明显的窗框振动和噪声。

2. 风机盘管及诱导器安装

风机盘管及诱导器的安装工艺流程如图5.28所示。

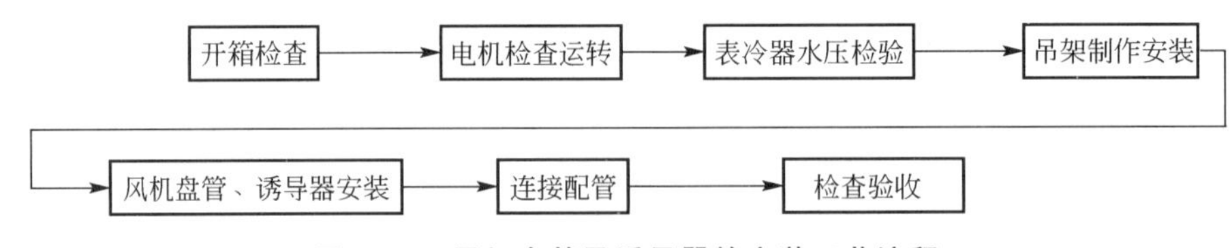

图5.28　风机盘管及诱导器的安装工艺流程

1) 基础验收

(1) 风机安装前应根据设计图纸对设备基础进行全面检查，坐标、标高及尺寸应符合设备安装要求。

(2) 风机安装前，应在基础表面铲出麻面，以使二次浇灌的混凝土或水泥能与基础紧密结合。

2）通风机检查及搬运

（1）按设备装箱清单清点，核对叶轮、机壳和其他部位的主要尺寸，检查是否符合设计要求，做好检验记录。

（2）进、出风口的位置、方向及叶轮旋转方向应符合设备技术文件的规定。

（3）检查风机外露部分应无锈蚀，转子的叶轮和轴径，齿轮的齿面和齿轮轴的轴径等装配零部件的重要部位无变形或锈蚀、碰损的现象。

（4）进、出风口应有盖板严密遮盖，防止尘土和杂物进入。

（5）搬运设备应有专人指挥，使用的工具及绳索必须符合安全要求。

（6）现场组装风机，绳索的捆缚不得损伤机件表面，轴径和轴封等处均不应作为捆缚部位。

3）设备清洗

（1）风机安装前，应将组装配合面、滑动面轴承、传动部位及调节机构进行拆卸、清洗，使其转动灵活。

（2）用煤油或汽油清洗轴承时严禁吸烟或用火，以防发生火灾。

4）风机安装

（1）风机就位前，按设计图纸并依据建筑物的轴线、边缘线及标高线放出安装基准线，将设备基础表面的油污、泥土、杂物和地脚螺栓预留孔内的杂物清除干净。

（2）整体安装的风机，搬运和吊装的绳索不得捆绑在转子和机壳上盖或轴承盖的吊环上。风机吊至基础上后，用垫铁找平，垫铁一般应放在地脚螺栓两侧，斜垫铁必须成对使用，风机安装好后，同一组垫铁应点焊在一起，以免受力时松动。

（3）风机安装在无减振器的支架上，应垫4～5mm厚的橡胶板，找平找正后固定牢。

（4）风机安装在有减振器的机座上时，地面要平整，各组减振器承受的荷载压缩量应均匀，不偏心，安装后采取保护措施，防止损坏。

（5）通风机的机轴应保持水平，水平度偏差不应大于0.1/1000；风机与电动机用联轴器连接时，两轴中心线应在同一直线上，联轴器径向位移不应大于0.025mm，两轴线倾斜度不应大于0.2/1000。

（6）通风机与电动机三角皮带传动时，应对设备进行找正，以保证通风机与电动机的轴线平行，并使两个皮带轮的中心线重合。三角皮带扯紧程度控制在用手敲打已装好的皮带中间，以稍有弹跳为准。

（7）安装通风机与电动机的传动皮带轮时，操作者应紧密配合，防止将手碰伤。转动皮带轮时不得把手指插入皮带轮内，防止发生事故。

（8）风机的传动装置外露部分应安装防护罩，风机的吸入口或吸入管直通大气时，应加装保护网或其他安全装置。

（9）通风机出口的接出风管应顺叶轮旋转方向接出弯管。在现场条件允许的情况下，应保证出口至弯管的距离 A 不小于风口出口长边尺寸的1.5～2.5倍。如果受现场条件限制达不到要求，应在弯管内设导流叶片弥补。

（10）输送特殊介质的通风机转子和机壳内如涂有保护层应严加保护。

（11）大型组装轴流式风机叶轮与机壳的间隙应均匀分布，符合设备技术文件要求。叶轮与主体风筒对应两侧间隙允许偏差见表5-13。

表 5-13　叶轮与主体风筒对应两侧间隙允许偏差　　　　单位：mm

叶轮直径	≤600	600～1200	1200～2000	2000～3000	3000～5000	5000～8000	＞8000
对应两侧间隙之差	0.5	1	1.5	2	3.5	5	6.5

(12) 通风机附属的自控设备和观测仪器、仪表安装，应按设备技术文件规定执行。

5) 诱导器安装

诱导器安装前必须逐台进行质量检查，检查项目如下。

(1) 各连接部分不得有松动、变形、破裂等情况；喷嘴不能脱落、堵塞。

(2) 静压箱封头处缝隙密封材料不能有裂痕和脱落；一次风调节阀必须灵活可靠，并调到全开位置。

诱导器经检查合格后按设计要求就位安装，并检查喷嘴型号是否正确。

(1) 暗装卧式诱导器应用吊架、托架固定，并便于拆卸和维修。

(2) 诱导器与一次风管连接处应严密，防止漏风。

(3) 诱导器水管接头方向和回风面朝向应符合设计要求。立式双面回风诱导器为利于回风，靠墙一面应留 50mm 以上空间。卧式双面回风诱导器，要保证靠楼板一面留有足够空间。

5.3.2 通风机安装

通风机作为通风空调系统的主要设备之一，常用的型号有离心式和轴流式。按压力等级不同离心式风机可分为低压($H \leqslant 1000$Pa)、中压($1000 < H \leqslant 3000$Pa)、高压($H > 3000$Pa)；轴流式风机可分为低压($H \leqslant 500$Pa)、高压($H > 500$Pa)。本专业多用低压。

常用通风机型号参数表示如图 5.29 所示。

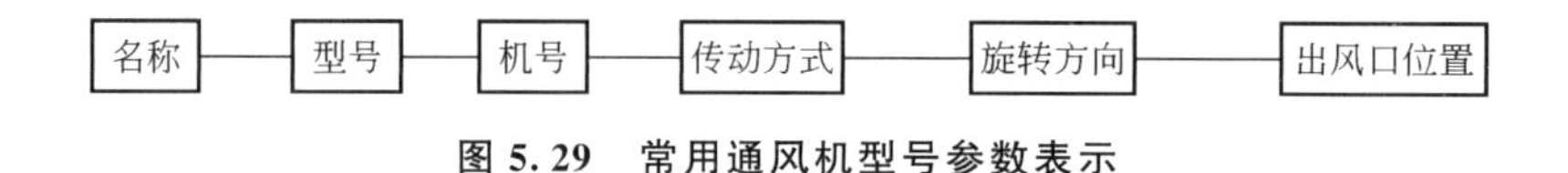

图 5.29　常用通风机型号参数表示

名称即在通风机型号前冠以用途字样，也可忽略不写，或用简写字母代替。离心式风机用途代号见表 5-14。

表 5-14　离心式风机用途代号

用　途	代　号		
	汉　字	汉语拼音	简　写
除尘风机	除尘	CHEN	C
输送煤粉	煤粉	MEI	M
防腐蚀	防腐	FU	F
工业炉吹风	工业炉	LU	L

续表

用　　途	代　　号		
	汉　　字	汉语拼音	简　　写
耐高温	耐温	WEN	W
防爆	防爆	BAO	B
矿井通风	矿井	KUANG	K
锅炉引风	引风	YIN	Y
锅炉通风	锅炉	GUO	G
冷却塔通风	冷却	LENG	LE
一般通风	通风	TONG	T
特殊通风	特殊	TE	E

型号用来表示风机的压力系数、比转数、设计序号等。如离心式风机型号 4－72－11，4 表示压力系数为 0.4，72 表示比转数，11 表示单侧吸入、第一次设计。

通风机中机号用叶轮直径的分米数来表示，其尾数四舍五入，前面冠以符号“NO”。

通风机传动方式有 6 种，其说明及图示见表 5－15 和如图 5.30 所示。

表 5－15　通风机传动方式说明

传动方式代号		A	B	C	D	E	F
传动方式	离心式风机	直联电动机	带轮在两轴承中间	带轮在两轴承外侧	联轴器传动	两支撑带轮在外侧	双支撑联轴器传动
	轴流式风机	直联电动机	带轮在两轴承中间	带轮在两轴承外侧	联轴器传动（有风筒）	联轴器传动（无风筒）	齿轮传动

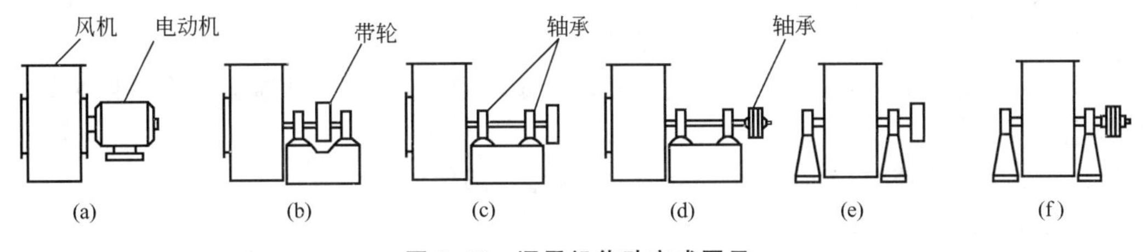

图 5.30　通风机传动方式图示

离心式风机叶轮回转方向有左右之分，从电动机一侧看，顺时针旋转为“右”，逆时针旋转为“左”。

离心式风机出风口位置以角度表示，基本有 8 个方向，如图 5.31 所示。

通风机安装的基本工艺流程如图 5.32 所示。

1. 离心式风机的安装

离心式风机安装前首先应开箱检查，根据设备清单核对型号规格等是否符合设计要求；用手拨动叶轮等部位检查活动是否灵活，有无卡壳现象；检查风机外观有无缺陷。

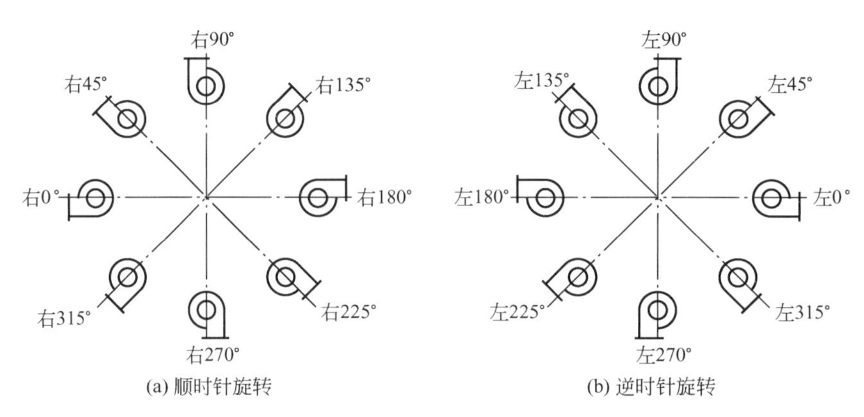

图 5.31 离心式风机出风口位置

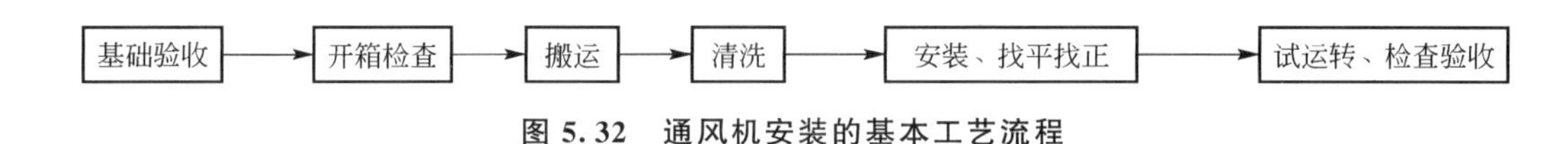

图 5.32 通风机安装的基本工艺流程

安装前根据不同连接方式检查风机、电动机和联轴器基础的标高、尺寸及位置，基础预留地脚螺栓位置、大小等是否符合安装要求。

将风机机壳放在基础上，放正并穿上地脚螺栓(暂不拧紧)，再把叶轮、轴承和带轮的组合体吊放在基础上，叶轮穿入机壳，穿上轴承箱底座的地脚螺栓，将电动机吊装上基础。分别对轴承箱、电动机、风机进行找平找正，找平用平垫铁或斜垫铁，找正以风机为准，轴心偏差在允许范围内。垫铁与底座之间焊牢。

在混凝土基础预留孔洞及设备底座与混凝土基础之间灌浆，灌浆的混凝土强度等级应比基础的强度等级高一级，待混凝土初凝后再检查一次各部分是否平正，最后上紧地脚螺栓。

风机在运转时所产生的结构振动和噪声，对通风空调的效果不利。为消除或减少噪声和保护环境，应采取减振措施。一般在设备底座、支架与楼板或基础之间设置减振装置，减振装置支撑点一般不少于 4 个。减振装置有以下几种形式。

(1) 弹簧减振器。常用的有 ZT 型阻尼弹簧减振器、JD 型弹簧减振器和 TJ 型弹簧减振器等。

(2) JG 系列橡胶剪切减振器。其用橡胶和金属部件组合而成。

(3) JD 型橡胶减振垫。

各种减振装置安装示意图如图 5.33 所示。

通风机传动机构外露部分及直通大气的进、出风口必须装设防护罩(网)或采取其他安全措施，防护罩具体做法可参见国标图集。

2. 轴流式风机的安装

轴流式风机多安装于风管中间、墙洞内或单独安装于支架上。在风管内安装的轴流式风机与在支架上安装的风机相同，即将风机底座固定在角钢支架上，支架按照设计要求标高及位置固定于建筑结构之上，支架钻螺栓孔位置与风机底座相匹配，并且在支架与底座之间垫上 4～5mm 厚橡胶板，找平找正拧紧螺栓即可。轴流式风机安装时应留出电动机检

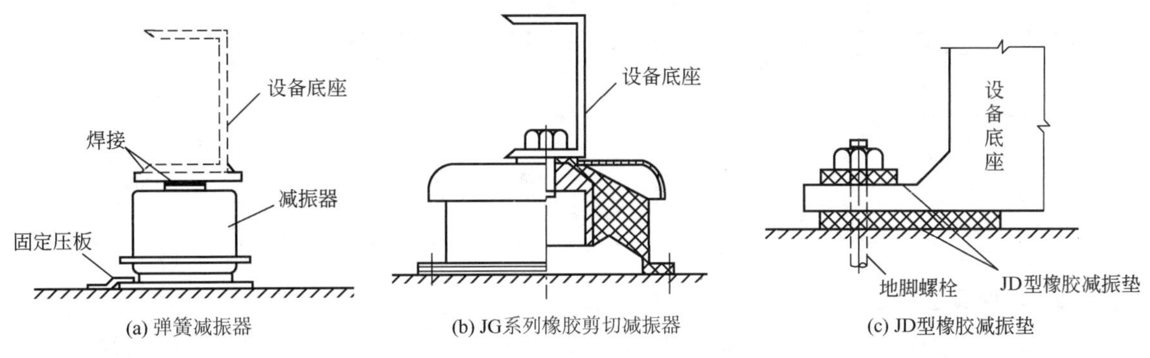

图 5.33 各种减振装置安装示意图

查接线用的孔。

在墙洞内安装的轴流式风机，应在土建施工时预留孔洞，孔洞的尺寸、位置及标高应符合要求，并在孔洞四周预埋风机框架及支座。安装时，风机底座与支架之间垫减振橡胶板，并用地脚螺栓连接，四周与挡板框拧紧，在外墙侧安装45°的防雨雪弯管。

特别提示

通风空调系统设备的安装必须在以下作业条件下进行。

(1) 土建主体施工完毕、设备基础及预埋件的强度达到安装条件。

(2) 安装前检查现场，应具备足够的运输空间及场地。应清理干净设备安装地点，要求无影响设备安装的障碍物及其他管道、设备、设施等。

(3) 设备和主、辅材已运抵现场，安装所需机具已准备齐全，且有安装前检测用的场地、水源、电源。

5.4 通风空调系统施工图识读

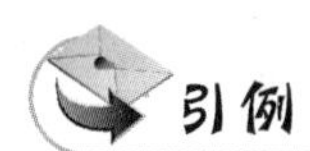

引例

要创造一个舒适的室内环境离不开通风空调系统。因此，暖通空调已成为现代化建筑必不可少的设备，暖通空调产业进入了黄金时期。本例为某大夏多功能厅的空调系统，该通风空调系统施工图向我们透露了哪些信息?

5.4.1 通风空调系统施工图的一般规定

通风空调系统施工图应符合《建筑给水排水制图标准》(GB/T 50106—2010)和《暖通空调制图标准》(GB/T 50114—2010)的有关规定。

1. 比例规定

常用通风空调系统施工图的比例，见表5-16。

表 5-16　常用通风空调系统施工图的比例

名　　称	比　　例
总平面图	1∶300、1∶500、1∶1000
剖面图等基本图	1∶50、1∶100、1∶150、1∶200
大样图、详图	1∶1、1∶2、1∶5、1∶10、1∶20、1∶50
工艺流程图、系统原理图	无比例

2. 风管标注规定

矩形风管的标高标注在风管底部，圆形风管为风管中心线标高。圆形风管的管径用 ϕ 表示，如 ϕ120 表示直径为 120mm 的圆形风管。矩形风管断面尺寸用长×宽表示，如 200mm×100mm 表示长 200mm、宽 100mm 的矩形风管。

3. 图例规定

通风空调系统施工图上的图形不能反映实物的具体形象与结构，它采用了国家规定的统一图例来表示，这是通风空调系统施工图的一个特点，也是对阅读者的一个要求。阅读前，首先应了解并掌握与图纸有关的图例所代表的含义。

风道代号和常用通风空调系统施工图的图例，见表 5-17 和表 5-18。

表 5-17　风道代号

代号	风道名称	代号	风道名称
K	空调风管	HF	回风管(一、二次回风可附加 1、2 区别)
SF	送风管	PF	排风管
XF	新风管	P（Y）	排风排烟兼用风管

表 5-18　常用通风空调系统施工图的图例

序　　号	名　　称	图　　例	备　　注
1	矩形风管	***×***	宽×高（mm）
2	圆形风管	ϕ***	ϕ 直径（mm）
3	风管向上		—
4	风管向下		—
5	风管上升摇手弯		—
6	风管下降摇手弯		—
7	天圆地方		左接矩形风管，右接圆形风管

续表

序号	名称	图例	备注
8	软风管		—
9	圆弧形弯头		—
10	带导流片的矩形弯头		—
11	消声器		
12	消声弯头		—
13	消声静压箱		—
14	风管软接头		—
15	对开多叶调节风阀		—
16	蝶阀		—
17	插板阀		—
18	止回风阀		—
19	余压阀	DPV DPV	—
20	三通调节阀		—
21	防烟、防火阀	*** ***	***表示防烟、防火阀名称代号
22	方形风口		—
23	条缝形风口		—
24	矩形风口		—
25	圆形风口		—
26	侧面风口		—
27	防雨百叶		—

续表

序　号	名　称	图　例	备　注
28	检修门		—
29	气流方向		左为通用表示法，中表示送风，右表示回风
30	远程手控盒	B	防排烟用
31	防雨罩		—

通风空调系统施工图的基本规定和图样画法如下。

(1) 通风空调管道和设备布置平面图、剖面图应以直接正投影法绘制。管道系统图的基本要求应与平面图、剖面图相对应，如采用轴测投影法绘制，宜采用与相应的平面图一致的比例，按正等轴测图或正面斜二轴测图的投影规则绘制。原理图(即流程图)不按比例和投影规则绘制，其基本要求是应与平面图、剖面图及管道系统图相对应。

(2) 通风空调系统施工图依次包括图纸目录、选用图集(纸)目录、设计施工说明、图例、设备及主要材料表、总图、工艺(原理)图、系统图、平面图、剖面图、详图等。

(3) 设备表一般包括序号、设备名称、技术要求、数量、备注栏。

主要材料表一般包括序号、材料名称、规格或物理性能、数量、单位、备注栏。设备部件需标明其型号、性能时，可用明细栏表示。

(4) 通风空调系统施工图图样包括平面图、剖面图、详图、系统图和原理图。通风空调平面图应按本层平顶以下俯视绘出，剖面图应在其平面图上选择能反映该系统全貌的部位直立剖切。通风空调剖面图剖切的视向宜向上、向左。平面图、剖面图应绘出建筑轮廓线，标出定位轴线编号、房间名称，以及与通风空调系统有关的门、窗、梁、柱、平台等建筑构配件。

平面图、剖面图中的风管宜用双线绘制，以便增加直观感。风管的法兰盘可用单线绘制。平面图、剖面图中的各设备、部件等宜标注编号。通风空调系统如需编号时，宜用系统名称的汉语拼音字头加阿拉伯数字进行编号，如送风系统 S-1、S-2 等，排风系统 P-1、P-2 等。设备的安装图应由平面图、剖面图、局部详图等组成，图中各细部尺寸应标注清楚。

通风空调系统图是施工图的重要组成部分，也是区别于建筑、结构施工图的一个主要特点。它可以形象地表达出通风空调系统在空间的前后、左右、上下的走向，以突出系统的立体感。为使图样简洁，系统图中的风管宜按比例以单线绘制。对系统的主要设备、部件应标注编号，对各设备、部件、管道及配件要表示出它们的完整内容。系统图宜注明管径、标高，其标注方法应与平面图、剖面图一致。图中的土建标高线，除注明其标高外，还应加文字说明。

当一个工程设计中同时有供暖、通风空调等两个或两个以上不同系统时，应进行系统

编号。系统代号、编号和立管的画法如图 5.34 所示。

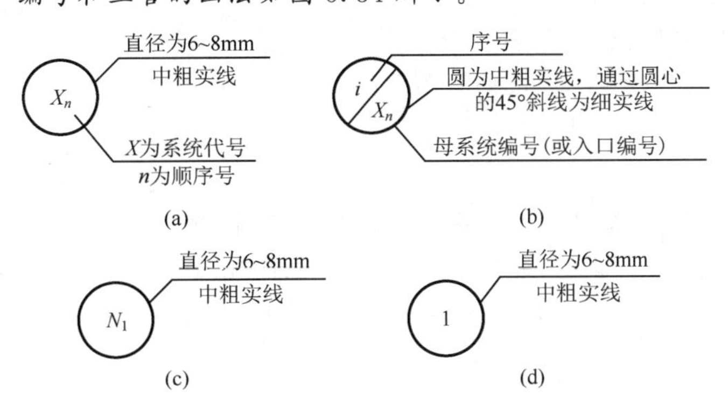

图 5.34　系统代号、编号和立管的画法

5.4.2　通风空调系统施工图的组成

通风空调系统施工图一般由两大部分组成，即文字部分和图纸部分。文字部分包括图纸目录、设计施工说明、设备及主要材料表。图纸部分包括基本图和详图。基本图包括通风空调系统的平面图、剖面图、系统图（轴测图）、原理图等。详图包括系统中某局部或部件的放大图、加工图、施工图等。如果详图中采用了标准图或其他工程图纸，那么在图纸目录中必须附有说明。

1. 文字部分

1）图纸目录

其包括在工程中使用的标准图或其他工程图纸目录和该工程设计图纸目录。在图纸目录中必须完整地列出该工程设计图纸名称、图号、工程号、图幅大小、备注等。

2）设计施工说明

设计施工说明具体包括以下内容。

（1）需要设置通风空调系统的建筑概况。

（2）通风空调系统采用的设计气象参数。

（3）空调房间的设计条件，包括冬季、夏季的空调房间内空气的温度、相对湿度(或湿球温度)、平均风速、新风量、噪声等级、含尘量等。

（4）空调系统的划分与组成，包括系统编号、系统所服务的区域、送风量、设计负荷、空调方式、气流组织等。

（5）空调系统的设计运行工况(只有要求自动控制时才有)。

（6）风管系统包括统一规定、风管材料及加工方法、支架要求、阀门安装要求、减振做法、保温要求等。

（7）水管系统包括统一规定、管材、连接方式、支架做法、减振做法、保温要求、阀门安装要求、管道试压、清洗等。

（8）制冷设备、空调设备、供暖设备、水泵等的安装要求及做法。

（9）风管、水管、设备、支架等的除锈、油漆要求及做法。

（10）调试和试运行方法及步骤。

(11) 应遵守的施工规范、规定等。

3) 设备及主要材料表

设备及主要材料的型号、数量一般在设备及主要材料表中给出。

2. 图纸部分

1) 平面图

平面图包括建筑物各层通风空调系统平面图、空调机房平面图、制冷机房平面图等。

(1) 通风空调系统平面图。通风空调系统平面图主要说明通风空调系统的设备、风道、冷热媒管道、凝结水管道的平面布置。通风空调系统主要包括如下内容。

① 风管系统。

② 水管系统。

③ 空气处理设备。

④ 尺寸标注。

此外，对于引用标准图集的图纸，还应注明所用的通用图、标准图索引号。对于恒温恒湿房间，应注明房间各参数的基准值和精度要求。

(2) 空调机房平面图。空调机房平面图一般包括以下内容。

① 空气处理设备。其应注明按标准图集或产品样本要求所采用的空调器组合段代号，空调箱内风机、加热器、制冷器、加湿器等设备的型号、数量，以及该设备的定位尺寸。

② 风管系统。其用双线表示，包括与空调箱相连接的送风管、回风管、新风管。

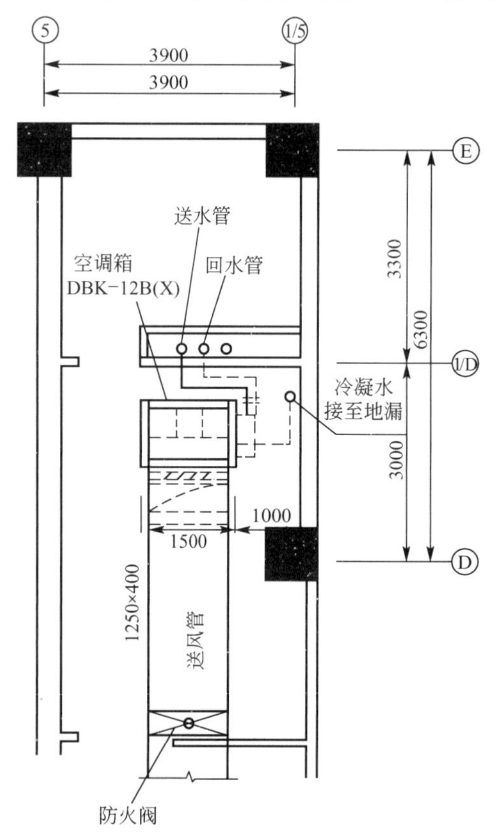

图 5.35 某大楼底层空调机房平面图

③ 水管系统。其用单线表示，包括与空调箱相连接的冷热媒管道及凝结水管道。

④ 尺寸标注包括各管道、设备、部件的尺寸大小、定位尺寸。

图 5.35 所示为某大楼底层空调机房平面图。

其他的还有消声设备、柔性短管、防火阀、调节阀门的位置尺寸。

(3) 制冷机房平面图。制冷机房与空调机房是两个不同的概念，制冷机房内的主要设备也是空调机房内的主要设备——空调箱(提供冷媒或热媒)。也就是说，与空调箱相连接的冷热媒管道内的液体来自制冷机房，而且最终又回到制冷机房。因此，制冷机房平面图的内容主要有制冷机组的型号与台数、冷冻水泵和冷凝水泵的型号与台数、冷热媒管道的布置，以及各设备、管道和管道上的配件(如过滤器、阀门等)的尺寸大小和定位尺寸。

2) 剖面图

剖面图总是与平面图相对应的，用来说明平面图上无法表明的情况。因此，与平面图相

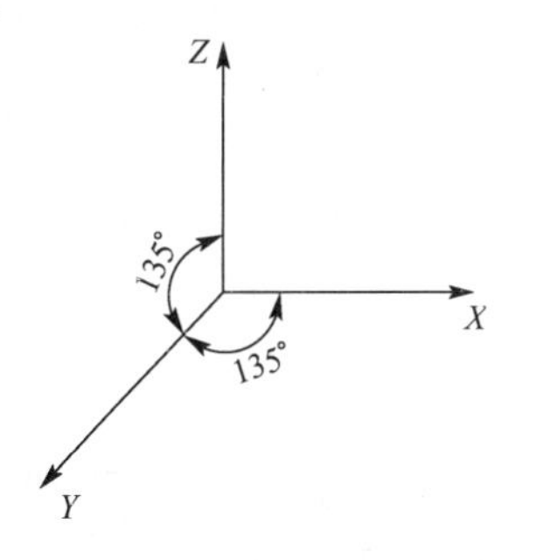

图 5.36 系统图的三维坐标

对应的通风空调系统施工图中的剖面图主要有通风空调系统剖面图、空调机房剖面图和制冷机房剖面图等。至于剖面位置，在平面图上都有说明。剖面图上的内容与平面图上的内容是一致的，有所区别的一点是，剖面图上还标注有设备、管道及配件的高度。

3）系统图(轴测图)

系统图采用的是三维坐标，如图 5.36 所示。它的作用是从总体上表明所讨论的系统构成情况及各种设备的尺寸、型号和数量等。

具体地说，系统图上包括该系统中设备、配件的型号、尺寸大小、定位尺寸、数量，以及连接于各设备之间的管道在空间的曲折、交叉、走向和尺寸大小、定位尺寸等。

系统图上还应注明该系统的编号。图 5.37 所示为用单线绘制的某通风空调系统的系统图。系统图可以用单线绘制，也可以用双线绘制。

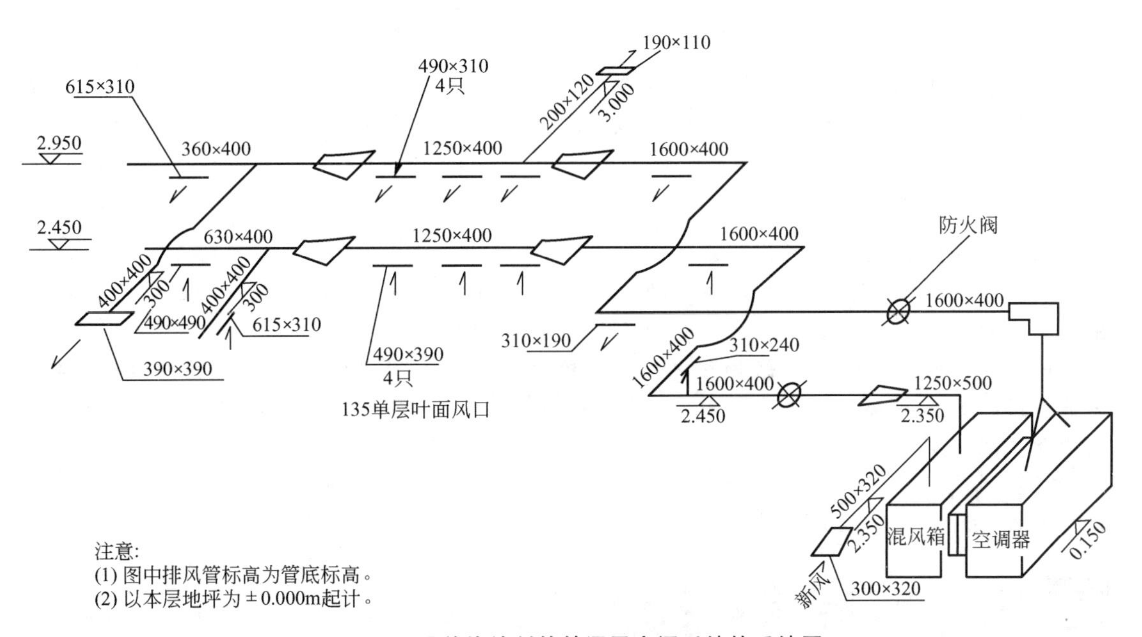

图 5.37 用单线绘制的某通风空调系统的系统图

4）原理图

原理图一般为空调原理图，它主要包括以下内容：系统的原理和流程；空调房间的设计参数、冷热源、空气处理和输送方式；控制系统之间的相互关系；系统中的管道、设备、仪表、部件；整个系统控制点与测点间的联系；控制方案及控制点参数；用图例表示的仪表、控制元件型号等。

5）详图

通风空调系统施工图所需要的详图较多。总的来说，有设备、管道的安装详图，设备、管道的加工详图，设备、部件的结构详图等。部分详图有标准图可供选用。

图 5.38 所示为风机盘管接管详图。

可见，详图就是对图纸主题的详细阐述，而这些是在其他图纸中无法表达但却又必须

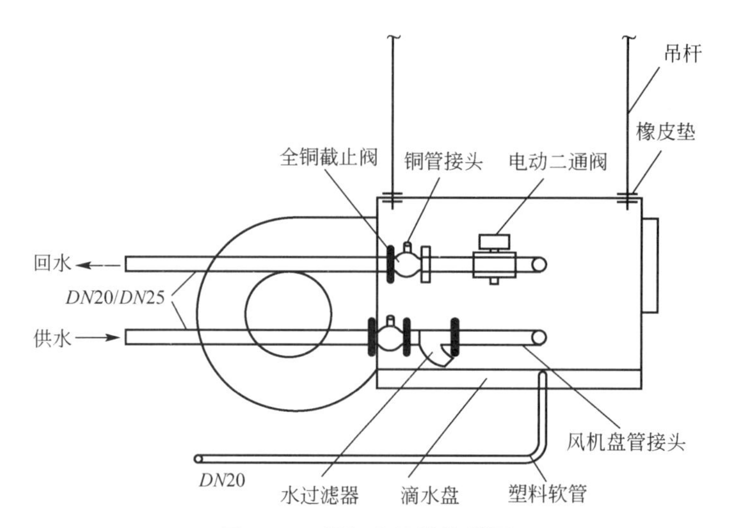

图 5.38　风机盘管接管详图

表达清楚的内容。

以上是通风空调系统施工图的主要组成部分。可以说，通过这几类图纸就可以完整、正确地表述出通风空调工程的设计者的意图，施工人员根据这些图纸就可以进行施工安装了。

特别提示

在阅读这些图纸时，还需注意以下几点。

(1) 通风空调系统平、剖面图中的建筑与相应的建筑平、剖面图是一致的，通风空调系统平面图是在本层平顶以下按俯视图绘制的。

(2) 通风空调系统平、剖面图中的建筑轮廓线只是与通风空调系统有关的部分(包括有关的门、窗、梁、柱、平台等建筑构配件的轮廓线)，同时还标注有各定位轴线编号、间距及房间名称。

(3) 通风空调系统平、剖面图和系统图可以按建筑分层绘制，或按系统分系统绘制，必要时还可对同一系统分段进行绘制。

5.4.3　通风空调系统施工图识读

通风空调系统施工图的识图基础，需要特别强调并掌握以下几点。

1) 空气调节的基本原理与空调系统的基本理论

这些是识图的理论基础，没有这些基本知识，即使有很高的识图能力，也无法读懂通风空调系统施工图的内容。因为通风空调系统施工图是专业性图纸，没有专业知识作为铺垫就不可能读懂图纸。

2) 投影与视图的基本理论

投影与视图的基本理论是任何图纸绘制的基础，也是任何图纸识图的前提。

3) 通风空调系统施工图的基本规定

通风空调系统施工图的一些基本规定，如线型、图例、尺寸标注等，直接反映在图纸上，有时并没有辅助说明。因此，掌握这些规定有助于识图过程的顺利完成，不仅能帮助我们认识通风空调系统施工图，而且有助于提高识图的速度。

1. 通风空调系统施工图的识图方法与步骤

1）阅读图纸目录

根据图纸目录可以了解该工程图纸的概况，包括图纸张数、图幅大小及名称、编号等信息。

2）阅读设计施工说明

根据设计施工说明了解该工程概况，包括空调系统的形式、划分及主要设备布置等信息。在这基础上，确定哪些图纸代表着该工程的特点，哪些属于工程中的重要部分，图纸的阅读就从这些重要图纸开始。

3）阅读有代表性的图纸

在第二步中确定了代表该工程特点的图纸，现在就根据图纸目录，确定这些图纸的编号，并找出这些图纸进行阅读。在通风空调系统施工图中，有代表性的图纸基本上都是反映空调系统布置、空调机房布置、制冷机房布置的平面图，因此，通风空调系统施工图的阅读基本上是从平面图开始的，先是总平面图，然后是其他平面图。

4）阅读辅助性图纸

对于平面图上没有表达清楚的地方，就要根据平面图上的提示(如剖面位置)和图纸目录找出该平面图的辅助图纸进行阅读，包括立面图、侧立面图、剖面图等。对于整个系统可参考系统图。

5）阅读其他内容

在读懂整个通风空调系统的前提下，再进一步阅读设计施工说明与设备及主要材料表，了解通风空调系统的详细安装情况，同时参考加工、安装详图，从而完全掌握图纸的全部内容。

2. 识图举例

下面以某大厦多功能厅的空调系统为例，说明识读通风空调系统施工图的方法和步骤。

(1) 通风空调系统施工图的识读。图 5.39 所示为多功能厅空调平面图，图 5.40 所示为其剖面图，图 5.41 所示为其风管系统轴测图。

从图中可以看出空调箱设在机房内。我们从空调机房开始识读风管系统。在空调机房Ⓒ轴线外墙上有一个带调节阀的风管(新风管)，新风由此新风管从室外将新鲜空气吸入室内。在空调机房②轴线内墙上有一个消声器，这是回风管。空调机房有一个空调箱，从剖面图(图 5.40)可以看出在空调箱侧下部有一个接短管的进风口，新风与回风在空调房混合后，被空调箱由此进风口吸入，经冷热处理后，由空调箱顶部的出风口送至送风干管。送风首先经过防火阀和消声器，继续向前，管径变为 800mm×500mm，又分出第二个分支管，继续前行，流向管径为 800mm×250mm 的分支管，每个送风支管上都有方形散流器(送风口)，送风通过这些散流器送入多功能厅。大部分回风经消声器与新风混合被吸入空调箱的进风口，完成一次循环。

从 A—A 剖面图可看出，房间高度为 6m，吊顶距地面高度为 3.5m，风管暗装在吊顶内，送风口直接开在吊顶面上，风管底标高分别为 4.25m 和 4m，气流组织形式为上送下回式。

从 B—B 剖面图可看出，送风管通过软管接头直接从空调箱上部接出，沿气流方向送风管高度不断减小，从 500mm 变成了 250mm。从剖面图上还可看出 3 个送风支管在总风管上的接口位置及支管尺寸。

(2) 金属空调箱总图的识读。看详图时，一般是在了解这个设备在系统中的地位、用途和工况后，从主要的视图开始，找出各视图间的投影关系，并结合明细表，再进一步了解它的构造和相互关系。

图 5.42 所示为叠式金属空调箱，即标准化的小型空调器，可参见采暖通风标准图集。本图为空调箱的总图，分别为 *A*—*A*、*B*—*B*、*C*—*C* 剖面图。该空调箱总的分为上、下两层，每层 3 段，共 6 段，制造时用型钢、钢板等制成箱体，分 6 段制作，再装上配件和设备，最后再拼接成整体。

① 上层分为中间段、加热和过滤段。中间段没有设备，只供空气从此通过；加热和过滤段，左部为设加热器的部位(本工程没设)，中部顶上的矩形管是用来连接新风管和送风管的，右部为装过滤器的部位。

② 下层分为中间段、喷雾段和风机段。中间段只供空气通过。中部是喷雾段，右部装有导风板，中部有两根冷水管，每根管上接有 3 根立管，每根立管上接有 6 根水平支管，支管端部装尼龙或铜制喷嘴，喷雾段的进、出口都装有挡水板。下部设有水池，喷淋后的冷水经过滤网过滤回到制冷机房的冷水箱以备循环使用，水池设溢水槽和浮球阀。风机段在下部左侧，装有离心式风机，是空调系统的动力设备。空调箱要做厚 30mm 的泡沫塑料保温层。

由上可知，空调箱的工作过程是新风从上层中间顶部进入，向右经空气过滤器过滤、热交换器加热或降温，向下进入下层中间段，再向左进入喷雾段处理，然后进入风机段，由风机压送到上层左侧中间段，经送风口送入与空调箱相连的送风管道系统，最后经散流器进入各空调房间的。

(3) 冷热媒管道施工图的识读。空调箱是空调系统处理空气的主要设备，空调箱需要供给冷冻水、热水或蒸汽。制造冷冻水就需要制冷设备，设置制冷设备的房间称为制冷机房，制冷机房制造的冷冻水要通过管道送到机房的空调箱中，使用过的水经过处理再回到制冷机房循环使用。由此可见，制冷机房和空调机房内均有许多管道与相应设备连接，而要把这些管道和设备的连接情况表达清楚，则要用平面图、剖面图和系统图来表示。一般用单线条来绘制管线图。

图 5.43～图 5.45 所示分别为冷热媒管道底层、二层平面图和管道系统图。

从图中可见，水平方向的管道用单线条画出，立管用小圆圈表示，向上、向下弯曲的管道、阀门及压力表等都用图例来表示，管道都在图样上加注图例说明。

从图 5.43 可以看到从制冷机房接出两根长的管道即冷水供水管 L 与冷水回水管 H，水平转弯后，就垂直向上走。在这个房间内还有蒸汽管 Z、凝结水管 N、排水管 P，它们都吊装在该房间靠近顶棚的位置上，与图 5.44 二层平面图中调-1 管道的位置是相对应的。在制冷机房平面图中还有冷水箱、水泵和相连接的各种管道，同样可根据图例来分析和阅读这些管道的布置情况。由于没有剖面图，可根据管道系统图来表示管道、设备的标高等情况。

图 5.45 画出了制冷机房和空调机房的管道及设备布置情况。从制冷机房和空调机房的调-1 管道系统来看，从制冷机组出来的冷冻水经立管和三通进到空调箱，利用分出的 3 根支管中的两根将冷冻水送到连有喷嘴的喷水管，另一支管接热交换器，给经过热交换器的空气降温。从热交换器出来的冷水回水管 H 与空调箱下的两根冷水回水管汇合，用 *DN*100 的管子接到冷水箱，冷水箱中的水由水泵送到制冷机组进行降温。当系统不工作时，水箱和系统中存留的水都由排水管 P 排出。

总之，在了解整个工程系统的情况下，再进一步阅读设计施工说明、设备及主要材料表及整套施工图纸，对每张图纸要反复对照去看，了解每一个施工安装的细节，从而完全掌握图纸的全部内容。

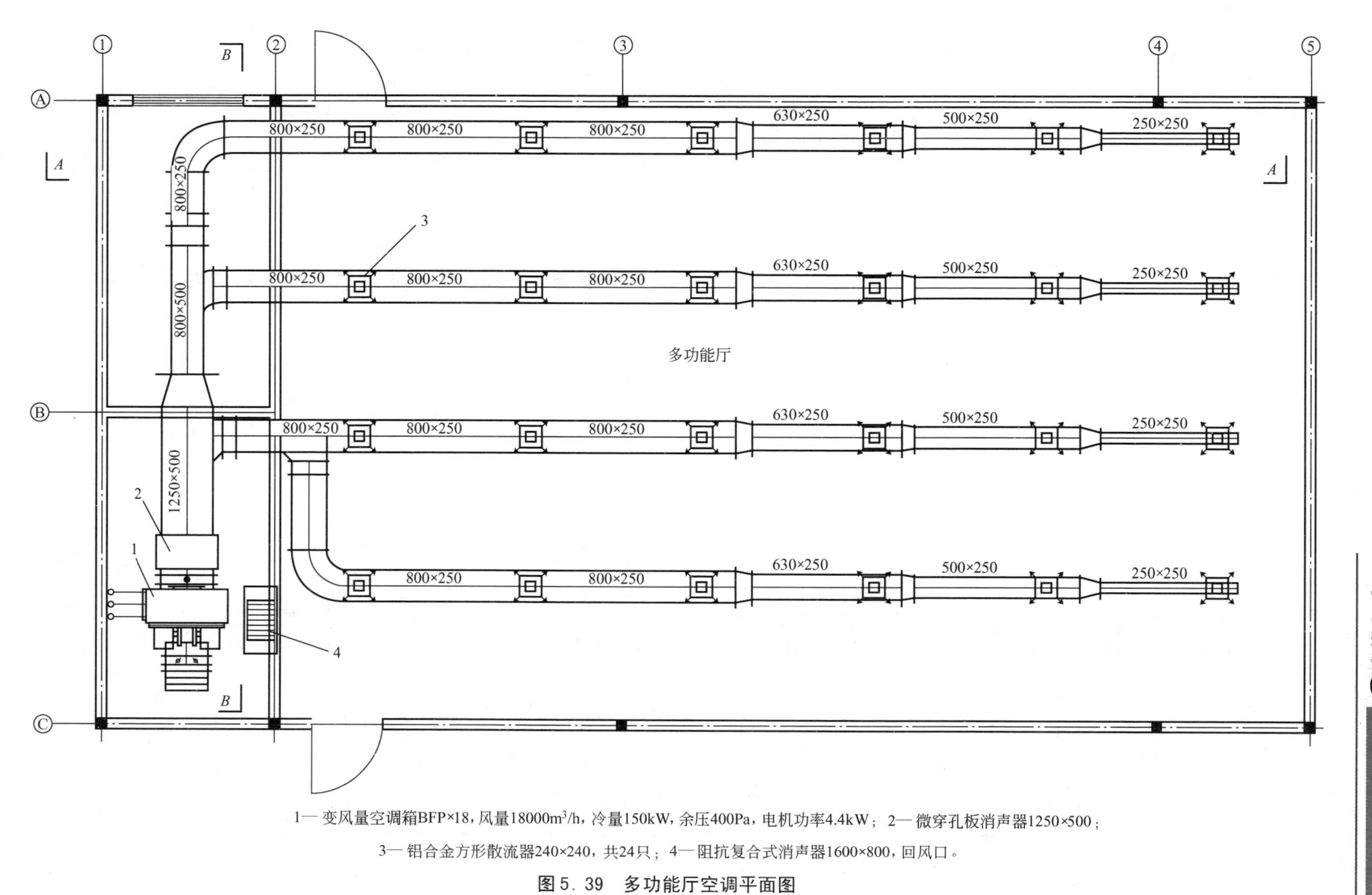

1—变风量空调箱BFP×18，风量18000m^3/h，冷量150kW，余压400Pa，电机功率4.4kW；2—微穿孔板消声器1250×500；

3—铝合金方形散流器240×240，共24只；4—阻抗复合式消声器1600×800，回风口。

图5.39 多功能厅空调平面图

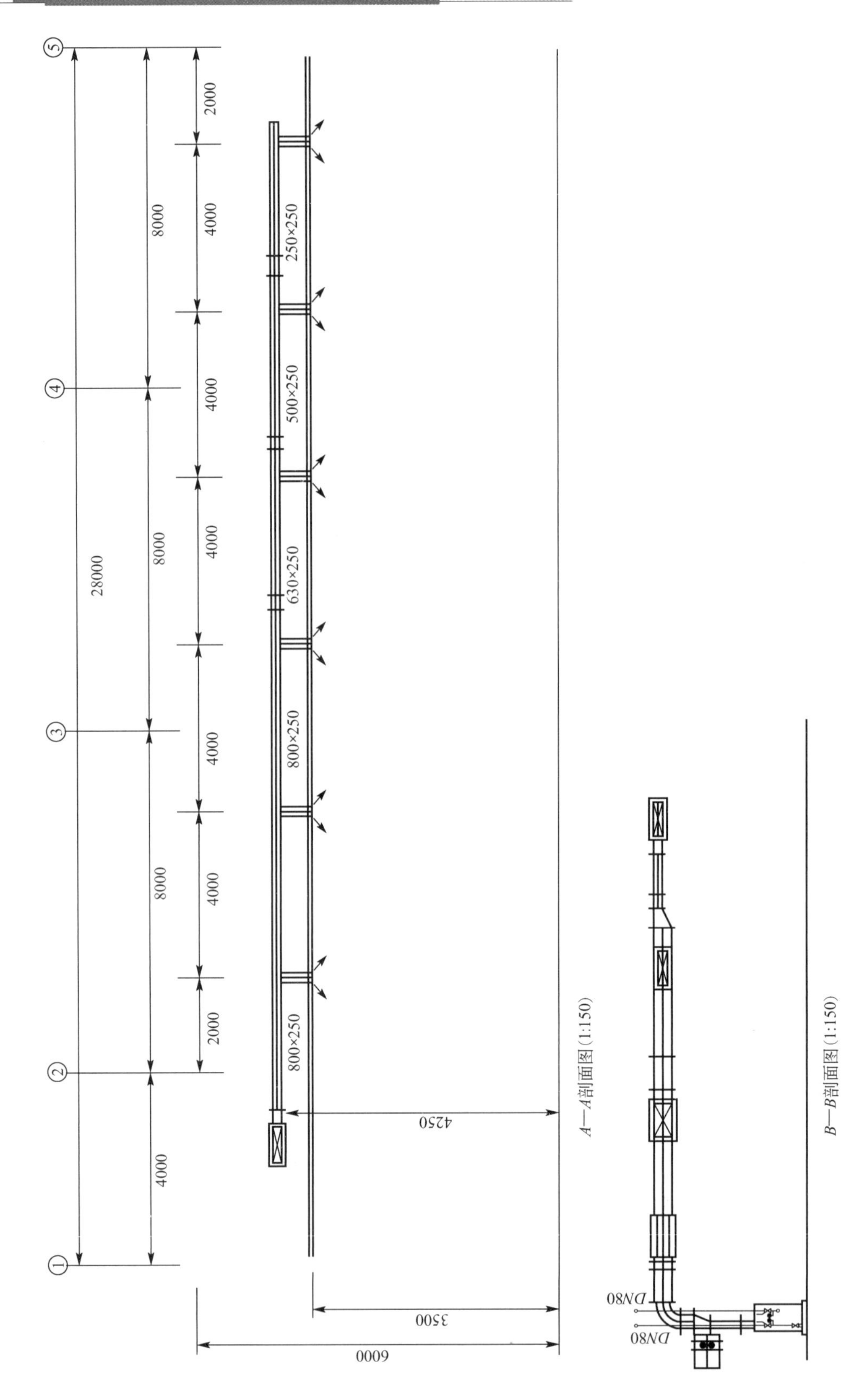

图5.40 多功能厅空调剖面图

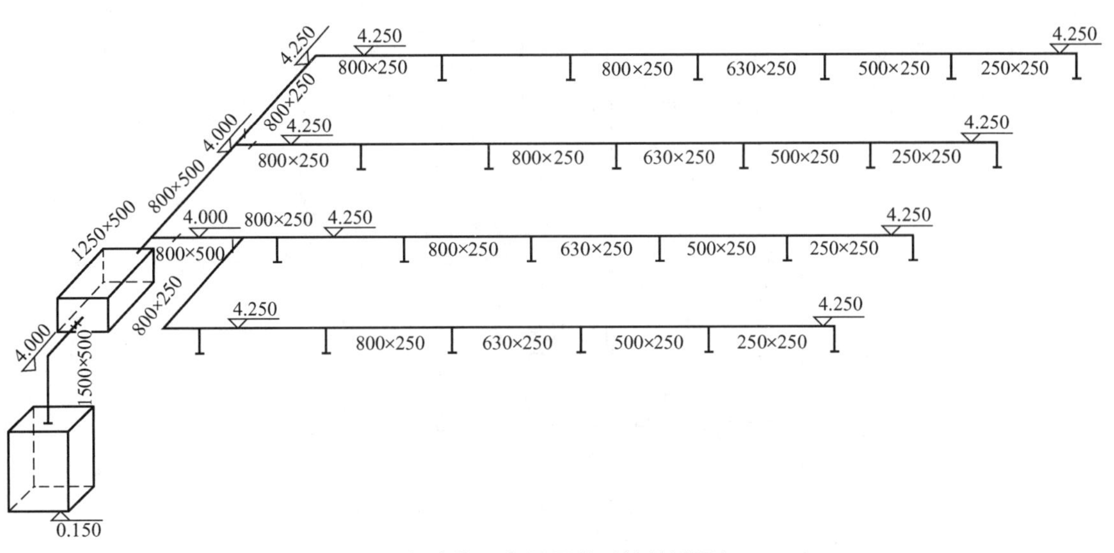

图 5.41　多功能厅空调风管系统轴测图(1∶150)

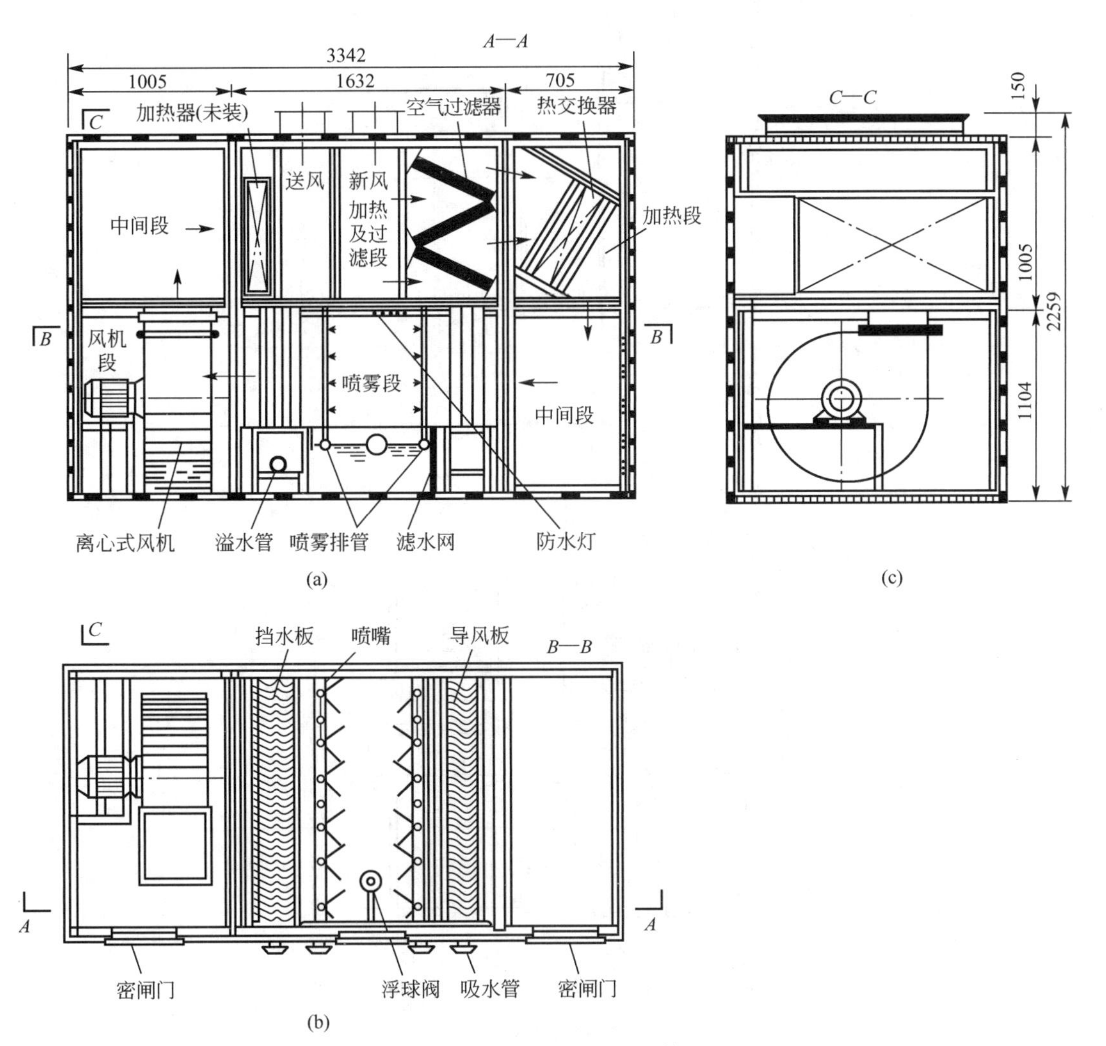

图 5.42　叠式金属空调箱

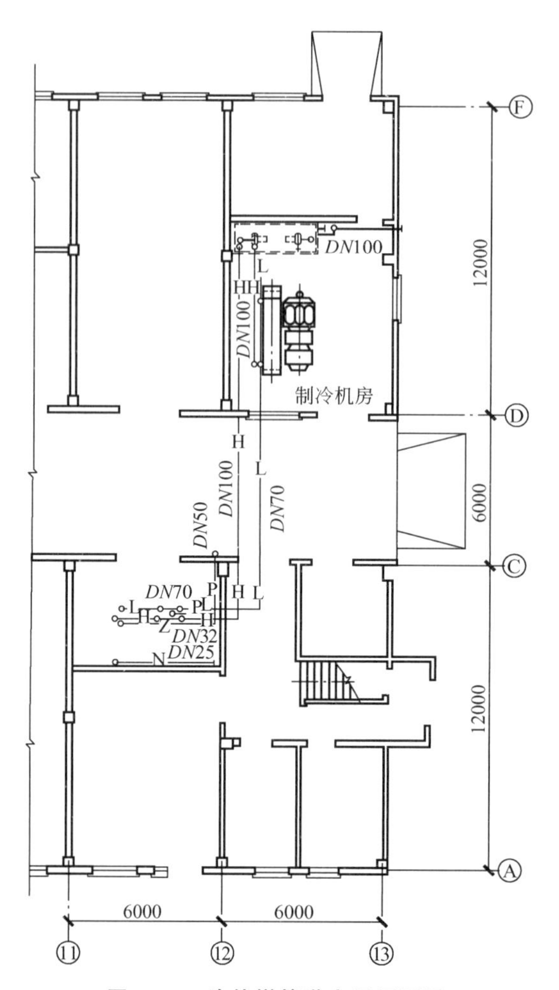

图 5.43 冷热媒管道底层平面图

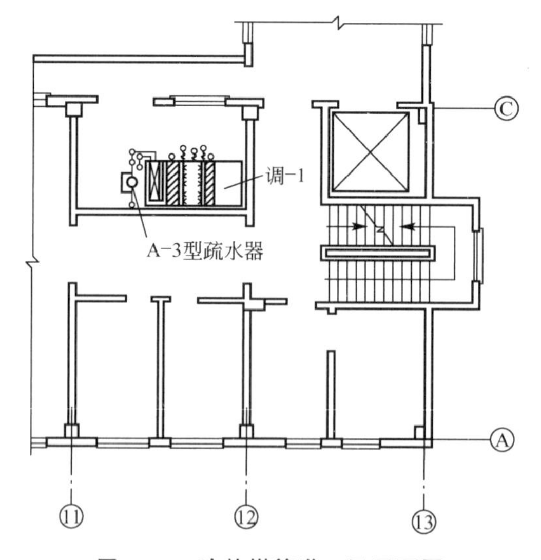

图 5.44 冷热媒管道二层平面图

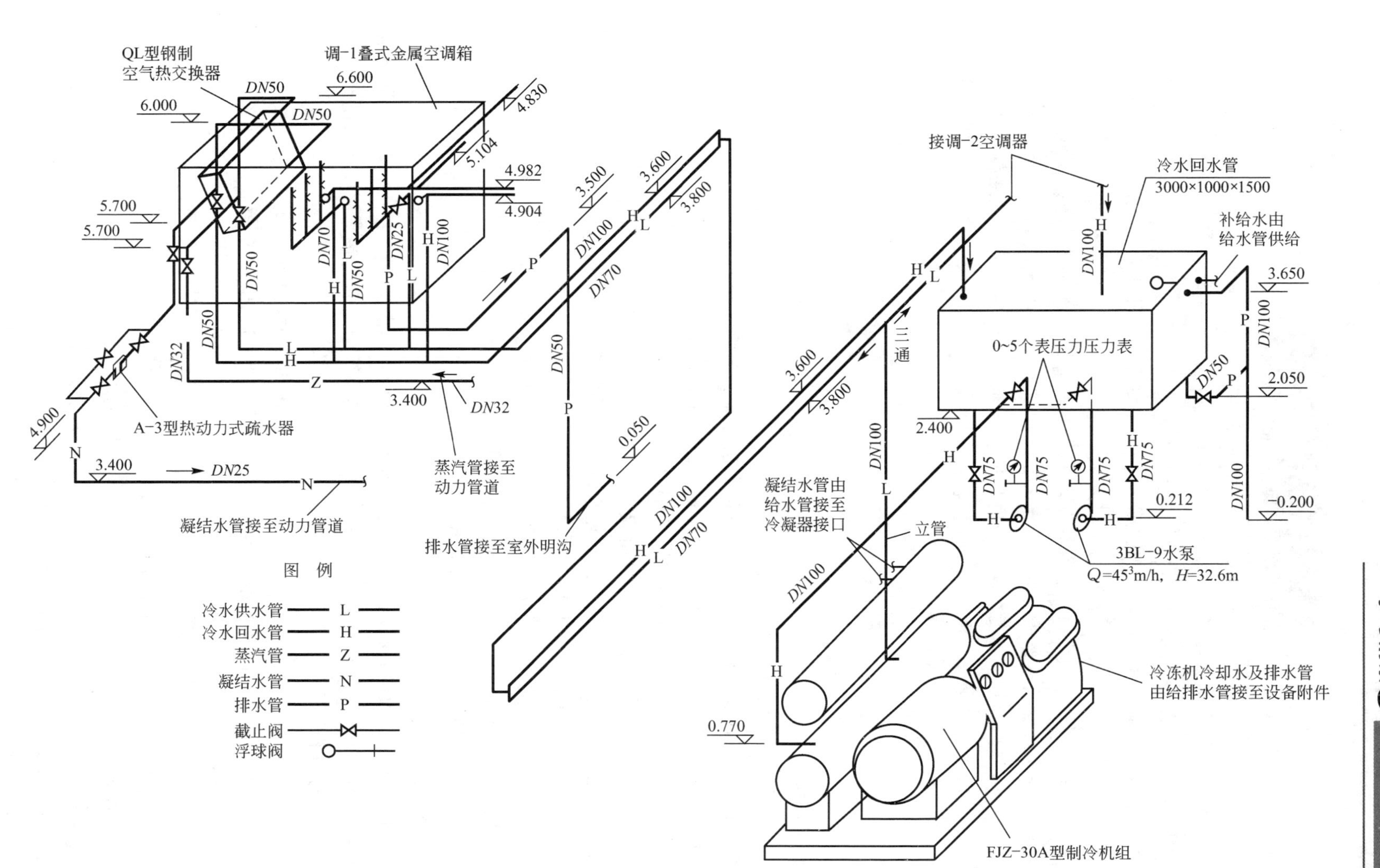

图5.45 冷热媒管道系统图

小　　结

本学习情景主要分为两部分：第一部分介绍了通风空调系统的概念、分类、组成及应用；第二部分介绍了通风空调系统的施工安装工艺。

本学习情景具体内容包括：通风系统有3种分类方法，其中按照处理房间空气方式的不同分为排风和送风；空调系统有5种分类方法，其中按照空气处理设备集中程度不同可分为集中式、半集中式和分散式3种，半集中式空调系统常用的形式有风机盘管加新风系统、诱导式空调系统等。整个通风空调系统需要经过选材，管道、管件、部件加工，支架制作安装，风管连接及风管加固，风管、部件及设备安装，系统强度及严密性试验，系统调试及验收等工序。

习　　题

1. 简答题

(1) 通风、空气调节的概念是什么？

(2) 通风系统有哪几种分类方法？每种方法各能分为哪几类？

(3) 空调系统有哪几种分类方法？每种方法各能分为哪几类？

(4) 局部机械送、排风系统各由哪几部分组成？

(5) 集中式空调系统由哪几部分组成？

(6) 集中式、半集中式、分散式空调系统各有哪些特点？

(7) 板材的连接方法有哪几种？如何选择？

(8) 风管的连接方法有哪几种？圆形、矩形风管无法兰连接有哪几种形式？

(9) 风管的加固方法有哪几种？钢板风管在什么情况下需要加固？

(10) 怎样识读通风空调系统施工图？

2. 选择题

(1) 软管接头一般设置在风管与风机进出口连接处，以及空调器与送、回风管道连接处，用于减小噪声在风管中的传递。在一般通风空调系统中，软管接头用(　　)制作。

A. 耐酸橡胶板　　　　B. 厚帆布

C. 人造革　　　　D. 聚氯乙烯塑料板

(2) 通风空调管道之间及管道与部件、配件间最主要的连接方式是(　　)。

A. 法兰连接　　　　B. 咬口连接

C. 焊接连接　　　　D. 铆钉连接

(3) 在管道具有垂直位移的地方应装设(　　)。

A. 活动支架　　　　B. 刚性支架

C. 弹簧吊架　　　　D. 普通吊架

(4) 应用在通风工程中的防爆系统的材料是(　　)。

A. 普通钢板　　　　B. 不锈钢板

C. 铝板　　　　　　　　　　　　　　　　　D. 塑料复合钢板

3. 填空题

(1) 风道系统适用于空调房间较大或房间负荷变化情况类似的场合，常用的风道系统有__________、__________、__________三类。

(2) 风管间的连接方式主要有__________、__________。

(3) 空调系统一般由__________、__________、__________、__________及自控调节装置组成。

学习情景 6 电气设备安装

思维导图

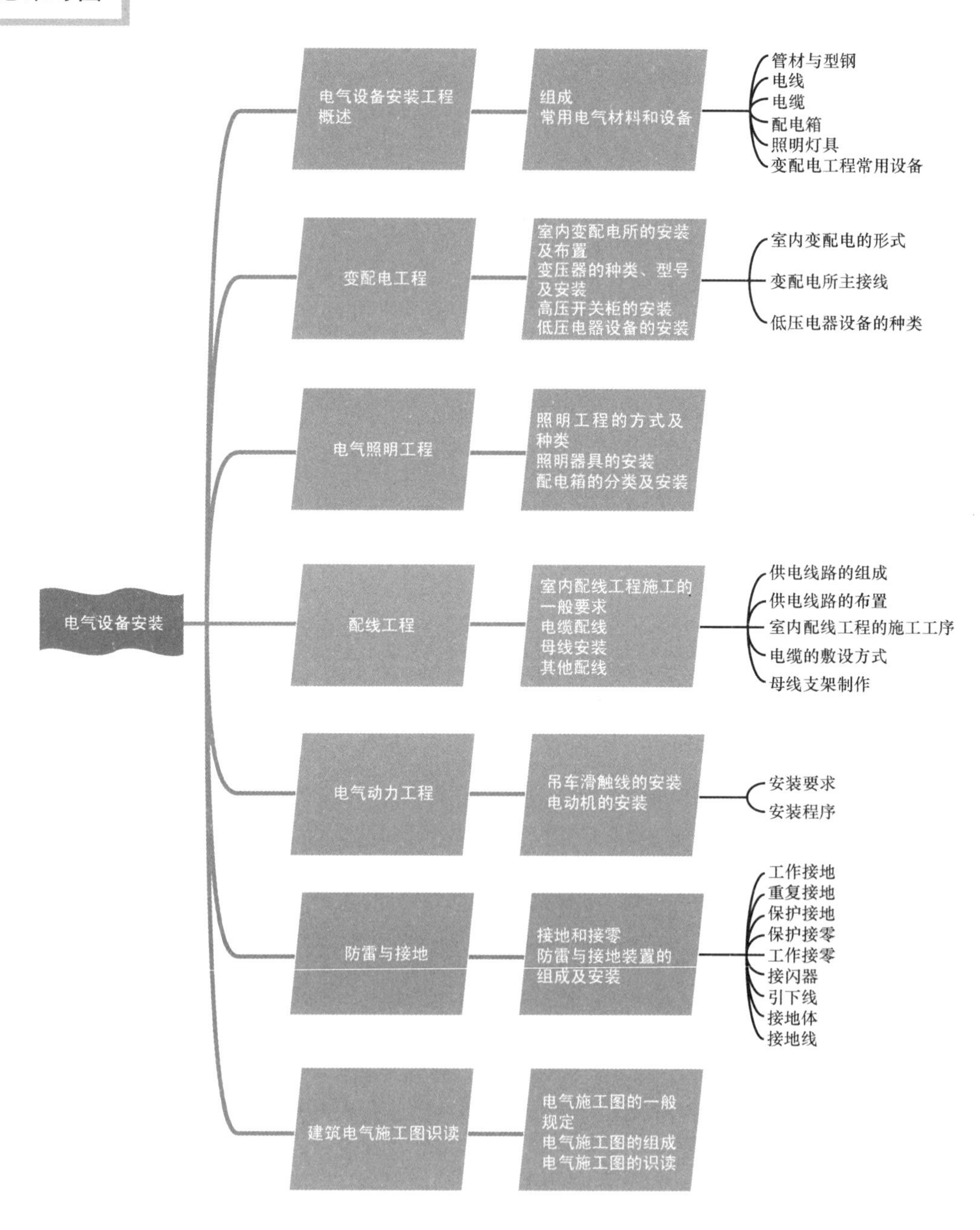

情景导读

电气设备安装工程主要是指建筑强电部分，包括配电箱、电线、电缆、照明器具等，电气设备安装工程为人类居住生活提供了更优质的服务。

近年来，电气设备安装工程越来越受人们的关注，与人类生活息息相关。

知识点滴

电的发展历史

作为工业文明最伟大的成果——电的发明与应用及由此衍生的电灯与电器、电子产品，照亮了世界博览会（简称世博会）所浓缩的人类文明的进程。人类进入20世纪又迈进21世纪，世博会同样展示了许多深刻影响人类社会的伟大发明与产品。1900年巴黎世博会，以“世纪回眸”的历史视角，展示了地铁、大型发电机和无线电收发报机等。1904年圣路易斯世博会展示了飞机和无线电话。1933年芝加哥世博会，最为瞩目的展品是航空研究的成就——吊篮气球。1937年巴黎世博会上展示了诸多“第一”，如世界上最老的蒸汽机、世界上第一批电视机、第一个展示血液流动和人体主要器官工作情况的玻璃人体模型、世界上第一辆自行车等。1939年纽约世博会上，磁带录音机、电视机、尼龙、塑料制品、合成纤维包括取材于牛奶的毛线纤维引人注目。1962年西雅图世博会上，首次展示了航天器，表明人类已经能够借助高科技进入宇宙。1964年纽约世博会的计算机技术展示，揭开了电脑时代的序幕。1967年蒙特利尔世博会，展示了航天器模型、宇宙舱设施等。1970年大阪世博会，可视电话成为明星展品。2000年汉诺威世博会，720°的环形全景式电影使人们眼前一亮。2005年爱知世博会，在高10m、宽50m的超级无缝屏幕上，展示了21世纪的新技术成果，而机器人乐队更是奏响了人类智慧的最美乐章。图6.1所示为大功率磁能灯装配线。

图6.1 大功率磁能灯装配线

6.1 电气设备安装工程概述

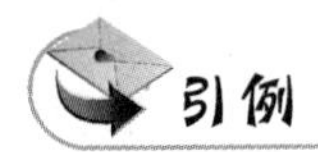

引例

(1) 为使电气装置做到保障人身安全、供电可靠、经济合理和维护方便，电气设备安装前建筑工程应具备哪些条件？比如屋顶、楼板施工完毕，不得渗漏；室内地面、沟道无积水、杂物，预埋件及预留孔符合设计要求，预埋件应牢固；门窗完好等。

(2) 土建施工不满足电气装置要求的现象还是经常发生，这给电气装置的安装和检修维护带来了困难和不便，也给电气设备的安全运行带来了严重的安全隐患。

电气设备安装工程是指施工企业依照施工图设计的内容，将规定的线路材料、电气设备及装置性材料等，按照规程规范的要求安装到各用电点，并经调试验收的全部工作。

6.1.1 电气设备安装工程的组成

一般的电气设备安装工程是以接受电能，经变换、分配电能，到使用电能或从接受电能经过分配到用电设备所形成的工程系统。其按主要功能不同分为电气照明系统、防雷与接地系统、动力系统、变配电系统等，这种以电能的传输、分配和使用为主的工程系统常称为强电工程。

1. 电气照明系统

将电能转换为光能的电气装置构成照明工程。它包括工业建筑照明和民用建筑照明等。

照明系统可分一般照明系统、局部照明系统和混合照明系统。一般照明系统与局部照明系统常用电源电压为220V，在特殊情况下采用36V及以下的安全电压。

电气照明系统的范围一般包括电源引入、控制设备(配电箱)、配电线路、照明灯(器)具。有时在一个车间或一栋楼内的动力和照明系统虽然都接自同一电源，但在其电源引入后，由于功能的不同，仍可分为动力系统和照明系统进行分别控制、使用。

党的二十大报告提出，坚持人民城市人民建、人民城市为人民，提高城市规划、建设、治理水平，加快转变超大特大城市发展方式，实施城市更新行动，加强城市基础设施建设，打造宜居、韧性、智慧城市。电气照明的出现给人类带来了光明，人类社会进入一个新阶段，但如果电气照明利用不当，就会带来光的污染。比如城市电子显示牌、灯箱、灯带等照明设施夜间亮度过高，严重影响居民正常生活，因此在城市基础设施建设中需要大力采用绿色照明，通过科学的照明设计，采用光效高寿命长、安全和性能稳定的照明电器产品，以实现高效、舒适、安全、有益于环境保护、有益于人们身心健康的目标，使我们的城市更加宜居。

2. 防雷与接地系统

1）防雷装置

防雷装置是为了保护建筑物、构筑物及设备免遭雷击破坏的一种保护装置，通常由3部分组成：接闪器(避雷针、避雷网)或避雷器、连接线(引下线)、接地装置。

2）接地装置

不带电的金属部件或设备与大地做良好的金属连接，称为接地。

埋入地中直接与大地接触的金属导体，称为接地体或接地极。

连接设备接地部分与接地体的金属导体，称为接地线或接地母线。

接地体（接地极）和接地线(接地母线)统称接地装置。

电气设备接地按其作用通常有工作接地、保护接地、保护接零、重复接地和防雷接地之分。

3. 动力系统

动力系统是将电能作用于电动机来拖动各种工作设备或以电能为能源用于生产的电气装置，如高、低压或交、直流电机，起重电气装置，自动化拖动装置等。动力工程中的设备多数是成套的定型设备，但也有零星小型的单独分散安装的控制设备。动力工程通常由控制设备(如动力开关柜、箱、屏及闸刀开关等)、保护设备、测量仪表、母线架设、配管配线、接地装置等组成。

动力工程通常以一个车间或一栋厂房为一个单位工程，它的范围为电源引入、各种控制设备、配电线路(包括二次线路)、电机或用电设备接线、接地、调试等。

4. 变配电系统

变配电系统是用于变换和分配电能的电气装置总称，由变电设备和配电设备两大部分组成。如果只装有配电设备，并以同级电压分配电能的电气装置称为配电所(间)。变配电工程所装设的电气设备多数是成套的定型设备，有电力变压器，高、低压开关设备，电抗器、电容器、避雷器、保护设备，测量仪器及连接母线、绝缘子等。

变配电系统作为一个单位工程时，它的范围一般从电力网接入电源点起，到分配电能的输出点的整个工程内容，同时也包括该系统内的照明、接地、防雷装置等。

6.1.2 常用电气材料和设备

电气设备安装工程中的材料和设备品种名目繁多，而且随着科技的发展与需要，新材料、新型产品不断出现。

1. 管材与型钢

1) 管材

各种管子在电气设备安装工程中主要用来保护电线或电缆，即穿线用。

绝缘电线穿在管子内使用，可免受外力损伤提高安全程度，更换导线方便，还可以暗敷于建筑物表层内，以不碍观瞻，并可延长使用年限。

穿线用的管子有水煤气管、焊接钢管、电线管、硬塑管、半硬塑管、金属软管等。

常用管材的公称直径有15mm、20mm、25mm、32mm、40mm、50mm、70mm、80mm、100mm等。

2) 型钢

其包括角钢、槽钢、扁钢、工字钢与圆钢等，在电气设备安装工程中广泛用作电线、电缆、设备的支架，室外架空线路的横担，配电屏的基础，行车滑触线，以及在各种接地装置中用作引下线、接地线和接地体等。

2. 电线

电线是电气工程中的主要材料，分为绝缘导线和非绝缘导线两大类，其中非绝缘导线即裸导线。

1) 绝缘导线

绝缘导线按绝缘材料的不同分为橡皮绝缘导线、聚氯乙烯绝缘导线(常称塑料线)、丁

电线

腈聚氯乙烯复合物绝缘导线等。绝缘导线可用于各种形式的配线和管内穿线。

常用聚氯乙烯绝缘导线有BV型铜芯聚氯乙烯绝缘导线、BVV型铜芯聚氯乙烯绝缘聚氯乙烯护套导线。常用橡皮绝缘导线有BX型铜芯橡皮绝缘导线、BBX型铜芯橡皮绝缘玻璃丝编织导线。

配线用导线线芯，常用的标称截面有1.0mm^2、1.5mm^2、2.5mm^2、4mm^2、6mm^2、10mm^2、16mm^2、25mm^2、35mm^2、50mm^2等。

绝缘导线

2）裸导线

裸导线是没有绝缘层保护的导线，有LJ型铝绞线、LGJ型钢芯铝绞线、LMY型硬铝母线、TMY型硬铜母线几种。

LJ、LGJ型绞线常用的标称截面有16mm^2、25mm^2、35mm^2、50mm^2、70mm^2等。

LMY、TMY型硬母线常用的标称截面有40mm×4mm、50mm×5mm、80mm×6.3mm等。

电缆

3. 电缆

电缆有电力电缆和控制电缆两大类型。

电缆是一种特殊的导体，在其几根(或单根)绞绕的绝缘导电芯线外面，统包有绝缘层和保护层。由于它绝缘性能好和有铠装的保护，能承受机械外力作用和一定的拉力，从而能在各种环境条件下进行敷设，作输配电线路和控制、信号线路之用。

电力电缆

1）电力电缆

常用的高压电力电缆有YJV、YJLV系列交联聚乙烯绝缘聚氯乙烯护套电力电缆，ZQ、ZLQ系列油浸纸绝缘电力电缆，以及ZL、ZLL系列油浸纸绝缘铝包电力电缆等。

常用的低压电力电缆有YJV、YJLV系列电力电缆，VV、VLV系列聚氯乙烯绝缘聚氯乙烯护套电力电缆。

电缆随着外护层的铠装不同，有的只能用于室内、隧道内和管道中，有的可直接埋于地下或水下。

2）控制电缆

控制电缆一般是供交流500V或直流1000V及以下配电装置中仪表、电器、电路控制之用，也可供连接电路信号，作为信号电缆使用。

常用的控制电缆有KVV、KLVV系列聚氯乙烯绝缘聚氯乙烯护套控制电缆，KXV系列橡皮绝缘聚氯乙烯护套控制电缆。

3）电缆头

电缆之间或电缆与其他电气设备之间进行连接时，为了保证电缆内部的密闭性和安装工艺要求，一般都需要对连接处进行特殊处理，这个连接处就是电缆头，这种特殊处理过程就是电缆头制作。

电缆之间的连接头称为中间头，电缆与其他电气设备之间的连接头称为终端头。

4. 配电箱

配电箱是电气设备安装工程中的主要设备之一，它在照明工程和动力工程中主要用来接受电能和分配电能。

配电箱有标准件和非标准件两种类型：标准件是生产厂家按国家标准设计生产，有具体统一型号规格的成套定型产品；非标准件一般是电气工程设计方根据具体工程的特点，专门设计图样定做的。

配电箱的安装方式有明装和暗装两种类型，明装即落地式或挂墙式安装，暗装即嵌入墙内安装。

常用的标准照明配电箱有 XMR 系列、PXTR 系列、PZ 系列。常用的标准动力配电箱有 XLF 系列、PXT 系列。

5. 照明灯具

照明灯具型号很多，安装方式也各异。各种类型的照明灯具可以分为 7 类。

1）普通灯具

(1) 吸顶灯具。其包括圆球形、半圆球形和方形吸顶灯，如 MX 系列、JXD 系列等灯具。

(2) 其他灯具。其包括软线吊灯、吊链灯、防水吊灯、一般壁灯、座灯头等，其中软线吊灯指材质为玻璃、塑料、搪瓷，形状如碗伞，平盘灯罩组成的各式软线吊灯，吊链灯指五星罩、水晶罩、明月罩、喇叭罩、花篮罩等玻璃罩吊链灯。

2）装饰灯具

其包括吊式艺术装饰灯具、吸顶式艺术装饰灯具、荧光艺术装饰灯具、几何形状组合艺术装饰灯具、标志、诱导装饰灯具、水下艺术装饰灯具、点光源艺术装饰灯具、草坪灯具、歌舞厅灯具。

3）荧光灯具

其包括组装型、成套型及各种安装方式的单、双、三管荧光灯具。

4）工厂灯及防水防尘灯

其包括各种安装方式的工厂罩灯，直杆、弯杆、吸顶式的防水防尘灯。

5）工厂其他灯具

其包括碘钨灯、投光灯、混光灯、密闭灯具和烟囱、水塔、独立式塔架标志灯。

6）医院灯具

7）路灯

6. 变配电工程常用设备

1）电力变压器

电力变压器是变电所的主要电气设备，它是一种静止设备，其主要作用是变换电压。对电能用户来说它是将从公共电网来的进线电源电压值的电压等级降低，以满足各种用电设备的需要。10kV 变电所装设的电力变压器就是将 10kV 进线电压降至 220/380V 的出线电压。

一般的 10kV 级电力变压器按其冷却方式可分为两类，即油浸式和干式。

常用的 10kV 油浸自冷式电力变压器有 S7、SZ7、S9 系列。常用的 10kV 干式电力变压器有 SCL、SG 系列。

一般的 10kV 级电力变压器额定容量有 100kV、125kV、160kV、200kV、250kV、315kV、400kV、500kV、630kV、800kV、1000kV、1250kV。

2）互感器

互感器是一种特殊的变压器，专供测量电压、电流的仪表和电路继电保护配套使用。仪表配用互感器的目的有两个：一个是使测量仪表与被测的高压电路或大电流电路隔离，以保障安全；另一个是扩大仪表的量程。

互感器按用途不同，分为电压互感器和电流互感器两种。

常用的电压互感器有 JDZJ－10 型、JDG－0.5 型等。常用的电流互感器有 LQJ－10 型、LMZJ－0.5 型等。

3）开关设备

常用的高压开关设备有高压隔离开关，如 GN 系列的户内高压隔离开关；高压负荷开关，如 FN 系列的户内高压负荷开关；高压断路器，如 SN10 系列的户内高压少油断路器、ZN 系列的户内高压真空断路器。

常用的低压开关设备有低压刀开关，如 HD、HS 系列的低压刀开关；低压负荷开关，如 HH 系列的铁壳开关、HK 系列的瓷底胶盖闸刀开关；低压刀熔开关，如 HR 系列的低压刀熔开关；低压断路器，如 DZ20、DZX10、C45N、S、K 系列的塑壳式低压断路器和 DW15、DWX15、ME 系列的框架式低压断路器。

4）操动机构

操动机构是高压开关设备中不可缺少的配套装置。操动机构按操作形式及安装要求分为 CS 系列的手力操动机构、CD 系列的电磁操动机构、CT 系列的弹簧储能操动机构等。

熔断器

5）熔断器

高压熔断器一般用于 35kV 以下的高压系统中，用于保护电力变压器、电压互感器和小容量电气设备，它是串接在电路中最简单的一种保护电器。

常用的高压熔断器有 RNl、RN2 型户内高压管式熔断器，RW10 型户外高压跌落式熔断器。

常用的低压熔断器有 RC1A 系列瓷插式熔断器，RL 系列螺旋式熔断器，RM 系列封闭管式熔断器，RT 系列、gF 系列、aM 系列有填料管式熔断器和 NT 型低压高分断能力熔断器。

6）避雷器

避雷器是用来防护雷电产生的大气过电压(即高电位)沿线路侵入变配电所或其他建筑物危害设备的绝缘。它并接于被保护的设备线路上，当出现过电压时，它就会对地放电，从而保护设备绝缘。

常用的避雷器有 FS、FZ 系列的阀式避雷器，GSW2 系列的管式避雷器，Y3W 系列的氧化锌避雷器。阀式避雷器常用于保护变压器，所以常装在变配电所的母线上。管式避雷器通常用于保护变配电所的进线段。氧化锌避雷器的主要作用是保护电气设备免受雷电侵入波过电压和操作过电压对其的绝缘损坏。

7）高压开关柜

高压开关柜通常在 10kV 变配电所作为接受与分配电能或控制高压电机用，目前生产的高压开关柜有固定式和手车式(移开式)两种类型。

常用的固定式高压开关柜有 GG－1A(F)型、KGN－10 型高压开关柜。

常用的手车式高压开关柜有 JYN2－10 型、KYN－10 型、HXGN1－10 型高压开关柜。

8）低压配电屏（柜）

低压配电屏广泛应用于建筑物、工矿企业变配电所中，作为电压500V以下三相三线制或三相四线制系统的户内动力及照明配电设备使用。

目前低压配电屏产品按结构形式分，有固定式和抽屉式两种类型。

常用的固定式低压配电屏有PGL2型、GGL1型、GGD型、JK型低压配电屏。

常用的抽屉式低压配电屏有GCS型、GCK型、MNS型、BFC型低压配电屏。

9）电容器柜（屏）

电容器柜是用于各类建筑物、工矿企业变配电所和车间电力设备较集中地方，作为减少电能损失，改善和提高电力系统功率因素及功率因数的专用成套电气设备。

常用的电容器柜有GR－1型高压电容器柜，PGJ－1A、BJ(F)－3型低压电容器柜。

10）电容器

电容器也称电力电容器，主要用于提高工频电力系统的功率因数，可装于电容器柜内成套使用，也可单独组装使用。

常用的并联电容器有BW、BWF、BWM、BFF、BGM、BGF、CLMB、CLMD系列电力电容器。

特别提示

配线工程既包括配管配线，也包括电缆工程和母线工程。

6.2 变配电工程

引例

电能由发电厂产生，经过长距离的输送，到达用电场所，为减少输送过程的电能损失，一般把发电机发出的电压用变压器升压送至用户，而用户使用的电压较低，通过何种装置的转换才能满足用户的需求呢？

6.2.1 室内变配电所的安装

在电力系统中，各种设备规定有一定的工作电压和工作频率。习惯上把1kV及以上的电压称为高压，1kV以下的电压称为低压。6～10kV的电压用于向送电距离10km左右的工业与民用建筑供电，380V的电压用于向民用建筑内部动力设备或工业生产设备供电，220V的电压多用于向生活设备、小型生产设备及照明供电。

1. 室内变配电的形式

变电所是变换电压和分配电能的场所，它由电力变压器和配电装置组成。在变电所中承担输送和分配电能任务的电路，称为一次电路。一次电路中的所有设备称为一次设备。根据变换电压的情况不同，其分为升压变电所和降压变电所两大类。对于仅装设受、配电设备而没有电力变压器的，称为配电所。升压变电所是把发电厂产生的6～10kV的电压升高至35kV、110kV、220kV、330kV或500kV，降压变电所是把35kV、110kV、220kV、330kV

或500kV的高压降至6～10kV后，分配至用户变压器，再降至380/220V，供用户使用。

降压变电所按其在供电系统中的位置及作用，可分为大区变电所和小区变电所两种。厂区变电所和居住小区变电所均属于第二类情况，即其高压输入侧电压为6～10kV，低压输出侧电压为380/220V，一般称这类变电所为变配电所。

变配电所有室内变电所和露天变电所之分。室内变电所可建在车间内(车间变电所)，也可建在与主体建筑隔开的地方(独立变电所)或建在与主体建筑毗邻的地方(附设变电所)。根据作用及功能不同可人为地将变配电所分为四部分，即高压配电室、变压器室、低压配电室、控制室。高压配电室的作用是接受电力，低压配电室的作用是分配电力，变压器室的作用是将高压电转变成低压电，控制室的作用是预告信号。

2. 变配电所主接线

变配电所主接线是指将各种开关电器、电力变压器、母线、电力电缆、移相电容器等电器设备依一定次序相连接的接受电能并分配电能的电路。

1) 只有一台变压器的变配电所主接线

只有一台变压器的变配电所一般容量较小，其主接线图如图6.2所示。

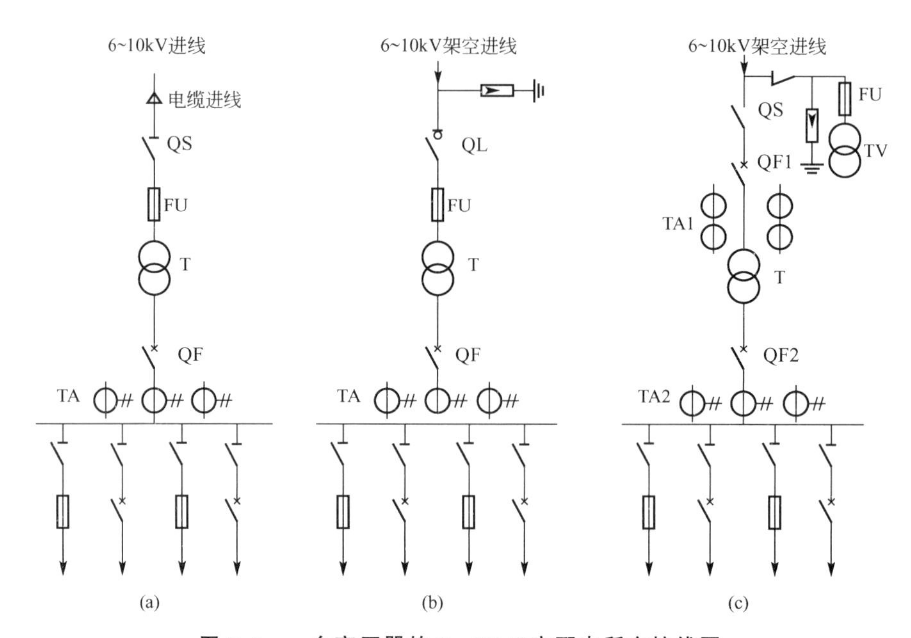

图6.2 一台变压器的6～10kV变配电所主接线图

图6.2(a)的高压侧一般可不用母线(又称汇流排，起汇总和分配电能的作用)，仅装设隔离开关和熔断器，高压隔离开关用于切断变压器与高压侧的联系，高压熔断器能在变压器故障时熔断从而切断电源。低压侧电压为380/220V，出线端装有低压断路器或熔断器，该系统由于隔离开关仅能切断320kVA及以下的变压器空载电流，故此类变压器容量宜在320kVA及以下。图6.2(b)的高压侧设置负荷开关和高压熔断器，负荷开关用于正常运行时操作变压器，高压熔断器用于短路保护，低压侧出线端装设低压断路器，此类变压器容量可达到560～1000kVA。图6.2(c)的高压侧选用隔离开关和高压断路器，用于正常运行时接通或断开变压器，隔离开关用于变压器在检修时隔离电源，装设于高压断路器之前，高压断路器用于切断正常及故障时变压器的高压侧电流，低压侧出线端仍装设低压断路器或熔断器。

以上3种方式投资少，运行操作方便，但供电可靠性差，当高压侧和低压侧引线上的某一元件发生故障或进线电源停电时，整个变配电所都要停电，故只能用于三类负荷的用户。

2）有两台变压器的变配电所主接线

两台变压器的6～10kV变配电所主接线图如图6.3所示。

对于一、二类负荷或用量大的民用建筑或工业企业，应采用双回路线路或两台变压器的接线，这样当其中一路进线电源出现故障时，可以通过母线联络开关将断电部分的负荷接到另一路进线上去，以保证用电设备继续工作。

在变配电所高压侧主接线中，可采用油断路器、负荷开关和隔离开关作为切断电源的高压开关。图6.3(a)的高压侧无母线，当任一变压器检修或出现故障时，变配电所可通过闭合低压母线联络开关来恢复整个变配电所供电。图6.3(b)的高压侧设置母线，当任一变压器检修或出现故障时，通过切换可以恢复操作。

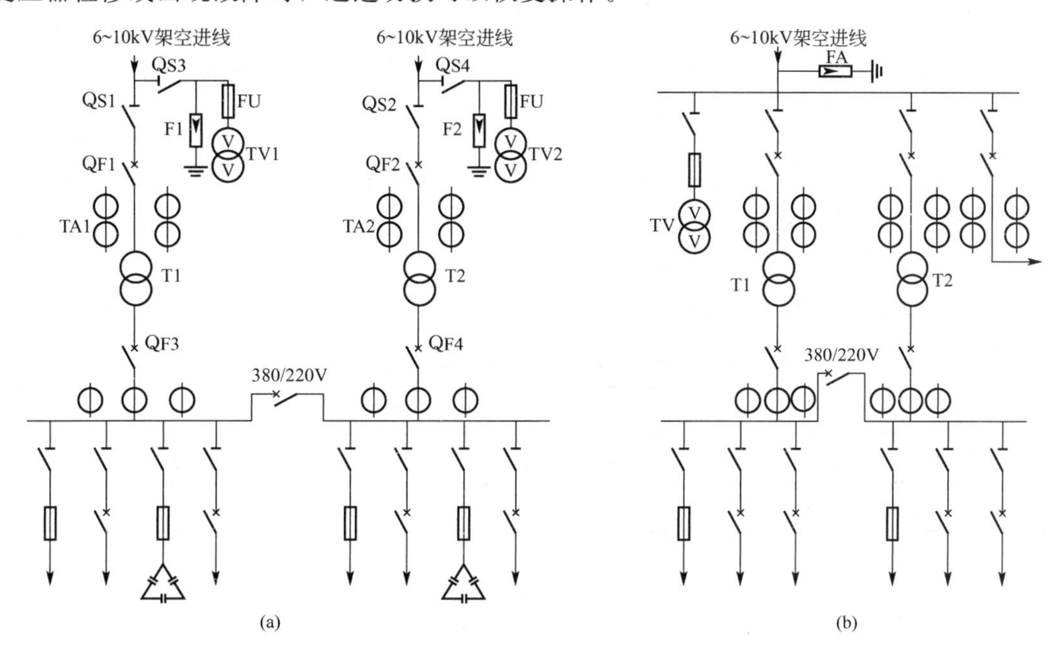

图6.3　两台变压器的6～10kV变配电所主接线图

对引例问题的回答：通过升压和降压设备来达到用户需求。

6.2.2 室内变配电所的布置

6～10kV室内变配电所主要由高压配电装置、变压器、低压配电装置、电容器等组成，其布置方式取决于各设备数量和规格尺寸，同时满足设计规范的要求。

(1) 高压配电室的层高一般为5m(架空进线)或不小于4m(直埋电缆进线)。高压配电室内净长度≥柜宽×单列台数+600mm，进深方向由高压开关柜的尺寸加操作通道决定。操作通道最小宽度单列布置为1.5～2m，双列布置为2～2.5m。

(2) 低压配电室层高要求不低于3.5m。当低压配电屏数量较少时，采用单列布置，其安全通道的宽度不小于1.5m；当低压配电屏数量较多时，采用双列布置，其安全通道的宽度不小于2m。为维修方便，低压配电屏应尽量离墙安装，低压配电室屏前屏后维护通道最小宽度见表6-1。

表6-1　低压配电室屏前屏后维护通道最小宽度　　单位：mm

配电屏形式	配电屏布置方式	屏前通道	屏后通道
固定式	单列布置	1500	1000
	双列面对面布置	2000	1000
	双列背对背布置	1500	1500
抽屉式	单列布置	1800	1000
	双列面对面布置	2300	1000
	双列背对背布置	1800	1000

(3) 变压器室的高度与变压器高度、进线方式和通风条件有关。根据通风要求，变压器室分为抬高与不抬高两种。地坪不抬高时，变压器放在混凝土地面上，变压器室高度一般为3.5～4.8m；地坪抬高时，变压器放在抬高地坪上，下面是进风洞，通风散热效果好。地坪抬高的高度一般为0.8m、1.0m、1.2m，变压器室高度一般增加至4.8～5.7m。变压器外壳与变压器室四壁的距离不应小于表6-2所列数值。

表6-2　变压器外壳与变压器室四壁的距离　　单位：mm

变压器容量/kVA	100～1000	1250及以上
变压器外壳与后壁、侧墙的距离/m	0.6～0.8	0.8～1.0
变压器外壳与门的距离/m	0.8	1.0

特别提示

高压工程一般指电压在1kV以上的建设项目。

6.2.3 变压器的种类、型号及安装

变压器是变电所内的主要设备，起着变换电压的作用。

1. 变压器的种类及型号

变压器种类很多，电力系统中常用的三相电力变压器，有油浸式和干式之分。干式变压器的铁芯和绕组都不浸在任何绝缘液体中，它一般用于安全防火要求较高的场合。油浸式变压器外壳是一个油箱，内部装满变压器油，套装在铁芯上的原绕组、副绕组都要浸在变压器油中。

变压器的型号表示及含义如下。

相数，变压器特征，设计序号，额定容量(kVA)/高压绕组电压等级(kV)。

例如，S7-560/10表示油浸自冷三相铜绕组变压器，额定容量560kVA，高压侧额定电压10kV。变压器型号标准见表6-3。

表 6-3 变压器型号标准

名 称	相数及代号	特 征	特征代号
单相变压器	单相 D	油浸自冷	—
		油浸风冷	F
		油浸风冷、三线圈	FS
		风冷、强迫油循环	FP
三相变压器	三相 S	油浸自冷铜绕组	—
		有载调压	Z
		铝绕组	L
		油浸风冷	F
		树脂浇注干式	C
		油浸风冷、有载调压	FZ
		油浸风冷、三绕组	FS
		油浸风冷、三绕组、有载调压	FSZ
		油浸风冷、强迫油循环	FP
		风冷、三绕组、强迫油循环	FPS
三相电力变压器	三相 S	水冷、强迫油循环	SP
		油浸风冷、铝绕组	FL

2. 变压器的安装

变压器安装应在建筑结构基本完工的情况下进行。变压器基础验收合格，埋入基础的电气导管、电缆导管、进出变压器的预留线孔及相关预埋件符合要求，变压器安装轨道已安装完毕，并符合设计要求。

安装变压器所用材料及机具应提前做好准备，并应满足设计要求，材料应附有产品合格证。变压器安装工艺流程如下：器身检查→变压器干燥→设备点件检查→变压器本体及附件安装→变压器交接试验→绝缘油处理→送电前的检查→供电部门检查→送电试运行→竣工验收。

变压器安装前应进行检查。首先应检查设备合格证及随带的技术资料是否齐全；其次进行外观检查，检查铭牌、附件是否齐全，绝缘件有无缺损和裂纹，充油部分有无渗漏，充气高压设备气压指示是否正常，涂层是否完整。

6.2.4 高压开关柜的安装

高压开关柜是按一定的线路方案，将一、二次设备组装在一个柜体内而成的一种高压成套配电装置，在变配电系统中用于保护和控制变压器及高压馈电线路。柜内装有高压开关设备、保护电器、监测仪表和母线、绝缘子等。

固定式高压开关柜的电器设备全部固定在柜体内，手车式高压开关柜的断路器及操动机构装在可以从柜体拉出的小车上，便于检修和更换。固定式因其更新换代快而使用较广泛。按照结构特点高压开关柜分为开启式和封闭式。开启式高压开关柜的高压母线外露，柜内各元件间也不隔开，其结构简单、造价低。封闭式高压开关柜的高压母线、电缆头、断路器和计量仪表等均被相互隔开，其运行较安全。按照柜内装设的电器不同，其又分为断路器柜、互感器柜、计量柜、电容器柜等。

6.2.5 低压电器设备的安装

1. 低压电器设备的种类

1）低压熔断器

低压熔断器是低压配电系统中的保护设备，用来保护线路及低压设备免受短路电流或过载电流的损害。其工作过程与高压熔断器一样，都是通过熔体自身的熔化将电路断开，从而起到保护作用的。

2）低压刀开关

低压刀开关按照操作方式不同可分为单投和双投；按极数不同可分为单极、双极和三极；按灭弧结构不同可分为带灭弧罩和不带灭弧罩。不带灭弧罩的低压刀开关一般只能在无负荷的状态下操作，起隔离开关的作用；带灭弧罩的低压刀开关可以通断一定强度的负荷电流，其钢栅片灭弧罩能使负荷电流产生的电弧有效地熄灭。

3）低压负荷开关

低压负荷开关是由带灭弧罩的低压刀开关和熔断器串联组合而成，外装封闭式铁壳或开启式胶盖的开关电器。这类开关具有带灭弧罩的低压刀开关和熔断器的双重功能，既可带负荷操作，又可进行短路保护，具有操作方便、安全经济的优点，可用作设备及线路的电源开关。

4）低压断路器

低压断路器又称自动空气开关，它具有良好的灭弧性能。其功能与高压断路器类似，既可带负荷通断电路，又能在短路、过负荷和失压时自动跳闸。

低压断路器按结构形式不同可分为塑料外壳式和框架式两种。塑料外壳式又称装置式，型号代号为DZ，其全部结构和导电部分都装设在一个外壳内，仅在壳盖中央露出操作手柄，供操作用。框架式低压断路器敞开装设于塑料或金属框架上，由于其保护方式和操作方式很多，安装地点灵活，因此又称这类低压断路器为万能式低压断路器，型号代号为DW。目前常用的新型低压断路器还有C系列、S系列、K系列等。

5）低压配电屏

低压配电屏是按照一定的线路方案，将一、二次设备组装在一个柜体内而形成的一种成套配电装置，在低压配电系统中用作动力或照明配电。抽屉式低压配电屏是将不同回路的电器元件放在不同抽屉内，当线路出现故障时，将该回路抽屉抽出，再将备用抽屉换入。因此，这种低压配电屏的特点是更换方便，目前在高层建筑中应用较多。

2. 低压电器的安装

低压电器的安装应按设计要求进行，并应符合《电气装置安装工程 低压电器施工及验收规范》(GB 50254—2014)的规定。

1）低压电器安装的一般规定

低压电器安装前应进行检查。首先检查设备铭牌、型号规格是否与设计相符，其次是设备外观是否有缺陷，设备附件是否齐全。

低压电器的安装高度应符合设计规定；当设计无明确规定时，一般落地安装的低压电器，其底部宜高出地面50～100mm，操作手柄中心与地面的距离为1200～1500mm，侧面操作手柄与建筑物或设备的距离不宜小于200mm。

2）低压电器安装的一般要求

（1）低压电器安装固定，应根据其不同结构，采用支架、金属板、绝缘板固定在墙、柱或其他建筑构件上。金属板、绝缘板应平整。

（2）当采用膨胀螺栓固定时，应按产品技术要求选择螺栓规格，其钻孔直径和埋设深度应与螺栓规格相符。

（3）紧固件应采用镀锌制品，螺栓规格应选配适当，电器的固定应牢固、平稳。

（4）有防振要求的电器应增加减振装置，其紧固螺栓应采取防松措施。

（5）固定低压电器时，不得使电器内部受额外应力。

（6）成排或集中安装的低压电器应排列整齐，器件间的距离应符合设计要求，并应便于操作及维护。

3）低压电器具体的安装

（1）低压配电屏安装。低压配电屏安装可参照高压开关柜安装进行。一般配电屏安装于基础槽钢之上。

（2）低压母线安装。低压母线安装的基本程序与高压母线相同，但局部做法有差异。低压母线穿墙应做隔板。安装时，应先将角钢预埋在预留孔洞的四个角上，然后将角钢支架焊接在洞口预埋件上，再将绝缘板(上下两块)用螺栓固定在角钢支架上。低压母线穿墙隔板做法如图6.4所示。

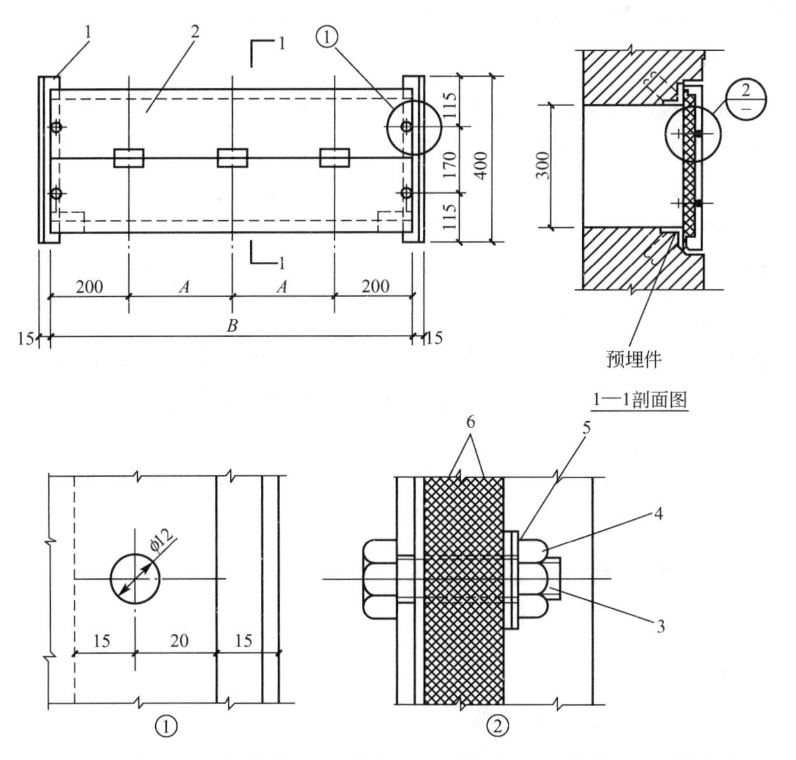

1—角钢支架；2—绝缘板；3—螺栓；4—螺母；5—垫圈；6—橡胶垫。

图6.4 低压母线穿墙隔板做法

6.3 电气照明工程

引例

（1）电气照明是人类生活、生产所必需的。

（2）照明可分为天然照明和人工照明，人工照明又可分为功能照明和装饰、艺术照明。天然照明主要是利用天然光源，如太阳光、生物光等。人工照明则主要是通过人造电光源来实现的，即电气照明。

6.3.1 照明工程的方式及种类

1. 照明工程的方式

（1）一般照明。其是指一般照明灯具比较规则地布置在整个场地的照明布置方式。

（2）局部照明。其是指为满足某些部位的特殊光照要求，在较小范围内或有限空间内，采用辅助照明设施的照明布置方式。

（3）混合照明。其是指由一般照明和局部照明共同组成的照明布置方式，是在一般照明的基础上再加强局部照明，有利于提高照度和节约能源。

2. 照明工程的种类

（1）正常照明。其是指满足一般生产、生活需要的室内外照明。所有居住的房间和供工作、运输、人行的走道及室外场地，都应设置正常照明。

（2）应急照明。其是指因正常照明的电源发生故障而启用的照明。它又可分为备用照明、安全照明和疏散照明等。

（3）警卫照明。其是指在一般工厂中不必设置，但对某些有特殊要求的厂区、仓库区及其他有警戒任务的场所应设置的照明。

（4）值班照明。其是指在非工作时间内，为需要值班的场所提供的照明。

（5）障碍照明。其是指为了保障飞机起飞和降落安全及船舶航行安全而在建筑物上装设的用于障碍标志的照明。

（6）装饰照明。其是指为美化市容夜景及节日装饰和室内装饰而设计的照明。

6.3.2 照明器具的安装

1. 灯具的安装方式

灯具的安装方式及特点，见表 6－4。

表 6-4 灯具的安装方式及特点

安装方式	特点
墙壁式	安装在墙壁上、庭柱上，用于局部照明、装饰照明或没有顶棚的场所
吸顶式	将灯具吸附在顶棚面上，主要用于设有吊顶的房间。吸顶式的光带适用于计算机房、变电站等
嵌入式	适用于有吊顶的房间，灯具是嵌入吊顶内安装的，可以有效消除眩光，与吊顶结合能形成美观的装饰艺术效果
半嵌入式	将灯具的一半或一部分嵌入顶棚，其余部分露在顶棚外，介于吸顶式和嵌入式之间，适用于顶棚吊顶深度不够的场所，在走廊处应用较多

2. 灯具的安装

1）照明灯具安装的一般规定

（1）安装的灯具应配件齐全，无机械损伤和变形，油漆无脱落，灯罩无损坏。螺口灯头接线必须将相线接在中心端子上，零线接在螺纹的端子上。灯头外壳不能有破损和漏电。

（2）照明灯具使用的导线线芯最小截面应符合表 6-5 的规定。

表 6-5 照明灯具使用的导线线芯最小截面

安装场所及用途		线芯最小截面/mm^2		
		铜芯软线	铜线	铝线
照明灯头线	（1）民用建筑室内	0.5	0.5	2.5
	（2）工业建筑室内	0.5	1.0	2.5
	（3）室外	1.0	1.0	2.5
移动式用电设备	（1）生活用	0.4		
	（2）生产用	1.0		

（3）灯具安装高度按施工图样设计要求施工，若图样无要求，室内一般在 2.5m 左右，室外在 3m 左右。地下建筑内的照明装置应有防潮措施。配电盘及母线的正上方不得安装灯具。事故照明灯具应有特殊标志。

（4）嵌入顶棚内的装饰灯具应固定在专设的框架上，电源线不应贴近灯具外壳，灯线应留有余量，固定灯罩的框架边缘应紧贴在顶棚上，嵌入式日光灯管组合的开启式灯具，灯管应排列整齐，金属间隔片不应有弯曲扭斜等缺陷。

（5）灯具质量大于 3kg 时，要固定在螺栓或预埋吊钩上，并不得使用木楔，每个灯具固定用螺钉或螺栓不少于两个，当绝缘台直径在 75mm 及以下时，可采用 1 个螺钉或螺栓固定。

（6）软线吊灯的灯具质量在 0.5kg 及以下时，采用软电线自身吊装；当灯具质量大于 0.5kg 时，采用吊链吊装，软电线编叉在吊链内，使电线不受力。吊灯的软线两端应做保护扣，两端芯线搪锡，顺时针方向压线。当装升降器时，要套塑料软管，并采用安全灯头，当采用螺口灯头时，相线要接于螺口灯头中间的端子上。

(7) 除开启式灯具外，其他各类灯具灯泡容量在100W及以上者采用瓷质灯头，灯头的绝缘外壳不应有破损和漏电。带有开关的灯头，开关手柄应无裸露的金属部分，吸顶灯具灯泡不应紧贴灯罩。当灯泡与绝缘台间距小于5mm时，灯泡应采取隔热措施。

2) 吊灯的安装

(1) 在混凝土顶棚上安装要事先预埋铁件或放置穿透螺栓，还可以用胀管螺栓紧固，安装时要特别注意吊钩的承重力，按照国家标准规定，吊钩必须能挂超过灯具质量14倍的重物，只有这样，才能被确认是安全的。大型吊灯因体积大、灯体重，必须固定在建筑物的主体棚面上(或具有承重能力的构架上)，不允许在轻钢龙骨吊棚上直接安装。采用胀管螺栓紧固时，胀管螺栓规格最小不宜小于M6，螺栓数量至少要两个，不能采用轻型自攻型胀管螺钉。

(2) 小型吊灯在吊棚上安装时，必须在吊棚主龙骨上设灯具紧固装置。可将吊灯通过连接件悬挂在紧固装置上，紧固装置与主龙骨的连接应可靠，有时需要在支持点处对称加设与建筑物主体棚面垂直的吊杆，以抵消灯具加在吊棚上的重力，使吊棚不至于下沉、变形。吊杆出顶棚面最好加套管，这样可以保证顶棚面板的完整。安装时一定要注意保证牢固性和可靠性。

3) 吸顶灯的安装

(1) 在混凝土顶棚上安装，在浇筑混凝土前，根据图样要求把木砖或胀管螺栓预埋在里面，如图6.5所示。在安装灯具时，把灯具的底台用木螺钉安装在预埋木砖上，或者用紧固螺栓将底盘固定在混凝土顶棚的胀管螺栓上，吸顶灯再与底台或底盘固定。如果灯具底台直径超过100mm，往预埋木砖上固定时，必须用两个螺钉。圆形底盘吸顶灯紧固螺栓数量不得少于3个，方形或矩形底盘吸顶灯紧固螺栓不得少于4个。

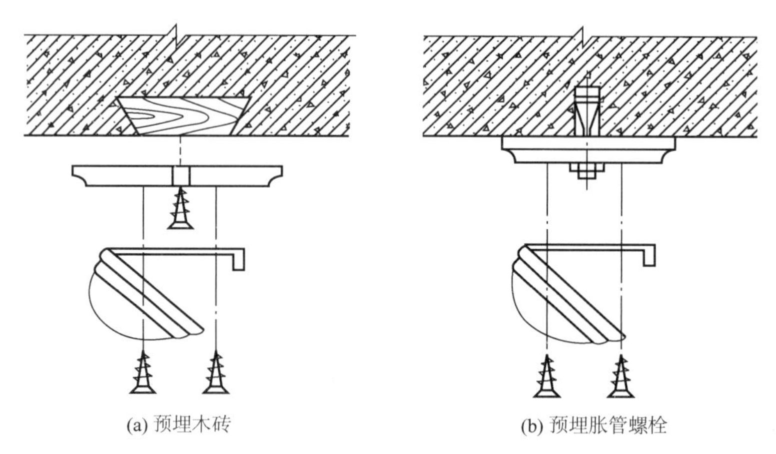

(a) 预埋木砖　　(b) 预埋胀管螺栓

图6.5　吸顶灯在混凝土顶棚上安装

(2) 在吊顶上安装小型、轻型吸顶灯可以直接安装在吊棚上，但不得用吊棚的罩面板作为螺钉的紧固基面。安装时应在罩面板的上面加装木方，木方规格为60mm×40mm，木方要固定在吊棚的主龙骨上。安装灯具的紧固螺钉拧紧在木方上。较大型吸顶灯安装，原则是不让吊棚承受更大的重力，可以用吊杆将灯具底盘等附件装置悬吊固定在建筑物的主体顶棚上或者固定在吊棚的主龙骨上，也可以在轻钢龙骨上紧固灯具附件，而后将吸顶灯安装至吊棚上。

4）荧光灯的安装

荧光灯电路由3个主要部分组成，灯管、镇流器和启辉器，其安装如图6.6所示。安装时应按电路图正确接线，开关应装在镇流器侧，镇流器、启辉器、电容器要相互匹配。其安装工艺主要有两种，一种是吸顶式安装，另一种是吊链式安装。

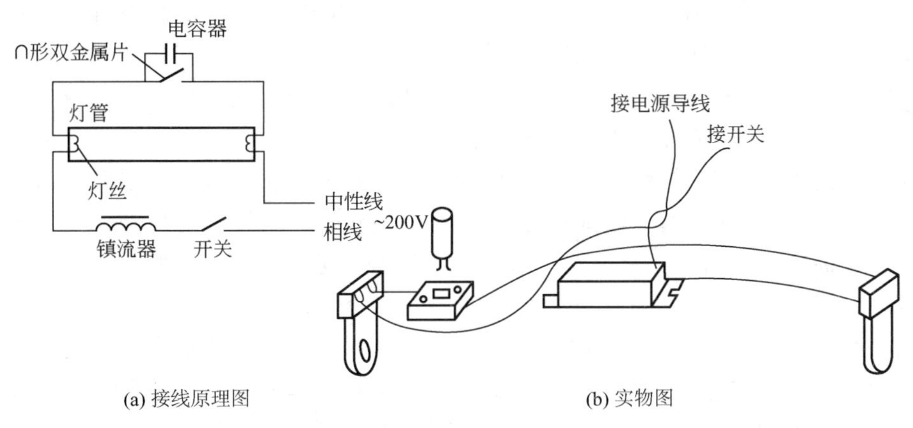

(a) 接线原理图　　(b) 实物图

图6.6　荧光灯的安装

（1）吸顶荧光灯的安装根据设计图确定出荧光灯的位置，将荧光灯紧贴建筑物表面，荧光灯的灯架应完全遮盖住灯头盒，对着灯头盒的位置打好进线孔，将电源线甩入灯架，在进线孔处套上塑料管以保护导线。找好灯头盒螺孔的位置，在灯架的底板上用电钻打好孔，用机螺钉拧牢固，在灯架的另一端用胀管螺栓加以固定。如果荧光灯安装在吊顶上，应将灯架固定在龙骨上。灯架固定好后，将电源线压入灯架内的端子板上。把灯具的反光板固定在灯架上，并将灯架调整顺直，最后将荧光灯管接好。

（2）吊链荧光灯安装在建筑物顶棚上已安装好的塑料(木)台上，根据灯具的安装高度，将吊链编好挂在灯架挂钩上，并且将导线编叉在吊链内，引入灯架，在灯架的进线孔处套上软塑料管以保护导线，压入灯架内的端子板上。将灯具的导线和灯头盒中甩出的导线连接，并用绝缘胶布分层包扎紧密，理顺接头扣于塑料(木)台上的法兰盘内，法兰盘的中心应与塑料(木)台的中心对正，用木螺钉将其拧牢。将灯具的反光板用机螺钉固定在灯架上，最后调整好灯脚，将灯管装好。

5）应急照明灯具的安装

（1）应急照明灯的电源除正常电源外，另有一个电源供电站，或者是由独立于正常电源的柴油发电机组供电，或由蓄电池柜供电或选用自带电源型应急灯具。应急照明在正常电源断电后，电源转换时间应符合规定。

（2）疏散照明由安全出口标志灯和疏散标志灯组成。安全出口标志灯距地面高度不低于2m，且安装在疏散出口和楼梯口里侧的上方。疏散标志灯安装在安全出口的顶部，楼梯间、疏散走道及其转角处应安装在1m以下的墙面上，不易安装的部位可安装在上部。疏散走道上的标志灯间距不大于20m(人防工程不大于10m)。

（3）应急照明灯具、运行中温度大于60℃的灯具，当靠近可燃物时，应采取隔热、散热等防火措施。当采用白炽灯、卤钨灯等光源时，不应直接安装在可燃装修材料或可燃物件上。

3. 插座的安装

1）插座安装一般规定

(1) 住宅用户一律使用同一牌号的安全型插座，同一处所的安装高度一致，距地面高度一般应不小于1.3m，以防小孩用金属丝探试插孔面发生触电事故。

(2) 车间及实验室的明暗插座，一般距地面高度不应低于0.3m，特殊场所暗装插座不应低于0.15m，同一室内安装位置高低差不应大于5mm。并列安装的相同型号的插座高度差不宜大于0.5mm。托儿所、幼儿园、小学学校等场所宜选用安全型插座，其安装高度距地面应为1.8m。潮湿场所应使用安全型防溅插座。

(3) 住宅使用安全型插座时，其距地面高度不应小于200mm，如设计无要求，安装高度可为0.3m。对于用电负荷较大的家用电器如电磁炉、微波炉等应单独安装插座。在住宅客厅安装的窗式空调器、分体式空调器，一般是就近安装明装单相插座。

2）插座接线

单相二孔插座，面对插座的右孔或上孔与相线连接，左孔或下孔与零线连接；单相三孔插座，面对插座的右孔与相线连接，左孔与零线连接；单相三孔、三相四孔及三相五孔插座的接地或接零均应在插座的上孔。插座的接地端子不应与零线端子直接连接。

住宅插座回路应单独装设漏电保护装置。带有短路保护功能的漏电保护器，应确保有足够的灭弧距离，电流型漏电保护器应通过试验按钮检查其动作性能。插座接线如图6.7所示。

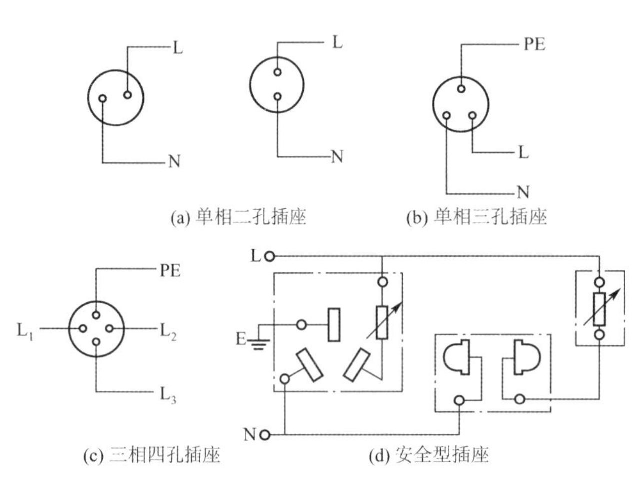

图 6.7　插座接线

4. 照明开关的安装

1）照明开关安装一般规定

同一场所开关的标高应一致，且应操作灵活、接触可靠。照明开关安装位置应便于操作，各种开关距地面高度一般为1.3m，开关边缘距门框为0.15～0.2m，且不得安在门的反手侧。翘板开关的扳把应上合下分，但一灯多开关控制者除外。照明开关应接在相线上。

在多尘和潮湿场所应使用防水防尘开关；在易燃、易爆场所，开关一般应装在其他场所，或用防爆型开关；明装开关应安装在符合规格的圆方或木方上；住宅严禁装设床头开关，不宜使用拉线开关。

2）照明开关安装

目前的住宅装饰几乎都是采用暗装翘板开关，常见的还有调光开关、调速开关、触摸开关、声控开关，它们均属暗开关，其板面尺寸与暗装翘板开关相同。暗装开关通常安装在门边。触摸开关、声控开关是一种自控关灯开关，一般安装在走廊、过道上，距地面高度为1.2～1.4m。暗装开关在布线时，应考虑用户今后用电的需要，一般要在开关上端设一个接线盒，接线盒距墙顶 15～20cm。

图 6.8 所示为开关分析图。

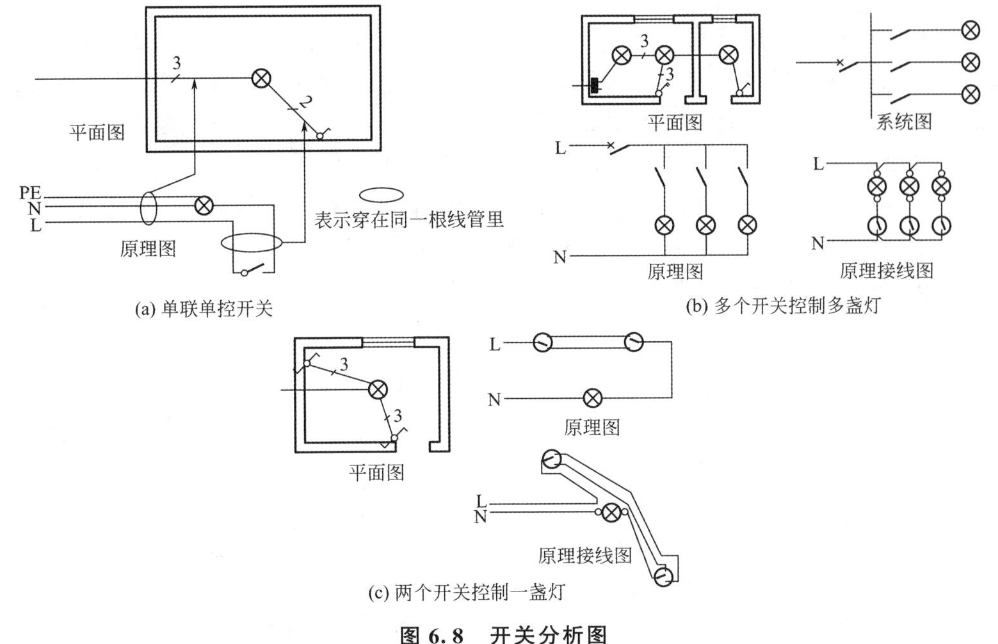

图 6.8　开关分析图

6.3.3　配电箱的分类及安装

1. 配电箱分类

配电箱是电气线路中的重要组成部分，根据用途不同可分为电力配电箱和照明配电箱两种，又均可分为明装和暗装；按产品划分有定型产品(标准配电箱)、非定型成套配电箱(非标准配电箱)及现场制作组装的配电箱。

2. 配电箱位置确定

电气线路引入建筑物以后，首先进入总配电箱，然后进入分配电箱，最后用分支线按回路接到照明或电力设备、器具上。

3. 配电箱安装一般规定

在配电箱内，有交流、直流电或不同电压时，应有明显的标志或分设在单独的面板上，导线引出面板，均应套设绝缘管，三相四线制供电的照明工程，其各相负荷应均匀分配，并标明用电回路名称，配电箱安装垂直偏差不应大于 3mm。暗装时，其面板四周边缘应紧贴墙面，箱体与建筑物接触的部分应刷防腐漆，照明配电箱安装高度，底边距地面一般为 1.5m。配电板安装高度，底边距地面不应小于 1.8m。

4. 配电箱安装

1）暗装配电箱的安装

暗装配电箱应按图样配合土建施工进行预埋。配电箱运到现场后应进行外观检查和检查产品合格证。在土建施工中，到达配电箱安装高度时，将箱体埋入墙内，箱体要放置平正，箱体放置后用托线板找好垂直使之符合要求。宽度超过 500mm 的配电箱，其顶部要安装混凝土过梁；配电箱宽度为 300～500mm 时，在顶部应设置钢筋砖。

2）明装配电箱的安装

明装配电箱须等待建筑装饰工程结束后进行安装，可安装在墙上或柱子上，直接安装在墙上时应先埋设固定螺栓；用燕尾螺栓固定箱体时，燕尾螺栓宜随土建墙体施工预埋。配电箱安装在支架上时，应先将支架加工好，固定在墙上，或用抱箍固定在柱子上，再用螺栓将配电箱安装在支架上，并对其进行水平调整和垂直调整。

对于配电箱中配管与箱体的连接，盘面电气元件的安装，盘内配线，配电箱内盘面板的安装，导线与盘面器具的连接应参考相关施工规范。

图 6.9 所示为配电箱系统图。

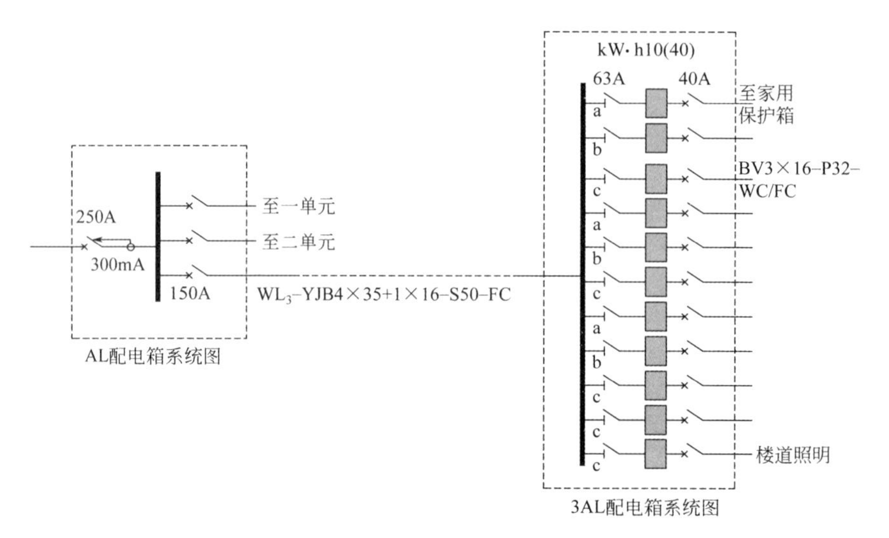

图 6.9　配电箱系统图

注：图中标注不完善。

特别提示

配电箱的安装是指成套配电箱的安装，低压断路器、漏电保护器的安装已由有资质的生产厂家完成并经检验合格出厂。配电箱的明装及落地式安装，在施工时应考虑支架的制作与安装。

6.4　配线工程

引例

(1) 敷设在建筑物、构筑物内的配线统称为室内配线。室内配线有明配和暗配两种。

(2) 暗配线路是指导线直接穿管、线槽等敷设于墙壁、顶棚、地面及楼板等处的内部。对于配线的接头不能在管中接，而应在接线盒中接，否则会给检修维护带来困难和不便，也会给电气设备的安全运行带来严重的安全隐患。

6.4.1 室内配线工程施工的一般要求

1. 低压配电线路

低压配电线路是把降压变电所降至380/220V的低压，输送和分配给各低压用电设备的线路。如室内照明供电线路的电压，除特殊需要外，通常采用380/220V、50Hz三相五线制供电，即从市电网的用户配电变压器的低压侧引出3根相线和1根零线。相线与相线之间的电压为380V，可供动力负载使用；相线与零线之间的电压为220V，可供照明负载使用。

2. 室内照明供电线路的组成(图6.10)

(1) 进户线。从外墙支架到室内总配电箱的这段线路称为进户线。进户点的位置就是建筑照明供电电源的引入点。

(2) 配电箱。配电箱是接受和分配电能的电气装置。对于用电负荷小的建筑物，可以只安装一个配电箱；对于用电负荷大的建筑物，如多层建筑可以在某层设置总配电箱，而在其他楼层设置分配电箱。在配电箱中应装有空气开关、断路器、计量表、电源指示灯等。

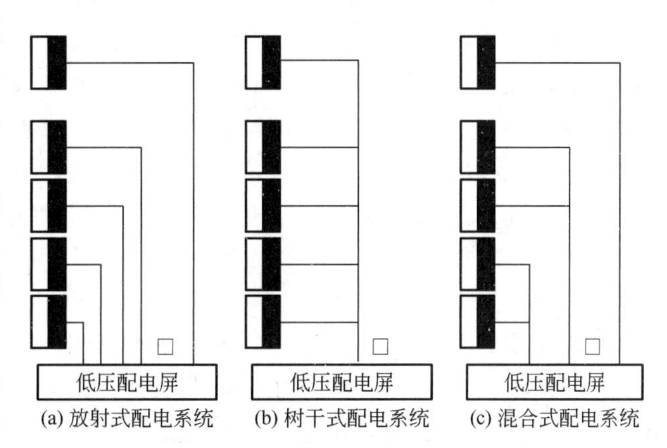

图6.10　室内照明供电线路的组成

(3) 干线。从总配电箱引至分配电箱的一段供电线路称为干线，其布置方式有放射式、树干式、混合式。

(4) 支线。从分配电箱引至电灯等用电设备的一段供电线路称为支线，又称回路。支线的供电范围一般不超过20～30m，支线截面不宜过大，一般应在1～40mm^{2}范围之内。

3. 室内照明供电线路的布置

室内照明供电线路布置的原则，应力求线路短，以节约导线。但对于明装导线还要考虑整齐美观，必须沿墙面、顶棚作直线走向。对于同一走向的导线，即使长度要略为增加，仍应采取同一线路合并敷设的方式。

1) 进户线

进户点的选择应符合下列条件：保证用电安全与运行维护方便；进户点尽可能接近用电负荷中心；考虑市容美观，一般应尽量从建筑的侧面和背面进户。进户点的数量不宜过多，建筑物的长度在60m以内者，都采用一处进线；超过60m的可根据需要采用两处进线。进户线距室内地坪面不得低于3.5m，对于多层建筑物，一般可以由二层进户。一般按结构形式常用的有架空进线(图6.11)和电缆埋地进线两种进线方式。

2) 干线

(1) 放射式。由变压器或低压配电箱(柜)低压母线上引出若干条回路，再分别送给各个用电设备，即各个分配电箱都由总配电箱(柜)用一条独立的干线连接。其特点是干线的

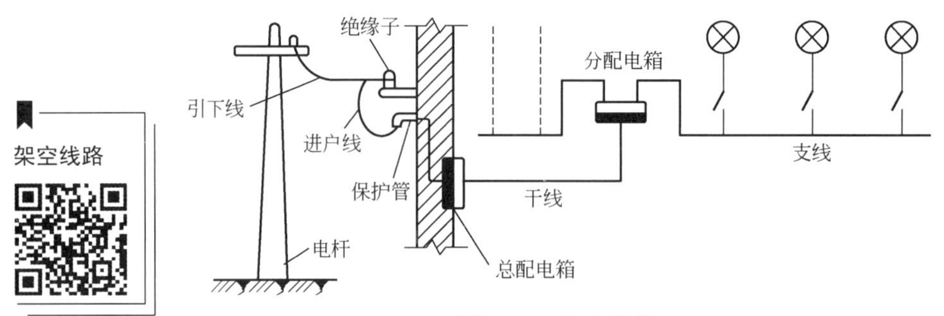

图 6.11　架空进线

独立性强而互不干扰，即当某干线出现故障或需要检修时，不会影响其他干线的正常工作，故供电可靠性较高，但该接线方式所用的导线较多。

(2) 树干式。由变压器或低压配电箱(柜)低压母线上仅引出一条干线，沿干线走向再引出若干条支线，然后引至各个用电设备。这种接线方式结构简单、投资和有色金属用量较少，但在供电可靠性方面不如放射式。一旦干线某处出现故障，有可能影响其他干线与支线。树干式一般适用于供电可靠性无特殊要求、负荷容量小、布置均匀的用电设备。

(3) 混合式。其是放射式与树干式相结合的接线方式，在优缺点方面介于放射式与树干式之间。这种接线方式目前在建筑中应用广泛。

3) 支线

布置支线时，应先将电灯、插座或其他用电设备进行分组，并尽可能地均匀分成几组，每一组由一条支线供电，每一条支线连接的电灯数不要超过 20 盏。一些较大房间的照明，如阅览室、绘图室等应采用专用回路，走廊、楼梯的照明也宜用独立的支线供电。插座是线路中最容易发生故障的地方，如需要安装较多的插座，可以考虑专设一条支线供电，以提高供电可靠性。

常将配电箱的进线称为一次线，配电箱的出线称为二次线。

6.4.2　室内配线工程

1. 室内配线的一般要求

室内配线工程的施工应按已批准的设计进行，并在施工过程中严格执行《建筑电气工程施工质量验收规范》(GB 50303—2015)，保证工程质量。室内配线工程施工，首先应符合对电气装置安装的基本要求，即安全、可靠、经济、方便、美观。室内配线工程施工应使整个配线布置合理、整齐、安装牢固，这就要求在整个施工过程中，严格按照技术要求，进行合理的施工。

2. 室内配线工程施工应符合的一般规定

(1) 所用导线的额定电压应大于线路的工作电压。导线的绝缘应符合线路的安装方式和敷设环境条件。导线截面应能满足供电质量和机械强度的要求，不同敷设方式导线线芯允许最小截面，见表 6-6。

表 6-6　不同敷设方式导线线芯允许最小截面　　单位：mm^2

敷设方式	线芯最小截面		
	铜芯软线	铜线	铝线
敷设在室内绝缘支持件上的裸导线		2.5	4.0
室内		1.0	2.5
室外		1.5	2.5
穿管敷设的绝缘导线	1.0	1.0	2.5
槽板内敷设的绝缘导线		1.0	2.5
塑料护套线明敷		1.0	2.5

（2）导线敷设时，应尽量避免接头，否则由于导线接头质量不好会造成事故。必须接头时，应将接头放在接线盒内并采用压接或焊接。

（3）导线在连接和分支处，不应受机械力的作用，导线与电器端子的连接要牢靠压实。

（4）穿入保护管内的导线，在任何情况下都不能有接头，必须接头时，应把接头放在接线盒、开关盒或灯头盒内。

（5）各种明配线应垂直和水平敷设，且要求横平竖直，一般导线水平高度距地不应小于 2.5m，垂直敷设不应低于 1.8m，否则应加管槽保护，以防机械损伤。

（6）明配线穿墙时应采用经过阻燃处理的保护管保护，穿过楼板时应用钢管保护，其保护高度与楼面的距离不应小于 1.8m，但在装设开关的位置，可与开关高度相同。

（7）进户线在进墙的一段应采用额定电压不低于 500V 的绝缘导线，穿墙保护管的外侧应有防水弯头，且导线应弯成滴水弧状后方可引入室内。

（8）电气线路经过建筑物、构筑物的沉降缝处，应装设两端固定的补偿装置，导线应留有余量。

（9）室内配线工程施工中，电气线路与管道的最小距离见表 6-7。

（10）室内配线工程施工结束后，应将施工中造成的建筑物、构筑物的孔、洞、沟、槽等修补完整。

表 6-7　电气线路与管道的最小距离　　单位：mm

管道名称	配线方式		穿管配线	绝缘导线明配线	裸导线配线
蒸汽管	平行	管道上	1000	1000	1500
		管道下	500	500	1500
	交叉		300	300	1500
热水管	平行	管道上	300	300	1500
		管道下	200	200	1500
	交叉		100	100	1500

续表

管道名称	配线方式	穿管配线	绝缘导线明配线	裸导线配线
通风、给排水及压缩空气管	平行	100	200	1500
	交叉	50	100	1500

注：①蒸汽管道，当在管外包隔热层后，上下平行距离可减至200mm。
②热水管应设隔热层。
③应在裸导线处加装保护网。

3. 室内配线工程的施工工序

(1) 定位画线。根据施工图样，确定电器安装位置、导线敷设途径及导线穿过墙壁和楼板的位置。

(2) 预埋预留。在土建抹灰前，将配线所有的固定点打好孔洞，埋设好支持构件，但最好是在土建施工时配合土建搞好预埋预留工作。塑料管外应套钢管保护。明配管时与其他管路的间距不小于以下规定：在热水管下面时为0.2m，在热水管上面时为0.3m；在蒸汽管下面时为0.5m，在蒸汽管上面时为1m；电线管路与其他管路的平行间距不应小于0.1m。

4. 配管工程

其分为明配管和暗配管。敷设在墙内、楼板内的均为暗配管，敷设在建筑物表面的为明配管。

线管敷设超过下列长度时，中间应加接线盒。

(1) 管长>30m，且无弯曲。

(2) 管长>20m，有1个弯曲。

(3) 管长>15m，有2个弯曲。

(4) 管长>8m，有3个弯曲。

5. 管内穿线工程

管内穿线工程的工艺流程一般表示如下。

1) 选择导线

根据设计图样要求选择导线。进户线的导线宜使用橡胶绝缘导线。相线、中性线及保护线通过颜色加以区分，用淡蓝色的导线作为中性线，用黄绿颜色相间的导线作为保护线。

2) 扫管

管内穿线一般应在支架全部架设完毕及建筑抹灰、粉刷及地面工程结束后进行。在穿线前应将管中的积水及杂物清除干净。

3) 穿带线

导线穿管时，应先穿一根直径为1.2～2.0mm的铁丝作带线，在管路的两端均应留有10～15mm的余量。当管路较长或弯曲较多时，也可在配管时就将带线穿好。在现场施工中，对于管路较长、弯曲较多的情况，从一端穿入带线有困难时，一般多采用从两端同时穿带线，且将带线头弯成小钩，当估计一根带线端头超过另一根带线端头时，可用手旋转较短的一根，使两根带线绞在一起，然后把一根带线拉出，此时就可以将带线的另一头与需要穿的导线绑扎在一起。当所穿电线根数较多时，可以将电线分段绑扎。

4）放线及断线

放线时，应将导线置于放线架或放线车上。剪断导线时，接线盒、开关盒、插座盒及灯头盒内的导线预留长度为1.5cm；配电箱内导线预留长度为配电箱箱体周长的1/2；出户线的预留长度为1.5m。共用导线在分支处，可不剪断线而直接穿过。

5）管内穿线

导线与带线绑扎后进行管内穿线。当管路较长或弯曲较多时，可在穿线的同时往管内吹入适量的滑石粉。拉线时应由两人操作，较熟练的一人担任送线，另一人担任拉线，两人的送拉动作要配合协调，不可硬送硬拉。当导线拉不动时，两人应配合反复来回拉一两次再向前拉，不可过分勉强而将带线或导线拉断。导线穿入钢管时，管口处应装设护套保护导线。在不进入接线盒（箱）的垂直管口，穿入导线后应将管口密封。同一交流回路的导线应穿入同一根钢管内。导线在管内不得有接头和扭结，其接头应放在接线盒（箱）内。管内导线包括绝缘层在内的总截面不应大于管子内径截面的40%。

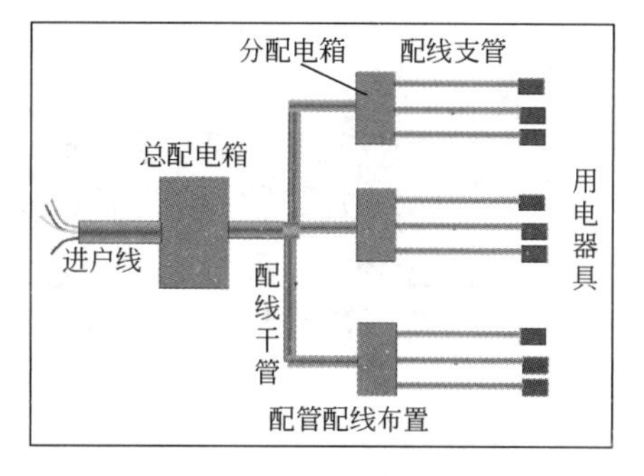

图6.12 室内配管配线图

图6.12所示为室内配管配线图。

特别提示

线路敷设完毕后，要进行线路绝缘电阻值遥测，检验是否达到设计规定的导线绝缘电阻，照明电路一般选用500V、量程为0～500MΩ的兆欧表遥测。

6.4.3 电缆配线

1. 电缆的敷设方式

电缆的敷设方式包括直埋敷设、电缆沟内敷设、电缆桥架敷设、穿钢管敷设，以及用支架、托架、悬挂方法敷设等。下面重点介绍前3种方式。

1）直埋敷设

直埋敷设的电缆宜采用有外护层的铠装电缆。在无机械损伤的场所，可采用塑料护套电缆或带外护层的（铅、铝包）电缆。

直埋敷设的施工程序为，电缆检查→挖电缆沟→电缆敷设→铺砂盖砖→盖盖板→埋标桩。

直埋敷设时，电缆埋设深度不应小于0.7m，穿越农田时不应小于1m。在寒冷地区，电缆应埋设于冻土层以下。电缆沟的宽度，根据电缆的根数与散热所需的间距而定。电缆沟的形状一般为梯形，如图6.13所示。

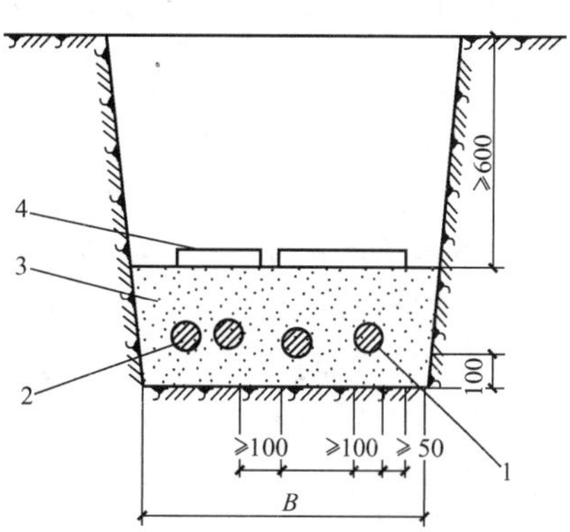

1—10kV及以下电力电缆；2—控制电缆；3—砂或软土；4—保护板。

图6.13 10kV及以下电缆沟结构示意图

2）电缆沟内敷设

电缆在专用电缆沟或隧道内敷设，是室内外常见的电缆敷设方法。电缆沟一般设在地面下，由砖砌成或混凝土浇筑而成，沟顶部用混凝土盖板封住。

电缆敷设在电缆沟或隧道的支架上时，电缆应按下列顺序排列：高压电力电缆应放在低压电力电缆的上层；电力电缆应放在控制电缆的上层；强电控制电缆应放在弱电控制电缆的上层。若电缆沟或隧道两侧均有支架，1kV 及以下的电力电缆与控制电缆应与 1kV 以上的电力电缆分别敷设在不同侧的支架上。室内电缆沟如图 6.14 所示。

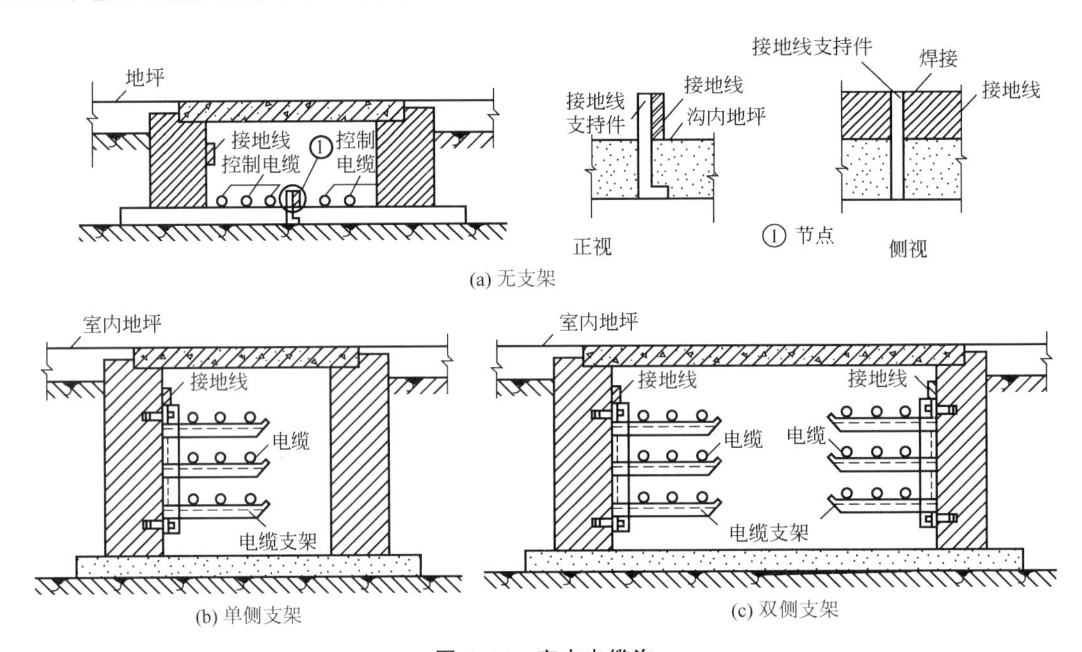

图 6.14　室内电缆沟

3）电缆桥架敷设

架设电缆的构架称为电缆桥架。电缆桥架是指金属电缆有孔托盘、无孔托盘、梯架式及组合式托盘的统称。电缆桥架按结构形式分为托盘式、梯架式、组合式、全封闭式，按材质分为钢电缆桥架和铝合金电缆桥架。

托盘(TP)、梯架(TC)水平敷设时，距地高度一般不宜低于 2.5m，其中无孔托盘(槽式)距地高度可降低到 2.2m，垂直敷设时应不低于 1.8m。低于上述高度时应加金属盖板保护，但敷设在电气专用房间(如配电室、电气竖井、电缆隧道、技术层)内的除外。电缆托盘、梯架经过伸缩缝、沉降缝时，电缆托盘、梯架应断开，断开距离以 100mm 左右为宜。为保护线路运行安全，下列情况的电缆不宜敷设在同一层桥架上：①1kV 以上和 1kV 以下的电缆；②同一路径向一级负荷供电的双路电源电缆；③应急照明和其他照明的电缆；④强电和弱电电缆。电缆桥架内的电缆应在首端、末端、转弯及每隔 50m 处，设置编号、型号规格及起止点等标记。电缆桥架在穿过防火墙及防火楼板时，应采取防火隔离措施。

2. 电力电缆连接

电缆敷设完毕后，各线段必须连接为一个整体。电缆线路两个首末端称为终端，中间的接头则称为中间接头，它们的主要作用是确保电缆密封、线路畅通。电缆接头处的绝缘等级，应符合要求，使其安全可靠地运行。电缆头外壳与电缆金属护套及铠装层均应良好接地，接地线截面不宜小于 $10mm^2$。

6.4.4 母线安装

1. 硬母线安装

硬母线通常作为变配电装置的配电母线，一般多采用硬铝母线。当安装空间较小，电流较大或有特殊要求时，可采用硬铜母线。硬母线还可作为大型车间和电镀车间的配电干线。

2. 母线支架制作及封闭式插接母线安装

封闭式母线是一种以组装插接方式引接电源的新型电器配线装置，用于额定电压380V，额定电流2500A及以下的三相四线制配电系统中。封闭式母线由封闭外壳、母线本体、进线盒、出线盒、插座盒、安装附件等组成。封闭式母线有单相二线、单相三线、三相三线、三相四线及三相五线制式，可根据需要选用。

封闭式母线的施工程序为，设备开箱检查调整→支架制作安装→封闭式插接母线安装→通电测试检验。

1）母线支架制作安装

封闭式插接母线的固定形式有垂直和水平安装两种，其中水平悬吊式分为直立式和侧卧式两种。垂直安装分为弹簧支架固定和母线槽沿墙支架固定两种。支架采用角钢和槽钢制作，可以根据用户要求由厂家配套供应也可以自制。封闭式插接母线直线段水平敷设或沿墙垂直敷设时，应用支架固定。

2）封闭式插接母线安装

封闭式插接母线水平敷设时，距地面的距离不应小于2.2m，垂直敷设时距地面1.8m。母线应按设计要求和产品技术规定组装，组装前应逐段进行绝缘测试，其绝缘电阻值不得小于0.5MΩ。封闭式插接母线应按分段图、相序、编号、方向和标志正确放置。封闭式插接母线安装如图6.15所示。

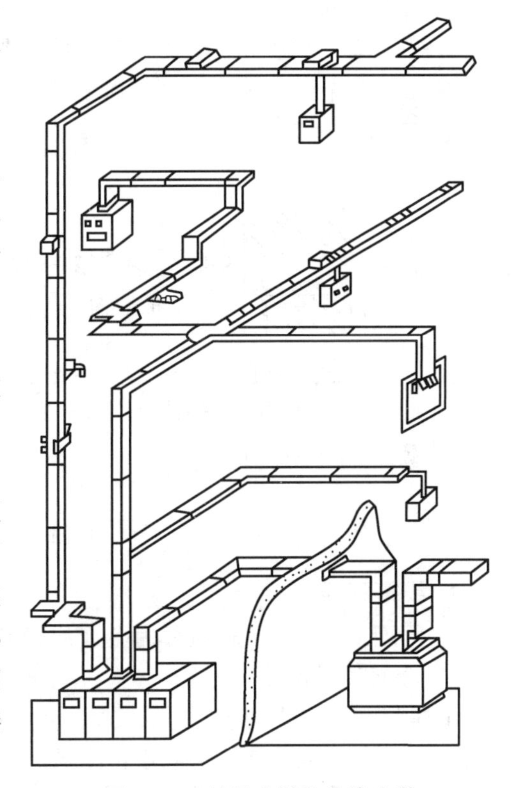

图6.15 封闭式插接母线安装

特别提示

封闭式插接母线安装完毕后，必须要通电测试检验，技术指标均满足要求，方能投入运行。

6.4.5 其他配线

1. 槽板配线

槽板配线就是把绝缘导线敷设在槽板的线槽内，上部用盖板把导线盖住。槽板按材质分有木槽板和塑料槽板。槽板配线为明敷设，造价低，所用绝缘导线的额定电压不应低于500V。

2. 塑料护套线配线

塑料护套线多用于居住及办公等建筑室内电器照明及日用电器插座线路，可以直接敷设在楼板、墙壁等建筑物表面上，用铝片卡(钢筋扎头)或塑料钢钉电线卡作为塑料护套线的支持物，但不得在室外露天场所明敷设。

塑料护套线在分支接头和中间接头处，应装置接线盒，护套线在进入接线盒或电气器具连接时，护套层应引入盒内或器具内连接。在多尘和潮湿场所应采用密闭式，接头应采用焊接或压接。塑料护套线也可以穿管敷设或穿入预制混凝土楼板板孔内敷设。

3. 钢索配线

钢索配线一般适用于屋架较高、跨距较大，而灯具安装高度要求较低的工业厂房内。所谓钢索配线就是在钢索上吊瓷瓶配线、吊钢管(或塑料管)配线或吊塑料护套线配线等。图6.16所示为钢索安装。

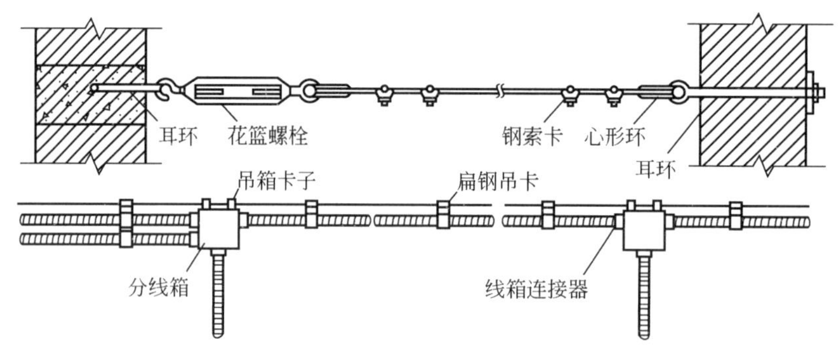

图6.16 钢索安装

4. 线槽配线

用于配线的线槽按材质分为金属线槽和塑料线槽。

1) 金属线槽配线

金属线槽多由厚度为0.5～1.5mm的钢板制成。金属线槽配线一般适用于正常环境的室内场所明配，但不适用于有严重腐蚀的场所。施工时，线槽的连接应连续无间断，每节线槽的固定点不应少于两个，应在线槽的连接处，线槽首端、末端，进出接线盒处，转角处设置支转点(支架或吊架)。金属线槽还可采用托架、吊架等进行固定架设。

地面内暗装金属线槽配线是一种新型的配线方式。该配线方式是将导线或电缆穿在经过特制的壁厚为2mm的封闭式金属线槽内，直接敷设在混凝土地面、现浇钢筋混凝土楼板或预制混凝土楼板的垫层内。地面内暗装金属线槽应采用配套的附件，线槽在转角、分支等处应设置分线盒，线槽的直线段长度超过 6m 时宜加装接线盒。线槽出线口与分线盒不得凸出地面，且应做好防水密封处理。金属线槽及金属附件均应镀锌。由配电箱、电话分线箱及接线端子箱等设备引至线槽的线路，宜采用金属管配线方式引入分线盒，或以终端连接器直接引入线槽。强、弱电线路应采用分槽敷设。单、双线槽支架安装如图 6.17 所示。

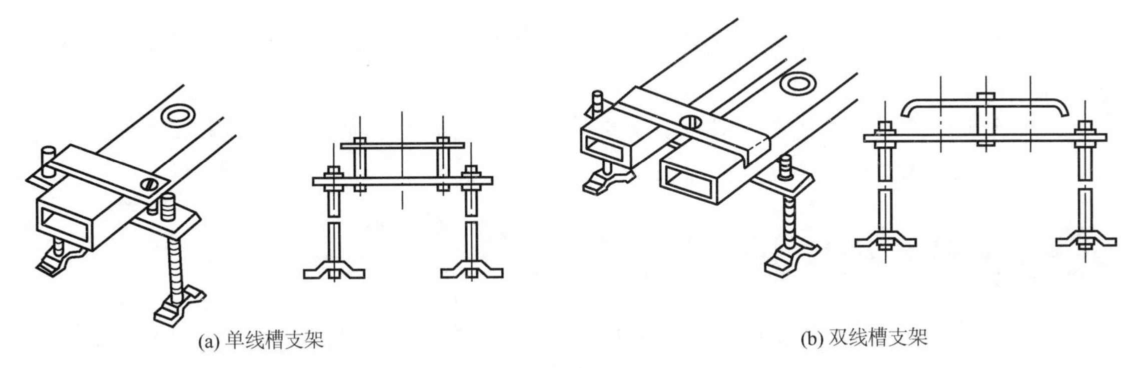

(a) 单线槽支架　　(b) 双线槽支架

图 6.17　单、双线槽支架安装

无论是明装还是暗装金属线槽均应可靠接地或接零，但不应作为设备的接地导线。

2）塑料线槽配线

塑料线槽配线适用于正常环境的室内场所，特别是潮湿及酸碱腐蚀的场所，但在高温和易受机械损伤的场所不宜使用。

塑料线槽必须经阻燃处理，外壁应有间距不大于 1m 的连续阻燃标记和制造厂标。强、弱电线路不应同敷于一根线槽内。导线或电缆在线槽内不得有接头。分支接头应在接线盒内连接。塑料线槽配线，在线路的连接、转角、分支及终端处应采用相应附件。塑料线槽一般为沿墙明敷设，如图 6.18 所示。

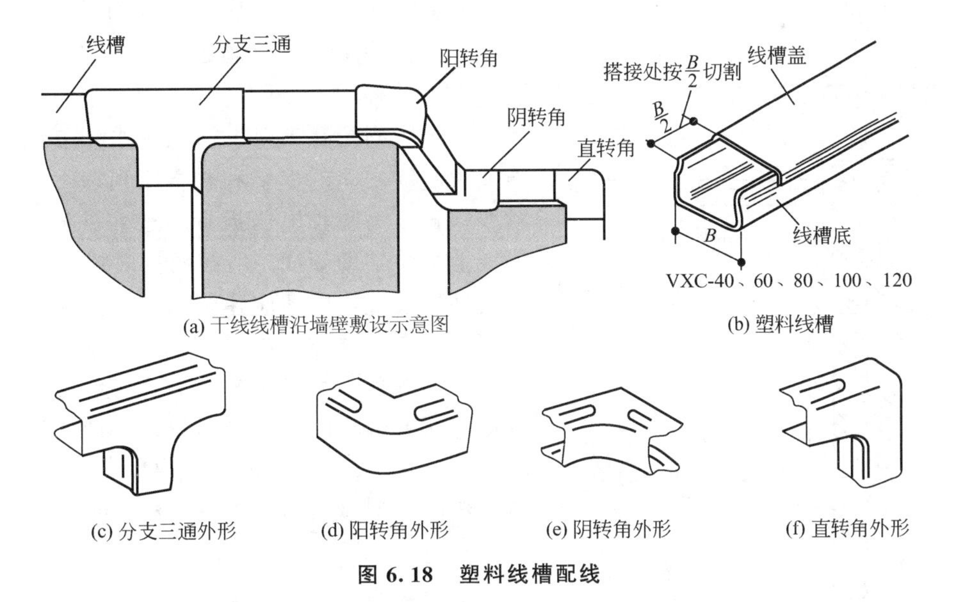

(a) 干线线槽沿墙壁敷设示意图　　(b) 塑料线槽

(c) 分支三通外形　　(d) 阳转角外形　　(e) 阴转角外形　　(f) 直转角外形

图 6.18　塑料线槽配线

6.5 电气动力工程

(1) 在建筑工地上，混凝土搅拌机、吊车等各类建筑机械绝大部分都是用异步电动机来拖动的。

(2) 企业生产过程的运行、控制、调节等几乎都是通过电动机的控制来实现的，因此电动机的安装、控制，吊车滑触线的安装及调试尤为重要。

6.5.1 吊车滑触线的安装

吊车是工厂车间常用的起重设备。常用的吊车有电动葫芦和梁式吊车等。吊车的电源通过滑触线供给，即配电线经开关设备对滑触线供电，吊车上的集电器再由滑触线上取得电源。滑触线分为轻型滑触线，安全节能型滑触线，角钢、扁钢、圆钢、工字钢滑触线等。

1. 安装要求

桥式吊车滑触线通常与吊车梁平行敷设，设置于吊车驾驶室的相对方向，而电动葫芦和梁式吊车的滑触线一般装在工字钢的支架上。

1）滑触线的安装准备工作

滑触线的安装准备工作包括定位、支架及配件加工、滑触线支架的安装、托脚螺栓的胶合组装、绝缘子的安装等。

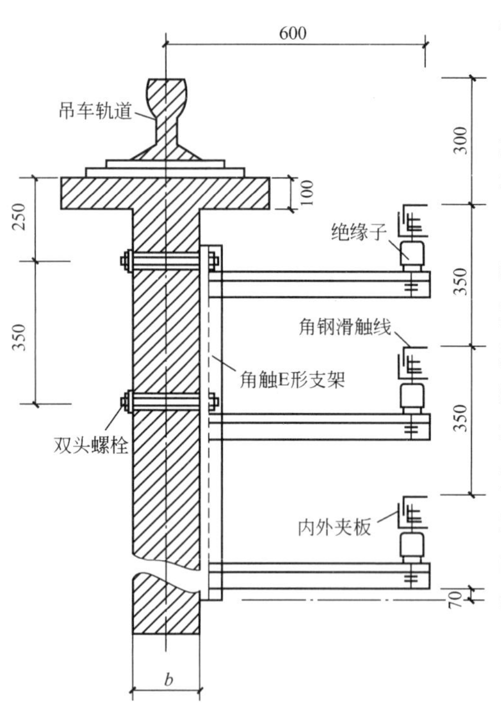

图 6.19　角钢滑触线安装

2）滑触线的加工安装

滑触线尽可能选用质量较好的材料。滑触线连接处要保持水平，毛刺边应事先锉光，以免妨碍集电器的移动。

滑触线固定在支架上后能在水平方向自由伸缩。滑触线之间的水平和垂直距离应一致。如滑触线较长，为防止电压损失超过允许值，需在滑触线上加装辅助导线。滑触线长度超过 50m 时应装设补偿装置，以适应建筑物沉降和温度变化而引起的变形。补偿装置两端的高差，不应超过 1mm。滑触线与电源的连接处应上锡，以保证接触良好。滑触线电源信号指示灯一般应采用红色的、经过分压的白炽灯泡，信号指示灯应安装在滑触线的支架或墙壁等便于观察和显示的地方。

2. 安装程序

吊车滑触线的安装程序为测量定位、支架加工和安装、瓷瓶的胶合组装、滑触线底架加工和架设、刷漆着色。角钢滑触线安装如图 6.19 所示。滑触线安装完毕后，应清除滑触线上的钢丝、焊渣等杂物。滑触线与集电器接触面应刷红丹漆和红色面漆各一道，以显示是带电体，并防止角钢生锈。

特别提示

角钢滑触线在通电前必须进行绝缘电阻测定。测试前应拆下信号指示灯并断开吊车滑触线电源。一般使用兆欧表分别测试 3 根滑触线对吊车钢轨(相对地)和滑触线间(相与相)的绝缘电阻，其绝缘电阻值不应小于 0.5MΩ。

6.5.2 电动机的安装

1. 电动机的类型

建筑设备中广泛采用三相交流异步电动机。对于三相鼠笼式异步电动机，凡中心高度为 80～355mm，定子铁芯外径为 120～500mm 的称为小型电动机；凡中心高度为 355～630mm，定子铁芯外径为 500～1000mm 的称为中型电动机；凡中心高度大于 630mm，定子铁芯外径大于 1000mm 的称为大型电动机。本小节主要讲中、小型电动机的安装。

2. 安装要求

(1) 电动机安装前应仔细检查，符合要求方能安装。

(2) 电动机安装前的工作内容主要包括设备的起重、运输，定子、转子、机轴和轴承座的安装与调整工作，电动机绕组的接线，电动机的干燥等工序。

(3) 电动机的容量大小不同，其安装工作的内容也不同。

3. 安装程序

电动机的安装程序为电动机的搬运→安装前的检查→基础施工→安装固定及校正→电动机的接线→电动机的调试。

1) 电动机的基础施工

电动机的基础一般用混凝土或砖砌筑，其基础形状如图 6.20 所示。电动机的基础尺寸应根据电动机的基座尺寸确定。采用水泥基础时，如无设计要求，基础质量一般不小于电动机质量的 3 倍，基础高出地面 100～150mm，长和宽各比电动机基座多 100mm。

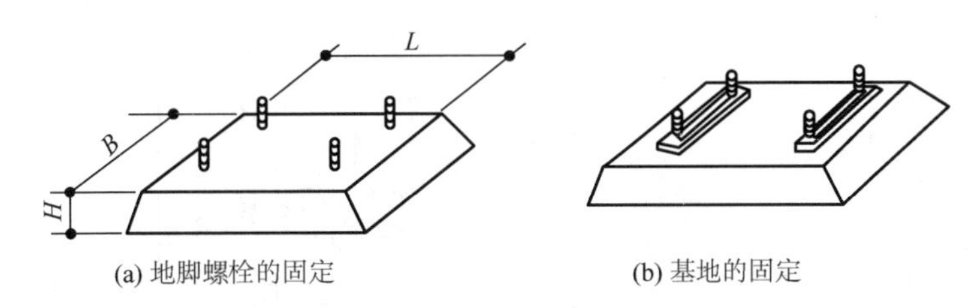

图 6.20 电动机基础形状

2) 电动机的安装及校正

(1) 电动机的安装。电动机的基础施工完毕后，便可以安装电动机。电动机吊装就位，使电动机基础口对准并穿入地脚螺栓，然后用水平仪找平。用螺母固定电动机基座时，对有防振要求的电动机要加垫片和弹簧垫圈，在安装时用10mm厚的橡皮垫在电动机基座与基础之间起防振作用。紧固地脚螺栓的螺母时，按对角交叉顺序拧紧，各个螺母拧紧程度应相同，最好用力矩扳手紧固，使其扭矩均匀。

(2) 电动机的校正。电动机就位后，即可进行纵向和横向的水平找正。如果不平，可用0.5～5mm的垫铁垫在电动机基座下，找平找正直到符合要求。

3) 电动机的配管配线

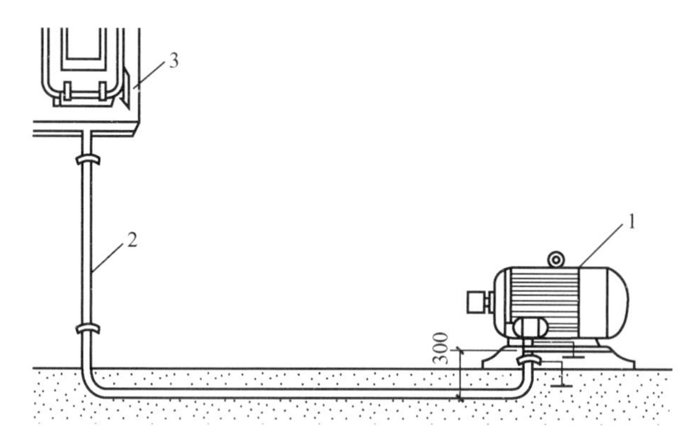

1—电动机；2—钢管；3—配电箱。

图 6.21　钢管埋入混凝土内安装方法

电动机的配线施工是动力配线的一部分，是指由动力配电箱至电动机的这部分配线，通常是采用管内穿线埋地敷设的方法，如图6.21所示。

(1) 当钢管与电动机间接连接时，对室内干燥的场所，钢管端部宜增设电线保护软管或可挠金属电线保护套管，然后引入电动机的接线盒内，且钢管管口应包扎紧密。对室外或室内潮湿的场所，钢管端部应增设防水弯头，导线应加套保护软管，经弯成滴水弧状后再引入电动机的接线盒内。

(2) 金属软管不应退绞、松散，中间不应有接头，与设备、器具连接时，应采用专用接头，连接处应密封可靠。防液型金属软管的连接处应密封良好。

(3) 与电动机连接的钢管管口与地面的距离宜大于200mm。

(4) 电动机外壳须做接地连接。

4. 电动机的接线

电动机的接线在电动机安装中是一项非常重要的工作，如果接线不正确，电动机不仅不能正常运行，还可能造成事故。接线前应查对电动机铭牌上的说明或电动机接线板上接线端子的数量与符号，然后根据接线图接线。当电动机没有铭牌或端子标号不清楚时，应先用仪表或其他方法进行检查，判断出端子标号后再确定接线方法。电动机接线如图6.22所示。在电动机接线盒内裸露的不同相导线间和导线对地间最小距离应大于8mm，否则应采取绝缘防护措施。

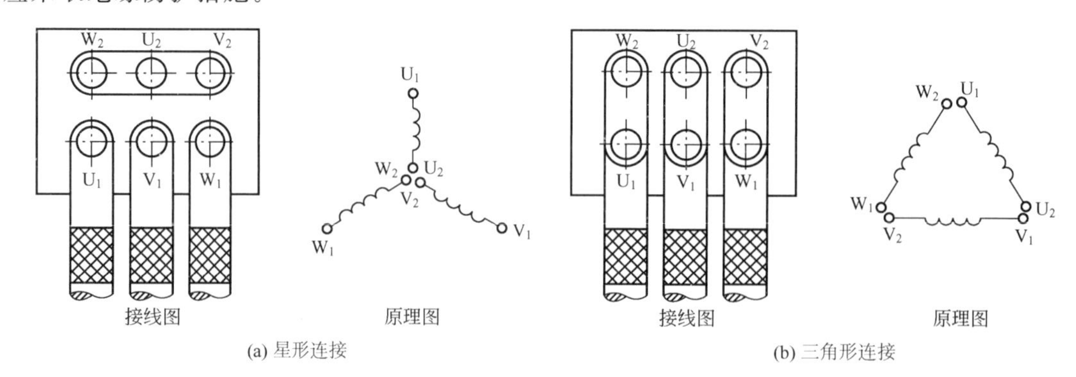

图 6.22　电动机接线

特别提示

电动机安装完，要进行电动机的调试，这是对安装质量的全面检查。

6.6 防雷与接地

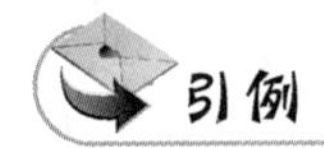

引例

(1) 雷电是一种自然现象，对建筑物、电气设备及人身安全会造成极大的危害。

(2) 电力系统中，当电气设备的绝缘损坏时，外露的可导电部位将会带电，并危及人身安全。为了确保建筑物及人身安全和电力系统及设备的安全平稳运行，需采取一定的接地措施，把雷电流和漏电电流及时导入大地中。

6.6.1 接地和接零

电气上所谓的接地，指电位等于零的地方。一般认为，电气设备的任何部分与大地做良好的连接就是接地。变压器或发电机三相绕组的连接点称为中性点，如果中性点接地，则称为零点。由中性点引出的导线称为中线或工作接零。

1. 工作接地

为了满足电气系统正常运行的需要，在电源中性点与接地装置之间做金属连接称为工作接地，如图 6.23 所示。

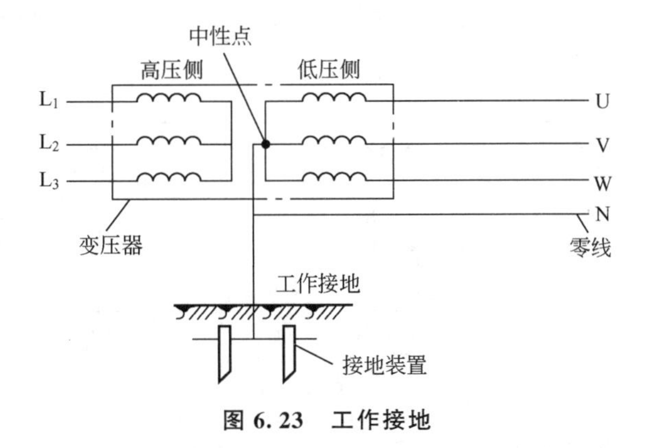

图 6.23 工作接地

工作接地有利于安全，当电气设备有一相对地漏电时，其他两相对地电压是相电压，否则是线电压。高压系统可使继电保护设备准确地动作，并能消除单相电弧接地过电压，同时可防止零点电压偏移，保持三相电压基本平衡，降低电气设备的绝缘水平。

2. 重复接地

为尽可能降低零线的接地电阻，除变压器低压侧中性点直接接地外，将零线上一处或多处再次进行接地，称为重复接地。在供电线路终端或供电线路每次进入建筑物处都应该做重复接地。重复接地如图 6.24 所示。

切断重复接地的中性线段，可以保护人身安全，大大降低触电的危险程度。一般规定重复接地电阻不得大于10Ω，当与防雷接地合一时，不得大于4Ω；漏电保护装置后的中性线不允许设重复接地。

3. 保护接地

把电气设备的金属外壳及与外壳相连的金属构架，用接地装置与大地可靠连接以保护人身安全的接地方式，称为保护接地，简称接地。其连接线称为保护(PE)线，保护接地如图6.25所示。保护接地一般用在1kV以下的中性点不接地的电网与1kV以上的电网中。

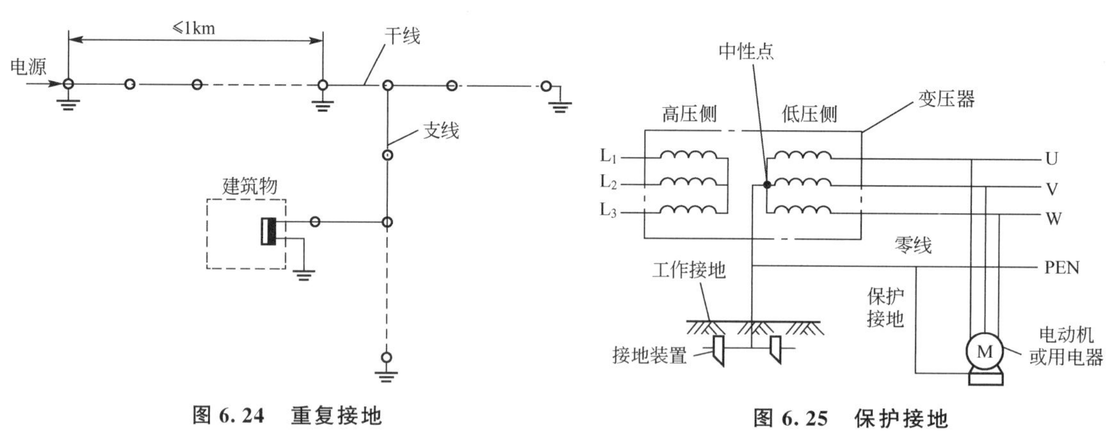

图6.24 重复接地

图6.25 保护接地

4. 保护接零

把电气设备的金属外壳及与外壳相连的金属构架和中性点接地的电力系统的零线连接起来，以保护人身安全的保护方式，称为保护接零，简称接零，如图6.26所示。其连接线也称为保护(PE)线，一旦发生单相短路，电流很大，于是低压断路器切断电路，电动机断电，从而避免了触电危险。

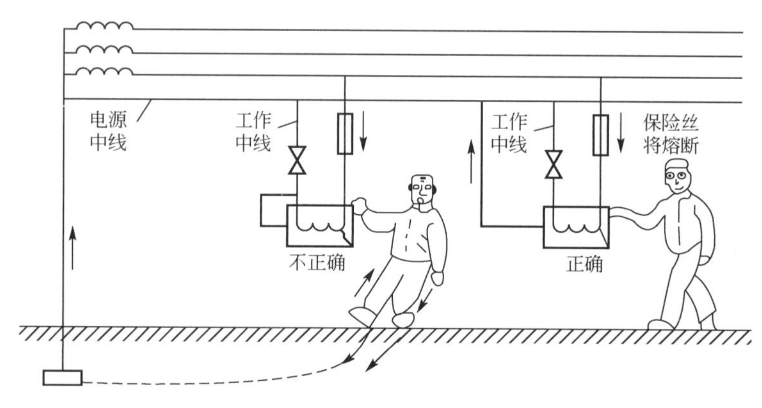

图6.26 保护接零

保护接零一般用在1kV以下的中性点接地的三相四线制电网中。目前供照明用的380/220V中性点接地的三相四线制电网中广泛采用保护接零措施。

5. 工作接零

单相用电设备为获取单相电压而接的零线，称为工作接零，其连接线称为中性(N)

线，与保护线共用的称为 PEN 线。工作接零如图 6.27 所示。

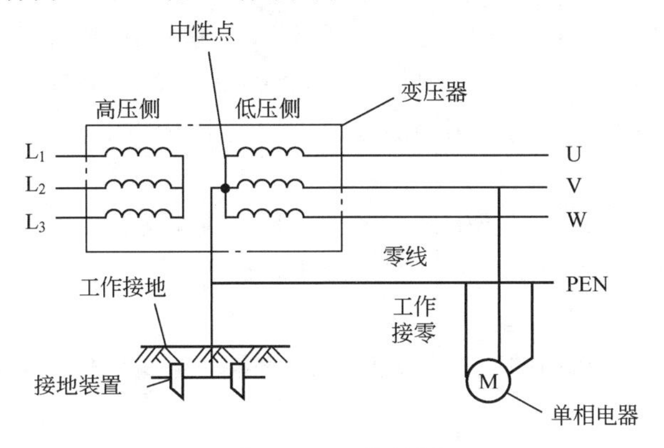

图 6.27　工作接零

特别提示

为保证人身安全和电气系统、电气设备的正常工作，一般将电气设备的外壳通过接地体与大地直接连接。对供电系统采取保护措施后，如发生短路、漏电等故障，要及时将故障电路切断，消除短路地点的接地电压，确保人身安全和用电设备免遭损坏。

6.6.2　防雷与接地装置的组成及安装

民用建筑按照防雷等级可分为 3 类：第一类防雷建筑物是指具有特别重要用途和重大政治意义的建筑物；第二类防雷建筑物是指重要的或人员密集的大型建筑物；第三类防雷建筑物是指建筑群中高于其他建筑物或边缘地带高度大于 20m 的建筑物。

1. 防雷与接地装置的组成

1）接闪器

接闪器是指直接受雷击的避雷针、避雷带、避雷网、避雷线、避雷器及用作接闪的金属屋面和金属构件等。所有接闪器必须通过引下线与接地装置可靠连接。

（1）避雷针。其是在建筑物突出部位或独立装设的针形导体，可改变雷电的放电电路，通过引下线和接地体将雷电流导入大地。

（2）避雷带和避雷网。避雷带是利用小型截面圆钢或扁钢做成的条形长带，作为接闪器装于建筑物易遭雷直击的部位，如屋脊、屋檐、女儿墙等，是建筑物屋面防直击雷普遍采用的措施。避雷网可以做成笼式，暗装避雷网是利用建筑物屋面板内钢筋作为接闪装置。我国高层建筑多采用此形式。

（3）避雷线。避雷线架设在架空线路上方，用来保护架空线路免遭雷击。

（4）避雷器。其是用来防护雷电波沿线路侵入建筑物内，使电气设备免遭破坏的电气元件。正常时，避雷器的间隙保持绝缘状态，不影响系统的运行。当因雷击有高压波沿线路袭来时，避雷器间隙被击穿，强大的雷电流导入大地。当雷电流通过以后，避雷器间隙又恢复绝缘状态，供电系统正常运行。常用的避雷器有阀式避雷器、管式避雷器等。

2）引下线

引下线是连接接闪器与接地装置的金属导体，一般采用圆钢或扁钢，应优先使用圆钢，一般可分为自然引下线和人工引下线。自然引下线即利用建筑物柱内钢筋作为引下线，人工引下线即在建筑物外墙利用钢筋或扁钢敷设引下线。

3）接地装置

它的作用是把引下线的雷电流迅速疏散到大地土壤中去。

(1) 接地体。其是指埋入土壤中或在混凝土基础上作散流用的导体，可分为自然接地体和人工接地体。

自然接地体是兼作接地用的直接与大地接触的各种金属构件，如建筑物的钢结构、埋地金属管道等。

人工接地体是直接打入地下专作接地用的经过加工的各种型钢和钢管等，按敷设方式分为垂直接地体和水平接地体。

在高层建筑中，常利用柱子和基础内的钢筋作为引下线和接地体，具有经济、美观、免维护、寿命长的特点。

为使接地装置具有足够的机械强度，埋入地下的接地装置材料一般为钢材，并热浸镀锌处理，不致因腐蚀锈断，其最小允许规格、尺寸见表 6－8。

表 6－8　接地装置最小允许规格、尺寸

种类、规格及单位	敷设位置及使用类别			
	地　上		地　下	
	室内	室外	交流电流回路	直流电流回路
圆钢直径/mm	6	8	10	12
截面积/mm^2	60	100	100	100
厚度/mm	3	4	4	6
角钢厚度/mm	2	2.5	4	6
钢管管壁厚度/mm	2.5	2.5	3.5	4.5

(2) 接地线。其是指从引下线断接卡或换线处至接地体的连接导体。

2. 防雷装置的安装

1）避雷针的安装

避雷针一般用镀锌钢管或镀锌圆钢制成，其针长在 1m 以内时，圆钢直径不小于 12mm，钢管直径不小于 20mm。针长在 1～2m 时，圆钢直径不小于 16mm，钢管直径不小于 25mm。烟囱顶上的避雷针，圆钢直径不小于 20mm，钢管直径不小于 40mm。

(1) 建筑物上的避雷针应和建筑物顶部的其他金属物体连成一个整体的电气通路，并与避雷引下线可靠连接。图 6.28 所示为避雷针在山墙上安装。

(2) 选择避雷针地点时应满足以下要求：在地上，由独立避雷针到配电装置的导电部分及至变电所电气设备和构架接地部分的空间距离不小于 5m；在地下，由独立避雷针本身的接地装置到变电所接地网间最小距离不小于 3m。避雷针不应装在人、畜经常通行的

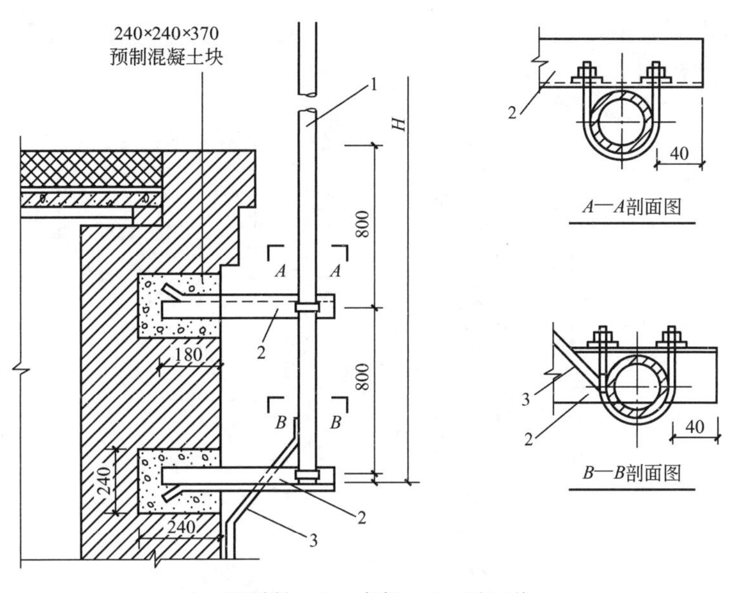

1—避雷针；2—支架；3—引下线。

图 6.28 避雷针在山墙上安装

地方，与道路或建筑物出入口等的距离应大于 3m，否则应采取保护措施。

（3）不得在避雷针的构架上设低压线路或通信线路。装有避雷针的构架的照明灯电源线，必须采用直接埋于地下的带金属护层的电缆或穿入金属管的导线。金属护层或金属管必须埋入地下 10m 以上，并与配电装置的接地网相连或与电源线、低压配电装置相连。

（4）引下线安装要牢固可靠，独立避雷针的接地电阻一般不宜超过 10Ω。

2）避雷带和避雷网的安装

避雷带和避雷网宜采用圆钢和扁钢，优先采用圆钢。圆钢直径不应小于 12mm，扁钢截面积不应小于 100mm²，厚度不应小于 4mm。

避雷带装设在建筑物易遭雷击的部位。明装避雷带的安装可采用预埋扁钢或预制混凝土支座等方法，将避雷带与扁钢支架焊为一体。避雷带弯曲角不宜小于 90°，弯曲半径不小于圆钢直径的 10 倍或扁钢宽度的 6 倍，不能弯成直角。

避雷带应高出重点保护部位 0.1m 以上，在建筑物变形缝处做防雷跨越处理，将避雷带向内侧面弯曲成半径为 100mm 的弧形，且此处支持卡中心距建筑物边缘距离减至 400mm。

3）避雷器的安装

避雷器装设在被保护物的引入端，其上端接在线路上，下端接地。

4）引下线的安装

引下线的作用是将接闪器接受的雷电流引到接地装置中去，有圆钢和扁钢两种。圆钢直径不应小于 8mm，扁钢截面积不应小于 48mm²，厚度不应小于 4mm。引下线分为明敷和暗敷两种。

明敷引下线安装应在建筑物外墙装饰完成后进行，支持卡的间距应均匀，一般为水平直线部分 0.5～1.5m，垂直直线部分 1.5～3m，弯曲部分 0.3～0.5m。

暗敷引下线沿砖墙或混凝土构造柱内敷设，应配合土建主体施工，暗敷在建筑物抹灰层内的引下线应由卡钉分段固定，垂直固定距离为 1.5～2m。先将圆钢或扁钢调直与接地体连接好，然后由下至上随墙体砌筑敷设，路径应短而直，至屋顶上与避雷带焊接。避雷装置引下线的安装如图 6.29 所示。

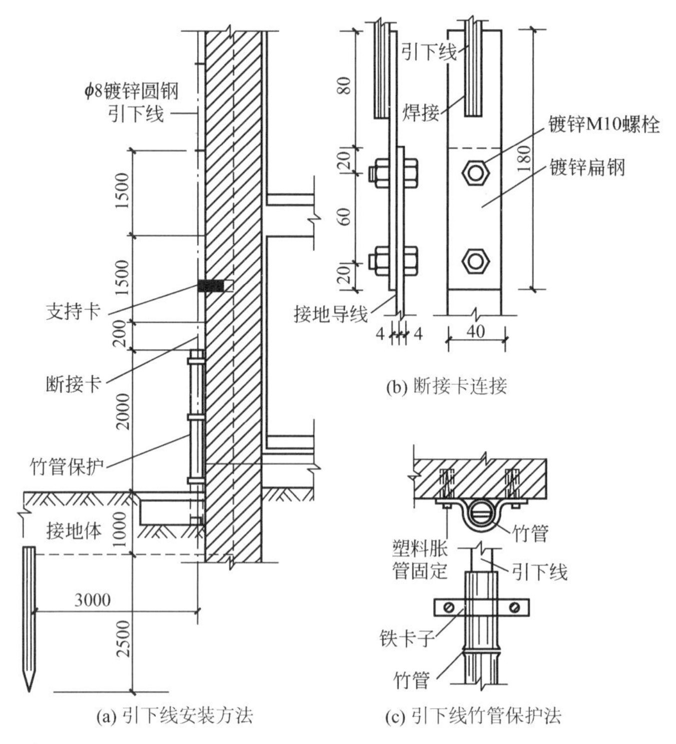

(a) 引下线安装方法　(b) 断接卡连接　(c) 引下线竹管保护法

图 6.29　避雷装置引下线的安装

利用建筑物钢筋混凝土中的主筋(直径不小于 ϕ16mm)作为引下线时，每条引下线不得少于两根。按设计要求找出全部主筋位置，用油漆做好标记，距室外地坪 1.8m 处焊好测试点，随钢筋逐层焊接至顶层，焊接出一定长度的引下线，搭接长度不小于 100mm。

特别提示

无论是明敷引下线还是暗敷引下线，都应按设计要求设置断接卡，以便于接地电阻的测试。

3. 接地装置的安装

接地装置就是连接电气设备(装置)与大地之间的金属导体。接地装置对电气设备的正常工作和安全运行是不可缺少的。

1) 人工接地体的加工

埋于土壤中的人工垂直接地体宜采用角钢、钢管或圆钢；埋于土壤中的人工水平接地体宜采用扁钢或圆钢。圆钢直径不应小于 10mm；扁钢截面积不应小于 100mm^2，厚度不应小于 4mm；角钢厚度不应小于 4mm；钢管壁厚不应小于 3.5mm。一般按设计要求加工，材料采用钢管或角钢，按设计长度 2.5m 进行切割。如采用钢管打入地下，应根据土质加工成一定的形状，遇松软土壤时，可切成斜面形，为了避免打入时受力不均使管子歪斜，也可以加工成扁尖形；如为硬土质，可将尖端加工成圆锥形，如图 6.30 所示。

为防止接地钢管或角钢钉劈，可用圆钢加工成一种护管帽，套入接地管端，或用一块短角钢(约 10mm)焊在接地角钢的一端。

接地体的上端部可与扁钢(40mm×4mm)或圆钢(ϕ16mm)相连，作为接地体的加固及接地体与接地线之间的连接板。

2）接地体的安装

安装人工接地体时，应按设计施工图进行。安装接地体前，先按接地体的线路挖沟，以便打入接地体和敷设连接接地体的扁钢。按设计规定测出接地网的线路，在此线路挖掘出深为 0.8～1.0m、宽为 0.5m 的沟，沟的中心线与建(构)筑物基础的距离不得小于 2m。接地体的材料均应采用镀锌钢材并应充分考虑材料的机械强度和耐腐蚀性能。

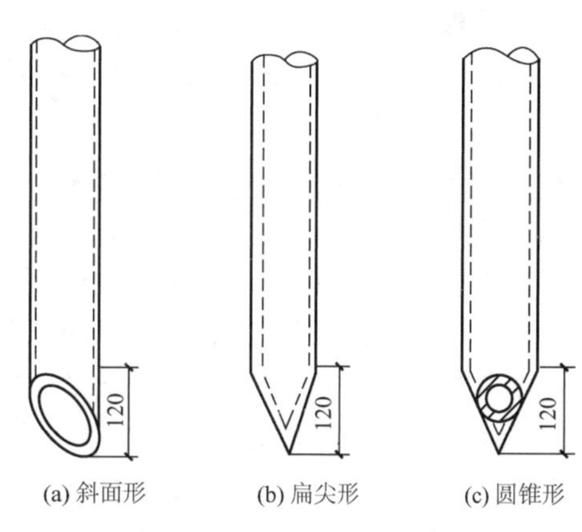

图 6.30　接地钢管加工的形状

垂直接地体在打入地下时一般采用打桩法。一人扶着接地体，另一人用大锤打接地体顶端。接地体与地面应保持垂直。按设计位置将接地体打在沟的中心线上，接地体露出沟底面的长度为 150～200mm(沟深为 0.8～1.0m)时，接地体的有效深度不应小于 2m，可停止打入，使接地体顶端距自然地面的距离为 600mm，接地体间距一般不小于 5m，如图 6.31 所示。

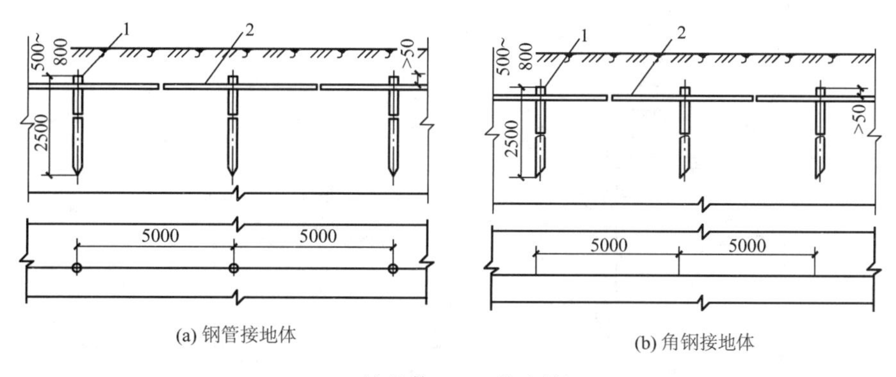

1—接地体；2—接地线。

图 6.31　垂直接地体

敷设的钢管或角钢及连接扁钢应避开地下管道、电缆等设施，与这些设施交叉时相距不小于 100mm，与这些设施平行时相距不小于 300～350mm。若在土质很干很硬处打入接地体时，可浇上一些水使土壤疏松。

水平接地体的安装多用于环绕建筑四周的联合接地，常用 40mm×4mm 的镀锌扁钢。当接地体地沟挖好后，应侧向敷设在地沟内(不应平放)，侧向放置时，散流电阻小。顶部距地面埋设深度不小于 0.6m。多根接地体水平敷设时间距不小于 5m。

特别提示

接地体按要求打桩完毕后，即可进行接地体的连接和回填土。

3）接地线的安装

(1) 接地线一般采用镀锌扁钢或镀锌圆钢制作，并具有一定的机械强度。移动式电气设备和钢制导线连接困难时，可采用有色金属作为接地线，但严禁使用裸铝线作接地线。

接地体安装完毕后，可按设计要求敷设扁钢。扁钢应检查和调直后放置于沟内，依次将扁钢与接地体焊接。扁钢应侧放而不可平放，应在接地体顶面以下约100mm处焊接。扁钢之间的焊接长度应不小于其宽度的两倍，圆钢之间的焊接长度应不小于其直径的6倍。扁钢和钢管除在其接触两侧焊接外，还要焊上用扁钢弯成的弧形卡子，或将扁钢直接弯成弧形与钢管焊接。检查合格后填土分层夯实。

(2) 接地干线通常选用截面积不小于12mm×4mm的镀锌扁钢或直径不小于6mm的镀锌圆钢。安装位置应便于维修，并且不妨碍电气设备的维修，一般水平敷设或垂直敷设。接地干线与建筑物墙壁应留有10～15mm的间隙，水平敷设离地面一般为250～300mm。

接地干线支持卡之间的距离，水平部分为0.5～1.5m，垂直部分为1.5～3.0m，转弯部分为0.3～0.5m。设计要求接地的金属框架和金属门窗，应就近与接地干线可靠连接，连接处有防电化学腐蚀的措施。

(3) 每个电气设备的接地部分必须有单独的接地支线与接地干线连接，不允许几根支线串联后再与干线连接，也不允许几根支线并联在干线的一个连接点上。图6.32所示为建筑物防雷与接地装置组成示意图。

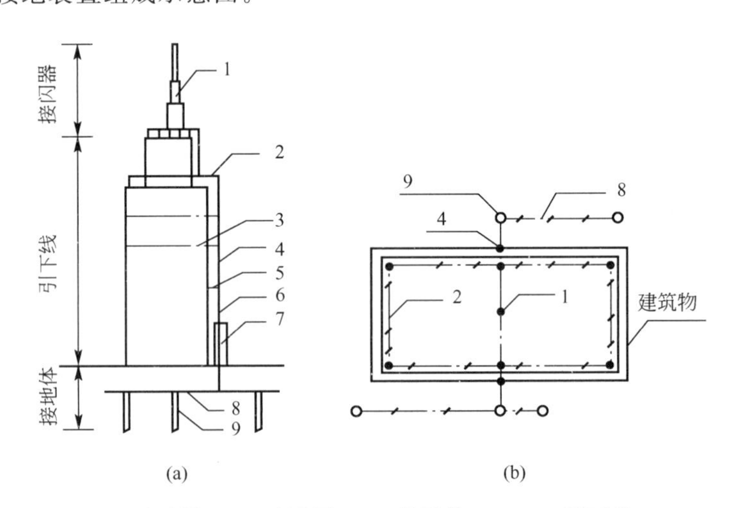

1—避雷针；2—避雷网；3—避雷带；4、5—引下线；

6—断接卡；7—引下线保护管；8—接地母线；9—接地极。

图6.32 建筑物防雷与接地装置组成示意图

4. 设备设施接地装置的安装

电气设备与接地线的连接方法有焊接(用于不需要移动的设备)和螺纹连接(用于需要移动的设备)，方法同前。

电气设备外壳上一般都有专用接地螺栓，采用螺纹连接时，先将螺母卸下，擦净设备与接地线的接触面，再将接地线端部搪锡，并涂上凡士林油，然后将接地线接入螺栓。若在有振动的地方，需加垫弹簧垫圈，最后将螺母拧紧。

所有电气设备都要单独埋设接地线，不可串联接地，不得将零线作接地用，零线与接地线应单独与接地网连接。

6.7 建筑电气施工图识读

(1) 无论是现场管理还是工程计价，对图纸的识读非常重要，建筑电气工程也是如此。

(2) 图纸识读首先要读懂施工说明，了解整个建筑物概况，然后将系统图与平面图对照，将图纸的内容测绘到实物，又将实物反馈到图纸，这样，一套建筑电气施工图就能熟读，也可以指导施工和计价了。

6.7.1 建筑电气施工图的一般规定

1. 照明灯具的标注形式

照明灯具按以下形式标注。

$$a-b\frac{c\times d}{e}f$$

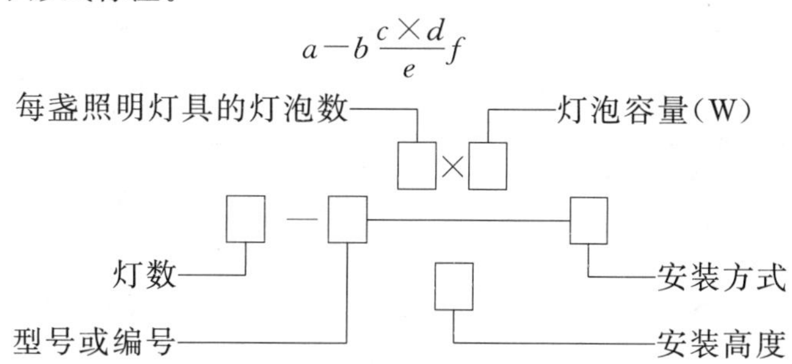

如在电气照明平面图中标为

$$2-\mathrm{Y}\frac{2\times 30}{2.4}\mathrm{G}$$

其表示有两组荧光灯，每组由两根30W的灯管组成，采用管吊形式，安装高度为2.4m。

2. 配电线路的标注形式

配电线路的标注形式为

$$a(b\times c)-e$$

式中 a——导线型号；

b——导线根数；

c——导线截面积；

e——敷设部位。

3. 常用图例

(1) 常用电气图例见表6-9。

表 6－9　常用电气图例

图例	名称	备注
	双绕组变压器	形式 1
		形式 2
	三绕组变压器	形式 1
		形式 2
	电流互感器或脉冲变压器	形式 1
		形式 2
TV	电压互感器	形式 1
TV		形式 2
	屏、台、箱、柜一般符号	
	动力或动力－照明配电箱	
	照明配电箱(屏)	
	事故照明配电箱(屏)	
	室内分线盒	
	电源自动切换箱(屏)	
	隔离开关	
	接触器（在非动作位置触点断开）	

图例	名称	备注
	断路器	
	三管荧光灯	
5	五管荧光灯	
	壁灯	
	广照型灯(配照型灯)	
	防水防尘灯	
	开关一般符号	
	单极开关（明装）	
V	指示式电压表	
COSφ	功率因数表	
	双极开关（明装）	
	双极开关（暗装）	
	三极开关（明装）	
	三极开关（暗装）	
	单相插座（明装）	
	单相插座（暗装）	
	密闭（防水）	
	防爆	

续表

图例	名称	备注
	带保护接点插座	
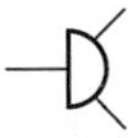	两路分配器	
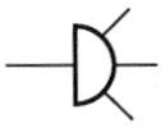	三路分配器	
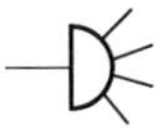	四路分配器	
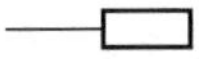	匹配终端	
	传声器一般符号	
	扬声器一般符号	
	熔断器一般符号	
	熔断器式开关	
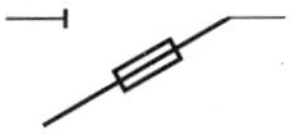	熔断器式隔离开关	
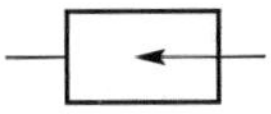	避雷器	
 MDF	总配线架	
 IDF	中间配线架	
	壁龛交接箱	
	分线盒的一般符号	
	单极开关(暗装)	
	室外分线盒	
	灯一般符号	
	球形灯	

图例	名称	备注
	天棚灯	
	带接地插孔的三相插座(明装)	
	带接地插孔的三相插座(暗装)	
	插座箱(板)	
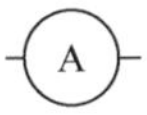 A	指示式电流表	
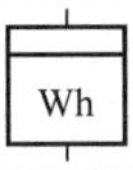 Wh	电度表(瓦时计)	
	单极限时开关	
	调光器	
	钥匙开关	
	电铃	
	天线一般符号	
	放大器一般符号	
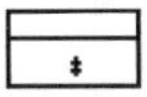	火灾报警探测器	
 EEL	应急疏散指示照明灯	
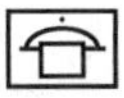	火灾报警电话机(对讲电话机)	
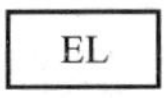 EL	应急疏散照明灯	
	消火栓	

续表

图例	名称	备注	图例	名称	备注
——	电线、电缆、母线、传输通路等一般符号		—o///o— —///—	接地装置	有接地极 无接地极
—///— —/3—	三根导线		—F—	电话线路	
			—V—	视频线路	
—/n—	n 根导线		—B—	广播线路	

(2) 绘制电气施工图所用的各种线条统称为图线，常见图线形式及应用见表 6-10。

表 6-10 常见图线形式及应用

图线名称	图线形式	图线应用	图线名称	图线形式	图线应用
粗实线	━━━━	电气线路，一次线路	点画线	——·——	控制线
细实线	————	二次线路，一般线路	双点画线	——··——	辅助围框线
虚线	---------	屏蔽线路，机械线路			

6.7.2 建筑电气施工图的组成

建筑电气施工图包括设计说明、材料设备表、配电系统图、电气平面图和详图等。

1. 设计说明

设计说明用于说明电气工程的概况和设计的意图，用于表达图形符号等难以表达清楚的设计内容，要求内容简单明了、通俗易懂，语言不能有歧义。其主要内容包括供电方式、电压等级、主要线路敷设、防雷、接地及图中不能表达的各种电气安装高度、工程主要技术验收数据、施工验收要求及有关事项等。

2. 材料设备表

在材料设备表中列出电气工程所需的主要设备、管材、导线等的名称、型号规格、数量等。材料设备表上所列主要材料的数量，由于与工程量的计算方法和要求不同，故不能作为工程量编制预算依据，只能作为参考数量。

3. 配电系统图

配电系统图是整个建筑配电系统的原理图，一般不按比例绘制。其主要内容如下。

(1) 配电系统和设施在楼层的分布情况。

(2) 整个配电系统的连接方式，从主干线至各分支回路数。

(3) 主要变配电设备的名称、型号规格及数量。

(4) 主干线路及主要分支线路的敷设方式、型号规格。

4. 电气平面图

电气平面图分为变配电平面图、动力平面图、照明平面图、弱电平面图、室外工程平面图及防雷接地平面图等。其主要内容包括以下几方面。

(1) 建筑物平面布置、轴线分布、尺寸及图样比例。

(2) 各种变配电设备的型号、名称，各种用电设备的型号、名称及在平面图中的位置。

(3) 各种配电线路的起点、敷设方式、型号规格、根数，以及在建筑物中的走向、平面和垂直位置。

(4) 建筑物和电气设备防雷接地的安装方式及在平面图中的位置。

(5) 控制原理图。根据控制电器的工作原理，按规定的线路和图形符号制成电路展开图。

5. 详图

(1) 电气工程详图。电气工程详图是指对局部节点需放大比例才能反映清楚的图，如柜、盘的布置图和某些电气部件的安装大样图，对安装部件的各部位注有详细尺寸。详图一般是在上述图中表达不清，又没有标准图可选用，并有特殊要求的情况下才绘制的图。

(2) 标准图。标准图分为省标图和国标图两种。它是具有强制性和通用性的详图，用于表示一组设备或部件的具体图形和详细尺寸，便于制作安装。

6.7.3 建筑电气施工图的识读

1. 电气施工图的识读方法

电气施工图也是一种图形语言，只有读懂电气施工图，才能对整个电气工程有一个全面的了解，以便在施工安装中能全面计划、有条不紊，以确保工程按计划圆满完成。

为了读懂电气施工图，应掌握以下要领。

(1) 熟悉图例，搞清图例所代表的内容。常用电气工程图例及文字符号可参见国家颁布的《电气简图用图形符号 第1部分：一般要求》(GB/T 4728.1—2018)。

(2) 应将电气施工图、电气标准图和相关资料结合起来反复对照阅读，尤其要读懂配电系统图和电气平面图。只有这样才能了解设计意图和工程全貌。阅读时，首先应阅读设计说明，以了解设计意图和施工要求等；然后阅读配电系统图，以初步了解工程全貌；再阅读电气平面图，以了解电气工程的全貌和局部细节；最后阅读电气工程详图、加工图及材料设备表等，弄清各个部分内容。

读图时，一般按“进线→变配电所→开关柜、配电屏→各配电线路→车间或住宅配电箱(盘)→室内干线→支线及各路用电设备”的顺序来阅读。

在阅读过程中应弄清每条线路的根数、导线截面积、敷设方式，各电气设备的安装位置及预埋件位置等。

(3) 熟悉施工程序，对阅读施工图很有好处。如室内配线的施工程序如下。

① 根据电气施工图确定电气设备安装位置、导线敷设方式、导线敷设路径及导线穿墙过楼板的位置。

② 结合土建施工将各种预埋件、线管、接线盒、保护管、开关箱、电表箱等埋设在

指定位置(暗敷时)；或在抹灰前，预埋好各种预埋件、支持管件、保护管等(明敷时)。

③ 装设绝缘支持物、线夹等，敷设导线。

④ 安装灯具及电气设备。

⑤ 测试导线绝缘、自查及试通电。

⑥ 施工验收。

2. 识图举例

1) 电气照明施工图识读 1

图 6.33 和图 6.34 所示为翠竹园 A－12 住宅楼电气照明工程平面布置图和系统图。

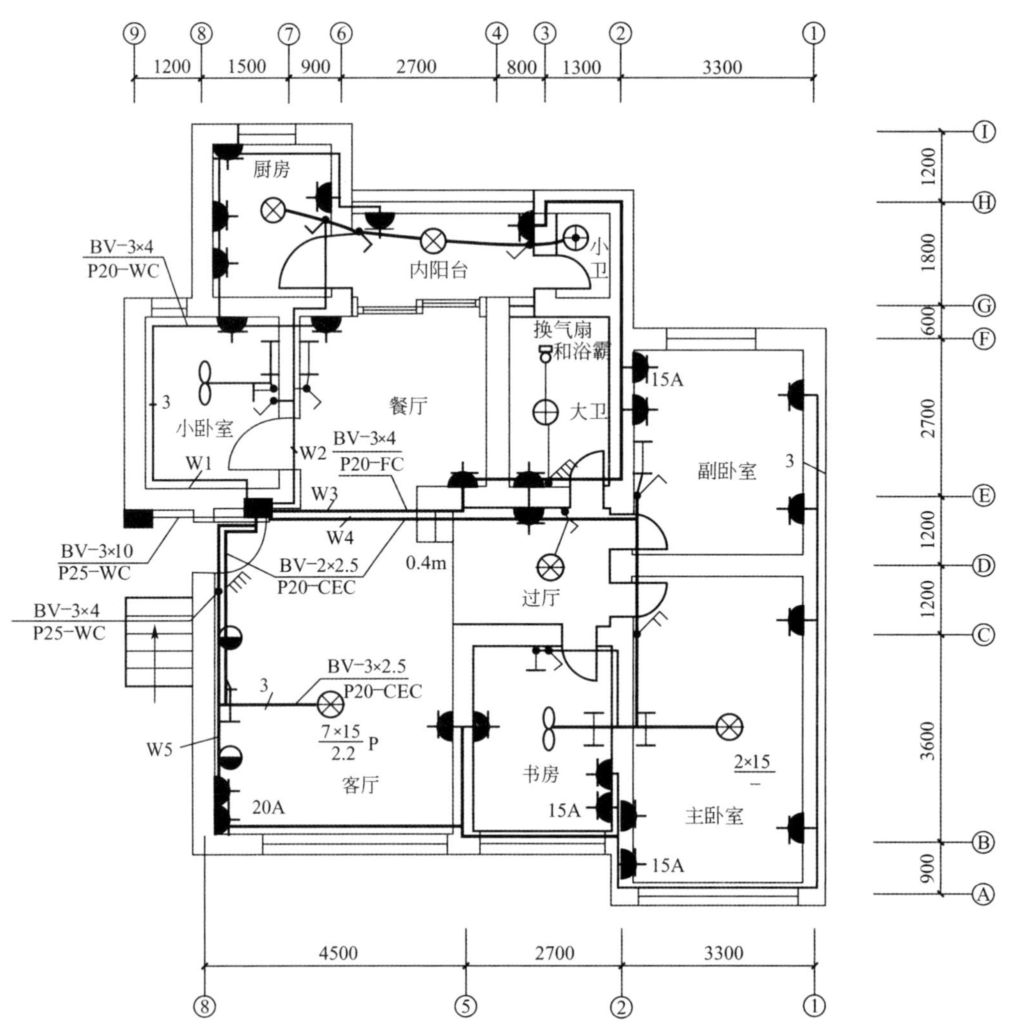

图 6.33　翠竹园 A－12 住宅楼电气照明工程平面布置图

(1) 工程概况。本工程为某开发公司投资建设的翠竹园 A－12 住宅楼，建筑面积 2350m^2。该楼共 6 层，层高 3m，仅一个单元，两户对称，共计 12 户。墙体为 240mm 砖墙。楼板为预制钢筋混凝土预应力空心板。屋盖为钢筋混凝土平屋面。

该楼电气照明线用电缆 YJV－4×25＋1×16 穿 PVC 管 *DN*40 埋地入户，户内主干线用 BV－4×25＋1×16 穿 PVC 管 *DN*40 沿墙暗敷，每层暗敷电表箱，用 PVC 管暗敷进入

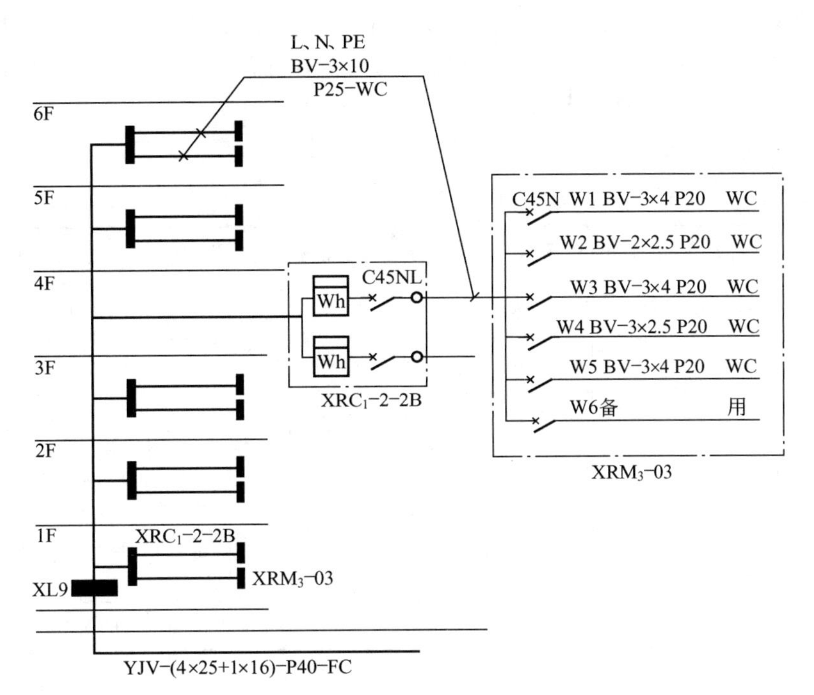

图6.34 翠竹园A-12住宅楼电气照明工程系统图

每户配电箱，然后用PVC管穿铜芯聚氯乙烯绝缘布电线全部沿墙暗敷至用电设备处。进户电缆可暂按41m计算敷设，但不包含电缆沟。

(2) 设计要求。

① 配电箱安装高度1800mm。总配电箱XL9尺寸1165mm×1065mm，层配电箱XRC_1尺寸320mm×420mm，户配电箱XRM_3尺寸180mm×320mm。

② 开关高度1300mm，厨房、卫浴、冰箱、洗衣机插座高度1300mm，其余插座高度300mm。荧光灯高度2200mm，壁灯高度2200mm，抽油烟机高度1800mm，轴流排气扇高度2300mm。

2) 电气照明施工图识读2

以某单位职工宿舍楼为例，介绍电气照明工程预算编制。设计说明如下。

(1) 本工程为×××单位职工宿舍楼电气照明工程。起点由室内π接线箱开始。

(2) 电源由室外采用VV22型电缆直埋引入π接线箱。π接线箱设在地下室楼梯间，挂墙安装，箱顶距顶板0.2m。

(3) 本工程所有设备均由供电局提供。住宅内照明灯具暂按线吊考虑，实际型号由甲方在装修时确定。厨房、餐厅采用带盖插座，安装高度为1.8m；卫生间也采用带盖插座，安装高度为1.6m；空调插座安装高度2.0m；其他未说明的一律距地0.3m。

(4) 导线敷设。照明线采用BV-500V线。支线的穿管原则为，BV2.5mm^2的2根、3根穿管SC15，4根、5根穿管SC20。

(5) 接地保护。本工程采用TN-S系统。室内除照明的用电设备其余均做接零保护。PE线接地体在电缆进户处与电缆铠装外金属皮连接，即电缆进户后利用电缆外皮作PE线。

(6) 防雷装置。本工程属第三类防雷建筑物，防雷措施为，采用ϕ10mm镀锌圆钢安装在屋顶女儿墙上，支架间距1m，利用构造柱内主筋作引下线，基础钢筋作自然接地体。引下线的构造柱在室外地坪以上0.5m处应向室外方向预留测试卡子。安装完毕后应实测接地电阻，若大于10Ω应增设人工接地体。

(7) 设计图例及设备材料见表6-11。

表6-11　设计图例及设备材料

序号	符号	名　　称	型号规格(宽×高×厚)/mm	单位	数量	安装方式及高度
1		电缆π接线箱	供电局提供			明装上边距顶0.2m
2	□	电缆T接线箱	供电局提供			暗装电度表箱旁
3		电度表箱	SFBX—q/2460×540×180			暗装底边距地1.4m
4		电度表箱	SFBX—q/3500×500×160			暗装底边距地1.4m
5		住户配电箱	XMR23—1—07—01A (210×29×92)			暗装底边距地1.4m
6	⊗	白炽灯	60W			住户室内线吊距地2.5m
7		天棚灯	25W			走道与地下室吸顶装
8		卫生间荧光壁灯	25W 自带开关			距地2.0m
9	×	天棚灯座	裸灯座			吸顶装
10		一位翘板式暗开关	250V 10A 鸿雁86型			暗装底边距地1.3m
11		二位翘板式暗开关	250V 10A 鸿雁86型			暗装底边距地1.3m
12		三位翘板式暗开关	250V 10A 鸿雁86型			暗装底边距地1.3m
13		声光控延时开关	250V 4A 鸿雁86型			随灯具吸顶装
14		单极拉线开关	250V 4A 鸿雁86型			明装底边距顶0.3m
15		单相五孔暗插座	250V 16A 鸿雁86型			暗装见设计说明
16		空调插座	250V 16A			暗装底边距地2.0m
17	⊖	排风扇	250V/40W 200mm			与土建配合安装
18		电视插座	电视主管部门提供			暗装底边距地0.3m
19		双联电话插座	86型			暗装底边距地0.3m
20		电话组线箱	STO—30对(650×400×160)			暗装底边距地2.2m
21	▭	电视分线盒	依照电视主管部门要求定做			电视分线，上边距顶0.2m(暗装)
22	▭	电话分线盒	300×200×160			电话分线，上边距顶0.2m(暗装)

小　　结

本学习情景讲述的内容，主要包括照明工程、防雷与接地、配线工程、动力工程、变配电工程和电气施工图识读等。

在识图过程中，要清楚整个工程的施工工艺。

(1) 读懂施工图，包括平面图、系统图和施工总说明。

(2) 明确各系统的组成，如管、线、元件、器件、设备及材料的型号规格和相互连接方式。

(3) 明确各系统的各回路在建筑上的走向及安装方式。

(4) 在了解施工工艺的过程中，比较枯燥，可结合具体的工程实例讲解施工工艺，学生边思考、边学习、边画具体的施工流程并注明要求，在边学边做中掌握施工工艺。

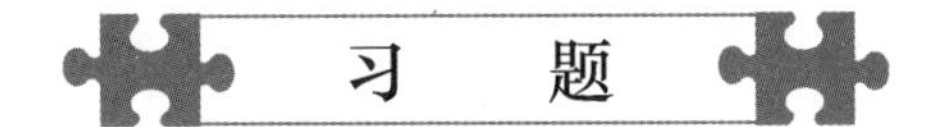

习　　题

1. 简答题

(1) 简述变配电系统的组成。

(2) 室内照明的方式有哪些？

(3) 室内照明供电线路的接线方式有哪些？各有什么特点？

(4) 配电箱的安装要求是什么？

(5) 简述电缆敷设的方法。

(6) 简述室内配线的施工工艺。

(7) 常见的接地方式有哪些？

(8) 防雷装置由哪几部分组成？

(9) 电气施工图包括哪些内容？

(10) 阅读电气施工图有哪些要求？

2. 选择题

(1) 电缆的敷设方法主要有(　　)、电缆桥架敷设和穿钢管敷设等几种。

A. 直埋敷设　　B. 穿风管敷设
C. 明敷　　D. 暗敷

(2) 一根管内的导线不能多于(　　)。

A. 6 根　　B. 7 根　　C. 8 根　　D. 9 根

(3) 照明的种类不包括(　　)。

A. 应急照明　　B. 警卫照明　　C. 障碍照明　　D. 安全照明

(4) 管内穿线时，配电箱内导线预留长度为配电箱箱体周长的(　　)。

A. 1/2　　B. 1/3　　C. 1/4　　D. 2/3

(5) 接地装置中接地体为垂直安装时，接地体间距一般不小于(　　)。

A. 3m　　B. 4m　　C. 5m　　D. 6m

3. 填空题

(1) 防雷与接地装置中，接地线遇有障碍时，须跨越相连的接头线称为__________。

(2) 电缆一般在__________、__________地区敷设时，其定额人工乘以系数1.3。

(3) 照明配电箱安装分为__________和__________两类。

(4) 各种箱、柜、盘、板、盒的预留导线按照__________预留。

(5) 接地体常用的材料有__________、__________和__________。

学习情景 7 建筑弱电系统安装

思维导图

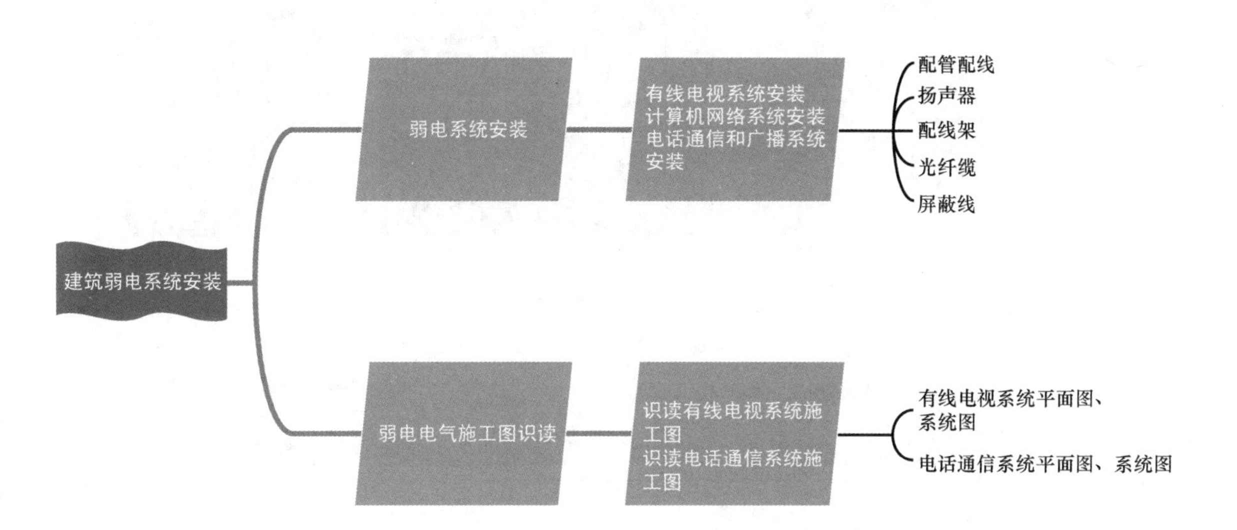

情景导读

在建筑电气技术领域中，通常分为强电和弱电两部分。建筑物的电力、照明用的电能称为强电。弱电的处理主要是信息，即信息的传递与控制。

弱电系统主要完成建筑物内部的和内部与外部之间的信息传递与交换。

知识点滴

弱电系统

将一般通用的220/110V电力经由变压器，调整为合适的工作电力发生作用，作为交换、传送，影像语音、控制信号等设备或系统有别于电力系统，弱电系统以传输电信信息为主。如无线/有线电视、电话、网络、防盗保全、门禁、监视录像等相关设备或系统，都属于弱电系统。各种设备如图7.1所示。

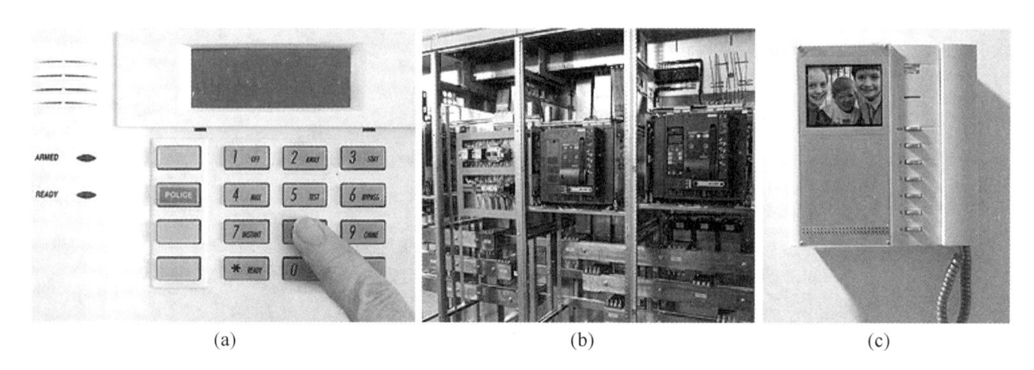

(a) (b) (c)

图7.1 各种设备

7.1 有线电视和计算机网络系统

有线电视以有线闭路形式把节目送给千家万户，让用户终端接收到声像并茂的图像节目。

7.1.1 有线电视系统

1. 有线电视系统的组成

它主要由设备信号源、前端设备、传输分配系统及用户终端组成，如图7.2所示。

由于专业与行业关系，建筑安装队伍一般只做室内电缆电视系统，即线路的敷设及线路分配器、分支器、用户终端盒的安装。室内电缆电视示意图如图7.3所示。

2. 室内电视线路的敷设

室内电视线路一般使用同轴电缆。同轴电缆是用介质材料来使内外导体之间绝缘，并

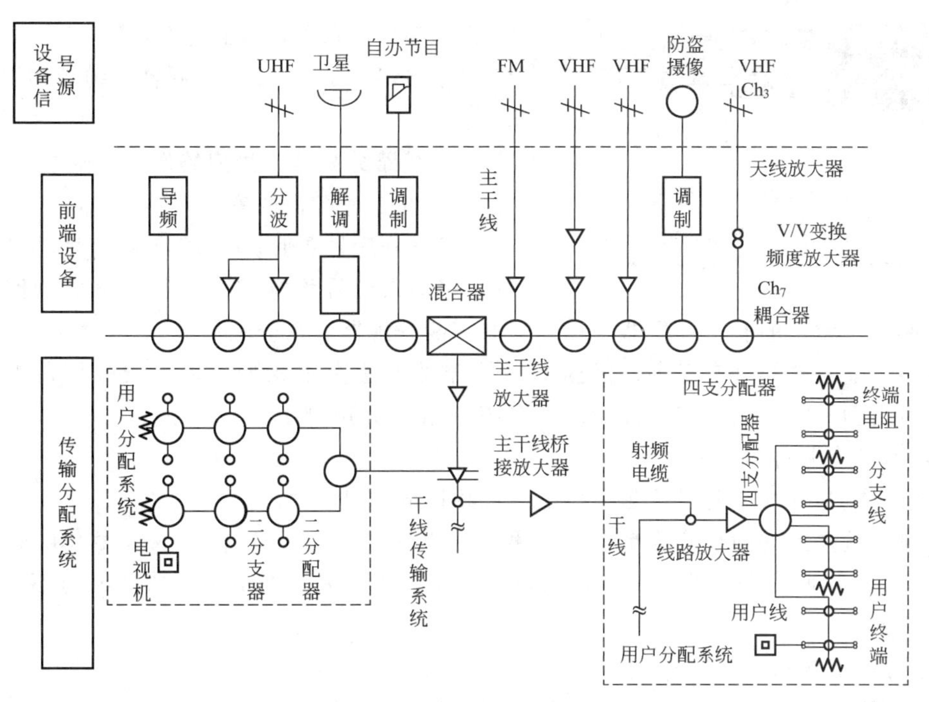

图 7.2 有线电视系统图

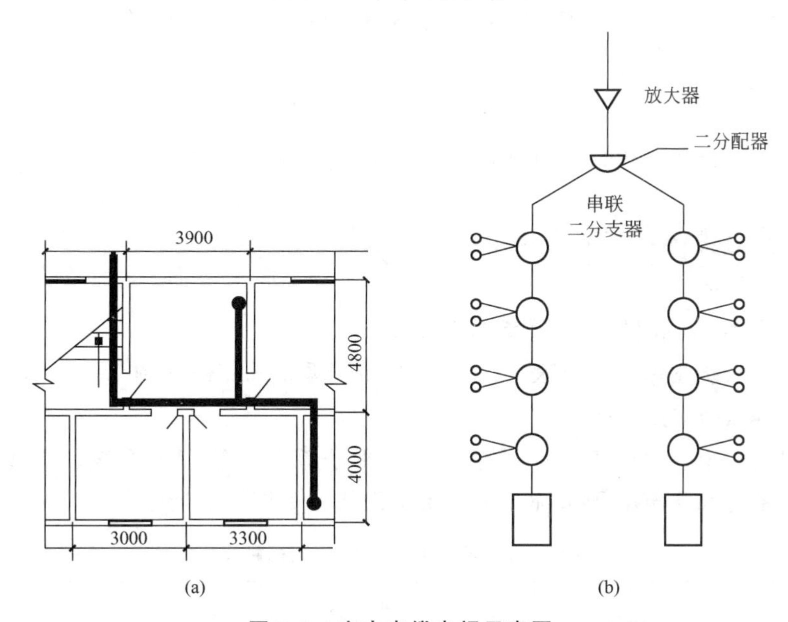

图 7.3 室内电缆电视示意图

且始终保持轴心重合的电缆。它由内导体(实芯单股导线/多芯铜绞线)、绝缘层、外导体和护套层 4 部分组成。现在普遍使用的是宽带型同轴电缆，阻抗为 75Ω，这种电缆既可以传输数字信号，也可以传输模拟信号。

同轴电缆按直径大小可分为粗缆和细缆，按屏蔽层不同可分为二屏蔽、四屏蔽等，按屏蔽材料和形状不同可分为铜或铝及网状、带状屏蔽。

适用于有线电视系统的国产射频同轴电缆常用的有 SYKV、SYV、SYWV(Y)、SY-

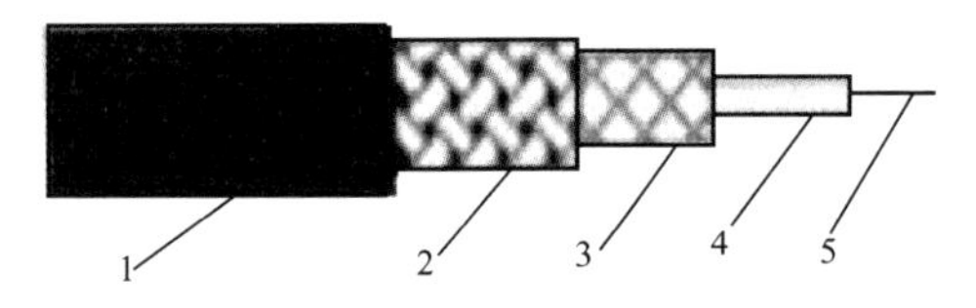

1—护套；2—二次编线；
3—一次编线；4—绝缘；5—导体。

图 7.4　同轴电缆结构形式

WLY(75Ω)等系列，截面有 SYV-75-5、SYV-75-7、SYV-75-12 等。同轴电缆结构形式如图 7.4 所示。

3. 线路分配器、用户终端盒的安装

1）线路分配器的安装

线路分配器是用来分配高频信号的部件，是将一路输入信号均等或不均等地分为两路及以上信号的部件，常用的有二分配器、三分配器、四分配器、六分配器等。

线路分配器的类型有很多，根据不同的分类方法有阻燃型、传输线变压器型和微带型，有室内型和室外型，有 VHF 型、UHF 型和全频道型。

2）用户终端盒的安装

用户终端是有线电视系统与用户电视机相连的部件。

用户终端盒上的面板分为单输出孔和双输出孔(TV、FM)，在双输出孔电路中要求 TV 和 FM 输出间有一定的隔离度，以防止相互干扰。为了安全而在两处电缆芯线之间接有高压电容器。

3）有线电视系统调试

有线电视系统安装完毕后，需进行有线电视的调试。工作内容包括测试用户终端、记录、整理、预置用户电视频道等。待测试合格完毕后，方可交用户使用。

特别提示

有线电视系统的传输线路是同轴电缆，常用的是 SYV-75-5 型。

7.1.2　计算机网络系统

1. 计算机网络系统图形符号及综合布线系统

计算机网络系统图形符号见表 7-1，综合布线系统示意图如图 7.5 所示。

2. 计算机网络系统的组成

计算机网络系统一般由工作区子系统、水平子系统、管理子系统、干线(垂直)子系统、设备间子系统和建筑群子系统 6 个子系统组成，如图 7.6 所示。

表 7-1　计算机网络系统图形符号

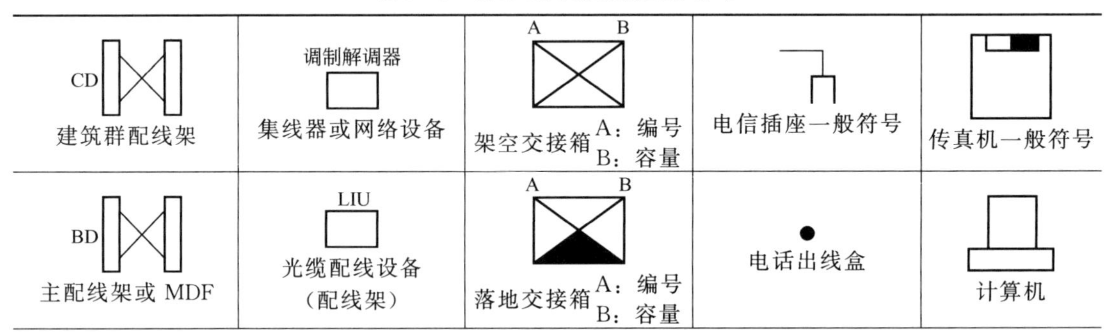

CD 建筑群配线架	调制解调器 集线器或网络设备	A B 架空交接箱 A：编号 B：容量	电信插座一般符号	传真机一般符号
BD 主配线架或 MDF	LIU 光缆配线设备（配线架）	A B 落地交接箱 A：编号 B：容量	电话出线盒	计算机

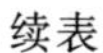

续表

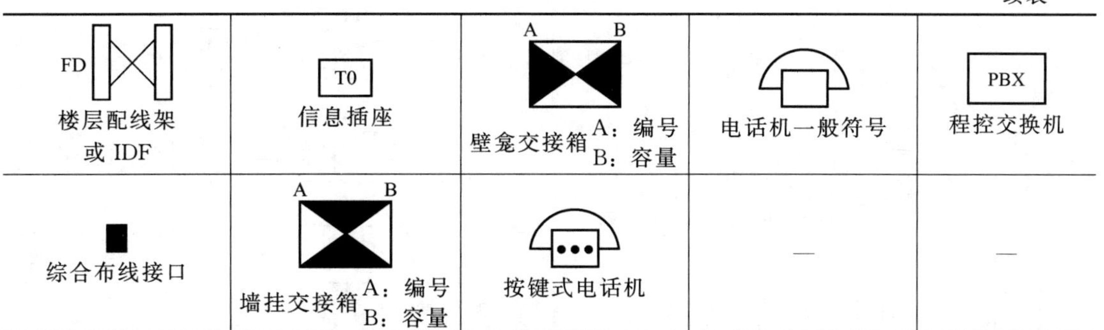

FD 楼层配线架或 IDF	TO 信息插座	A B 壁龛交接箱 A：编号 B：容量	电话机一般符号	PBX 程控交换机
综合布线接口	A B 墙挂交接箱 A：编号 B：容量	按键式电话机	—	—

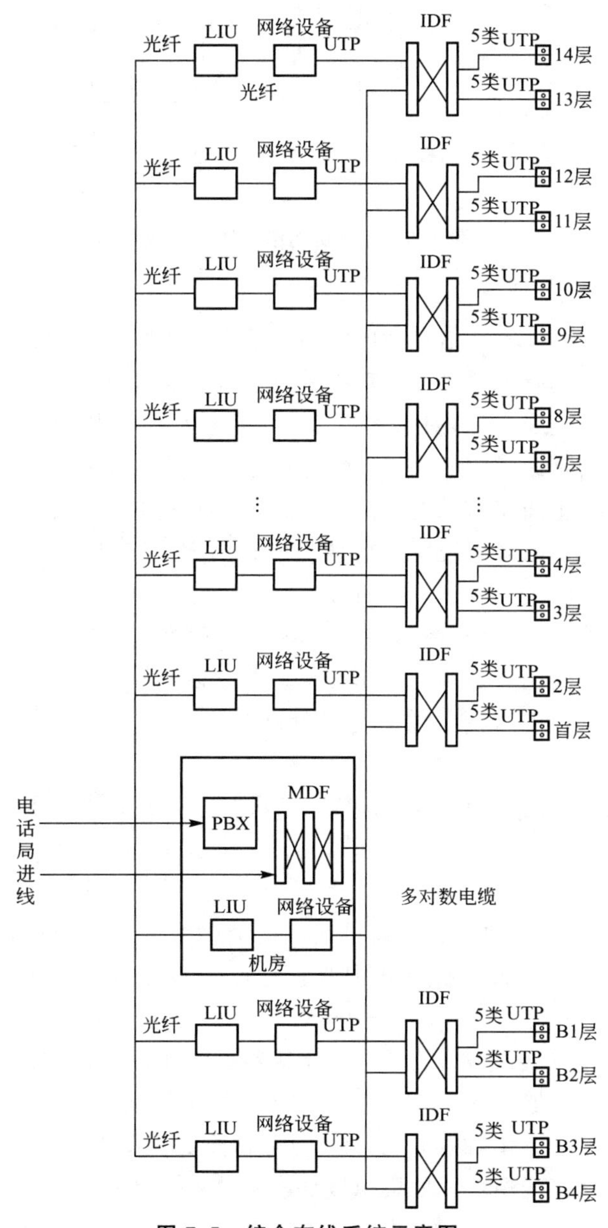

图 7.5 综合布线系统示意图

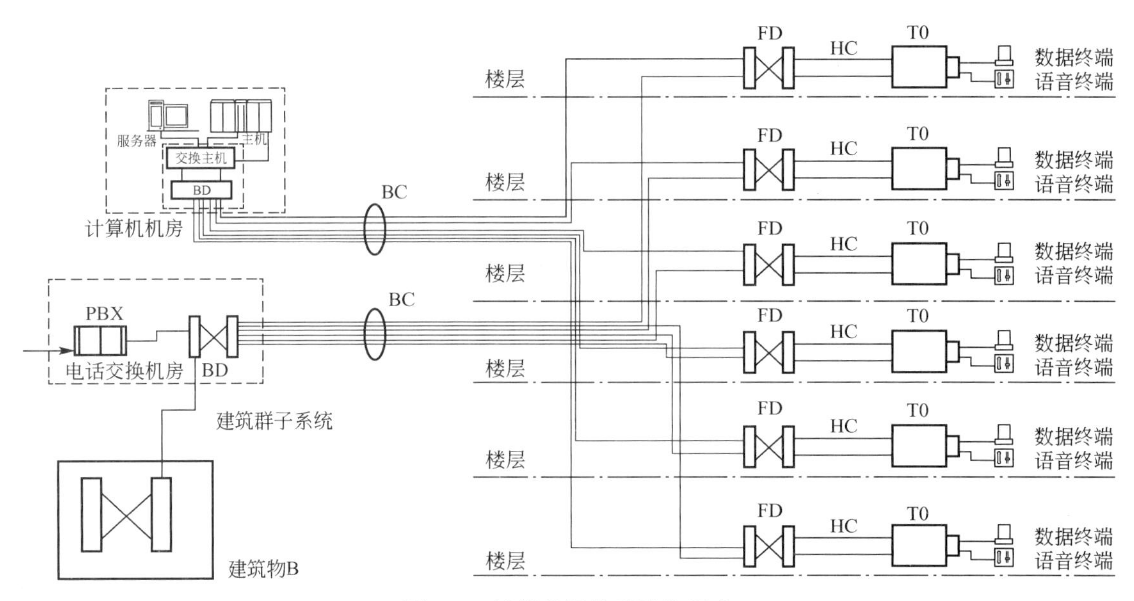

图 7.6 计算机网络系统的组成

1) 工作区子系统

工作区子系统由终端设备至信息插座之间的一个工作区域组成。

(1) 各终端设备。其有电话机、计算机、电视机、监视器、传感器、数据终端等。

(2) 线缆。其有 3 类线、5 类线和光纤缆，一般长度不宜超过 3m。

(3) 线缆插头。其有 3 类线插头、5 类线插头和光纤缆插头。

(4) 信息插座。信息插座与 3 类线插头、5 类线插头和光纤缆插头配套。每个插座由面板、信息块、防尘板，或者屏蔽罩与底盒组成。国产插座常用 86 系列，其与安装底盒尺寸有关，盒高×宽×深为 86mm×86mm×40mm(50，60)。插座有 2 孔、3 孔、4 孔和 6 孔。插座根据配管要求，可分为暗装和明装插座，墙面和地面插座。

(5) 导线分支和接续。为了多接终端设备，导线必须分支，分支有专用分支器，如 Y 型适配器、一线两用盒、中途转点盒、RJ45 标准接口等。

2) 水平子系统

水平子系统由建筑物内各层的配电间至各工作区子系统之间的配线、配线架、配管等组成，如图 7.7 所示。

(1) 配管配线。

① 配管有两种方式：一种是沿走廊布线，用金属线槽水平敷设，向下至信息插座布线，用金属线管沿墙敷设；另一种是在混凝土地面中暗敷金属线槽或金属线管，用地插出线。

② 配线用 3 类线、5 类线及 6 类线，或更高级别的 4 对双绞线，或光纤缆，穿线槽或线管敷设，配线长度应足够，除所需净长外，另需加上导线的弯曲、转折及备用长度(净长 10%)，或另加上端接预留长度 5～10m，但是总长度不宜超过 90m。

(2) 配线架用各种接线模块，如模拟接线模块、数据接线模块、光纤缆接线模块及跳线模块和跳线集成后，挂在配电间墙上，或安装在配电柜中，配电柜可挂于墙上或落地安

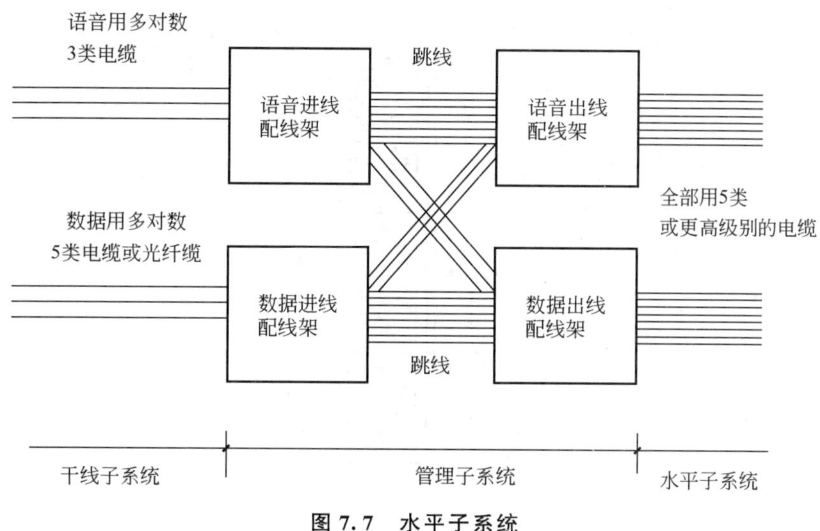

图 7.7 水平子系统

装(另见管理子系统部分对配线架的介绍)。

(3) 网络系统。如波分复用器、光/电转换器、集成器等,用线缆与配线架连接成网络。

3) 管理子系统

管理子系统由配电间的配线设备(双绞线配线架、光纤缆配线架)及输入输出设备等组成。管理子系统安装在配电间中,通常安装在弱电井中。

配线架主要有双绞线配线架、光纤缆配线架和混合配线架。双绞线配线架又分快接跳线型和多对数配线型(大对数配线架)。

(1) 双绞线配线架。其由支架、线排模块、跳线接线端子、跳线、跳线架标识条及线缆理线器等组成,线排模块有 2、4、5 对线型,在支架上卡设 4 排模块时,可接 100 对线。

快接跳线型配线架直接配用 RJ45 标准接口与跳线连接,更加方便。

(2) 光纤缆配线架。其也称光纤缆配线箱,小规模光纤缆配线时,用光纤缆配线盘配线。光纤缆配线架上装有光纤缆连接器,连接器有 ST 型、SC 型和 FDDI 型,配线非常方便。光纤缆与配线架、配线架与设备用单头或 2 头跳线连接。

(3) 混合配线架。这种配线架装配有光纤缆 ST 型和 SC 型接口,也配有双绞线(有屏蔽和无屏蔽)及同轴电缆连接模块,所以它同时可配接光纤缆、双绞线和同轴电缆。

上述配线架可安装在墙上、机柜(配电柜)里、吊架上、钢框架上,若配线架卡在钢框架上,可随需要而滑动移位,如图 7.8~图 7.10 所示。

4) 干线(垂直)子系统

干线子系统由设备间子系统的配线设备(配线架等)与管理子系统之间的连接电缆或光纤缆所组成,它们是建筑物中综合布线的主干电缆。

(1) 干线用电缆。它主要用同轴电缆、双绞线电缆和光纤缆。

① 同轴电缆。

a. 电视用同轴电缆。闭路电视、共用天线电视、有线电视或卫星电视等系统,我国常

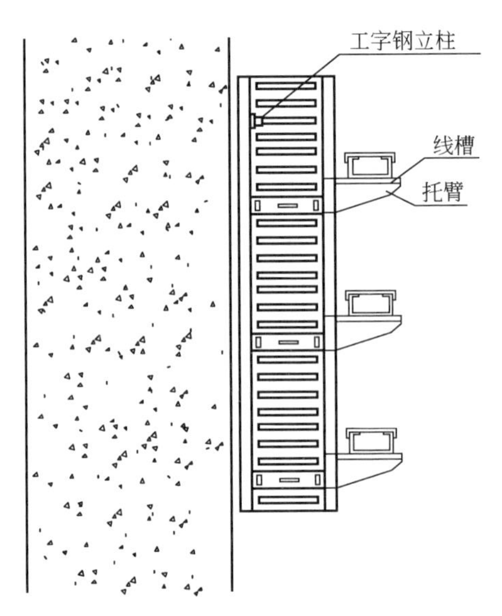

图 7.8　支架安装示意图(一)

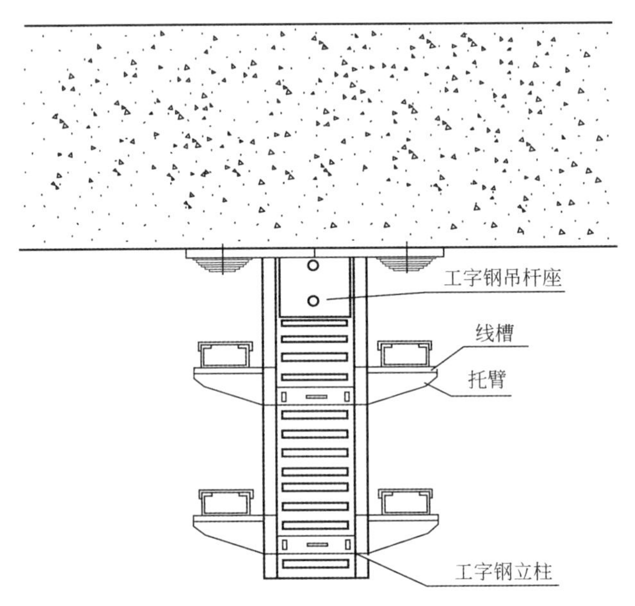

图 7.9　支架安装示意图(二)

用 SYV－75－5 型。

b. 数字通信用同轴电缆。数字通信用 RG58、RG59 粗缆，RG58F、RG59F 细缆，有计算机时用 RG62/U 数字同轴电缆。

c. 泄漏(磁波)同轴电缆。该电缆供移动无线通信使用，敷设在楼宇竖井道中或地下线道内。

② 双绞线电缆。其分为非屏蔽双绞线电缆(UTP)和屏蔽双绞线电缆(STP)，而 UTP 应用最广。非阻燃型电缆应做防火处理。3 类或 5 类双绞线电缆常用 25 对、50 对、100 对的线缆。

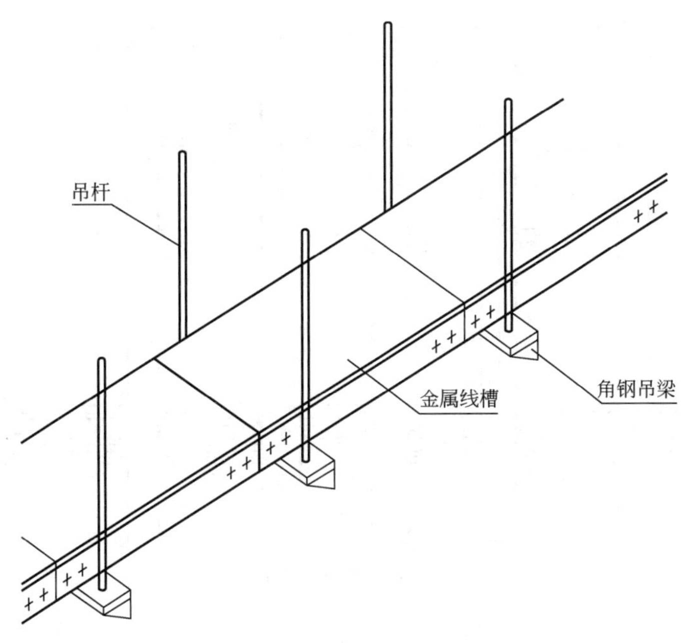

图 7.10　吊架安装示意图

家庭智能化设备和小区物业管理智能化设备也可用普通的屏蔽或非屏蔽双绞线电缆。

③ 光纤缆。其按材料分为玻璃光纤缆和塑料光纤缆；按制造工艺分为单模光纤缆和多模光纤缆；按外层保护分为PE和LAP护套光纤缆、钢带铠装和钢丝铠装等光纤缆。常用LGBC－004A－LPG型和LGBC－012A－LPX型光纤缆。

无论是双绞线电缆还是光纤缆，每段干线长度都要有备用及弯曲部分长度(净长10％)，还要考虑适量的端接容量，但每段总长度不宜超过500m。

(2) 干线连接。干线可点对点端接，也可采用分支递减式端接，或者将电缆分组分楼层直接连接。

(3) 干线布线方式。垂直干线可采用开放型通道(弱电竖井)布线，用支架、钢框架、梯架等固定于井道壁上，也可采用封闭型通道布线，即在楼层内设置上下对齐的接线间，形成封闭隔断墙面或沿楼层平顶水平敷设。

电线管道、电缆槽、电缆桥架穿过墙面均要做防火处理，其措施为防火枕、防火板或者其他防火措施，如图7.11和图7.12所示。

5) 设备间子系统

它由设备间的线缆、连接跳线架及相关支撑硬件、防雷保护装置及接地装置等构成。

(1) 设备间子系统的设备。设备间是楼宇有源通信设备的主要安置场所，也是网络管理人员的值班场所，大量主要设备均安置其间。

设备间子系统的主要设备有市话进户电缆、专用小交换机(PBX)或计算机化小交换机(CBX)、计算主机。这些设备均需要防雷接地、防过压、防过流及防强电干扰等保护措施。

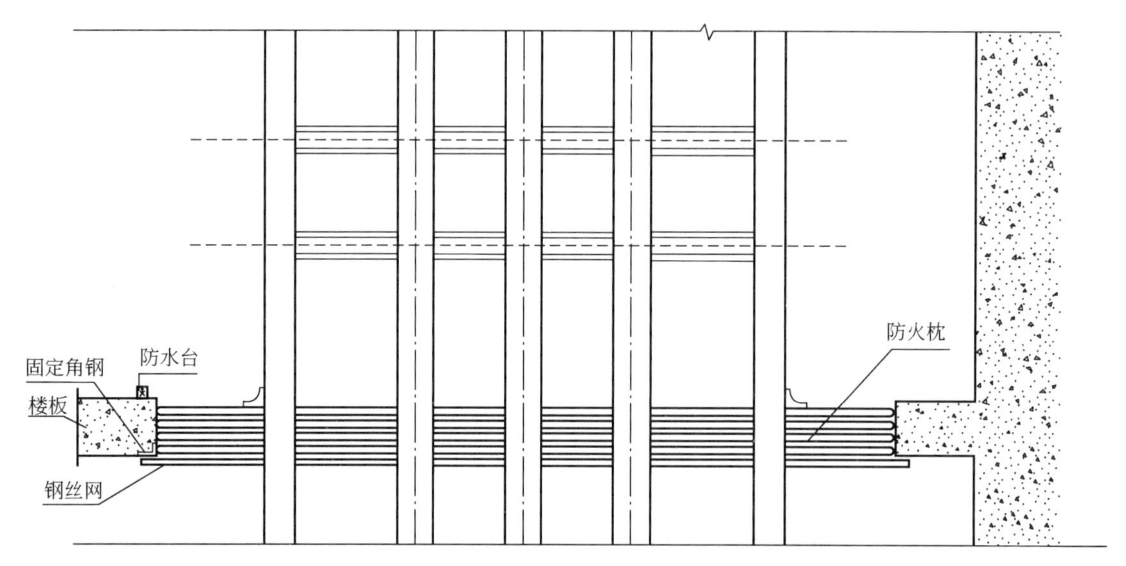

图 7.11　电气竖井防火枕的安装

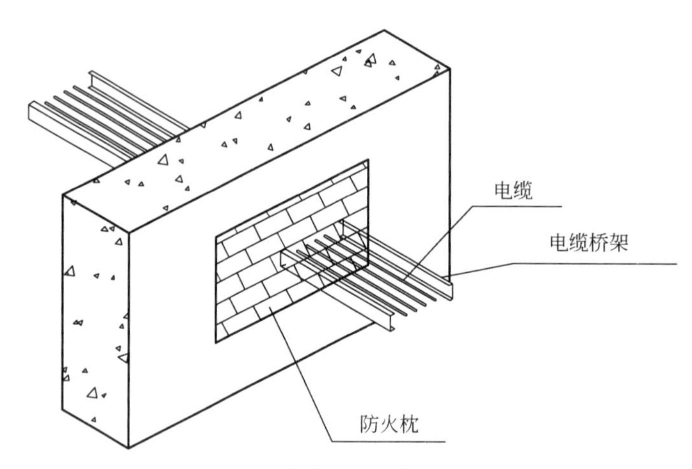

图 7.12　电缆桥架穿墙防火做法

(2) 设备间子系统的硬件基本上由线缆(光纤缆、双绞线电缆、同轴电缆、一般铜芯电缆)、配线架、跳线模块及跳线等构成，只是比管理子系统的规模大许多而已。

(3) 设备间内所有进出线终端设备的配线区，应按照用途用不同色彩加以区别。

6) 建筑群子系统

建筑群子系统是由两个或两个以上建筑物的电话、数据、电视系统及进入楼宇处线缆上设有的过流、过压等保护设备组成的布线系统。

(1) 配线。其仍用光纤缆、双绞线电缆、同轴电缆、一般铜芯电缆等，但长度不宜超过 1500m。

(2) 线缆敷设方式。其用架空、直埋、地下管道、巷道等方式敷设。建筑群子系统常用地下管道敷设方式，除应遵循电话管道敷设规定外，至少要留 1 个或两个人孔备用。

计算机网络系统中综合了综合布线的内容，作为建筑施工单位，重点考虑前4个部分，后两个部分是专业公司施工的内容。

7.2 电话通信和广播系统

(1) 随着社会经济和科学技术的迅速发展，人们对信息的需求日趋迫切，电话通信系统已成为建筑物必须设置的弱电系统。

(2) 广播系统在商业、工业和企事业单位内部或某一建筑物(群)自成体系，其听众多、影响大、信息传输便捷，已被普遍采用。

7.2.1 电话通信系统

电话通信系统有3个组成部分，即电话交换设备、传输系统和用户终端设备。

建筑物电话通信系统随电话门数及分配方案的不同，一般由交接间(交接箱)、电缆管路、壁龛、分线箱或分线盒、用户线管路、过路箱(盒)和电话出线盒等组成。图7.13所示为住宅内电话通信系统示意图。

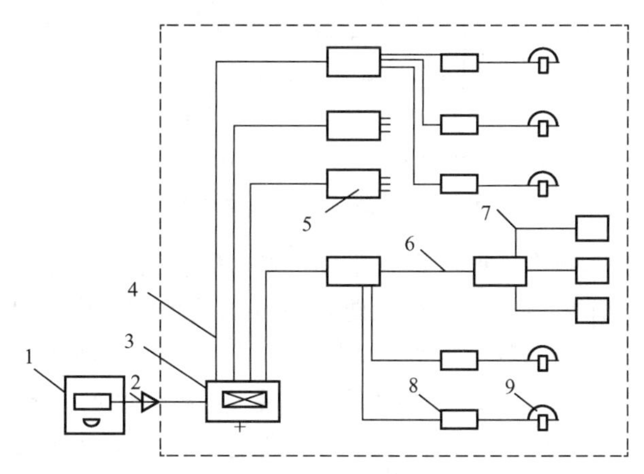

1—电话局；2—地下通信管道；3—电话交接间；4—竖向电缆管路；
5—分线箱；6—横向电缆管路；7—用户线管路；8—出线盒；9—电话机。

图7.13 住宅内电话通信系统示意图

1. 电话室内交接箱、分线箱、分线盒的安装

1) 交接箱的安装

对于不设电话站的用户单位，其内部的通信线缆用一个箱子直接与市话电缆连接，并

通过箱子内部的端子分配给单位内部分线箱、分线盒，该箱称为交接箱。交接箱主要由接线模块、箱架结构和接线组成。交接箱设置在用户线路中主干电缆和配线电缆的接口处，主干电缆线对可在交接箱内与任意的配线电缆线对连接。

交接箱按容量(进出接线端子的总对数)可分为150、300、600、900、1200、1800、2400、3000、6000对等规格。

交接箱内的接头排一般采用端子或针式螺钉压接结构形式，且箱体具有防尘、防水、防腐功能，并有闭锁装置。

交接箱、组线箱安装以“台”为计量单位，定额根据电缆线对不同，划分子目，区分明装和暗装。市话电缆进交接箱的接头排，一般由市话安装队伍制作安装，故可以不计算。

2）分线箱、分线盒的安装

室内电话线路在分配到各楼层、各房间时，需采用分线箱，以便电缆在楼层垂直管路及楼层水平管路中分支、接续、安装分线端子板。分线箱有时也称接头箱、端子箱或过路箱，暗装时又称壁龛。壁龛内结构示意图如图7.14所示。

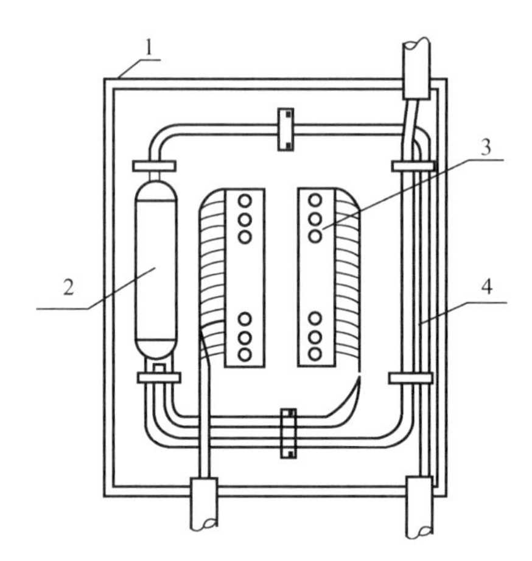

1—箱体；2—电缆接头；3—端子板；4—电缆。

图7.14　壁龛内结构示意图

分线箱和分线盒的区别在于前者带有保护装置而后者没有，因此分线箱主要用于用户引入线为明线的情况，保护装置的作用是防止雷电或其他高压电磁脉冲从明线进入电缆。分线盒主要用于引入线为小对数电缆等不大可能有强电流流入的情况。

分线箱一般作暗配线时电缆管线的转接或接续用，箱内不应有其他管线穿过。分线盒应设置在建筑物内的公共部分，宜为底边距地0.3～0.4m，住户分线盒安装设置在门后。

2. 电话线路配管

电话线路配管方法与室内电气照明系统部分所讲的内容相同。

3. 户内布放电话线

户内电话线主要采用双绞线布放，双绞线由两根22～26号的绝缘芯线按一定密度(绞距)的螺旋结构相互绞绕组成，每根绝缘芯线由各种颜色塑料绝缘层的多芯或单芯金属导线(通常为铜导线)构成。将两根绝缘的金属导线按一定密度相互绞绕在一起，每根导线在传输过程中辐射的电波会被另一根导线在传输过程中辐射的电波抵消，可降低信号的相互干扰程度。

将一对或多对双绞线安置在一个封套内，便形成了屏蔽双绞线电缆。由于屏蔽双绞线电缆外加金属屏蔽层，其消除外界干扰的能力更强。通信电缆常用的型号含义见表7-2。

表7-2 通信电缆常用的型号含义

类别用途	导体	绝缘层	内护层	特征	外护层	派生
H—市内话缆 HB—通信线 HD—铁道电气化电缆 HE—长途通信电缆 HJ—局用电缆 HO—同轴电缆 HR—电话软线 HP—配线电缆	G—铁芯线 L—铝芯线 T—铜芯线	F—复合物 SB—纤维 V—聚氯乙烯 X—橡皮 Y—聚乙烯 YF—泡沫聚乙烯	B—棉纱编制 F—复合物 H—橡套 HF—非燃型橡套 L—铝包 LW—皱纹铝管 Q—铅包 V—聚氯乙烯 VV—双层聚氯乙烯 Z—纸(省略)	C—自乘式 D—带形 E—话务员耳机用 G—工业用 J—交换机用 P—屏蔽 R—柔软 S—水下 T—弹簧型 Z—综合型	0—相应的裸外护层 1—一级防腐，麻被防护 2—二级防腐，钢带铠装麻被 3—单层细圆钢丝铠装麻被 4—双层细圆钢丝铠装麻被 5—单层粗钢丝铠装麻被 6—双层粗钢丝铠装麻被	1—第一种 2—第二种

户内布放电话线根据敷设方式及线对数不同，在线槽、桥架、支架、活动地板内明布放。

4. 电话出线盒的安装

住宅楼电话出线盒宜暗装，电话出线盒应是专用出线盒或插座，不得用其他插座替代。如果在顶棚安装，其安装高度应为上边距顶棚0.3m，如在室内安装，出线盒为距地0.2～0.3m，如采用地板式电话出线盒，宜设置在人行通路以外的隐蔽处，其盒口应与地面平齐。

电话机一般是由用户直接连接在电话出线盒上的。

特别提示

由于工程性质和行业管理的要求，对于建筑物电话通信系统工程，建筑安装单位一般只作室内电话线路的配管配线、电话机插座及接线盒的安装。对于交接箱、通信电缆的安装、敷设及调试工作，一般由电信部门的专业安装队伍来施工。

7.2.2 广播系统

建筑物的广播系统包括有线广播系统，背景音乐、舞台音乐、多功能厅堂的扩音系统和同声翻译等系统。这里主要介绍有线广播系统。有线广播系统的组成，可以是单一的广播系统，也可以是多区域的广播系统。单一的广播系统所设立的广播站一般将扩音机房和播音室设在同一房间。

有线广播系统是工矿企业、事业内部，或宾馆酒楼内独立的系统，可播送广告、通知、生产简报，转播广播电台节目，自办文娱节目，并且在应急、事故、火警、抢险中是一个不可缺少的播音系统。

1. 有线广播系统的组成

有线广播系统由广播设备和广播管线组成，如图7.15所示。广播设备由电源配电盘、稳压电源、扩音机(主机)或功率放大器、唱机、收录机、录放机、话筒(传声器)、增音机、端子箱和扬声器等组成。

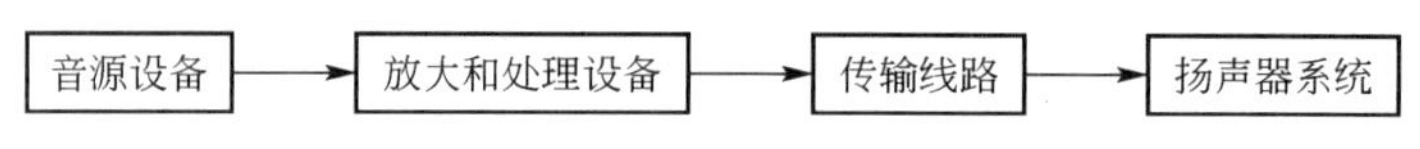

图7.15　有线广播系统基本组成框图

扩音机及唱机型号较多，广播线常用RVVP(1、2、3、4芯)、BV、RV、RVB、RVS、RFB、RFS等规格品种。

2. 有线广播系统的安装

(1) 广播线路配管安装。配管安装有明装与暗装，方法同照明、动力配管安装。

(2) 广播线敷设。一般广播线可明敷(卡钉、扎头)、穿管敷设、槽板敷设。

(3) 广播线路中的箱、柜、盒、盘、板制作与安装同照明、动力工程。

(4) 广播设备扩音机安装。

(5) 录放机、唱机安装。其包括数字录放机、多碟激光唱机、双卡录放机的安装。

(6) 扬声器安装。其包括筒式和纸盆式，安装方式有吸顶式和壁挂式。吸顶式和壁挂式扬声器安装，当用暗配管时，均应配备暗出线盒安装。

(7) 广播分配器安装。

(8) 广播线路楼层端子箱和线路分线箱安装。

(9) 成套型消防广播控制柜安装。当为落地式时，应考虑型钢基础制作与安装。

上述各设备安装工作包括安装固定、接线、挂锡、并线、压线、做标志、功能检测、防潮防尘处理。

特别提示

与电视和电话终端设备不同，广播系统中扬声设备的安装均是串联安装。

7.3　电控门系统

引例

由于高层建筑住户的增多，给送信件报刊、来人来访、安全保卫等带来诸多不便，为解决这一问题，可以安装电子联络系统。

高层建筑电子联络系统有传呼系统和直接对讲系统两种，而直接对讲系统又分为一般对讲系统和可视对讲系统。传呼系统必须设置值班人员，通过对讲主机接通住户应答器后，主客双方才可对话。故传呼系统实际上是通过值班人员和对讲主机传达呼叫的对讲系统，直接对讲系统则是当来客按动主机面板对应房号，主人户机即发出振铃声，主客对讲后，主人通过户机开启大门让客人进入的对讲系统。另一类楼宇联络系统为可视对讲系统，当来客时客人按动主机面板对应房号，主人户机即发出振铃声，显示屏自动打开显示来客图像，主人与客人对讲并确认身份后，主人通过户机开锁键遥控大门电控锁打开大门，客人进入大门后，闭门器将大门自动关闭并锁好。

7.3.1 对讲系统

对讲系统包括主机、楼层分配器、配管配线和用户应答器等。

1. 主机安装

(1) 对讲主机安装。主机体积一般均很小，台式(桌上)主机安放在工作台(桌)上即可，对讲主机也可安在墙上(明装或暗装)。主机安装，要考虑一个接线箱的安装和制作。

(2) 台式主机电源插座(单相三孔插座)的安装，可在照明系统中考虑。

(3) 台式主机与端子箱连接的屏蔽线入主机端预留200～300mm，盘在主机接线箱内，端子箱连接端应预留1m以上长度，以便主机挪动。预留部分均用波纹金属管保护。

(4) 端子箱安装。端子箱不论明装、暗装，均考虑一个接线箱安装。

2. 楼层分配器的安装

楼层分配器的安装相当于一个接线箱安装，同照明、动力工程。

3. 配管配线的安装

配管配线按设计施工图同照明工程配管配线。系统配线一般采用多芯屏蔽软电缆敷设，线头与插头要求锡焊并编号。

4. 用户应答器的安装

用户应答器形状如电话单机，暗装时考虑一个接线盒安装。

5. 对讲系统的调试

对讲系统安装完毕应进行单机调试和系统调试，合格后方能使用。

6. 可视对讲系统的安装

可视对讲系统与一般对讲系统的不同之处是其可以显示来客图像，可以控制大门的开启与关闭，也可以报警。

7.3.2 电控防盗门

它主要包括电控锁、闭门器、门框和门扇。

(1) 不间断电源安装同稳压电源安装。

(2) 楼层解码板安装。不用楼层分配器(端子箱)，而用楼层解码板时，解码板应考虑接线、校线。

(3) 电控锁安装。其分为阳极锁和阴极锁。

(4) 门磁开关安装。其安装在门上或窗上。当暗装时，不论是木框还是金属框，单扇门(窗)应先安装一个暗接线盒。

特别提示

一般对讲系统与可视对讲系统的区别在于：可视对讲系统比一般对讲系统多了一条同轴电缆。

7.4 火灾自动报警与消防联动控制系统

引例

(1) 火灾自动报警与消防联动控制系统作为建筑设备管理自动化系统的一个子系统，是保障建筑防火安全的关键。

(2) 它既可与安防系统、建筑设备管理自动化系统联网通信，向上级管理系统传递信息，又可与城市消防管理系统及城市综合信息管理网络联网运行，提供火灾及消防系统状态的有效信息。

7.4.1 火灾自动报警系统

火灾自动报警系统通常由火灾探测器、区域火灾报警控制器、集中火灾报警控制器及联动与控制装置等组成。

(1) 区域报警系统。其由区域火灾报警控制器和火灾探测器等构成，如图 7.16 所示。

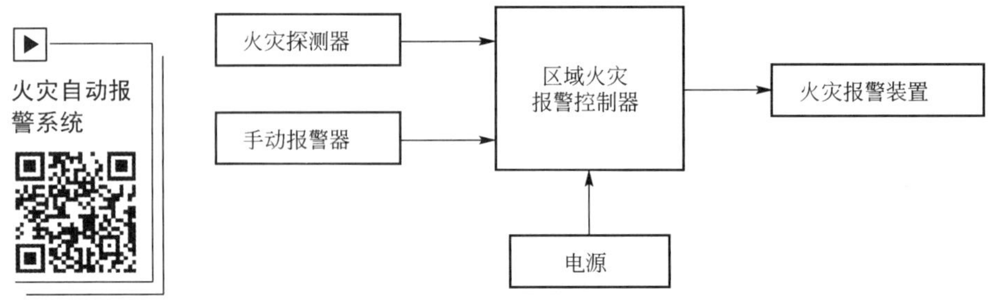

图 7.16 区域报警系统的组成

(2) 集中报警系统。其由集中火灾报警控制器、区域火灾报警控制器和火灾探测器等组成，如图 7.17 所示。

(3) 火灾探测器包括温度探测器、烟雾探测器、燃气探测器等，主要用于探测区域的温度和烟雾、燃气的浓度。

7.4.2 消防联动控制系统

消防联动控制对象包括灭火设施、防排烟设施、电动防火卷帘、防火门、水幕、电

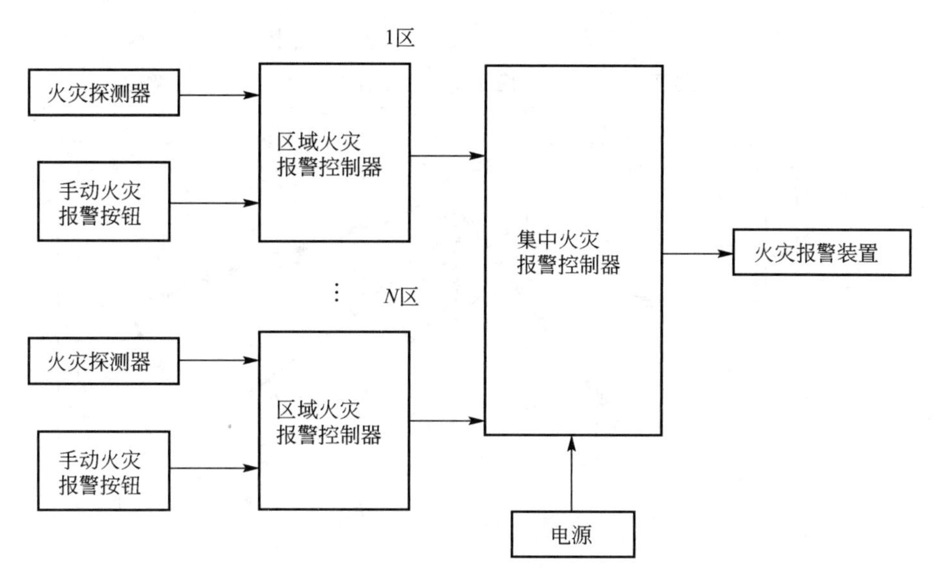

图 7.17 集中报警系统的组成

梯、非消防电源的断电控制设施等。

消防联动控制的功能包括消火栓给水系统的控制，自动喷水灭火系统的控制，二氧化碳灭火系统的控制，消防控制设备对联动控制对象的控制功能及消防控制设备接通火灾报警装置的功能。

消防联动控制

特别提示

火灾自动报警与消防联动控制系统应结合考虑，在施工工程中，其配管应采用金属管或金属线槽，并注意防火要求。

7.5 建筑弱电电气施工图

该工程为翠竹园 B—B 住宅楼弱电(有线电视、电话)工程。

翠竹园 B—B 住宅平面布置图和住宅室内有线电视、电话通信系统图分别如图 7.18～图 7.20所示，该工程为 6 层砖混结构，层高 3.2m，房间均有 0.3m 高吊顶。

电话通信系统工程内容：进户前端箱 STO－50－400×650×160 与市话电缆 HYQ－50 (2×0.5)－SC50－FC 相接，箱安装距地 0.5m；层分线箱(盒)安装距地 0.5m；干管及至各户线管均为焊接钢管暗敷设。

有线电视系统工程内容：前端箱安装在底层距地 0.5m 处，用 SYV－75－5－1 射频同轴电缆、穿焊接钢管 *DN*20 暗敷设。电源接自每层配电箱。

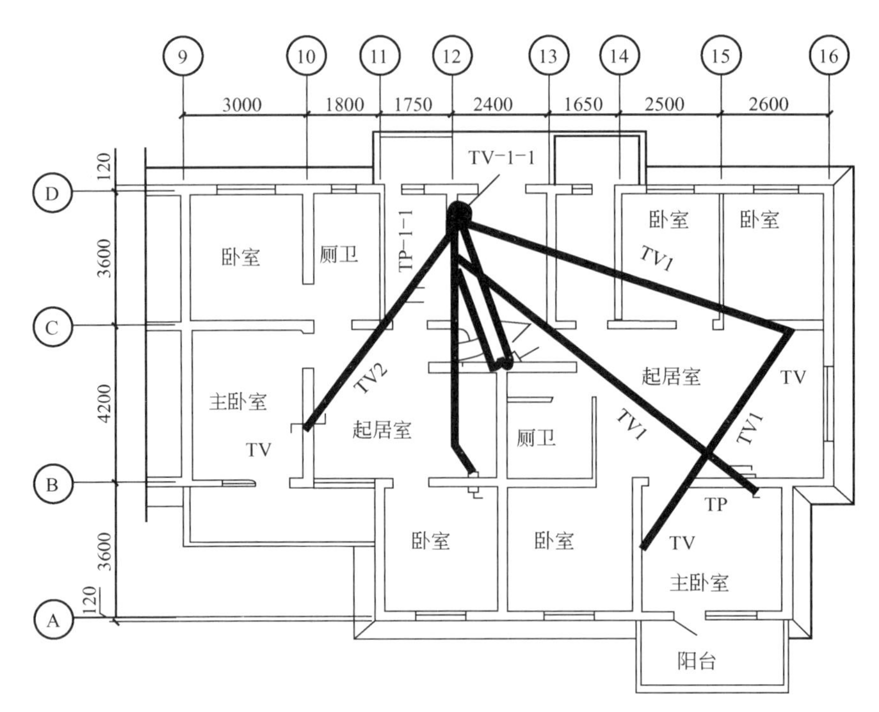

图 7.18　翠竹园 B—B 住宅平面布置图

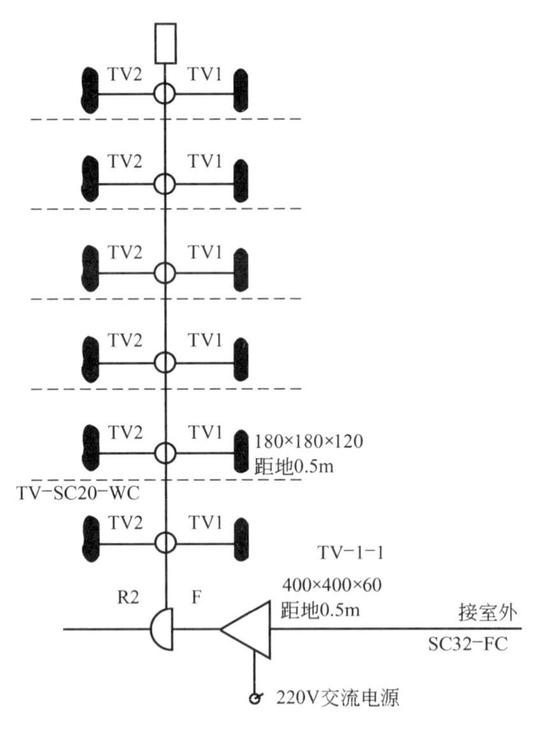

图 7.19　翠竹园 B—B 住宅室内有线电视系统图

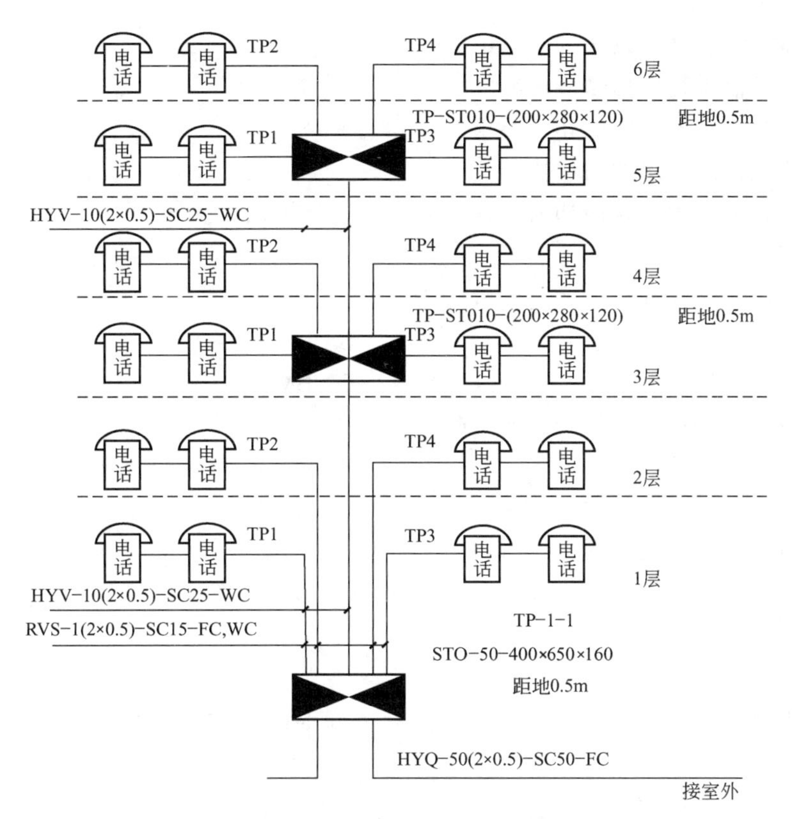

图 7.20 翠竹园 B—B 住宅室内电话通信系统图

小结

本学习情景主要讲述了建筑弱电的相关内容，包括有线电视系统、计算机网络系统、电话通信系统、广播系统、电控门系统、火灾自动报警与消防联动控制系统等。

有线电视系统安装包括前端机房的布置、前端设备的安装、线路敷设、用户终端盒的安装、系统调试。计算机网络系统包括工作区子系统、水平子系统、管理子系统、干线（垂直）子系统、设备间子系统和建筑群子系统。电话通信系统包括交接箱、分线箱、分线盒、出线盒的安装，以及电话线路配管和户内布放电话线。广播系统包括有线广播系统的组成及安装。电控门系统主要由对讲系统和电控防盗门组成。火灾自动报警与消防联动控制系统的传输应采用金属管或金属线槽保护。

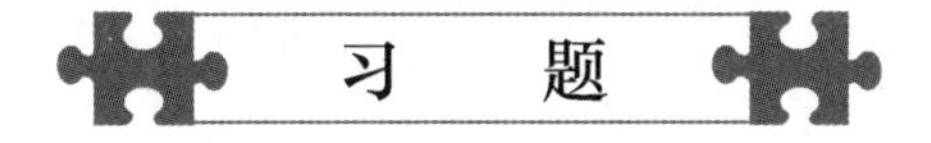

习题

1. 简答题

(1) 建筑弱电系统包括哪些内容？

(2) 简述有线电视系统的组成和系统安装的内容。

(3) 简述计算机网络系统的基本组成。

(4) 电话通信系统包括哪些内容?

(5) 简述扬声设备安装的相关要求。

(6) 简述电控门系统的组成。

(7) 结合相关知识,谈谈如何实现住宅小区的智能化?

2. 选择题

(1) 下面(　　)的表示方式是指电话线。

A. SYV-75-9　　B. HYV-8×2×0.5

C. UTP5e　　D. BV2.5

(2) 一般用于计算机网络线路的是(　　)。

A. SYV-75-9　　B. HYV-8×2×0.5

C. UTP5e　　D. BV2.5

(3) 一般用于广播线路的是(　　)。

A. SYV-75-9　　B. HYV-8×2×0.5

C. RVS-2×2.5　　D. BV2.5

3. 填空题

(1) 室内电话线路在分配到各楼层、各房间时,需采用__________,其暗装时又称__________。

(2) 火灾探测器包括__________、__________和__________。

(3) 计算机网络系统包括____________、____________、____________、____________、____________和__________。

学习情景8 刷油、绝热工程

思维导图

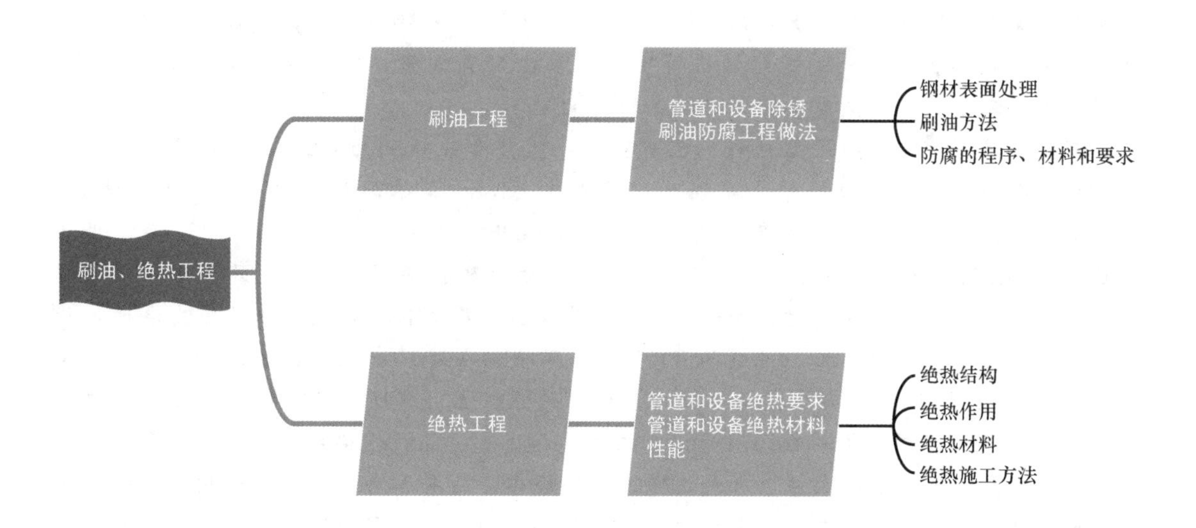

情景导读

刷油、绝热工程，主要是指金属管道和设备的刷油、绝热。首先对金属管道和非标设备进行除锈，然后对金属管道和设备进行刷油防腐，最后根据使用要求进行绝热层保护，熟悉除锈、刷油防腐、绝热的施工工艺及施工方法。

知识点滴

建筑保温材料发展史

在建筑和工业中采用良好的保温技术与材料，往往能起到事半功倍的效果。统计表明，建筑中每使用1t矿物棉绝热制品，一年可节约1t石油。工业设备与管道的保温，采用良好的绝热措施与材料，可显著降低生产能耗和成本，改善环境，同时有较好的经济效益。如在工业设备与管道工程中，良好的保温条件，可使热量损失降低95%左右，通常用于保温材料的投资一年左右可以通过节约的能量收回。

1980年以前，我国保温材料的发展十分缓慢，为数不多的保温材料厂只能生产少量的膨胀珍珠岩、膨胀蛭石、矿渣棉、超细玻璃棉、微孔硅酸钙等产品，矿棉厂很少，生产能力不足万吨，散棉、硅酸钙绝热材料生产厂家也只有3家，年产8000m^3。产品数量、质量都满足不了要求。主要节能保温材料的情况如下。

矿物棉是一种优质的保温材料，已有百余年生产和应用的历史。1840年英国首先发现融化的矿渣喷吹后形成纤维，并生产出矿渣棉；1880年德国和英国开始生产矿渣棉，以后其他国家才相继使用和生产，1930年开始大规模生产和应用；1960—1980年，世界各国矿物棉发展最为迅猛；1980年以后至今，国际上矿物棉制品的产量处于比较平稳的阶段，主要原因是其他保温材料如玻璃棉、泡沫塑料发展加快，加之发达国家发展速度放慢，近年来世界矿物棉制品年产量约8×10^6t，矿物棉在建筑中应用最为广泛，例如英国占85%、德国占70%、日本占92%、美国占90%以上。我国1980年初北京引进瑞典16300t生产线，我国绝热材料向规模化、性能更加优异、品种规格更为齐全的方向前进了一大步。随后，哈尔滨、太原、呼和浩特、齐齐哈尔、乌鲁木齐、东莞、银川、西宁、上海、北京相继从瑞典、日本、澳大利亚、意大利、英国、波兰引进生产线，中国又在南京建造一条生产线。生产能力达3000t/年的就有80家，生产企业有180家左右，设计能力为5.5×10^5t。

小厂生产的岩棉均匀程度差，而大厂引进的设备布棉速度与厚度能自动调节，出棉多，主动轮转速快，有一个比例关系，因此，其生产的岩棉容重均匀、渣球含量少。玻璃棉及其制品是继岩棉之后，出现的一种容重轻、绝热性能好的隔热保温材料。1980年前我国仅有几家超细玻璃棉小厂，品种单一，质量低劣，1980年中期，上海、北京引进日本纺织技术和设备，采用离心喷吹法生产，产品包括板、毡、壳、装饰天花板等。

硅酸钙绝热制品我国在1970年研制成功，具有抗压强度高、导热系数小、施工方便、可反复使用的特点，在电力系统中应用较为广泛。

硅酸铝纤维也叫做耐火纤维，主要用作窑炉保温材料，1971 年我国研制成功。其品种较多，我国主要有普通硅酸铝纤维、高纯硅酸铝纤维、高铝纤维和含铝纤维及其少量制品，均为中、低档产品，多晶氧化铝纤维和氧化锆纤维等高档产品。

泡沫塑料是以合成树脂为基础制成的，内部具有无数小孔的塑料制品，它具有导热系数小、易加工成型等优点，主要用于包装行业、地下直埋管道保温、冷库保冷等。其主要产品为聚苯乙烯泡沫塑料和聚氨酯泡沫塑料，但在建筑领域应用中存在问题。近年来建筑多采用钢丝网夹芯板材、彩色钢板复合夹芯板材，虽然有一定限制，但发展较快，随着建筑防火对材料要求越来越严格，对该材料的应用提出了新课题。

8.1 管道和设备防腐

让我们来看看以下现象。

某管道油漆鼓包、脱落，请分析原因。

8.1.1 管道和设备除锈

为了防止工业大气、水及土壤对金属的腐蚀，设备、管道及附属钢结构外部涂层是防腐蚀的重要措施。

除锈(表面处理)的好坏直接关系到防腐效果，尤其是涂层，其与基体的机械性黏合和附着，直接影响着涂层的破坏、剥落和脱层。未处理表面的原有铁锈及杂质的污染，如油脂、水垢、灰尘等都会影响防腐层与基体表面的黏合和附着。因此，必须十分重视管道和设备的表面处理。钢材表面原始锈蚀分级如下。

1. 钢材表面原始锈蚀分级

钢材表面原始锈蚀分为 A、B、C、D 级。

A 级——全面覆盖氧化皮而几乎没有铁锈的钢材表面。

B 级——已发生锈蚀，且部分氧化皮已经剥落的钢材表面。

C 级——氧化皮已因锈蚀而剥落或者可以刮除，且有少量点蚀的钢材表面。

D 级——氧化皮已因锈蚀而全剥落，且已普遍发生点蚀的钢材表面。

2. 钢材表面除锈质量等级

钢材表面除锈质量等级分为：手工或动力工具除锈 St2、St3 两级；喷射或抛射除锈 St1、St2、St2.5、St3 四级。

St2：彻底的手工或动力工具除锈。钢材表面无可见的油脂和污垢，且没有不牢的氧化皮、铁锈和油漆涂层等附着物。可保留黏附在钢材表面且不能被钝油灰刀剥掉的氧化皮、锈和旧涂层。

St3：非常彻底的手工或动力工具除锈。钢材表面无可见的油脂和污垢，且没有不牢的氧化皮、铁锈和油漆涂层等附着物。除锈应比 St2 更为彻底，底材显露部分的表面应具有金属光泽。

St1：轻度的喷射或抛射除锈。钢材表面无可见的油脂和污垢，且没有不牢的氧化皮、铁锈和油漆涂层等附着物。

St2：彻底的喷射或抛射除锈。钢材表面无可见的油脂和污垢，且氧化皮、铁锈和油漆涂层等附着物已基本清除，其残留物应是牢固附着物。

St2.5：非常彻底的喷射或抛射除锈。钢材表面无可见的油脂、污垢、氧化皮、铁锈和油漆涂层等附着物，任何残留的痕迹仅是点状或条纹状的轻微色斑。

St3：非常彻底除掉金属表面的一切杂物，表面无任何可见残留物及痕迹，均已呈现金属本色，并有一定粗糙度。

3. 金属表面处理方法

为了使钢材表面与涂层之间有较好的附着力，并能更好地起到防腐作用，刷涂层前应对金属表面进行处理。

钢材的表面处理方法主要有手工方法、机械方法和化学方法。目前，常用机械方法中的喷砂处理。

1）手工方法

其适用于一些较小的物件表面及没有条件用机械方法进行表面处理的设备表面。用砂皮、钢丝刷子或非砂轮将物体表面的氧化层除去，然后用有机溶剂如汽油、丙酮、苯等，将浮锈和油污洗净，即可涂覆。

2）机械方法

其适用于大型金属表面的处理，有干喷砂法、湿喷砂法、无尘喷砂法、抛丸法、滚磨法和高压水流法等。

(1）干喷砂法是目前广泛采用的方法，用于清除物件表面的锈蚀、氧化皮及各种污物，使金属呈现一层较均匀而粗糙的表面，以增加漆膜的附着力。

干喷砂法的主要特点是效率高、质量好、设备简单。但操作时灰尘弥漫，劳动条件差，严重影响工人的健康，且影响到喷砂区附近机械设备的生产和保养。

(2）湿喷砂法分为水砂混合压出式和水路混合压出式。

湿喷砂法的主要特点是灰尘很少，但效率及质量均比干喷砂法差，且湿砂回收困难。

(3）无尘喷砂法是一种新的喷砂除锈方法。其特点是使加砂、喷砂、集砂(回收)等操作过程连续化，使砂流在一密闭系统里循环不断流动，从而避免了粉尘的飞扬。虽然无尘喷砂法的设备复杂、投资高，但由于操作条件好、劳动强度低，仍是一种有发展前途的机械喷砂法。

(4）抛丸法利用高速旋转(2000rad/min 以上)的抛丸器的叶轮抛出的铁丸(粒径为 0.3～3mm 的铁砂)，以一定角度冲撞被处理的物件表面。此法的特点是质量高，但只适用于较厚的、不怕碰撞的物件。

（5）滚磨法适用于成批小零件的除锈。

（6）高压水流法采用压力为10～15MPa的高压水流，在水流喷出过程中掺入少量石英砂(粒径最大为2mm左右)，水与砂的比例为1∶1，形成含砂高速射流，冲击物件表面进行除锈。此法是一种新的大面积高效除锈方法。

3）化学方法

它又称酸洗法，是使金属制件在酸液中进行侵蚀加工，以除掉金属表面的氧化皮及油脂、污垢，主要是用于对表面处理要求不高、形状复杂的零部件及在无喷砂设备条件的除锈场合。

酸洗法主要有以下几种方法。

用50%的硫酸和50%的水混合成稀硫酸溶液，将制品浸入，使表面铁锈除掉，再用清水洗去酸液，待干后即可涂覆。

用10%～20%的硫酸或10%～15%的盐酸进行酸洗；也有用5%～10%的硫酸和10%～15%的盐酸的混合液进行酸洗；还有用磷酸液进行酸洗。方法可采用涂刷、淋洒或浸泡等。

注意酸洗温度应控制适当。经酸洗处理后的金属表面，必须用水彻底刷，然后用20%的石灰乳或5%的碳酸钠溶液，或者其他稀碱液进行中和。经中和处理后的金属表面，应再用温水冲洗2～3次，然后用干净抹布擦净，并应迅速使其干燥，立即进行涂覆。

特别提示

引例的解答：管道油漆出现鼓包、脱落的主要原因是管道除锈不彻底，在锈蚀状态下涂刷油漆。

8.1.2 刷油防腐工程

刷油防腐是安装工程施工中的一项重要工程内容。设备、管道及附属钢结构经除锈(表面处理)后，即可在其表面刷油(涂覆)。

1. 刷油方法

刷油方法主要有下列几种。

1）涂刷法

涂刷法是最常用的涂漆方法。这种方法可用简单工具进行施工。但施工质量在很大程度上取决于操作者的熟练程度，工效较低。

2）喷涂法

喷涂法是用喷枪将涂料喷成雾状液，在被涂物面上分散沉积的一种涂覆法。其优点是工效高、施工简单、漆膜分散均匀、平整光滑。但涂料的利用率低，施工中必须采取良好的通风和安全预防措施。喷涂法一般分为高压无空气喷涂法和静电喷涂法。

（1）高压无空气喷涂法。这种方法的优点是工效高，效率比一般喷涂法高10余倍，漆膜的附着力也较强，适用于大面积施工和喷涂高黏度的涂料。

（2）静电喷涂法。这种方法的优点是漆雾的回弹力小，大大降低了漆雾的飞散损失，提高了涂料的利用率。

3）浸涂法

这种方法适用于小型零件和内外表面的刷油。其优点是设备简单、生产效率高、操作简单。其缺点是一般不适用于干燥快的涂料，因易产生不均匀的漆膜表面。

4）电泳涂装法

电泳涂装法是一种新的涂漆方法，适用于水性涂料。以被涂物的金属表面作阳极，以盛漆的金属容器作阴极。此方法的优点是涂料的利用率高，施工工效高，涂层质量好，任何复杂的工件均能涂得均匀的漆膜。

2. 防腐工程

在管道工程中，为了防止各种管道、设备产生锈蚀而受到破坏，需要对其进行防腐处理。

腐蚀是引发管道安全事故最重要的原因之一。管道运行过程中通常会受到来自内、外两个环境的腐蚀：内腐蚀主要由输送介质、管内积液、污物及管道内应力等联合作用形成；外腐蚀通常因涂层破坏、失效，使外部腐蚀因素直接作用于管道外表面而造成。

内腐蚀一般采用清管、加缓蚀剂等手段来处理，近年来随着管道业主对管道运行管理的加强及对输送介质的严格要求，内腐蚀在很大程度上得到了控制。

管道的腐蚀损坏主要由外腐蚀导致。埋地金属管道的腐蚀主要是受到电化学、土壤化学及微生物等多重作用而发生的，金属管道的腐蚀机理有以下几种。

(1) 电化腐蚀。钢铁埋地接触到电解质溶液后发生原电池反应，即铁原子失去电子而被氧化，生成疏松的金属氧化物，丧失强度，形成腐蚀坑点，这种腐蚀称为电化腐蚀。通常金属管道的腐蚀主要是电化腐蚀的结果。在潮湿的空气或土壤中，金属管道表面会吸附一层薄薄的水膜而促使管道腐蚀。由于外界酸碱环境的差异，金属会发生吸氧或析氢腐蚀，一般以吸氧的电化腐蚀为主。

(2) 化学腐蚀。金属管道的腐蚀除电化腐蚀外，还有金属跟接触到的物质(一般是非电解质)直接发生化学反应而引起的一种腐蚀，称为化学腐蚀。这一类腐蚀的化学反应较为简单，仅仅是铁等金属跟氧化剂之间的氧化还原反应。从本质上讲，电化腐蚀和化学腐蚀都是铁等金属原子失去电子而被氧化的过程，但是电化腐蚀过程中有电流产生，而化学腐蚀过程中没有。在一般情况下，这两种腐蚀往往同时发生。

(3) 微生物腐蚀。

1）管道防腐的程序

管道防腐处理的程序为除锈、刷防锈漆、刷面漆。

除锈是指在刷防锈漆前，将金属表面的灰尘、污垢及锈蚀等杂物彻底清理干净，除锈可以用人工打磨或是化学除锈，不管采用哪种除锈方法，除锈后应露出金属光泽，使涂刷的油漆能够牢固地黏结在管道或设备的表面。

2）常用油漆

(1) 红丹防锈漆：多用于地沟内保温的采暖及热水供应管道和设备。它是由油性红丹防锈漆和200号溶剂汽油按照4∶1的比例配制的。

(2) 防锈漆：多用于地沟内不保温的管道。它是由酚醛防锈漆和200号溶剂汽油按照3.3∶1的比例配制的。

(3) 银粉漆：多用于室内采暖管道、给水排水管道及室内明装设备的面漆。它是由银粉、200号溶剂汽油、酚醛清漆按照1∶8∶4的比例配制的。

(4) 冷底子油：多用于埋地管材的第一道漆。它是由沥青和汽油按照1∶2.2的比例配制的。

(5) 沥青漆：多用于埋地给水或排水管道的防水。它是由煤焦沥青漆和苯按照6.2∶1的比例配制的。

(6) 调和漆：多用于有装饰要求的管道和设备的面漆。它是由酚醛调和漆和汽油按照9.5∶1的比例配制的。

3) 防腐要求

(1) 明装的管道和设备必须刷一道防锈漆、两道面漆，如需保温和防结露处理，应刷两道防锈漆，不刷面漆。

(2) 暗装的管道和设备，应刷两道防锈漆。

(3) 埋地钢管的防腐层做法应根据土壤的腐蚀性能来定，可参照表8-1来执行。

表8-1 埋地钢管的防腐层做法

防腐层层数（从金属表面算起）	防腐层种类		
	正常防腐	加强防腐	超加强防腐
1	冷底子油	冷底子油	冷底子油
2	沥青漆涂层	沥青漆涂层	沥青漆涂层
3	外包保护层	加强包扎层	加强包扎层
4		（封闭层）	（封闭层）
5		沥青漆涂层	沥青漆涂层
6		外包保护层	加强包扎层
7			（封闭层）
8			沥青漆涂层
9			外包保护层
总计	共3层	共6层	共9层

(4) 出厂未涂油的排水铸铁管和管件，埋地安装前应在管道外壁涂两道石油沥青。

(5) 涂刷油漆应厚度均匀，不得有脱皮、起泡、流淌和漏涂等现象。

(6) 管道、设备的防腐处理，严禁在雨、雾、雪和大风等恶劣天气下操作。

土壤腐蚀性及防腐蚀等级见表8-2。

表 8-2　土壤腐蚀性及防腐蚀等级

土壤腐蚀性等级	土壤腐蚀性质				防腐蚀等级
	电阻率/(Ω·m)	含盐量/%	含水量/%	电流密度/(mA/cm^2)	
高	<20	>0.75	>12	>0.3	超加强防腐
中	20～50	0.05～0.75	5～12	0.025～0.3	加强防腐
低	>50	<0.05	<5	<0.025	正常防腐

8.2　管道和设备绝热

引例

让我们来看看以下现象。

(1) 某中央空调管道外部有凝结水，请分析原因。

(2) 某制冷设备制冷效果不明显，请分析可能出现此现象的原因。

绝热工程是指在生产过程中，为了保持正常生产的最佳温度范围和减少热载体(如过热蒸汽、饱和水蒸气、热水和烟气等)、冷载体(如液氨、液氮、冷冻盐水和低温水等)在输送、储存和使用过程中热量、冷量的散失浪费，提高热、冷效率，降低能源消耗和产品成本，而对管道和设备所采取的保温和保冷措施。绝热工程按用途可以分为保温、加热保温和保冷 3 种。

8.2.1　绝热结构及其作用

1. 绝热结构

1) 绝热结构的基本要求

绝热结构是由绝热层和保护层两部分组成的，如图 8.1～图 8.3 所示。在室内，为了区别不同的管道和设备，在保护层的外面再刷一层色漆。绝热结构直接关系到绝热效果、投资费用、使用年限及外表面整齐美观等问题。因此，对绝热结构的要求如下。

(1) 保证热损失不超过标准热损失，当被绝热物体及内部介质温度固定时，它的热损失主要取决于绝热材料的导热系数，导热系数越小，绝热层就越薄，反之绝热层就越厚。在标准热损失的范围内，绝热层越薄越好。

(2) 应有足够的机械强度。绝热结构必须保证在自重的作用下或偶尔受到外力冲击时不致脱落。根据被绝热物体所处的场合不同，对绝热结构的机械强度要求也有所不同。

(3) 要有良好的保护层。无论采用哪种绝热结构、敷在哪里，都必须有良好的保护层，使外部的水蒸气、雨水及潮湿泥土中的水分都不能进入绝热材料内。

(4) 绝热结构不能使管道和设备受到腐蚀，要使产生腐蚀性物质在绝热材料中含量尽

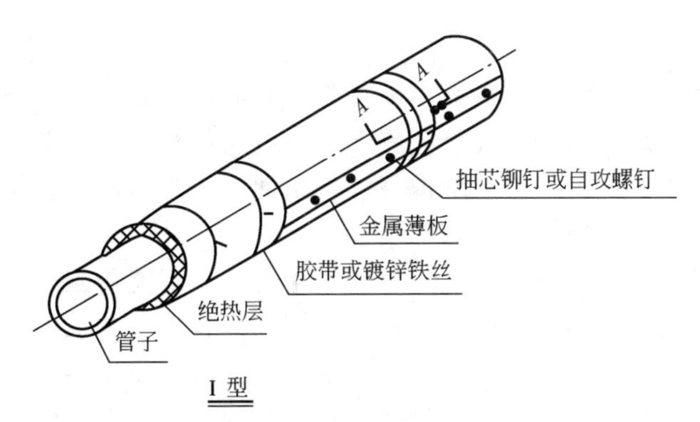

图 8.1 绝热层结构Ⅰ型

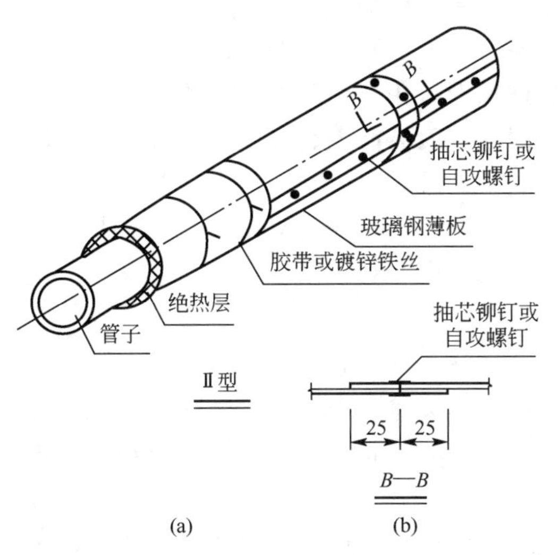

图 8.2 绝热层结构Ⅱ型

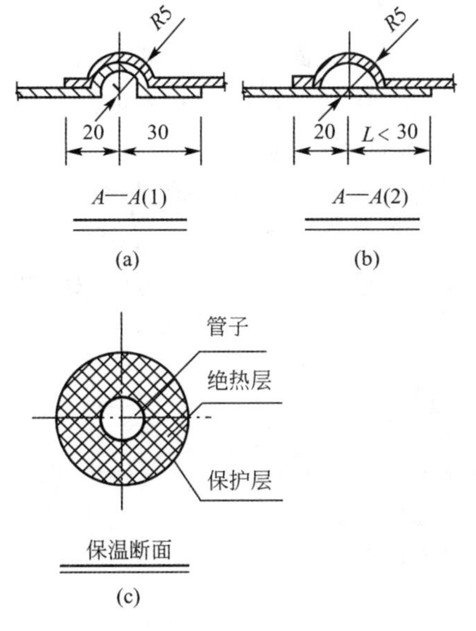

图 8.3 绝热结构断面图

量减少。

(5) 绝热结构要简单，尽量减少材料消耗量。在满足要求的条件下越简单越好，同时还要减少绝热材料和辅助材料的消耗量，更要减少金属材料的消耗量。

(6) 绝热结构所需要的材料应就地取材、价格便宜。为了降低投资，在满足保温的前提下，尽量就地取材，选用廉价的绝热材料。

(7) 绝热结构设计时，要考虑绝热材料所产生的应力不能传到管道和设备上。由于管道和设备与绝热材料的膨胀系数不同，将产生不同的伸长量，如果在结构上处理不好，就会影响管道和设备的自由伸缩，或是绝热材料所产生的应力作用在管道和设备上。尤其是间歇运行系统，温差变化较大，在考虑绝热结构时必须注意这个问题。

(8) 绝热结构应当施工简便，维护检修方便。

(9) 决定绝热结构时要考虑管道和设备振动情况。在管道弯曲部分，方形伸缩器及管道与泵或其他转动设备相连接时，由于管道伸缩及泵或设备产生的振动，传到管道上来，绝热结构如果不牢固，时间一长就会产生裂缝以致脱落。在这种情况下，最好采用毡衬或绳状材料。

(10) 绝热结构外表面应整齐美观、整洁光滑，尤其是布置在室内的管道，应当与周围的环境协调起来，不应影响室内美观。

2) 保护层

保护层的作用如下。

(1) 能延长绝热结构的使用寿命。不论绝热材料质量多好、强度多高，都有可能在内力和外力作用下遭到破坏，为了避免破坏和延长使用寿命，在绝热层的外表面做保护层是十分必要的。

(2) 防止雨水及潮湿空气的侵蚀。敷设在室外的架空管道或敷设在高湿环境中的室内管道，保温层都会遭到雨淋或受潮，绝热材料吸收水分之后，就会降低绝热性能。为此，必须做保护层来防护。

(3) 使用保护层可以使保温层外表面平整、美观。

(4) 便于涂刷各种色漆。为了识别管道、设备内部介质的种类，往往在外表面涂刷各种色漆。做了保护层以后，便于涂刷各种色漆。

(5) 对于保冷的管道，其外表面必须设置保护层，以防止大气中水分凝结于保冷层外表面上，并渗入保冷层内部而产生凝结水或结冰现象，致使保冷材料的导热系数增大，保冷结构开裂，并加剧金属壁面的腐蚀。对于埋地管道的保温结构，也应设保护层。

2. 绝热作用

(1) 减少热损失，节约热量。

(2) 改善劳动条件，保证操作人员安全。

(3) 防止管道和设备内液体冻结。

(4) 防止管道和设备外表面结露。

(5) 防止介质在输送中温度降低。

(6) 防止火灾。

(7) 提高耐火绝缘。

(8) 防止蒸发损坏。

(9) 防止气体冷凝。

特别提示

引例(1)的解答：空调管道外部有凝结水，是因为空调保冷层外表面未设置保护层，或保护层设置不合格，以致大气中水分凝结于保冷层外表面上，并渗入保冷层内部而产生凝结水现象。

8.2.2 绝热材料

1. 常用的保温材料

凡是导热系数小并具有一定耐热能力的材料，称为绝热材料或隔热材料。采暖管道及管件所用的绝热材料，要求其导热系数小、密度小、具有一定的强度，并且价格低、取材方便。

保温材料的种类繁多，一般推荐下面两种保温材料(多用于采暖管道)。

(1) 水泥膨胀珍珠岩管壳(图 8.4)。它具有较好的保温性能，产量大，价格低廉，是目前管道保温的常用材料。

(2) 岩棉、矿棉及玻璃棉管壳(图 8.5)。它的特点是保温效果好，施工方便。

图 8.4 水泥膨胀珍珠岩管壳

图 8.5 玻璃棉管壳

2. 对绝热材料的要求

1) 导热系数小

导热系数越小，绝热效果越好。

2) 密度小

多孔性的绝热材料密度小，选用密度小的绝热材料，对于架空敷设的管道可以减轻支撑构架的荷载，节约工程费用。一般绝热材料密度应低于 $600kg/m^3$。

3) 具有一定的机械强度

绝热材料的抗压强度不应小于 0.3MPa，以保证绝热材料及其制品在本身自重及外力作用下不产生变形或破坏。

4) 吸水率小

吸水后绝热结构中各气孔内的空气会被水挤出去，由于水的导热系数比空气的导热系数大得多，因此会使绝热材料的绝热性能变差。

5) 不易燃烧且耐高温

绝热材料在高温作用下，不应着火燃烧，对过热蒸汽管道绝热时，要选用耐高温的绝热材料。

6）具有一定的耐腐蚀性能

该性能能抵抗自然环境的侵蚀。

7）施工方便和价格低廉

为施工方便、降低工程造价，尽可能就地取材，以减少运输费用和损耗。

特别提示

引例(2)的解答：制冷设备不制冷，可能出现的原因为，第一制冷设备自身制冷系统运行出现异常，第二制冷管道绝热材料导热系数大，绝热效果差。

8.2.3 绝热施工方法

1. 绝热层施工

在绝热设备、管道按规定做了水压试验或气密性试验，以及支架、支座和仪表接管等安装工作均已完毕，表面除锈刷漆后，即可进行绝热层施工。绝热层施工应注意以下方面。

保温结构一般由保温层和保护层两部分组成，如图 8.6 和图 8.7 所示。保温层主要由保温材料组成，具有绝热保温的作用，保护层主要保护保温层不受风、雨、雪的侵蚀和破坏，同时可以防潮、防水、防腐，延长管道的使用年限。

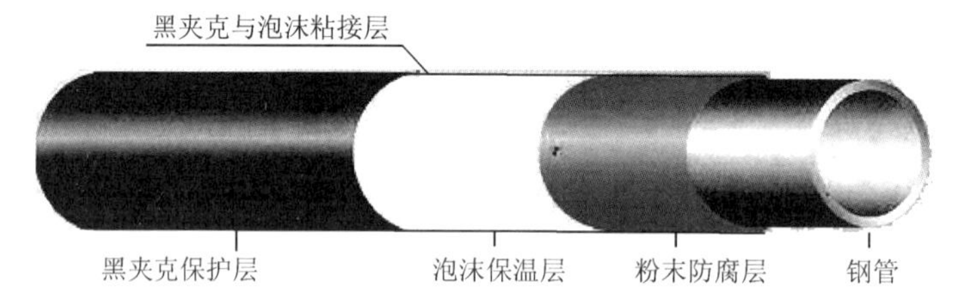

图 8.6　热水采暖系统管道保温层

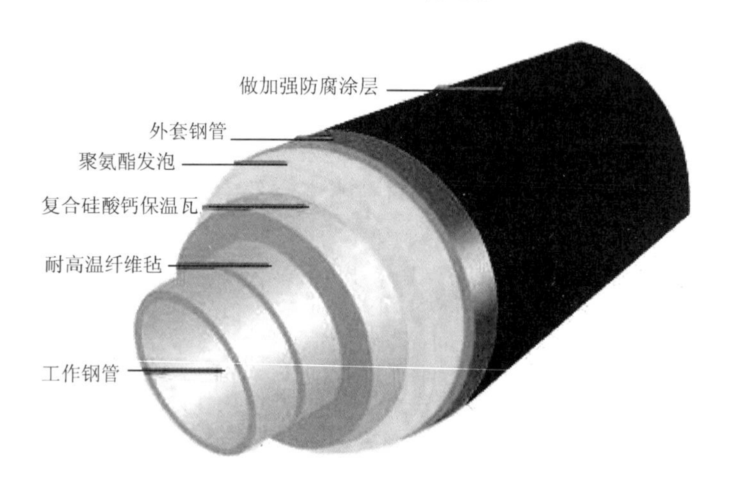

图 8.7　蒸汽采暖系统管道保温层

（1）涂抹法（用石棉灰、石棉硅藻土）。做法是先在管子上缠以草绳，再将石棉灰调和成糊状抹在草绳外面。这种方法由于施工慢、保温性能差，已逐步被淘汰。

（2）预制法。在工厂或预制厂将保温材料制成扇形、梯形、半圆形或制成管壳，然后将这些预制好的捆扎在管子外面，可以用铁丝扎紧。这种方法施工简单，保温效果好，是目前使用比较广泛的一种保温做法。

（3）包扎法（用矿渣棉毡或玻璃棉毡）。先将棉毡按管子的周长搭接宽度裁好，然后包在管子上，搭接缝在管子上部，外面用镀锌铁丝缠绑。包扎法保温必须采用干燥的保温材料，宜用油毡玻璃丝布做保护层。

（4）填充式。将松散粒状或纤维保温材料如矿渣棉、玻璃棉等填充于管道周围的特制外套或铁丝网中，或直接填充于地沟内或无沟敷设的槽内。这种方法造价低，保温效果好。

（5）浇灌式。其用于不通行地沟或直埋敷设的热力管道，具体做法是把配好的原料注入钢制的模具内，在管外直接发泡成型。

2. 防潮层施工

（1）阻燃型沥青玛蹄脂贴玻璃布做防潮层时，它是在绝热层外表面涂抹一层 2～3mm 厚的阻燃型沥青玛蹄脂，接着缠绕一层玻璃布或涂塑窗纱布，然后又涂抹一层 2～3mm 厚的阻燃型沥青玛蹄脂。

（2）塑料薄膜做防潮层时，是在保冷层外表面缠绕聚乙烯或聚氯乙烯薄膜 1～2 层，注意搭接缝宽度应在 100mm 左右，一边缠一边用热沥青玛蹄脂或专用黏结剂粘接。

3. 保护层施工

（1）金属保护层的连接，根据使用条件可采用挂口固定或用自攻螺钉、抽芯铆钉紧固等方法。

（2）用于保冷结构的金属保护层，为避免自攻螺钉刺破防潮层，应尽可能采用挂口安装或在防潮层外增加一层 20mm 厚的棉毡。

（3）使用铅皮做保护层时，对铅皮有腐蚀作用的碱性较大的绝热层或防潮层应能采取隔离措施，如用塑料薄膜隔离。

（4）用非镀锌钢板做保护层时，安装前应按规定涂刷防锈漆。

（5）为增加金属保护层的强度和防水作用，在制作卷板的同时，应在搭接缝(包括设备人孔、阀门和接管等接缝)处压边。

（6）用金属薄板做设备封头保护层时，应根据绝热结构封头的形状及尺寸下料，分别压边后进行安装。接缝处用自攻螺钉或抽芯铆钉紧固，用专用密封剂密封。

（7）金属保护层应紧贴在绝热层或防潮层上，立式设备应自下而上逐块安装。环缝和竖缝可采用搭接或挂口，缝口朝下以利防水，搭接长度为 30～50mm。用自攻螺钉紧固时，其间距不大于 200mm。

（8）安装管道的金属保护层时，应从低到高逐块施工。环缝、竖缝均应搭接 30～50mm，竖缝自攻螺钉间距不大于 200mm，环缝不小于 3 个螺钉，如直管环缝采用凸凹搭接，可以不上螺钉。

（9）缠绕施工的保护层如玻璃布，缠绕材料的重叠部分为其宽度的 1/3。立式设备或立管应自下而上缠绕，材料的起端和末端应用铁丝捆扎，以防脱落。

(10) 在捆扎有铁丝网的绝热层上施工石棉水泥等保护层时，应分层涂抹并压平。

(11) 立式设备、管道为防止金属保护层自垂下滑，一般应分段将金属保护层固定在托盘等支承件上。

4. 识别标志层施工

绝热结构的最外面常采用不同颜色的油漆涂刷，用于识别管道内流动介质的种类。具体施工要求同管道刷油防腐工程。

小　结

本学习情景主要介绍了管道和设备安装中常用的刷油、绝热工程的施工方法。防腐是为了延长管道和设备的使用年限，维持系统正常工作，同时对于输送有毒、易燃介质的管道，还能减轻环境污染。绝热也包括保冷，两者无本质区别，但传热方向不同，其结构也有所不同，施工中应引起注意。

习　题

1. 简答题

(1) 金属管道和设备除锈的质量等级有哪几种？除锈的方法有哪些？

(2) 金属管道和设备在除锈后即可在表面刷油，请问刷油的方法有哪几种？

(3) 绝热结构的基本要求有哪些？

(4) 设备绝热的目的是什么？

(5) 管道绝热施工的方法有哪些？

(6) 绝热保护层的作用是什么？

(7) 金属表面处理的方法有哪几种？

2. 选择题

(1) 不属于金属表面处理方法的是(　　)。

A. 手工方法　　B. 机械方法　　C. 化学方法　　D. 除锈法

(2) 最常用的刷油方法是(　　)。

A. 涂刷法　　B. 喷涂法　　C. 静电喷涂法　　D. 电泳涂装法

(3) 保温与保冷的区别在于设置了(　　)。

A. 保护层　　B. 防潮层　　C. 绝热层　　D. 识别标志层

3. 填空题

(1) 在钢材的表面处理中，常用__________中的喷砂处理。

(2) 手工或动力工具除锈分为__________和__________两级。

参考文献

陈思荣，2015. 建筑设备安装工艺与识图 [M]. 2版. 北京：机械工业出版社.
傅艺，2010. 建筑设备安装工程预算 [M]. 北京：机械工业出版社.
高明远，岳秀萍，杜震宇，2016. 建筑设备工程 [M]. 4版. 北京：中国建筑工业出版社.
靳慧征，李斌，2020. 建筑设备基础知识与识图 [M]. 3版. 北京：北京大学出版社.
贾永康，2016. 供热通风与空调工程施工技术 [M]. 2版. 北京：机械工业出版社.
刘昌明，鲍东杰，吕丽荣，2018. 建筑设备工程 [M]. 3版. 武汉：武汉理工大学出版社.
李燕，李春亭，2010. 工程招投标与合同管理 [M]. 2版. 北京：中国建筑工业出版社.
马爱华，2014. 看图学水暖安装工程预算 [M]. 2版. 北京：中国电力出版社.